U0142871

作業研究

管理科學及案例研究方法應用

史汗明 著

五南圖書出版公司 印行

自序

　　作業研究（管理科學）在短短的二十餘年間，不論在理論與實際應用上，均有快速的發展。作業研究已廣泛應用到各種不同產業領域，諸如製造業、運輸業、營建業、通訊業、財務規劃、醫療服務、軍事用途與公共服務等等。總之，作業研究仍在不斷的發展，新的理論、觀念和方法繼續層出不窮地湧現，作業研究還有其無限的發展空間與生機。

　　1950 年代，許多先進國家已在大學講授作業研究課程。目前國內有些大學已將作業研究課程列為必修或選修課程。在美國，許多大學專為它設立學系、研究所或 Programs 等並授予學位，如著名的哈佛 (Harvard)、喬治亞理工學院 (Georgia Tech)、密西根 (Michigan)、史丹福 (Stanford)、柏克萊 (Berkley)、威斯康辛 (Wisconsin) 和普渡 (Purdue) 等名校。許多理、工、商科系並將作業研究課程，列為必修、必選或選修課程。目前，現代化的大型企業大多僱有作業研究人員，從事各項業務的決策分析工作。

　　作業研究分析師在美國的需求量很大，根據美國金融新聞報導，在 2013 年，作業研究分析師的中級年薪是 74,630 美元。雖然最低年薪會少於 42,070 美元，最高年薪則會高於 130,210 美元。高薪的作業研究分析師大部分在美國政府部門或金融界工作。

　　作業研究可簡述為「應用科學的方法、技巧與工具，對從事研究的系統求出代表之數學模式或他種模式，以研究該系統中之各項活動及評估所擬議之各種行動途徑，求出作決策時應採取之最有利答案。」作業研究可應用在各種領域上。作業研究利用統計學、數學模式和演算法輔助決策，其內容是根據所蒐集的數據資料，以科學化的方法，進行問題的分析、求解，進而將結果提供給管理部門，以便進行營運管理的相關問題的決策。作業研究通常為應用科學方法、技巧與工具，對從事研究的系統，求出在一些條件的限制下來建構代表的數學模式 (Mathematical Model) 或其他種模式，以研究該系統中各項活動及評估所擬議的各種可行方案，尋找方法來達成某項明確的目標，以求取最大的利益或者最節省資源的方法，輔助管理階層決策的制定。

　　俗語說，工欲善其事，必先利其器。為了使學者精通作業研究（管理科學）的原理及應用、掌握要點，提高學者更深一層學習研究的興趣，以便日後在職場

上或學術研究上能夠得心應手，筆者將多年來學習、教授與實際工作經驗的心得整理成書。本書將討論一些常用的作業研究方法，使得學生具備有建立數學模式的能力，並且透過各種應用的範例及精要豐富的習題和解答（本書附有各章習題和解答的光碟），以瞭解作業研究的理論和實際的應用。

　　本書之能夠順利出版，承蒙五南圖書出版公司的全力協助、製版及印裝，筆者在此深誌感謝。

　　筆者才疏學淺，雖力求完美，恐仍有遺漏或錯誤之處，敬祈專家暨讀者賜予指正，使本書更臻完美，筆者不勝感幸。

史汗明　謹識
2024 年 9 月

目錄

Chapter *1*

概論

◀ 美林證券的計量分析 *

　　美林證券是一家經紀和金融服務公司。該公司在 45 個國家擁有超過 56,000 名員工，通過兩個營業單位為其客戶群提供服務。美林證券企業和機構客戶群為 7,000 多家企業、機構和政府提供服務。美林私人客戶集團 (MLPC) 通過 600 多個分支機構的 14,000 多名財務顧問，為約 400 萬戶家庭以及 225,000 家中小型企業和區域金融機構提供服務。

　　該公司的管理科學小組成立於 1986 年，自 1991 年以來一直是 MLPC 的一部分。該小組的使命是提供高水準的計量分析，以支持戰略管理決策，並加強財務顧問與客戶的關係。管理科學小組已經成功地實施了系統執行模型，並開發了資產配置、財務規劃、行銷資訊技術、資料庫行銷和投資組合績效衡量的系統。雖然技術專長和客觀性顯然是任何分析小組的重要因素，但管理科學小組的成功在很大程度上歸功於溝通技巧、團隊合作和諮詢技能。

　　每個專案都從與客戶面對面的會議開始，然後準備一份提案，概述問題的背景、項目的目標、方法、所需資源、時程表和實施問題。在此階段，分析師專注於開發具有重要價值且易於實施的解決方案。隨著工作的進展，頻繁的會議使客戶保持公司的最新狀態。因為具有不同技能、持有觀點和動機的人必須為一個共同的目標而共同努力，所以團隊合作至關重要。該小組的成員在團隊方法，促進和解決衝突方面訓練上課。他們擁有廣泛的多功能和多學科能力，並有動力提供專注於公司目標的解決方案。這種解決問題和實施定量分析的方法一直是管理科學小組的標誌。該集團的影響和成功轉化為財務的隱定和業務的成長，使該集團獲得了運籌學和管理科學研究所頒發的年度愛德曼獎，以表彰其有效利用管理科學來促進公司的成功。

* 資料來源：Russ Labe, Raj Nigam, and Steve Spence, "Management Science at Merrill Lynch Private Client Group," *Interfaces*, *29*(2) (March/April 1999), pp. 1-14.

1.1　前言

作業研究 (Operations Research)，也稱管理科學 (Management Science)，可以定義為使用定量的方法來協助系統分析師和決策者進行分析，並改善績效或營運系統。它所研究的系統包括各樣種類的金融系統、服務業、工程系統或工業系統；幾乎所有這樣的系統適合在科學的系統框架內進行審查及評估。作業研究領域整合了來自許多不同學科的分析工具，可以合理地運用它來幫助決策者解決問題，和以最實際或最有利的方式來控制系統和組織的運作辦法。例如：是否要引進新的商業產品、建造新工廠、金錢的分配、如何減少超市的結帳等候時間，以及如何分配人力資源等等。

研習本章之後，學者將瞭解作業研究的定義、作業研究的歷史發展、作業研究的步驟，以及作業研究的計量分析，同時也闡述本書章節架構。

1.2　作業研究的起源

作業研究是起源於第二次世界大戰 (1941-1945) 的一種科學計量管理技術。第二次世界大戰期間，英、美軍方為了有效地應用有限的軍事資源，成立了「作戰研究小組」，並運用科學的方法來解決各種軍事上的戰術與戰略問題。1940 年由獲得諾貝爾獎的美國物理學家勃拉凱特博士 (Dr. P. M. S. Blackett) 組成第一個最早投入作業研究領域工作的作業研究小組，包括具有各種不同專長的數十名專家，對於英軍的作戰成果貢獻卓著。戰後，民間也引進作業研究技術，使得作業研究更加蓬勃發展。等候理論的先驅者丹麥工程師愛爾朗 (Erlang) 1917 年在哥本哈根電話公司研究電話通訊系統時，提出等候理論的一些著名公式。在商業方面，列溫遜 (Levinson) 在 20 世紀 30 年代已用作業研究思想原理來分析商業廣告、顧客心理。

1950 年代許多先進國家已在大學講授作業研究課程。到了 1960 年代其發展更臻完善，許多大學專為它設立學系、研究所或 Programs 等並授予學位，如著名的哈佛 (Harvard)、喬治亞理工學院 (Georgia Tech)、密西根 (Michigan)、史丹福 (Stanford)、柏克萊 (Berkley)、威斯康辛 (Wisconsin) 及普渡 (Purdue) 等名校。許多理、工、商科系並將作業研究課程列為必修、必選或選修課程。目前，現代化的大型企業大多僱有作業研究人員，從事各項業務之決策分析工作。

　　作業研究可應用在各種領域上。作業研究利用統計學、數學模式和演算法輔助決策，其內容是根據所蒐集的數據資料，以科學化的方法，進行問題的分析、求解，進而將結果提供給管理部門，以便幫助進行營運管理的相關問題的決策。

🔒1.3　作業研究的定義

　　作業研究 (Operations Research, OR) 從字面上看，是「對眾多的作業從事研究」，而一些著名的專家學者則給予不同的解釋與定義，綜合專家學者的意見，可簡述作業研究為：

　　「應用科學的方法、技巧與工具，對從事研究的系統求出代表之數學模式或他種模式，以研究該系統中之各項活動及評估所擬議之各種行動途徑，求出作決策時應採取之最有利答案。」換言之，作業研究通常為應用科學方法、技巧與工具，對從事研究的系統，求出在一些條件的限制下代表的數學模式 (Mathematical Model) 或其他種模式，以研究該系統中各項活動及評估所擬議的各種可行方案，尋找方法來達成某項明確的任務，以求取最大的利益或者最節省資源的方法來輔助決策的制定。

　　英國作業研究學會 (Operational Research Society) 把作業研究 (OR) 定義如下：

　　「作業研究是指應用科學方法，處理工業、商業、政府、國防中因指揮和管理一大群人、機器、原料和資金而產生的複雜問題。這種獨特的方法要發展這些系統的科學模式、衡量機率和風險等因素，用它們來預測和比較各種不同的決策、策略或控制的結果，其目的是協助管理階層以科學方法來決定政策和行動。」

　　最早成立作業研究學會的國家是英國（1948 年），接著是美國（1952 年）、法國（1956 年）、日本和印度（1957 年）等。到 1986 年為止，國際上已有 38 個國家和地區建立了作業研究學會或類似的組織。在 1959 年英、美、法三國的作業研究學會發起成立了國際作業研究學聯合會 (IFORS)，之後各國的作業研究會紛紛加入。此外，還有一些地區性組織，如歐洲作業研究協會 (EURO) 成立於 1976 年、亞太作業研究協會 (APORS) 成立於 1985 年。表 1.1 概述作業研究的發展。

表 1.1 作業研究的發展

期間	事件
20 世紀初期	• 美國人甘特 (Henry Laurence Gantt, 1861-1919) 於 1900 年發展甘特圖 (Gantt chart)。 • 美國人哈里斯 (Ford Whitman Harris) 於 1915 年提出存貨模式的經濟訂購量 (Economic Order Quantity, EOQ) 公式。 • 丹麥的數學家兼電話工程師 (A. K. Erlang) 於 1917 年在哥本哈根電話公司研究電話通訊系統時，出版他的研究成果並提出等候理論的一些著名公式。
二次世界大戰期間	• 英國徵召各領域的科學家及專家，以科學的方法研究軍事上各種戰略及戰術的問題。 • 美國軍方也組成作業研究團隊。 • 戰後作業研究很快地擴展至工業界。 • 作業研究逐漸形成一門獨立的學術領域，許多理、工、商科系並將作業研究列為必修、必選或選修課程。
二次世界大戰後	• 丹齊格 (G. B. Dantzig) 在 1947 年提出了求解線性規劃問題的「簡捷法」(Simplex Method)，或稱單形法。 • 作業研究蓬勃發展，諸如：數學規劃、線性規劃、非線性規劃、整數規劃、目標規劃、動態規劃、隨機規劃、圖形論與網路分析、等候理論（隨機服務系統理論）、存貨模式、對策論、決策理論、維修更新理論、搜索論、可靠性和質量管理等。 • 電腦的快速發展，使作業研究的應用範圍更深、更廣。

1.4 作業研究的步驟

解決作業研究問題的階段如下：

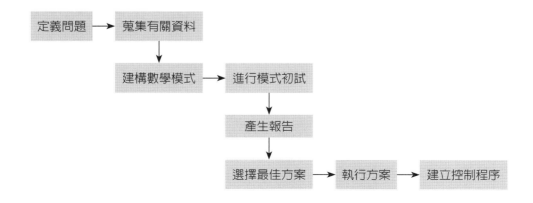

　　本書大部分的章節都是討論作業研究 (OR) 的數學方法。當作業研究方法要應用來解決公司組織的相關實務問題的決策時，下面八個步驟應該遵循：

步驟 1　定義問題：找出適當的目標、目標的陳述、決策的範圍、條件的限制。

步驟 2　蒐集有關資料：根據問題的需要蒐集有關資料，作爲下一階段建立模式的依據。

步驟 3　建構數學模式：建構量化的目標方式、量化的決策變數，以及量化的條件限制陳述。

步驟 4　進行模式初試：使用過去的數據或模擬測試來推測模式的有效性，必要時加以修正。

步驟 5　產生報告：將結果寫成報告以便高階管理做最佳的決定。

步驟 6　選擇最佳方案：選擇一最好且適當的方案以符合公司組織的需要，測試並驗證。

步驟 7　執行決策：依管理所需，準備運用模式。

步驟 8　建立控制程序：監督結果及做必要的系統修改。

　　各步驟的進行方式摘述如下：

步驟 1　定義問題

　　這個步驟包括各種會議、實地察看，以及研究等等，以幫助作業研究 (OR) 團隊可明確定義問題的範圍和需求、所受的限制，以及所探討的問題和組織其他部門的關聯、可行的方案，及決策的時間限制等等。因此，問題定義的過程非常重要，定義問題的適切與否會影響分析結論的是否可行。

步驟 2　蒐集有關資料

　　有適當的資料才能建立適當的模式。因此，蒐集有關問題的適當資料是作業研究發展的一個重要步驟。這步驟包括內部 / 外部資料分析、意見調查，以及資料庫的使用等等，其目的乃是提供足夠的資料以建構數學模式。

步驟 3　建構數學模式

　　模式乃是一種抽象或實際情況的陳述，但基本上以數學符號、關係和公式表示。利用數學模式表達各決策變數的關係、系統的目標、限制條件等等。這模式然後在不同的環境、條件下，測試並修改。

步驟 4　進行模式初試

將所得到的解付諸實施前，必須謹慎檢驗此模式看看是否有錯誤。因此，在尚未正式實施此一模式之前，應該先檢驗並測試此一模式是否正確，以及所得的答案是否合理。使用最佳化 (Optimization) 演算法、啟發法 (Heuristics)，或者通用啟發法 (Metaheuristics) 演算法找出一些可行的方案，並從事敏感度分析以決定影響模式最佳解的參數。

步驟 5　產生報告

將結果寫成報告，以便協助高階管理做最佳的決定。

步驟 6　選擇最佳方案

選擇一最好且適當的方案，以滿足公司組織的需要；測試並驗證。

步驟 7　執行決策

經過測試程序，得到一個可接受的模式以後，下一個步驟就要付諸執行，使用電腦化系統，並建制完整的模式使用文件系統。執行時若有未曾預料的狀況時，必須修改模式。好的模式執行系統可使工作有效率，且能得到管理部門的大力支持。

步驟 8　建立控制程序

為確保模式的穩定性及可靠性，管理階層必須建立控制程序，定期監控系統的使用，同時做必要的修正。這些步驟常端賴作業研究團隊和管理階層有良好的工作關係並保持良好的溝通，使模式的執行得到長期的支持，並鼓勵積極參與，以提供建議。一個執行完善的方案將會導致高效率的工作，並得到管理階層的支持。

🔒1.5　計量分析

一般來說，決策有關的人員要花費相當多的時間來分析管理決策問題，才能將實際描述的問題有效地轉換成定義更為明確的問題，然後才能用計量分析方法來分析求解。計量分析是對特別大而複雜的問題有所幫助。例如：協調數千個任務與著陸有關阿波羅 11 號安全登上月球，定量分析技術有助於確保超過 300,000 個完成的工作與超過 400,000 位人被順利地整合。

1.5.1　模型開發

模型是真實對象或情況的表示，可以以各種形式來呈現表示。基本上模型可區

分為三類：

　　實體模型 (Iconic or Physical Model)：它們是真實對象的物理複製品，例如：模型飛機是真實飛機的模型示例。同樣地，兒童玩具卡車是真實卡車的模型。

　　類比模型 (Analog Model)：描述物理形式但不具有與被建模對象相同的物理外觀。汽車的速度表是類比模型；溫度計是另一種類比模型。

　　數學模型 (Mathematical Model)：包括透過符號系統和數學關係，來表示問題的表達式；是任何定量的決策方法。例如：產品可以透過將單位利潤乘以銷售量來確定銷售的總利潤。以下我們將描述如何建構數學模式。

1.5.2　建構數學模式

　　我們一般以數學模式來描述問題實際的狀況，茲以下述典型範例說明：

典型範例

　　某公司生產兩種產品 A 和 B，產品 A 每生產一單位需要 6 小時人工，產品 B 每生產一單位需要 5 小時人工，每週有 420 小時的人工可用。每單位 A 的銷售利潤為 200 元，每單位 B 的銷售利潤為 100 元。產品 A 每週生產量不得超過 50 個單位。假設公司每週生產的產品都可銷售完，請問公司每週生產多少產品 A 和產品 B 可獲得最大利潤？

解：

　　這是一個使利潤獲得最大化 (Maximization) 的問題，設 X_A 表示產品 A 的生產量，X_B 表示產品 B 的生產量，P 為銷售產品的總利潤，則數學模式可表示如下：

$$\text{Max } P = 200X_A + 100X_B \tag{1.1}$$

限制條件

$$6X_A + 5X_B \leq 420 \tag{1.2}$$

$$X_A \leq 50 \tag{1.3}$$

$$X_A, X_B \geq 0 \text{ and Integer} \tag{1.4}$$

　　其中 (1.1) 式為**「目標函數」(Objective Function)**，代表總利潤（P = 總利潤，X_A, X_B = 生產量）；(1.2) 式為生產時數的**「限制式」(Constraint)**，表示每週操作的總生產時數 $(6X_A + 5X_B)$ 不得超出最多可運用的時數（420 小時）(cut space)；(1.3)

式為產品 A 的生產「**限制式**」(**Constraint**)，表示每週產品 A 總生產量 (X_A) 不得超出 50 個單位；(1.4) 式為非負值的限制式，因為生產量不可能為負數，而且是整數。這個問題乃是要決定產品 A 和產品 B 的生產量為何而可使利潤最大。在上述數學模式中，有些變數，例如：每單位產品利潤（200 元和 100 元）、每單位人工生產時數（6 小時和 5 小時）、每週可運用的人工時數（420 小時），是不能改變或控制的，這些變數被稱為「**不可控參數**」(**Uncontrollable Parameters**) 或「**不可控輸入值**」(**Uncontrollable Input**)，而 X_A 和 X_B 是要在求解過程中被決定的變數，被稱之為「**可控輸入值**」(**Controllable Input**) 或「**決策變數**」(**Decision Variable**)。當我們學習第六章整數規劃後，此問題可以很容易的求得最佳解 X_A = 50 單位、X_B = 24 單位，最大的獲利為 P = 200(50) + 100(24) = 12,400（元）。

1.5.3　計量分析模型範例

　　由計量分析所得出的數據報表等結果，可以幫助管理人員作為決策時的重要參考資料。過去幾年來，在財務計劃、生產計劃、銷售配額和其他決策領域中已經發展出非常多的計量分析模型。本章節只介紹幾種較常用到的分析模型，後續的章節中將會陸續介紹其他的模型。

　　在商業和經濟應用中出現的一些最基本的定量模型，是那些涉及變量（例如：生產量或銷售量）與成本、收入和利潤之間的關係的模型。通過使用這些模型，經理可以確定與既定生產數量或預測銷量相關的預計成本、收入和／或利潤，可以從此類成本、收入和利潤模型中受益。

範例 1　成本與生產量的分析模型

　　若工廠接到一訂單要生產某特殊椅子，生產特殊椅子的固定設置成本為 2,000 元，變動成本（材料加上人工）為每件 75 元，令生產量為 Q，則生產 Q 張椅子的總成本可由下面公式表示：

$$TC(Q) = 2,000 + 75Q$$

範例 2　收入和銷售量的分析模型

　　若每張椅子的售價為 200 元，在生產量可以完全銷售完的情況下，則銷售 Q 張椅子的總收入可由下面公式表示：

$$RV(Q) = 200Q$$

範例 3　利潤與銷售量的分析模型

產品的總利潤 = 產品的總收入 – 產品的總成本，則銷售 Q 張椅子的總利潤可由下面公式表示：

$$PF(Q) = RV(Q) - TC(Q) = 200Q - (2,000 + 75Q) = -2,000 + 125Q$$

範例 4　銷售量的損益平衡分析

假設銷售量等於生產量，若要決定生產多少張椅子，才能達到損益平衡，亦即不虧不盈？

令 $PF(X) = 0$

$PF(X) = -2,000 + 125X = 0 \Rightarrow X = 16$

故知生產量必須達到 16 張椅子時，才能達到損益平衡，如圖 1.1 所示。此數量稱為**損益平衡點（Break Even Point, BEP，或盈虧平衡點）**。

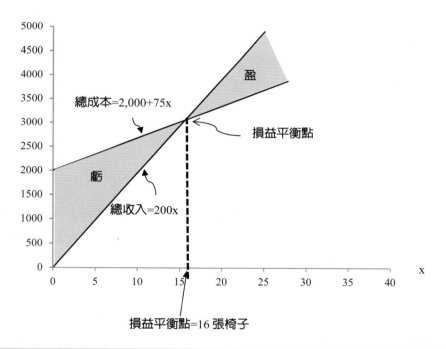

圖 1.1　損益平衡分析

📖1.6　作業研究的方法和技術

　　作業研究的模式可分為確定性 (Deterministic) 模式與機率性 (Probabilistic) 模式兩種，本書將會詳細介紹。近年來，模糊 (Fuzzy) 理論也廣泛地應用在作業研究（管理科學）的領域上，因為涉及甚廣且繁，本書將不闡述。圖1.2說明本書章節架構。

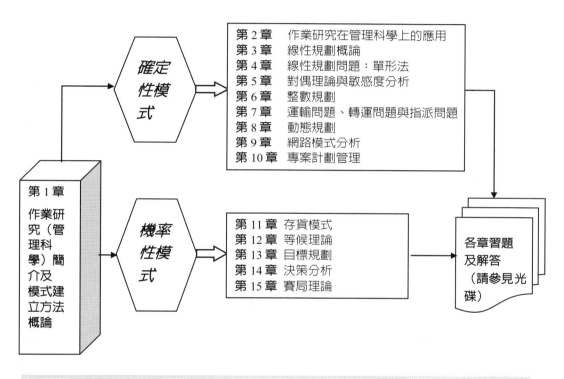

　　圖 1.2　本書章節架構

　　作業研究（管理科學）乃利用科學方法與工具，以提供決策者解決問題之研究及分析的方法，茲將其常用的方法擇要敘述如下：

　　線性規劃 (Linear Programming)：線性規劃為解決問題的方法，用在具備一組線性限制條件下，求解線性函數的極大化或極小化問題。

　　整數線性規劃 (Integer Programming)：整數線性規劃是線性規劃的一種，不同的是某些或全部的決策變數值必須為整數。

　　動態規劃 (Dynamic Programming)：動態規劃是一種在數學、管理科學、電腦科學、經濟學和生物資訊學中使用的技術。通過把原問題分解為相對簡單的子問題

的方式，以求解複雜問題的方法。通常用於最佳化問題，若問題可以被切割成許多小問題，經由小問題被解決後，則將其記憶化儲存，以便下次需要同一個子問題之解時直接查表，從而減少計算量，並有效地獲得最佳解。

運輸及網路模式分析 (Transportation and Network Model Analysis)：網路是問題的圖形表示方式，圖形以稱為節點的圓圈及連接圓圈的弧線組合而成。此類問題可以用特殊的方法來很快地求解，諸如：運輸系統設計、資訊系統設計及專業排程等問題。

等候理論 (Queueing Theory)：日常生活中有許多等候的現象，諸如：民眾到銀行等候服務、病人到醫院等候問診等等，為了要減少等候的時間，就必須提供足夠數量的服務資源，但是增加服務資源必定增加成本，如何平衡服務成本與服務品質就是每個等候系統要解決的問題。等候線或排隊模式有助於管理者對等候線系統運作的瞭解及決策的制定。

專案管理 (CPM/PERT)：管理者在許多時候必須負責計劃、排程及控制某個專案，而此專案是由許多不同部門或個人所負責的獨立工作項目所構成。要徑法 (Critical Path Method, CPM) 及計劃評核術 (Program Evaluation and Review Technique, PERT) 可幫助管理者善盡職責。

存貨模式 (Inventory Control/Planning)：存貨模式可以幫助管理者在儲備存貨以應付產品需求的同時，又能維持最低的存貨持有成本，並使總成本極小化。

目標規劃 (Goal Programming)：目標規劃是可用來解決多準則目標決策問題的方法，其基本架構通常是線性規劃模式。

決策分析 (Decision Analysis)：有若干個方案可供選擇，以及決策過程要考量的事件具確定性、不確定性或涉及風險時，決策分析可用來制定最佳策略。

模擬法 (Simulation)：模擬是用電腦對真實系統在一定環境下各要素的相互作用進行有條件的模仿試驗，並求得數值解的一種數量分析方法。有兩種模擬方法常被使用：蒙特卡羅法 (Monte Carlo Method) 和系統模擬法 (System Simulation Method)。蒙特卡羅法乃是運用模擬方法來製造情境，從而比較各種不同決策之優劣；在圖書館自動化系統測試、分析常被引用。

賽局理論 (Game Theory)：又譯為對策論或博弈論。對局態勢下求獲利最大、損失最小，其有零總和 (Zero-Sum Game) 和非零總和 (Non-Zero Sum Game) 之別，常見依據報酬矩陣 (Payoff Matrix) 求出最佳對策，一般資訊服務中心在營運競爭上常採博弈論作決策規劃的工具。可以應用在生物學、經濟學、國際關係、計算機科學、政治學、軍事戰略、研究遊戲或者博弈內的相互作用，是研究具競爭性質現象

的數學理論和方法。

作業研究軟體工具：坊間有電腦軟體來幫助快速求解作業研究各類問題，例如：Python、GAMS、Matlab、SAS/OR、LINDO、AMPL 和 Microsoft Excel 等等。

本書將討論一些常用的作業研究方法，使得學生具備有建立數學模式的能力，並且透過各種應用的例子，以瞭解理論和實際的應用。

🔒 1.7　本章摘要

■ 本章的重點是決策過程和在這個過程中的問題導向，並在概述中展示如何處理這種類型的計量分析。本章介紹了作業研究的起源，它的發展及特性。作業研究的步驟涉及問題的形成、模式的建立、導出解決方案測試，有效性控制解決方案以及實施最終的方案。

■ 作業研究 (OR) 具備有三大特徵：

1. 跨學科的團隊方法。

2. 增加決策者的創新能力。

3. 系統化的方法。

作業研究不僅應用在軍事行動的決策上，也廣泛地應用在商業、政府機構和工業上。不過它也有一些局限性，這些局限性和時間、金錢及模式建立有關。無法計量化的變數，也無法合併在作業研究模式中。管理決策階層做決策時，也需要考慮無法計量化的因素。

■ 作業研究已廣泛應用到各種不同產業領域，諸如製造業、運輸業、營建業、通訊業、財務規劃、醫療服務、軍事用途與公共服務。總之，作業研究仍在不斷的發展，新的理論、觀念和方法層出不窮地湧現，作業研究還有其無限的發展空間與生機。

Chapter *2*

作業研究在管理科學上的應用
(Practical Applications of Operations Research in Management Science)

◀ 凱洛格 (Kellogg) 公司的最佳化生產、庫存和分銷決策 *

凱洛格 (Kellogg) 公司是最大的穀物生產商以及領先世界的便利食品生產商，例如：凱洛格氏的 Pop-Tarts 和 Nutri-Grain 穀物能量棒。凱洛格公司在六大洲，19 個國家中生產更多超過 40 種不同的穀物產品。該公司在 160 多個國家和地區擁有超過 15,600 名的員工。僅在穀物業務中，凱洛格協調共生產約有 80 種產品，其生產之產品使用大約 90 條生產線和 180 個包裝線。凱洛格在使用線性規劃方面，應用於生產計劃和分配決策上有著悠久的歷史。凱洛格計劃系統 (KPS) 是一個大規模、多週期的線性規劃。KPS 的操作版本可用來決定每週的生產、包裝、庫存和分配決策。KPS 系統的主要目標是使估計的總成本最小化；限制約束條件涉及加工線的能力、包裝線的能力，並滿足安全庫存要求。KPS 的戰術版本有助於建立工廠預算，並進行產能擴張和每月的合併決策。這一套計劃系統的戰術版本最近被用來指導整合的生產能力，並因而導致預計每年可節省 35 至 40 萬美元。由於使用 KPS，凱洛格公司取得了他們在北美業務中的成功，該公司現正在將 KPS 引入拉丁美洲，並且也在研究 KPS 全球性模型的發展。

* 資料來源：G. Brown, J. Keegan, B. Vigus, and K. Wood, "The Kellogg Company Optimizes Production, Inventory, and Distribution," *Interfaces*, *31*(6) (November/December 2001), pp. 1-15.

🔒2.1 前言

作業研究在管理科學上的應用，已被證明是最有效的計量分析決策方法之一。作業研究運用許多的數學模式，來解決管理決策者所面臨的種種實務上的問題。這些應用包括生產調度、媒體選擇、財務規劃、資本預算、運輸、配送系統設計、產品組合、人員配備和日程安排等等問題。以下介紹幾個常見的作業研究在管理科學上的應用範例。

🔒2.2　應用範例

2.2.1　產品生產組合問題

範例 2.1

假設某工廠生產四種產品 A、B、C 和 D。每種產品都要經過機器甲、機器乙與機器丙的加工才能完成。每種產品的機器處理製造時間、機器每小時的使用成本、機器的可用時間以及產品每單位的售價，如表 2.1 所示。〔摘自 100 年專職及技術人員考試〕

表 2.1　範例 2.1 的資料

機器	機器使用成本（元／小時）	每單位產品製造時間（小時）				機器可用時間（小時）
		產品 A	產品 B	產品 C	產品 D	
甲	10	2	3	4	2	500
乙	5	3	2	1	2	380
丙	4	7	3	1	1	450
產品單位售價（元）		75	70	55	50	

請將此問題建構成最大利潤目標之線性規劃模式。

解：

設 x_A、x_B、x_C 和 x_D 分別是產品 A、B、C 和 D 的產量。工廠目標是要使生產產品利潤最大。線性規劃模式可建立如下：

極大化　$Z = 75x_A + 70x_B + 55x_C + 50x_D - 10 \times (2x_A + 3x_B + 4x_C + 2x_D) - 5 \times (3x_A + 2x_B + 1x_C + 2x_D) - 4 \times (7x_A + 3x_B + 1x_C + 1x_D) = 12x_A + 18x_B + 6x_C + 16x_D$

限制條件　$2x_A + 3x_B + 4x_C + 2x_D \leq 500$（機器甲可用的小時）

$3x_A + 2x_B + 1x_C + 2x_D \leq 380$（機器乙可用的小時）

$7x_A + 3x_B + 1x_C + 1x_D \leq 450$（機器丙可用的小時）

$x_A, x_B, x_C, x_D \geq 0$（各產品產量為非負數，且為整數）

使用整數線性規劃（本書第六章會詳細介紹），LINDO 軟體或其他最佳化軟

體 (Online Optimizer)，可得最佳解為：

$x_A = 0$、$x_B = 120$、$x_C = 0$、$x_D = 70$，最大利潤 $Z = 3,280$（元）。

2.2.2 飛機行程調度問題

範例 2.2

　　某飛機公司擁有 10 架機型 I、15 架機型 II 和 12 架機型 III 的飛機。機型 I 的噸位容量是 4.5（千噸）、機型 II 的噸位容量是 1.7（千噸）、機型 III 的噸位容量是 4（千噸）。公司調度飛機到城市 A 和 B。城市 A 的噸位要求是 20（千噸）、城市 B 的噸位要求是 30（千噸），超過的噸位沒有價值。每架飛機每天只飛一次。飛機飛到每個城市的成本（元）如表 2.2 所示。

表 2.2　範例 2.2 的資料

	機型 I	機型 II	機型 III
城市 A	25	6	2
城市 B	60	12	4

　　請將上述問題改寫為線性規劃模式，以使總調度成本最低。

解：

　　設 x_{1A}、x_{1B}、x_{2A}、x_{2B}、x_{3A}、x_{3B} 為各機型調度到城市 A 和城市 B 的次數，則公司目標是要使飛機總調度成本為最低。線性規劃模式可建立如下：

極小化　　　$Z = 25x_{1A} + 6x_{2A} + 2x_{3A} + 60x_{1B} + 12x_{2B} + 4x_{3B}$

限制條件　　$x_{1A} + x_{1B} \leq 10$（機型 I 可用的飛機）

　　　　　　$x_{2A} + x_{2B} \leq 15$（機型 II 可用的飛機）

　　　　　　$x_{3A} + x_{3B} \leq 12$（機型 III 可用的飛機）

　　　　　　$4.5x_{1A} + 1.7x_{2A} + 4x_{3A} = 20$（調度到城市 A 的噸位）

　　　　　　$4.5x_{1B} + 1.7x_{2B} + 4x_{3B} = 30$（調度到城市 B 的噸位）

　　　　　　$x_{1A}, x_{1B}, x_{2A}, x_{2B}, x_{3A}, x_{3B} \geq 0$（各型飛機調度次數為非負數，且為整數）

　　使用整數線性規劃（本書第六章會詳細介紹），LINDO 軟體或其他最佳化軟體 (Online Optimizer)，可得最佳解為：

$x_{1A} = 0$、$x_{2A} = 0$、$x_{3A} = 5$、$x_{1B} = 4$、$x_{2B} = 0$、$x_{3B} = 3$，最低總調度成本 $Z = 262$（元）。

2.2.3 廣告預算問題

範例 2.3

某汽車公司計劃秋季作廣告以推銷一新款式的車子，市場行銷部門蒐集的資料如表 2.3 所示。

表 2.3　範例 2.3 的資料

媒體	成本（千元）／每點	觀眾（百萬）／每段點	
		所有觀眾	青年
電視－黃金時間	$100	6	2.5
電視－非黃金時間	$78	4	1.5
無限電臺	$40	2.5	1
報章雜誌	$20	1	0.4

公司希望電視廣告的預算不超過 300 萬元，並且黃金時間至少五個段點、非黃金時間至少四個段點，至少六個無限電臺、報章雜誌至少九個。公司希望至少 3,000 萬元的青年能收到訊息。公司的廣告總預算不超過 1,200 萬元。將問題轉換為線性規劃模式，以確定收到訊息的觀眾最多。

解：

設 x_1 為電視－黃金時間的段點數、x_2 為電視－非黃金時間的段點數、x_3 為無限電臺的段點數、x_4 為報章雜誌的段點數，則公司目標是要使收到訊息的觀眾最多。線性規劃模式可建立如下：

極大化　　$Z = 6x_1 + 4x_2 + 2.5x_3 + x_4$

限制條件　$100{,}000x_1 + 78{,}000x_2 \leq 3{,}000{,}000$（電視廣告費用）

　　　　　$x_1 \geq 5$（電視－黃金時間的段點數）

　　　　　$x_2 \geq 4$（電視－非黃金時間的段點數）

　　　　　$x_3 \geq 6$（無限電臺的段點數）

　　　　　$x_4 \geq 9$（報章雜誌的段點數）

$$2.5x_1 + 1.5x_2 + x_3 + 0.4x_4 \geq 30 \text{（青年的觀眾要求）}$$

$$100,000x_1 + 78,000x_2 + 40,000x_3 + 20,000x_4 \leq 12,000,000 \text{（廣告總預算）}$$

$$x_1, x_2, x_3, x_4 \geq 0 \text{（段點數為非負數）}$$

使用線性規劃單形法（本書第四章會詳細介紹），LINDO 軟體或其他最佳化軟體 (Online Optimizer)，可得最佳解為：

$x_1 = 5$、$x_2 = 4$、$x_3 = 275.2$、$x_4 = 9$，最多觀眾 =743（百萬）。

2.2.4 貨物儲存安排問題

範例 2.4

某貨機有三個機艙來儲存貨物：前機艙、中機艙和後機艙。這些機艙有重量和空間的限制，如表 2.4 所示。

表 2.4 範例 2.4 的資料

機艙	重量容量（噸）	空間容量（立方英尺）
前	12	7,000
中	18	9,000
後	10	5,000

此外，在各機艙儲存的貨物必須和各機艙的重量成比例以維持貨機的平衡。表 2.5 列示四個準備運送的貨物資料：

表 2.5 範例 2.4 的資料

貨物	重量（噸）	體積（立方英尺／噸）	利潤（元／噸）
1	20	500	320
2	16	700	400
3	25	600	360
4	13	400	290

任何部位的機艙都可儲存貨物。問題的目標是要決定如何安排貨物的儲存，以使總利潤最大？請將此問題構建成最大利潤目標之線性規劃模式。〔摘自 98 年逢甲工研所〕

解：

設 x_{ij} 表示第 i 種貨物儲存在機艙 j 的重量（以噸表示），$i = 1, 2, 3, 4$、$j = 1$（前機艙）、2（中機艙）、3（後機艙），線性規劃模式建立如下：

極大化　$Z = 320(x_{11} + x_{12} + x_{13}) + 400(x_{21} + x_{22} + x_{23}) + 360(x_{31} + x_{32} + x_{33}) + 290(x_{41} + x_{42} + x_{43})$

限制條件　$x_{11} + x_{12} + x_{13} \leq 20$（貨物 1 的重量）

$x_{21} + x_{22} + x_{23} \leq 16$（貨物 2 的重量）

$x_{31} + x_{32} + x_{33} \leq 25$（貨物 3 的重量）

$x_{41} + x_{42} + x_{43} \leq 13$（貨物 4 的重量）

$x_{11} + x_{21} + x_{31} + x_{41} \leq 12$（前機艙的重量）

$x_{12} + x_{22} + x_{32} + x_{42} \leq 18$（中機艙的重量）

$x_{13} + x_{23} + x_{33} + x_{43} \leq 10$（後機艙的重量）

$500x_{11} + 700x_{21} + 600x_{31} + 400x_{41} \leq 7,000$（前機艙的空間）

$500x_{12} + 700x_{22} + 600x_{32} + 400x_{42} \leq 9,000$（中機艙的空間）

$500x_{13} + 700x_{23} + 600x_{33} + 400x_{43} \leq 5,000$（後機艙的空間）

$\dfrac{x_{11} + x_{21} + x_{31} + x_{41}}{12} = \dfrac{x_{12} + x_{22} + x_{32} + x_{42}}{18} = \dfrac{x_{13} + x_{23} + x_{33} + x_{43}}{10}$（各機艙的重量成比例）

$x_{ij} \geq 0$, $i = 1, 2, 3, 4$, $j = 1, 2, 3$

使用線性規劃單形法，LINDO 軟體或其他最佳化軟體 (Online Optimizer)，可得最佳解為：

$x_{11} = 2$、$x_{12} = 0$、$x_{13} = 4$、$x_{21} = 0$、$x_{22} = 0$、$x_{23} = 2$、$x_{31} = 10$、$x_{32} = 9$、$x_{33} = 0$、$x_{41} = 0$、$x_{42} = 9$、$x_{43} = 4$，最大利潤 $Z = 13,330$（元）。

2.2.5　人力規劃問題

範例 2.5

銅城市警察局計劃以最低的開銷執行一天 24 小時巡邏市區，以確保市民的安全。表 2.6 為每 4 小時正規上班及加班工資的資料。

表 2.6　範例 2.5 的資料

班次變數	1	2	3	4	5	6
班次時間	8-12 am	12-4 pm	4-8 pm	8-12 pm	12-4 am	4-8 am
最少需要的警察	12	8	10	15	18	16
正常上班工資 / 小時	$45	$45	$50	$55	$65	$70
加班工資 / 小時	$55	$55	$60	$65	$80	$85

　　有 35 位警察可在正常的 8 小時安排，在任何時段，加班的警察人數，不允許超過 20 個小時加班。市警察局要決定多少警察在每班次開始安排 8 小時、多少警察在每班次加班，以使總工資最低？

　　請將問題轉換為線性規劃模式，使所付的總工資最低並符合警力的要求。

解：

　　設 x_i 為在班次 i 開始正規 8 小時上班的警察人數、y_i 為在班次 i 加班警察人數。

　　警察局目標是要使所付的總工資最低並符合警力的要求，線性規劃模式可建立如下：

極小化　　$Z = 4(45 + 45)x_1 + 4(45 + 50)x_2 + 4(50 + 55)x_3 + 4(55 + 65)x_4 + 4(65 + 70)x_5 + 4(70 + 45)x_6 + 4(55)y_1 + 4(55)y_2 + 4(60)y_3 + 4(65)y_4 + 4(80)y_5 + 4(85)y_6$

限制條件　$x_1 + x_2 + x_3 + x_4 + x_5 + x_6 \leq 35$（可用的警察人數）

　　　　　$4y_i \leq 20, i = 1, 2, ..., 6$（不超過 20 個小時加班）

　　　　　$x_1 + x_6 + y_1 \geq 12$（班次 1 的警力）

　　　　　$x_1 + x_2 + y_2 \geq 8$（班次 2 的警力）

　　　　　$x_2 + x_3 + y_3 \geq 10$（班次 3 的警力）

　　　　　$x_3 + x_4 + y_4 \geq 15$（班次 4 的警力）

　　　　　$x_4 + x_5 + y_5 \geq 18$（班次 5 的警力）

　　　　　$x_5 + x_6 + y_6 \geq 16$（班次 6 的警力）

　　　　　$x_i \geq 0, i = 1, 2, ..., 6, y_i \geq 0, i = 1, 2, ..., 6$（每班次的警察人數為非負數，且為整數）

　　使用整數線性規劃，LINDO 軟體或其他最佳化軟體 (Online Optimizer)，可得最佳解為：

　　$x_1 = 7$、$x_2 = 1$、$x_3 = 9$、$x_4 = 2$、$x_5 = 16$、$x_6 = 0$、$y_1 = 5$、$y_2 = 0$、$y_3 = 0$、$y_4 = 4$、

$y_5 = 0$、$y_6 = 0$，最低總工資 = 18,420（元）。

2.2.6 財務投資組合問題

範例 2.6

　　個人投資者凱瑟琳・艾倫 (Kathleen Allen) 有 70,000 美元可分配給幾項投資。投資均在 1 年後進行評估。然而，每種投資方案都有一個對投資者的不同感知風險，因此，建議多樣化。凱瑟琳想知道為了最大化回報，每種選擇投資多少？投資和回報率如表 2.7 所示。為分散投資和減少投資制定了以下指導方針，投資者認為的風險：

1. 市政債券投資不超過總投資的 20%。
2. 存款證的投資額不得超過其他三個備選方案的總投資額。
3. 至少 30% 的投資應為國庫券和存款證。
4. 為安全起見，應更多地投資於存款證和國庫券，而不是市政債券和成長型股票基金，其比例至少為 1.2 比 1。
　　凱瑟琳想投資全部 70,000 美元。

表 2.7 凱瑟琳・艾倫的投資機會（範例 2.6 的資料）

投資	預期投資報酬率（%）
市政債券	8.5
存款證	5.0
國庫券	6.5
成長型股票基金	13.0

解：

　　設 x_1 = 投資於市政債券的金額、x_2 = 投資於存款證的金額、x_3 = 投資於國庫券的金額、x_4 = 投資於成長型股票基金的金額，則目標方程式為

　　極大化 $Z = 0.085x_1 + 0.05x_2 + 0.065x_3 + 0.130x_4$

　　1. 市政債券投資不超過總投資的 20%，因此限制式為

　　　$x_1 \leq 14,000$

2. 存款證的投資額不得超過其他三個備選方案的總投資額，因此限制式為

$x_2 \leq x_1 + x_3 + x_4$

3. 至少 30% 的投資應為國庫券和存款證，因此限制式為

$x_2 + x_3 \geq 21,000$

4. 為安全起見，應更多地投資於存款證和國庫券，而不是市政債券和成長型股票基金，其比例至少為 1.2 比 1，因此限制式為

$\dfrac{(x_2 + x_3)}{(x_1 + x_4)} \geq 1.2$

凱瑟琳想投資全部 70,000 美元，因此限制式為

$x_1 + x_2 + x_3 + x_4 = 70,000$

線性規劃模式可建立如下：

極大化　　$Z = 0.085x_1 + 0.05x_2 + 0.065x_3 + 0.130x_4$

限制條件　$x_1 \leq 14,000$

$x_2 - x_1 - x_3 - x_4 \leq 0$

$x_2 + x_3 \geq 21,000$

$-1.2x_1 + x_2 + x_3 - 1.2x_4 \geq 0$

$x_1 + x_2 + x_3 + x_4 = 70,000$

$x_1, x_2, x_3, x_4 \geq 0$

使用線性規劃單形法，LINDO 軟體或其他最佳化軟體 (Online Optimizer)，可得最佳解為：$x_1 = 0$、$x_2 = 0$、$x_3 = \$38,181.82$、$x_4 = \$31,818.18$，最大化回報 $Z = \$6,618.18$。

2.2.7 運輸問題

範例 2.7

沃爾瑪 (Walmart) 有三個供應商，供應三個地點的需要，每個供應商擁有 3,000 磅的材料，希望將其運送到三個設施地：聖地牙哥、諾福克和休士頓，它們分別需要 4,000、2,500 和 2,500 磅。表 2.8 給出了供應商運送的每磅運輸費。

表 2.8　範例 2.7 的資料

供應商	終點			供給量
	聖地牙哥	諾福克	休士頓	
A	$12	$6	$5	3,000
B	$20	$11	$9	3,000
C	$30	$26	$28	3,000
需要量	4,000	2,500	2,500	

解：

設 x_{11} = 經由供應商 A 運送到聖地牙哥的材料量

x_{12} = 經由供應商 A 運送到諾福克的材料量

x_{13} = 經由供應商 A 運送到休士頓的材料量

x_{21} = 經由供應商 B 運送到聖地牙哥的材料量

x_{22} = 經由供應商 B 運送到諾福克的材料量

x_{23} = 經由供應商 B 運送到休士頓的材料量

x_{31} = 經由供應商 C 運送到聖地牙哥的材料量

x_{32} = 經由供應商 C 運送到諾福克的材料量

x_{33} = 經由供應商 C 運送到休士頓的材料量

上述問題的數學模式可寫成如下：

極小化　　$Z = 12x_{11} + 6x_{12} + 5x_{13} + 20x_{21} + 11x_{22} + 9x_{23} + 30x_{31} + 26x_{32} + 28x_{33}$

限制條件　$x_{11} + x_{12} + x_{13} = 3{,}000$（供應商 A）

$x_{21} + x_{22} + x_{33} = 3{,}000$（供應商 B）

$x_{31} + x_{32} + x_{33} = 3{,}000$（供應商 C）

$x_{11} + x_{21} + x_{31} = 4{,}000$（聖地牙哥的需要量）

$x_{12} + x_{22} + x_{32} = 2{,}500$（諾福克的需要量）

$x_{13} + x_{23} + x_{33} = 2{,}500$（休士頓的需要量）

$x_{ij} \geq 0$ 且為整數，$i = 1, 2, 3$，$j = 1, 2, 3$

採用運輸單體法來求解上述運輸問題（本書第七章會詳細介紹），可得最佳解為：

$x_{11} = 1{,}000$、$x_{12} = 2{,}000$、$x_{13} = 0$、$x_{21} = 0$、$x_{22} = 500$、$x_{23} = 2{,}500$、$x_{31} = 3{,}000$、$x_{32} = 0$、$x_{33} = 0$、$Z = \$142{,}000$。

亦即聖地牙哥將通過供應商 A 收到 1,000 磅、通過供應商 C 收到 3,000 磅，諾福克將通過供應商 A 收到 2,000 磅、通過供應商 B 收到 500 磅，休士頓將通過供應商 B 收到 2,500 磅。最低運輸成本 Z=$142,000。

2.2.8　指派問題

範例 2.8

四個旅行推銷員必須訪問 4 個城市。每個城市訪問一次，然後返回他的起點。推銷員到每一個城市的成本（$），如表 2.9 所示。

表 2.9　範例 2.8 的資料

推銷員	城市			
	休士頓	聖路易	亞特蘭大	菲尼克斯
A	210	90	180	160
B	100	70	130	200
C	175	105	140	170
D	80	65	105	120

請問最低成本的推銷路線？

解：

設 $x_{ij} = 1$，若推銷員 $i(i = A, B, C, D)$ 訪問到城市 j（j = 休士頓、聖路易、亞特蘭大、菲尼克斯）；否則 $x_{ij} = 0$。上述問題的數學模式可寫成如下：

極小化　$Z = 210x_{A1} + 90x_{A2} + 180x_{A3} + 160x_{A4} + 100x_{B1} + 70x_{B2} + 130x_{B3} + 200x_{B4}$
$+ 175x_{C1} + 105x_{C2} + 140x_{C3} + 170x_{C4} + 80x_{D1} + 65x_{D2} + 105x_{D3} + 120x_{D4}$

限制條件　$x_{A1} + x_{A2} + x_{A3} + x_{A4} = 1$

$x_{B1} + x_{B2} + x_{B3} + x_{B4} = 1$

$x_{C1} + x_{C2} + x_{C3} + x_{C4} = 1$

$x_{D1} + x_{D2} + x_{D3} + x_{D4} = 1$

$x_{A1} + x_{B1} + x_{C1} + x_{D1} = 1$

$x_{A2} + x_{B2} + x_{C2} + x_{D2} = 1$

$x_{A3} + x_{B3} + x_{C3} + x_{D3} = 1$

$$x_{A4} + x_{B4} + x_{C4} + x_{D4} = 1$$

$$x_{ij} = 0 \text{ 或 } 1, \ i = A, B, C, D, \ j = 1, 2, 3, 4$$

採用匈牙利法來求解上述指派問題（本書第七章會詳細介紹），可得最佳解爲：

推銷員 A 被分配到菲尼克斯，推銷員 B 被分配到聖路易，推銷員 C 被分配到亞特蘭大，推銷員 D 被分配到休士頓。最低成本 Z=$450。

2.2.9　最短路徑問題

範例 2.9

驛馬運輸公司運輸橙子到各城市，五輛卡車從屏東到東部、西部和北部的五個城市。從屏東和目的地城市之間不同的路線的保費以百元爲單位，由卡車行駛的每條路線如圖 2.1 所示。運輸公司經理想要確定最佳路線（根據最低保費），以便卡車到達五個城市目的地。

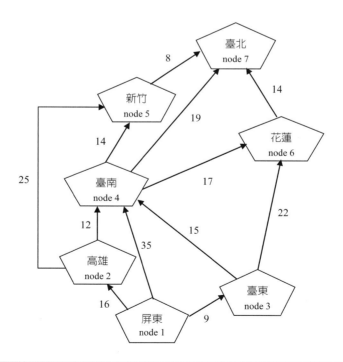

◀━━ 圖 2.1　範例 2.9 的資料

解：

上述問題亦可用整數線性規劃模式表示：

$$x_{ij} = \begin{cases} 1，若從\ i\ 到\ j\ 的路徑被選用 \\ 0，若從\ i\ 到\ j\ 的路徑未被選用 \end{cases}$$

則目標方程式為卡車到達各目的地所花的最低保費。

極小化　　$Z = 16x_{12} + 9x_{13} + 35x_{14} + 12x_{24} + 25x_{25} + 15x_{34} + 22x_{36} + 14x_{45} + 17x_{46} +$
　　　　　　　$19x_{47} + 8x_{57} + 14x_{67}$

限制條件：對每一節點，相對有一限制式

對節點 1 而言：卡車離開節點 1，要麼通過分支 1-2、分支 1-3 或分支 1-4，亦即

$$x_{12} + x_{13} + x_{14} = 1$$

對節點 2 而言：卡車通過分支 1-2、通過分支 2-4 及分支 2-5 離開。亦即

$$x_{12} = x_{24} + x_{25} \Rightarrow x_{12} - x_{24} - x_{25} = 0$$

對節點 3、4、5、6、7 而言，同樣地，可求得對每節點的限制式。

欲求得從屏東到臺北的最佳路線，線性規劃模式可建立如下：

極小化　　$Z = 16x_{12} + 9x_{13} + 35x_{14} + 12x_{24} + 25x_{25} + 15x_{34} + 22x_{36} + 14x_{45} + 17x_{46} +$
　　　　　　　$19x_{47} + 8x_{57} + 14x_{67}$

限制條件　$x_{12} + x_{13} + x_{14} = 1$

　　　　　　$x_{12} - x_{24} - x_{25} = 0$

　　　　　　$x_{13} - x_{34} - x_{36} = 0$

　　　　　　$x_{14} + x_{24} + x_{34} - x_{45} - x_{46} - x_{47} = 0$

　　　　　　$x_{25} + x_{45} - x_{57} = 0$

　　　　　　$x_{36} + x_{46} - x_{67} = 0$

　　　　　　$x_{47} + x_{57} + x_{67} = 1$

　　　　　　$x_{ij} = 0\ 或\ 1$

使用網路分析法來求解上述最短路徑問題（本書第九章會詳細介紹），可得最佳解如圖 2.2 所示。

亦即 $x_{12} = 1$、$x_{13} = 1$、$x_{34} = 1$、$x_{36} = 1$、$x_{45} = 1$、$x_{47} = 1$，其餘的 x_{ij} 等於 0（不經過該路徑）。

五輛卡車從屏東到各終點站的總保費（以百元為單位）：

高雄 (node 2) 1-2　　　　　16
臺東 (node 3) 1-3　　　　　 9
新竹 (node 5) 1-3-4-5　　　38
花蓮 (node 6) 1-3-6　　　　31
臺北 (node 7) 1-3-4-7　　　43

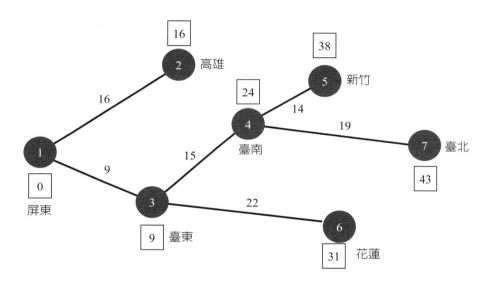

◆━▶ 圖 2.2　由五輛卡車到各終點站的最短路線

🔒2.3　本章摘要

　　作業研究在不同的管理問題上有廣泛的應用。在本章中，我們展示了廣泛的範例來闡明如何使用作業研究以協助決策過程。我們制定並解決了問題：如產品生產組合、財務最佳投資組合、人力規劃、運輸路線問題及最短路徑問題等等。在實際應用中，問題可能沒有那麼簡明扼要，問題的數據可能不會那麼容易可用，並且問題很可能涉及許多決策變數和約束條件。但是，深入研究本章中的應用程序是一個很好的學習，並幫助學生精通作業研究的原理以及在管理科學上的應用。

Chapter 3

線性規劃概論
(Introduction to Linear Programming)

Beaver Creek Pottery 公司的利潤最大化

　　Beaver Creek Pottery Company 是一家由美洲原住民部落委員會經營的小型工藝品公司。公司聘請技術精湛的工匠來生產具有美國正宗原產地的設計和顏色的黏土碗和杯子。公司使用的兩種主要資源是特種陶黏土和熟練的勞動力。這兩種產品具有以下生產資源需求和生產每件產品的利潤（即模型參數）。資源每天有 40 小時的勞動力和 120 磅的黏土可用於生產。鑑於這些有限的資源，公司想知道每天要生產多少個黏土碗和杯子，以實現利潤的最大化。這通常是被稱為產品混合生產類型的問題，這種問題如圖 3.1 所示。

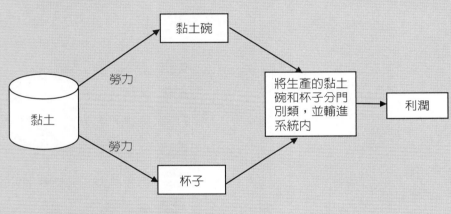

圖 3.1　黏土碗和杯子的生產

3.1　前言

　　一種模型，用於最佳分配稀缺資源或有限資源於各種競爭活動來爭取最高利潤或最低成本，以實現期望的目標，就是線性規劃 (Linear Programming)。線性規劃是一個重要的數學規劃模型，其中目標函數和約束條件可以表示為決策的線性函數特徵。目標函數代表一些主要的目標準則或衡量系統有效性的目標（例如：最大化利潤或生產率、最小化成本或消耗），但是總有一些實際資源的限制（例如：時間、材料、機器、能源或人力等等）。這意味著解決線性規劃問題使目標函數最優

化的決策變數值會受到限制。

　　線性規劃是作業研究學中，研究較早、發展較快、應用廣泛且方法較成熟的一個重要分支。時至今日，線性規劃已是一種標準工具，它是一個幫助經理做決定和規劃如何分配有限的資源所廣泛應用的數學技術。許多在商業上或工業上的問題，涉及到如何在競爭活動中找到最佳的方案來分配有限的資源。線性規劃模式可應用到許多現實的問題，例如：生產計劃、財務計劃、人力資源管理、運輸問題，以及飛機航班調度問題等等，並且已有許多成功應用的實例。由於線性規劃的重要性，本章及後續幾章的內容主要是討論線性規劃。本章介紹線性規劃的一般特性，以及如何求解線性規劃問題。第四章介紹單形法 (Simplex Method)。第五章討論單形法對偶理論以及敏感度分析，介紹原始問題與對偶問題間的關係，對偶問題的經濟意義，利用敏感度分析探究線性規劃問題中的敏感參數的變化與原問題的關係。

　　研習本章之後，學者將瞭解如何建立線性規劃模式、線性規劃之主要功用。本章將會介紹下列內容：**1. 線性規劃模式；2. 圖解法**。

🔒3.2　線性規劃模式

　　一般來說，求解線性目標函數在受到約束條件下的最大值或最小值的問題，統稱為線性規劃問題。任何線性編程模型（問題）都必須具有以下屬性：

1. 變數和約束之間的關係必須是線性的。
2. 模型必須具有目標函數。
3. 模型必須具有結構的約束條件。
4. 模型必須具有非負值的約束條件。

　　滿足線性約束條件的解叫做可行解，由所有可行解組成的集合叫做**可行解區域**。**決策變數、約束條件、目標函數**是線性規劃的三個基本要素。典型的線性規劃模式表示如下：

最佳化　　　$Z = c_1 x_1 + c_2 x_2 + ... + c_n x_n$

限制條件

$$
\left.
\begin{array}{l}
a_{11} x_1 + a_{12} x_2 + ... + a_{1n} \\
a_{21} x_1 + a_{22} x_2 + ... + a_{2n} \\
\cdots\cdots\cdots\cdots\cdots \\
\cdots\cdots\cdots\cdots \\
a_{m1} x_1 + a_{m2} x_2 + ... + a_{mn}
\end{array}
\right\}
\begin{array}{c}
\leq \\
= \\
\geq
\end{array}
\left\{
\begin{array}{l}
b_1 \\
b_2 \\
. \\
. \\
b_m
\end{array}
\right.
$$

$x_1, x_2, ..., x_n \geq 0$

　　模式的標準格式──線性規劃乃是利用數學方法來找到最好的方案，以便分配有限的資源。表 3.1 乃列示建立線性問題模式所需的資料。

表 3.1　線性規劃模式的標準格式

資源＼項目	每單位項目的資源使用量				可用的資源
	1	**2**	**...**	**n**	
1	a_{11}	a_{12}	...	a_{1n}	b_1
2	a_{21}	a_{22}	...	a_{2n}	b_2
.	...	...	...	...	.
.	...	...	...	...	.
m	a_{m1}	a_{m2}	...	a_{mn}	b_m
每單位項目對目標函數的貢獻	c_1	c_2	...	c_n	

　　根據上表提供的資料，典型的極大化數學模式建立如下：

極大化　　$Z = c_1x_1 + c_2x_2 + ... + c_nx_n$ 　　　　　　　　　　(1)

限制條件　$a_{11}x_1 + a_{12}x_2 + ... + a_{1n}x_n \leq b_1$ 　　　　　(2)

　　　　　$a_{21}x_1 + a_{22}x_2 + ... + a_{2n}x_n \leq b_2$ 　　　　　(3)

　　　　　　　　...　　　　...

　　　　　$a_{m1}x_1 + a_{m2}x_2 + ... + a_{mn}x_n \leq b_m$ 　　　　(m)

　　　　　$x_1, x_2, ..., x_n \geq 0$ 　　　　　　　　　　　　　　(n)

　　其中 $x_1, x_2, ..., x_n$ 稱為**決策變數** (Decision Variables)。方程式 (1) 稱為**目標函數**，方程式 (2), (3), ..., (m) 稱為**限制條件**，方程式 (n) 中的 $x_j \geq 0(j = 1, 2, ..., n)$ 稱為非負數限制式，c_j、b_i 和 a_{ij}（$i = 1, 2, ..., m$ 及 $j = 1, 2, ..., n$）的數值是線性規劃模式的**輸入常數** (Input Constants)，也稱為模式參數 (Parameters)。$b_1, b_2, ..., b_m$ 是資源的限制；c_j 是 x_j 增加一單位時，Z 值增加的比例；a_{ij} 是生產一單位 x_j 必須消耗第 i 項資源的使用量。以下是一個典型線性規劃的例子──最大利潤問題。

典型範例

　　假定某工廠製造 x_1 及 x_2 兩種產品，每種產品在製造過程中，都必須經過兩部不同的機器 M1 及 M2 分別處理。每一單位的 x_1 需要機器 M1 處理 2 小時及機器 M2 處理 3 小時。每一單位的 x_2 需要機器 M1 處理 4 小時及機器 M2 處理 2 小時。每一單位 x_1 的利潤爲 60 元，每一單位 x_2 的利潤爲 50 元。機器 M1 的有效時間爲 80 小時，機器 M2 的有效時間爲 60 小時。此工廠爲求得最大利潤，應生產多少單位之 x_1 及 x_2 且能符合機器有效時間的限制？

線性規劃問題模式的建立

　　以上問題的定義指出，所需制定的決策是爲達到最大的總利潤時，各項產品生產多少單位。簡而言之，此線性規劃問題模式乃是選擇 x_1 和 x_2 的值，以達到

極大化　　　$Z = 60x_1 + 50x_2$　（最大化利潤－目標函數）

限制條件　　$2x_1 + 4x_2 \leq 80$　（機器 M1 有效時間的限制）

　　　　　　$3x_1 + 2x_2 \leq 60$　（機器 M2 有效時間的限制）

　　　　　　$x_1 \geq 0$　　　　　（x_1 產品不可以有負數的產量）

　　　　　　$x_2 \geq 0$　　　　　（x_2 產品不可以有負數的產量）

　　線性規劃問題的其他格式如下所述：

1. 可以是極小化而非極大化的目標函數：

   極小化 $Z = c_1x_1 + c_2x_2 + ... + c_nx_n$

2. 可以是「大於」或「等於」右邊值的函數限制式：

   亦即，對某些 i 而言，$a_{i1}x_i + a_{i2}x_2 + ... + a_{in}x_n \geq b_i$

3. 可以是「等於」右邊值的函數限制式：

   亦即，對某些 i 而言，$a_{i1}x_i + a_{i2}x_2 + ... + a_{in}x_n = b_i$

4. 有些決策變數可以是沒有非負數的限制：

   亦即，對某些 i 而言，x_i 不受正負數的限制。

任何問題包含上述表達方式，仍是線性規劃問題。例如：

極大化　　　$Z = 60x_1 + 50x_2$（最大化利潤－目標函數）

限制條件　　$2x_1 + 4x_2 \leq 80$　　（機器 M1 有效時間的限制）

　　　　　　$3x_1 + 2x_2 = 60$　　（機器 M2 有效時間的限制）

　　　　　　$x_1 \geq 0$　（x_1 產品不可以有負數的產量）

　　　　　　$x_2 \geq 0$　（x_2 產品不可以有負數的產量）

仍是線性規劃問題！

🔒3.3　線性規劃模式的專有名詞

目標函數 (Objective Function)：目標函數通用的型態有兩種：極大化與極小化。

決策變數 (Decision Variables)：決策變數代表可供決策者選擇的變數，通常以投入或產出表示。例如：選擇總成本最低的投入組合或者選擇利潤或收益最大的產出組合。

限制式 (Constraint)：限制式通常有三種類型：

1. 小於或等於（≤）
2. 大於或等於（≥）
3. 等於（＝）

可行解區域 (Feasible Region)：滿足所有限制式的區域，即所有可行解所形成的集合。例如：圖 3.1 的斜線部分。

最佳解 (Optimal Solution)：在極大（小）化問題，可行解區域中能使目標值為最大（或最小）的解就是最佳解。例如：在圖 3.1 中，點 (10, 15) 是最佳解。

在線性規劃問題中，任何決策變數 $(x_1, x_2, ..., x_n)$ 的值，不論是否滿足所有限制條件，都稱為解 (Solution)，解的種類可分為兩種：

可行解 (Feasible Solution)：決策變數的值滿足所有限制條件的解。

不可行解(Infeasible Solution)：決策變數的值至少有一無法滿足限制條件的解。

例如：在圖 3.1 中，點 (10, 10) 和 (5, 5) 是可行解，而點 (−1, 5) 和 (30, 10) 則為不可行解。

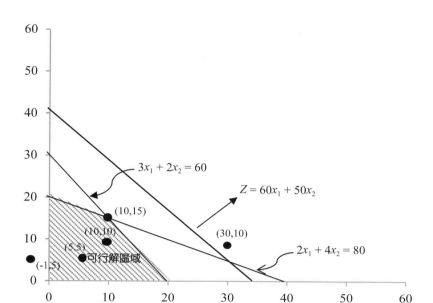

圖 3.1　典型範例的可行解及不可行解

3.4　線性規劃的假設

使用線性規劃求解問題時，一般基於四個假設：**1. 正比性**、**2. 可加性**、**3. 可分性及 4. 確定性**。

1. **正比性**：正比性 (Proportionality) 是指各個項目對於該線性規劃問題中函數的貢獻和變數之值成比例。正比性假設 (Proportionality Assumption)：假設每個項目對線性規劃目標函數值和函數限制式的貢獻與變數之值成比例。例如：一線性規劃的目標函數是銷售額，銷售產品 A 一件可賣 \$100，那麼，銷售兩件可賣 \$200，銷售三件可賣 \$300，以此類推，銷售 X 件可賣 \$100X，因此，此目標函數符合正比性。假設一線性規劃的限制式是裝配時間，裝配一件產品 A 需 2 小時，那麼，裝配兩件需 4 小時，裝配三件需 6 小時，以此類推，裝配 X 件需 2X 小時，因此，此函數限制式符合正比性。但實際問題中，正比性假設很難完全滿足，例如：銷售越多的產品 A 可能會給買家一些折扣，這時目標函數就不符合比例性。再舉一個例子，某人駕車的時速為 100 公里／小時，他開了 3 小時，理應行駛了 300 公里，假若他在途中遇到塞車，因此僅行駛 250 公里，這時就不符合比例性。如圖 3.2 所示，Z 符合正比性，Z_1、Z_2 和 Z_3 違反正比性，正如表

3.2 數值所示。

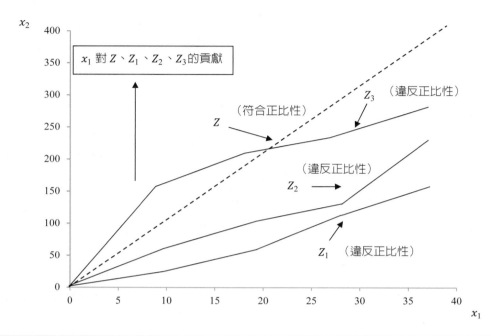

◆━━ 圖 3.2　符合正比性與違反正比性的情況

表 3.2　符合或違反正比性的例子

x_1	產品 A x_1 單位的利潤（每週百美元）			
	符合正比性（Z）	違反正比性		
		Z_1	Z_2	Z_3
0	0	0	0	0
10	100	20	50	160
20	200	50	100	220
30	300	100	120	240
40	400	140	210	270

在大多數的情況下，若線性問題的正比性假設無法成立時，則必須使用**非線性規劃** (Nonlinear Programming) 或**混合整數規劃** (Mixed Integer Programming)，或其他模式求解，後面有數章節會詳加討論。

2. **可加性**：可加性 (Additivity) 是指線性規劃函數的各項目彼此獨立，因此可相互加減。可加性假設 (Additivity Assumption)：線性規劃模式的各函數假設是彼此獨立，因此可相加而得到各目標函數或限制條件貢獻的總和，此假設排除交叉乘項（包括兩個或兩個以上變數相乘的項）情況的發生，因此數個決策變數對目標函數或功能限制式的作用，便可以把個別的作用加總在一起。可加性假設意味著產品 x_1 的利潤 P_1，和產品 x_2 的利潤 P_2 是彼此獨立的，因此可相加而得到總利潤 $P_1 + P_2$，如表 3.3 所示。Z 情況符合可加性，Z_1 情況和 Z_2 情況違反可加性。當線性規劃的可加性假設不是合理時，例如：產品 A 和產品 B 的銷售量是彼此相爭時，當產品 A 的銷售量增加，另一項產品 B 的銷售量則減少。或者產品 A 和產品 B 的銷售量是彼此相助時，當產品 A 的銷售量增加，另一項產品 B 的銷售量也增加。這些問題的情況造成可加性不是合理的假設，這時就得使用非線性規劃或其他規劃模式了。

表 3.3　符合或違反可加性的例子

(x_1, x_2)	產品一單位的利潤（每週千美元）		
	符合可加性	違反可加性	
	Z	Z_1	Z_2
(1, 0)	10	10	10
(0, 3)	20	20	20
(1, 3)	30	35	37

3. **可分性**：可分性 (Divisibility) 是指所有決策變數的值都可以是任何實數值，而不一定必是整數。可分性假設 (Divisibility Assumption)：線性規劃模式的決策變數可以是任何實數值，亦即可以有小數部分，以滿足目標函數和非負值限制式。但在一些情形中，有些決策變數必須限制爲整數值 (Integer Value)，例如：一生產排程所需要的機器數量必須爲整數，所以線性規劃的可分性假設不是合理的。有這種限制條件的數學模式稱爲**整數規劃** (Integer Programming) 模式，將在第六章討論。

4. **確定性**：確定性 (Certainty) 是指線性規劃中所有係數均爲已知的常數。確定性假設 (Certainty Assumption)：指線性規劃模式中所有參數值係數（c_j、a_{ij}、b_i），均爲已知的常數。在實際的應用問題中，確定性假設很少能夠完全符合。所有

參數值或係數可能都是透過預測而得到，因而會存在某種程度的不確定。尤其是新冠病毒 (COVID-19) 造成很多生產或銷售的不確定性。因為不確定性，在求得線性問題的最佳解以後，應該進行**敏感度分析** (Sensitivity Analysis) 來檢驗當參數值／係數變化，或限制條件變動時，會不會改變最佳解？改變多少？以提供管理階層更有用的資料。第五章將詳述敏感度分析，有時候參數的不確定性太大，以至於無法進行敏感度分析，在這種情況下，參數值必須視為隨機變數 (Random Variables)。

3.5　圖解法 (Graphical Method)

　　有很多方法可以解決線性規劃問題，當有兩個問題決策變數時，可以使用圖形方法求解；當問題中有兩個以上的決策變數時，就需用另一種方法求解。丹齊格 (G. B. Dantzig) 在 1947 年提出了求解線性規劃問題的「單形法」(Simplex Method) 後，其應用範圍，日趨廣大，其中以企業界獲益尤多。第四章將會詳加討論「單形法」。

3.5.1　兩個變數的線性規劃問題可以用圖解法求解，其步驟如下

步驟 1：繪出可行解區域。

步驟 2：畫出目標方程式的線（利潤或成本線）。

步驟 3：對極大化問題而言，在可行解區域內，往增加利潤這個方向上平行移動，最後與可行解區域相交的點乃是最佳解。對極小化問題而言，在可行解區域內，往減少成本這個方向下平行移動，最後與可行解區域相交的點乃是最佳解。

　　茲以前述的典型範例來說明圖解法的求解過程。

極大化　　$Z = 60x_1 + 50x_2$（最大化利潤－目標函數）

限制條件　$2x_1 + 4x_2 \leq 80$（機器 M1 有效時間的限制）

　　　　　$3x_1 + 2x_2 \leq 60$（機器 M2 有效時間的限制）

　　　　　$x_1 \geq 0$（x_1 產品不可以有負數的產量）

　　　　　$x_2 \geq 0$（x_2 產品不可以有負數的產量）

　　這個線性規劃問題只有兩個決策變數，由於只有兩個維度空間，因此可以利用圖解的方法解題。此圖解法是以 x_1 和 x_2 為座標軸，建構一個兩度空間圖形。第一步是找出限制式所允許的 (x_1, x_2) 值，此即畫出每一限制式允許值範圍的界限。首先畫出等式部分，之後才考慮不等式部分（<），圖 3.3 乃畫出第一條限制式等式部分。

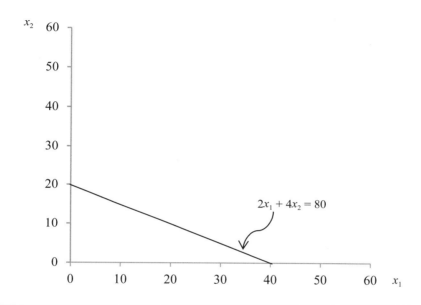

➡ 圖 3.3　典型範例的第一條限制式等式部分 $(2x_1 + 4x_2 = 80)$

　　不等式表示直線某一邊的所有點都會滿足限制式，要決定這些點是屬於哪一邊的點，通常選擇原點 $(0, 0)$ 來檢驗。經過檢驗結果，滿足 $2x_1 + 4x_2 \leq 80$ 所有的點是指在 $2x_1 + 4x_2 = 80$ 線上或其下方的點，而在上方的點則不符合該不等式的要求。圖 3.4 斜線部分表示第一條限制式可行解區域 (Feasible Region)。

　　重複這樣的計算過程，可畫出第二條限制式的可行解區域，如圖 3.5 所示。

　　下一步乃是要建構可行解區域能同時滿足 $2x_1 + 4x_2 \leq 80$ 和 $3x_1 + 2x_2 \leq 60$ 兩條限制式。從圖 3.4 和圖 3.5，顯而易見，此可行解區域乃是圖 3.4 的可行解區域和圖 3.5 的可行解區域的交集。圖 3.6 斜線部分表示滿足 $2x_1 + 4x_2 \leq 80$ 和 $3x_1 + 2x_2 \leq 60$ 兩條限制式的可行解區域。

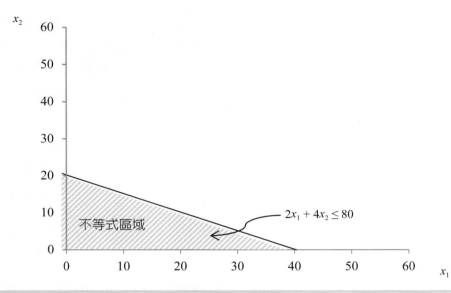

➡ 圖 3.4 典型範例的第一條限制式可行解區域 ($2x_1 + 4x_2 \leq 80$)

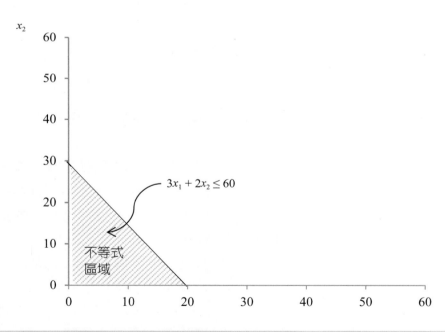

➡ 圖 3.5 典型範例的第二條限制式可行解區域 ($3x_1 + 2x_2 \leq 60$)

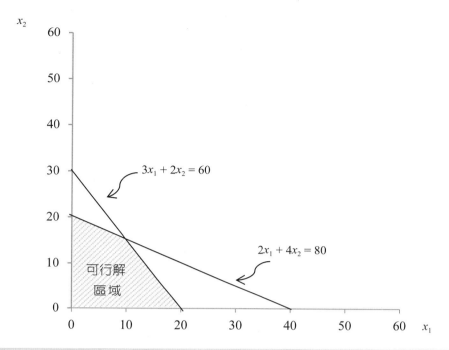

■➡ 圖 3.6 典型範例的可行解區域

3.5.2 圖解法最佳解與最佳值

圖解法最後的步驟是要挑選此可行解區域裡的點,使得 $Z = 60x_1 + 50x_2$ 的值為最大。想要有效率的執行這個步驟,首先使用試誤法 (Trial and Error)。舉例來說,嘗試 $Z = 1,000 = 60x_1 + 50x_2$,看看在可允許的區域中哪些 (x_1, x_2) 值會使得 $Z = 1,000$?如圖 3.7 所示,畫出的 $60x_1 + 50x_2 = 1,000$ 直線,可以看出此直線有許多點在區域內,選擇沿右上邊移動,會增加 Z 值,若往左下移動,會減少 Z 值,如圖 3.8 所示。

以上所述,意味著試誤法所建構的直線就是畫出一連串平行直線,每一條至少有一點在可行解區域內,然後選出其中 Z 值最大者。圖 3.8 顯示此直線通過 (10, 15),也就是最佳解 (Optimal Solution) 是 $x_1 = 10$ 和 $x_2 = 15$,表示 Z 的最佳值是 $Z = 1,350$。利用圖解法來求解兩個決策變數的線性規劃問題,其最佳解都會落在可行解區域的「端點」,所以只要檢查端點,再計算,並比較出端點的目標函數值,便可得到最佳值。

上述方法稱為線性規劃的圖解法 (Gaphical Method),它可以求解任何兩個決策變數的線性規劃問題。此法雖然可以求解三個決策變數的問題,但較為困難,超過三個決策變數的問題則無法使用。下一章會介紹求解大型線性規劃問題的單形法。

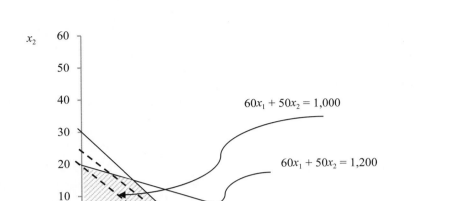

圖 3.7　典型範例的目標函數線條 $(Z = 60x_1 + 50x_2)$

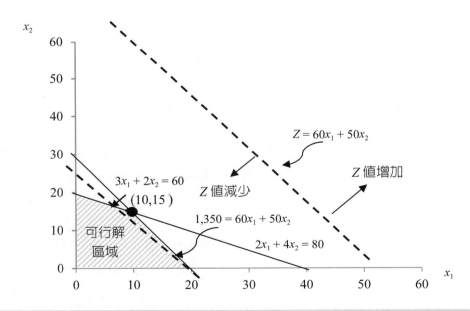

圖 3.8　典型範例的最佳解

　　大多數線性規劃問題只有單一最佳解。某些問題可能擁有一個以上的最佳解，在典型範例中，若每單位 x_2 的利潤改變為 $40，目標函數會成為 $Z = 60x_1 + 40x_2$，如範例 3.1 所示。

範例 3.1

極大化　　$Z = 60x_1 + 40x_2$（最大化利潤－目標函數）

限制條件　$2x_1 + 4x_2 \leq 80$（機器 M1 有效時間的限制）

　　　　　$3x_1 + 2x_2 \leq 60$（機器 M2 有效時間的限制）

　　　　　$x_1 \geq 0$（x_1 產品不可以有負數的產量）

　　　　　$x_2 \geq 0$（x_2 產品不可以有負數的產量）

　　如同上述典型範例的做法。那麼，連結點 (10, 15) 和 (20, 0) 之間所有的點都是最佳解，如圖 3.9 所示，目標函數都是最大值 $Z = 1,200$。任何有這種多重最佳解 (Multiple Optimal Solutions) 的問題就是有多個最佳解，它們都有相同的目標函數值。

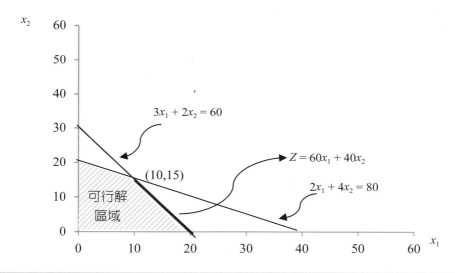

➡ 圖 3.9　範例 3.1 有相同的目標函數值的多重最佳解

　　一個問題可能無可行解 (No Feasible Solutions)，如範例 3.2 所示。

範例 3.2

極大化　　$Z = 4x_1 + 3x_2$

限制條件　$2x_1 + 3x_2 \leq 6$

　　　　　$3x_1 + 4x_2 \geq 10$

　　　　　$x_1, x_2 \geq 0$

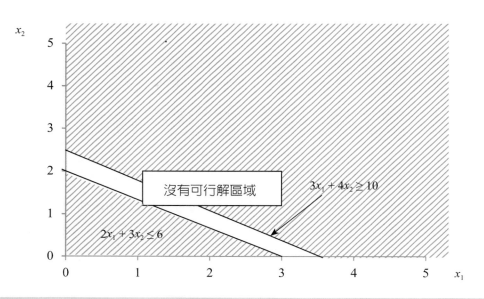

➡ 圖 3.10　範例 3.2 無可行解的情況

如同前述典型範例的做法。圖 3.10 表示無法找到 (x_1, x_2) 的組合，以滿足兩個限制條件。

另一種可能性是線性規劃問題有無界值，限制式無法防止目標函數值 (Z) 朝有利的方向持續改善而停止，即為無界 Z 值 (Unbounded Z) 或無界目標值 (Unbounded Objective)，如範例 3.3 所示。

範例 3.3

極大化　　$Z = 60x_1 + 50x_2$（最大化利潤－目標函數）

限制條件　$x_1 \leq 20$（機器 M2 有效時間的限制）

　　　　　$x_1 \geq 0$（x_1 產品不可以有負數的產量）

　　　　　$x_2 \geq 0$（x_2 產品不可以有負數的產量）

如同前述典型範例的做法。如圖 3.11 所示，因為可得到目標值 $Z => \infty$，所以此線性問題是無界解 (Unbounded)。

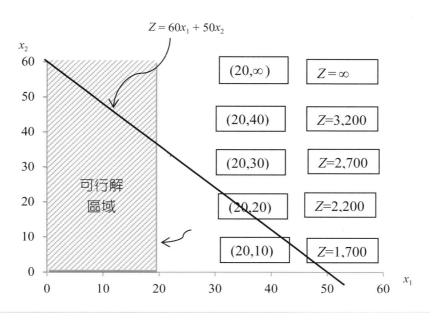

圖 3.11　範例 3.3 無窮解的情況

結論：

　　圖 **3.12** 說明線性規劃求解最佳解可能的情形。作業研究團隊需在完全瞭解這些實際的情形以後，準備進行模式的合理性評估及敏感度分析。

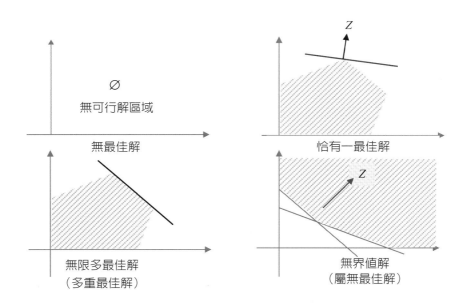

圖 3.12　線性規劃最佳解可能的情形

🔒3.6　本章摘要

■ 線性規劃模式 (Linear Programming Model) 是在一組「線性」的限制條件 (A Set of Linear Constraints) 之下，尋找一個特定極大化 (Maximize) 或極小化 (Minimize) 的目標函數 (Objective Function)。其一般形式為

目標函數極大化 $Z = CX$

限制條件 $\begin{cases} AX \le B \\ X \ge 0 \end{cases}$

其中 $C = (c_1, c_2, ..., c_n)$, $A = (a_{ij})_{m \times n}$, $B = (b_1, b_2, ..., b_m)^T$, $X = (x_1, x_2, ..., x_n)^T$，

或者，

目標函數極小化 $Z = CY$

限制條件 $\begin{cases} AY \ge B \\ Y \ge 0 \end{cases}$

其中 $C = (c_1, c_2, ..., c_n)$, $A = (a_{ij})_{m \times n}$, $B = (b_1, b_2, ..., b_m)^T$, $Y = (y_1, y_2, ..., y_n)^T$。

■ 線性規劃 (Linear Programming) 問題的基本假設

1. 正比性 (Proportionality)。

2. 可加性 (Additivity)。

3. 可分性 (Divisibility)。

4. 確定性 (Certainty)。

■ 兩個變數的線性規劃問題可利用圖解法求解。

■ 線性規劃問題目標函數的斜率

目標函數 $Z = c_1 x_1 + c_2 x_2$

斜率 $= -\dfrac{c_1}{c_2}$ $(c_2 \ne 0)$

■ 線性規劃問題的解有四種情況

1. 獨一的最佳解：有可行解區域。

2. 多重最佳解：有可行解區域，但有多重最佳解。

3. 無解（沒有可行解）：無可行解區域。

4. 無界解（變數值無限或目標值無限）：有可行解區域，但無界限。

■ 線性規劃在不同的管理問題上也有廣泛的應用。然而，線性規劃問題必須要有定義很好的目標函數、決策變數和限制條件三要素，並不是所有的人力、物力等資源都能夠寫成一個線性規劃模式。如果線性規劃的基本假設不成立的話，則可能必須利用其他數學規劃模式來表示，例如：整數規劃或非線性規劃等等，這些模式將在以後章節詳細討論。

Chapter 4

線性規劃問題：單形法
(Linear Programming Problems: Simplex Method)

◀ 達美航空公司（DELTA AIR LINES）的飛機調度的決策 *

　　達美航空公司在其 Coldstart 專案中使用線性和整數規劃解決其飛機分配的問題。問題是將飛機與航班匹配，並為付錢買了機票的顧客安排座位。航空公司的盈利能力取決於能夠在一天中正確的時間及航班能調度與乘客容量剛好的飛機。一旦飛機起飛，空的座位便成了公司潛在的盈利損失了。公司建立 Coldstart 模型的主要目標是使營運成本和乘客潛在的盈利損失最小化。約束條件包括飛機可被調度的可能性，機場乘客到達率和離開率的平衡和維護要求。Coldstart 專案顯示了線性規劃技術可以成功地幫助達美航空公司解決問題：這個飛機調度的模型大約有 60,000 個決策變數和 40,000 個約束條件。解決飛機調度問題的第一步是將模型以線性規劃程序來求解。模型開發人員能成功地解決每天飛機調度問題，並認為使用 Coldstart 模型將為達美航空公司在未來三年內節省了 3 億美元。

* 資料來源：R. Subramanian, R. P. Scheff, Jr., J. D. Quillinan, D. S. Wiper, and R. E. Marsten, "Coldstart: Fleet Assignment at Delta Air Lines," *Interfaces*, *24*(1) (January/February 1994), pp. 104-120.

🔒4.1　前言

　　第三章告訴我們當線性規劃問題只有兩個決策變數時，通常用圖解法在可行解區域的角點可找到最佳解。但是對於超過兩個決策變數的線性規劃問題，則不容易使用圖解法找出可行解區域的角點。美國數學家丹齊格 (George Dantzig) 於 1947 年提出求解線性規劃問題的通用方法──**單形法（Simplex Method，或稱單純形法）**，至今仍是求解線性規劃問題最主要的方法。它主要涉及迭代過程。單形法的基本思想是：先找出一個基本可行解，對它進行鑑定，看是否為最佳解；若不是，則按照一定法則轉換到另一改進後更優的基本可行解，再鑑定；若仍不是，則再轉換，按此重複進行。因基本可行解的個數有限，故經過有限次轉換必能得出問題的最佳解。如果問題無最佳解也可用此法判別。本章旨在描述和說明單形法的主要特點，以及應用單形法求解線性規劃問題。單形法也可用來執行敏感度分析，本書第五章將會詳細闡述。

研習本章之後，學者將熟悉單形法求解線性規劃問題的基本步驟，如何用**大 M 法** (Big-M Method)、**兩階法** (Two-Phase Method) 求解不能應用單形法求解的線性規劃問題，以及如何用單形法來辨別線性規劃問題的四個特殊情況：**多重最佳解**、**無限解**、**無可行解**和**退化解**。

🔒4.2　單形法幾何觀念

單形法是一種代數解題程式，其基本的屬性是如果一線性問題的最佳解存在的話，其最佳解通常是基本可行解之一。也就是說單形法的基本概念卻是幾何觀念，研習相關的幾何觀念後，就能夠充分明瞭單形法運作的情形。因此，在進入代數的細節前，章節 4.2.1 到 4.2.3 先說明線性規劃一般的幾何觀念。

4.2.1　幾何圖形名詞

限制式邊界 (Constraint Boundary) 亦稱約束邊界。此種限制式定義了 n 度空間之幾何圖形。

邊界 (Boundary)：滿足一個或多個邊界方程式的可行解，稱爲可行域之邊界。

角點解 (Corner-Point Solution)：

1. 各限制式邊界所相交的點，如圖 4.1 的 A、B、C、D、E 和 F。
2. 角點可行解 (Corner-Point Feasible Solution, CPFS)：滿足限制條件的角點，如圖 4.1 的 A、B、C 和 D。
3. 角點不可行解 (Corner-Point Infeasible Solution)：不滿足限制條件的角點，如圖 4.1 的 E 和 F。

相鄰的 (Adjacent)：若兩個角點可行解 (CPFS) 有一個共同的限制式邊界，則彼此稱爲相鄰的，如圖 4.1 的 A 與 B 兩點、C 與 D 兩點，是相鄰的。

邊 (Edge)：若兩個角點可行解 (CPFS) 是相鄰的 (Adjacent)，兩相鄰 CPFS 由該共用限制邊界的線段相連，此線段稱爲可行解區域的一邊緣 (Edge)，如圖 4.1 的 AB、BC、CD 和 DA 四個線段均爲可行解區域的邊。

圖 4.1 乃顯示兩個限制式及兩個非負數限制式的圖形，各限制式的邊界稱爲限制式邊界 (Constraint Boundary)，如典型範例 $3x_1 + 2x_2 \leq 18, x_1 + 2x_2 \leq 12$，$x_1 \geq 0, x_2 \geq 0$ 所示。限制式邊界所相交的點稱爲角點解 (Corner-Point Solution)，又稱爲基本解 (Basic Solution)。角點解的上限個數是 $\binom{m}{n} = \dfrac{m!}{n!(m-n)!}$，其中 m 是限制式、n 是變

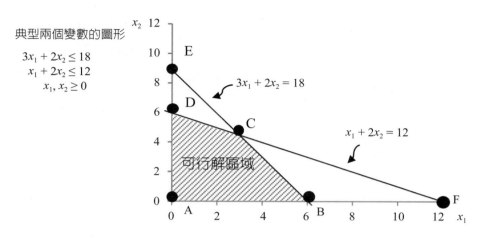

典型兩個變數的圖形

$3x_1 + 2x_2 \leq 18$
$x_1 + 2x_2 \leq 12$
$x_1, x_2 \geq 0$

$3x_1 + 2x_2 = 18$

$x_1 + 2x_2 = 12$

可行解區域

↔ 圖 4.1

數。如典型範例所示，$m = 4$、$n = 2$，角點解的上限個數 $= \dfrac{4!}{2!\,2!} = 6$（如圖 4.1 中的 A、B、C、D、E、F 六點）。

但要注意的是：**不是所有的角點解都是可行的**。如圖 4.1 所示，A、B、C、D 四點是角點可行解 (Corner-Point Feasible Solution, CPFS)，又稱基本可行解 (Basic Feasible Solution, BFS)，而 E、F 兩點是角點不可行解 (Corner-Point Infeasible Solution)，又稱基本不可行解 (Basic Infeasible Solution)，因為 E、F 兩點不在可行解區域內。**線性規劃問題的最佳解點通常在角點可行解上。**

圖 4.2 乃顯示三個限制式及三個非負數限制式的圖形。如圖 4.2 所示，角點解的上限個數 $= \dbinom{m}{n} = \dfrac{m!}{n!(m-n)!} = \dbinom{6}{3} = \dfrac{6!}{3!\,3!} = 20$。由於有些限制式邊界無法相交於一點，或是有些交點是相同的一點，所以角點解的上限個數不一定會達到此上限 $\left(\dfrac{m!}{n!(m-n)!}\right)$。如果是四個限制式及三個非負數限制式，則角點解的上限個數 $= \dbinom{m}{n} = \dfrac{m!}{n!(m-n)!} = \dbinom{7}{3} = \dfrac{6!}{3!\,4!} = 35$。

4.2.2　單形法的相關名詞

以下名詞對基本單形法的觀念是非常重要的：

可行解 (Feasible Solution)：指在數學規劃問題中，滿足所有約束條件與非負數限制的解（點）。

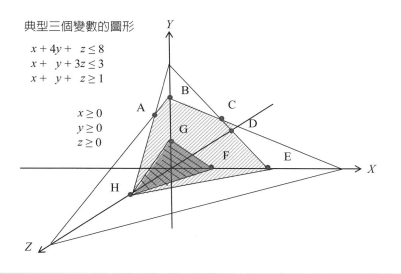

典型三個變數的圖形

$x + 4y + z \le 8$
$x + y + 3z \le 3$
$x + y + z \ge 1$

$x \ge 0$
$y \ge 0$
$z \ge 0$

圖 4.2

擴充解 (Augmented Solution)：是原始變數（決策變數）的解加上對應的鬆弛變數，剩餘變數值所得之解。

基本解 (Basic Solution)：是定義角點（即端點）的擴充解，稱為基解 (Basic Solution)。

基本可行解 (Basic Feasible Solutions)：滿足非負約束條件位於角點的基本解，稱為基本可行解。線性規劃問題如果有可行解，則必有基本可行解。

可行基 (Feasible Base)：基本可行解相對應的基本矩陣。

圖 4.3 說明了線性規劃問題的各種解之間的關係。

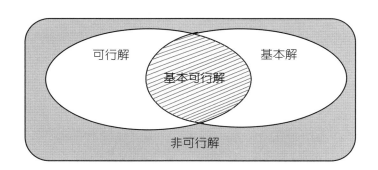

圖 4.3

非基變數 (Nonbasic Variables)：基本可行解中，令其值設定為零的變數。

基變數 (Basic Variables)：基本可行解中，須求解的變數。

基底 (Basis)：所有基本變數的集合。

可行解區域 (Feasible Region)：滿足所有限制式的區域，即所有可行解所形成的集合。

最佳解 (Optimal Solution)：在極大（小）化問題，可行解區域中能使目標值為最大（小）的數就是最佳解。

退化 (Degenerating) 的基本可行解：乃是指至少有一個基變數的值等於零的基本可行解，則稱為是退化的基本可行解。

非退化 (Nondegenerate) 的基本可行解：非退化的基本可行解 (Nondegenerate Basic Feasible Solution) 是線性規劃的基本概念之一。基本可行解所有的基變數都大於零，就是非退化的基本可行解。

4.2.3　單形法的基本概念

角點可行解 (CPFS) 具有幾個重要性質：

性質 4.1：一個具有最佳解的線性規劃問題，一定存在一個為最佳解的角點可行解 (CPFS)。此性質並不意味著最佳解必為角點可行解，因為當有多重最佳解時，許多最佳解並非角點可行解。

性質 4.2：角點可行解 (CPFS) 是有限的。

性質 4.3：若一個角點可行解 (CPFS) 沒有更佳相鄰角點可行解 (CPFS)，則此角點可行解為最佳解。

4.2.4　單形法的幾何尋優方法

單形法是一種有系統的尋優方法，其主要概念是根據上述的三個重要性質。根據性質 4.1，若有最佳解，則一定可從 CPFS 中找到。同時根據性質 4.2，運算的過程會在有限個的循環內停止。根據性質 4.3，單形法首先以原點（決策變數皆為 0）的 CPFS 作為起始點，檢驗是否有相鄰的 CPFS 具有比此點更佳的目標函數值。如果沒有的話，表示此點為最佳解，並停止運算。如果有的話，就要找出下一個 CPFS，如此迭代運算，直至找到最佳解或者判定其為無界解或無解。

舉例來說，可行解區域和四個角點可行解如圖 4.4 所示，假設目標函數為 $Z = x_1 + 4x_2$，以 CPFS A(0, 0) 作為起始點，檢驗相鄰的 D(0, 6)。

情況 1：如果相鄰的 D(0, 6) 沒有比 CPFS A(0, 0) 有更佳的目標函數值，則找下一個 CPFS B(6, 0)，如果 B(6, 0) 沒有比 A(0, 0) 更好的目標函數值，則點 A(0, 0) 為最佳解，並停止運算。

情況 2：如果相鄰的 D(0, 6) 比 CPFS A(0, 0) 有更佳的目標函數值的話，則找下一個
CPFS C $\left(3, \frac{9}{2}\right)$，如果 C $\left(3, \frac{9}{2}\right)$ 沒有比 D(0, 6) 有更佳的目標函數值，那麼
D(0, 6) 便是最佳解，否則找下一個 CPFS B(6, 0) 繼續運算，直至找到最佳
解或者判定其無界解或無解。圖 4.4 的虛線表示所走的路徑，表 4.1 說明
角點 D(0, 6) 是最佳解。

　　同樣地，若以 CPFS A(0, 0) 作為起始點，檢驗相鄰的 B(6, 0)，則圖 4.5 的虛線
表示所走的路徑，表 4.2 說明角點 D(0, 6) 是最佳解。

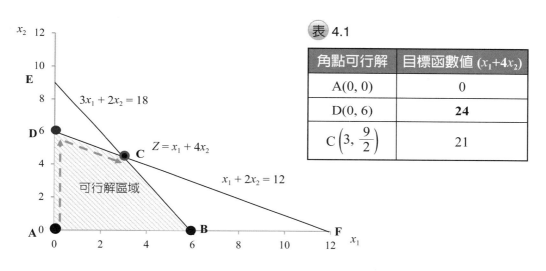

表 4.1

角點可行解	目標函數值 (x_1+4x_2)
A(0, 0)	0
D(0, 6)	**24**
C $\left(3, \frac{9}{2}\right)$	21

◀▶ 圖 4.4

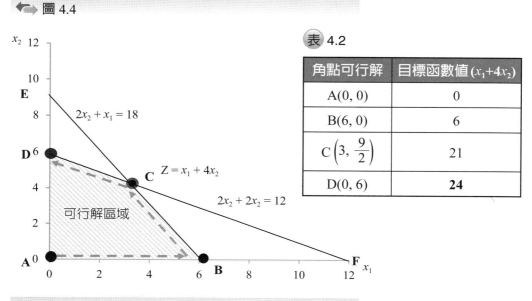

表 4.2

角點可行解	目標函數值 (x_1+4x_2)
A(0, 0)	0
B(6, 0)	6
C $\left(3, \frac{9}{2}\right)$	21
D(0, 6)	**24**

◀▶ 圖 4.5

4.2.5 單形法的一般解題步驟可歸納如下

步驟 1：把線性規劃問題的約束方程組表達成標準型方程組，找出基本可行解作為初始基本可行解。

步驟 2：若基本可行解無法找到，則可利用其他特殊方法來找出基本可行解。若還是無法找出基本可行解，則線性規劃問題無解。

步驟 3：若基本可行解存在，從初始基本可行解作為起點，根據最佳性條件和可行性條件，引入非基變數取代某一基變數，找出目標函數值更優的另一基本可行解相鄰的角點可行解 (CPFS)。

步驟 4：按步驟 3 進行迭代，直到對應檢驗數滿足最佳解條件（這時目標函數值不能再改善），即得到問題的最佳解。

步驟 5：若迭代過程中發現問題的目標函數值是無界解或無解，則終止迭代運算。

🔒 4.3 單形法求解極大值問題的步驟

4.3.1 利用單形法求解線性規劃之極大化問題的步驟

步驟 1：將數學模式寫成標準型

單形法解題：將數學模式寫成標準型

極大化 $\quad Z = c_1 x_1 + c_2 x_2 + ... + c_n x_n$

限制條件 $\quad a_{11} x_1 + a_{12} x_2 + ... + a_{1n} x_n \leq b_1$

$\qquad\qquad a_{21} x_1 + a_{22} x_2 + ... + a_{2n} x_n \leq b_2$

$$\cdots$$

$\qquad\qquad a_{m1} x_1 + a_{m2} x_2 + ... + a_{mn} x_n \leq b_m$

$\qquad\qquad x_1, x_2, ..., x_n \geq 0$

將上述數學模式加入鬆弛變數 (slack variables) 寫成標準型如下：

極大化 $\quad Z = c_1 x_1 + c_2 x_2 + ... + c_n x_n$

限制條件 $\quad a_{11} x_1 + a_{12} x_2 + ... + a_{1n} x_n + s_1 = b_1$

$\qquad\qquad a_{21} x_1 + a_{22} x_2 + ... + a_{2n} x_n + s_2 = b_2$

$$\cdots$$

$\qquad\qquad a_{m1} x_1 + a_{m2} x_2 + ... + a_{mn} x_n + s_m = b_m$

$\qquad\qquad x_1, x_2, ..., x_n, s_1, s_2, ..., s_m \geq 0$

其中 x_1、x_2、...、x_n 是決策變數；s_1、s_2、...、s_m 是鬆弛變數。

將上述標準型列成單形表，如表 4.3 所示。

表 4.3

	c_j	c_1	c_2	$\cdots$	c_n	0	0	$\cdots$	0		
c_b	x_b	x_1	x_2	$\cdots$	x_n	s_1	s_2	$\cdots$	s_m	b_i	$\dfrac{b_i}{a_{ij}}$
基變數的對應係數	基變數	a_{11} a_{12} a_{m1}	a_{12} a_{22} a_{m2}	$\cdots$ $\cdots$ $\cdots$	a_{1n} a_{2n} a_{mn}	1 0 0	0 1 0	$\cdots$ $\cdots$ $\cdots$	0 0 1	右邊常數項	比值
$\sum c_b a_{ij}$	z_j	z_1	z_2	$\cdots$	z_n	z_{n+1}	z_{n+2}	$\cdots$	z_{n+m}	目標函數值	
	$c_j - z_j$	$c_1 - z_1$	$c_2 - z_2$	$\cdots$	$c_n - z_n$	$c_{n+1} - z_{n+1}$	$c_{n+2} - z_{n+2}$	$\cdots$	$c_{n+m} - z_{n+m}$		

步驟 2：以原點作爲起始基本可行解 (BFS)。令 s_1, s_2, ..., s_m 爲基變數 (Basic Variables)，其餘變數爲非基變數 **(Nonbasic Variables)**。

步驟 3：檢驗步驟 2 所得的解是否爲最佳解──先計算非基本變數之相對數值 $c_j - z_j (z_j = \sum c_b a_{ij})$，當此相對的數值 $c_j - z_j$ 都小於或等於零（即 $c_j - z_j \leq 0$）時，則停止運算，現階段的解就是最佳解，否則進入步驟 4。

步驟 4：決定新的代入變數 (Entering Variable)──選取非基變數之相對數值 $c_j - z_j$ 爲最大正數者。在單形法表中，代入變數所在的行稱爲樞紐行 (Pivot Column)。

步驟 5：決定新的代出變數 (Leaving Variable)──選出代入變數所在的行除右邊常數項 $\dfrac{b_i}{a_{ij}}$，而其比值爲最小非負數者（**負數或無限大不予考慮**）的變數稱爲代出變數，此即最小比值法則 (Minimum Ratio Rule)。在單形法表中，代出變數所在的列稱爲樞紐列 (Pivot Row)。

步驟 6：決定新的基本可行解──利用矩陣的基本列運算高斯－喬登 (Gauss-Jordan) 消去法成典型方程組 (Canonical Equation)。

步驟 7：檢驗步驟 6 所得的解是否爲最佳解（方法如同步驟 3），如果是最佳解，停止運算，現階段的解就是最佳解。否則回到步驟 4，繼續進行演算，直至找到最佳解無可行解或無界值解爲止。

圖 4.6 說明單形法求解極大化問題之流程圖。

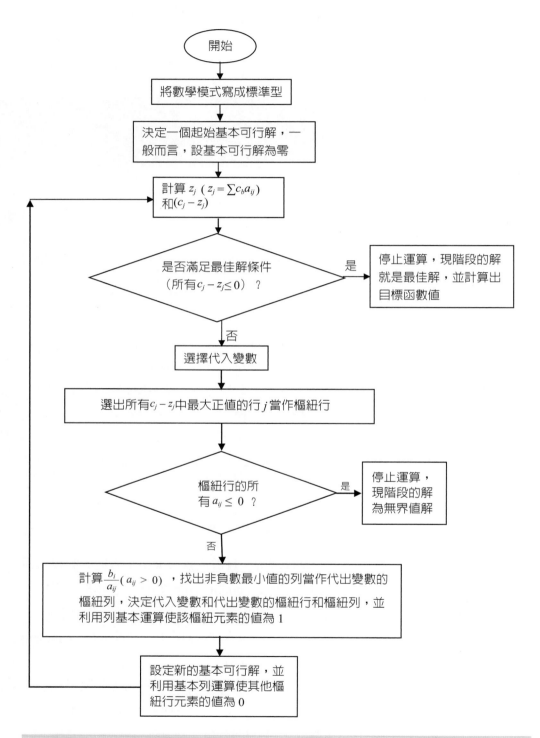

⬅️ 圖 4.6　求解極大化問題之流程圖

註：用單形法求解極小化值問題，其最佳解條件為所有 $c_j - z_j$ 都大於或等於零（即 $c_j - z_j \geq 0$）時，則停止運算，現階段的解就是最佳解，否則繼續求解代入變數。

4.3.2 應用單形法以求解線性規劃極大化問題

範例 4.1

萬國製造公司出產三種產品，這三種產品在三種不同的機器上製造，每個產品每單位所需時間及三個機器每天的產能，如表 4.4 所示。

表 4.4 範例 4.1 的資料

機器	每個產品每單位所需時間（分）			機器產能（分／每天）
	產品 1	產品 2	產品 3	
M_1	2	3	2	410
M_2	4	2	3	450
M_3	3	4	--	400

註：-- 表示該機器不用在該產品上。

公司要決定每天製造各產品的數量。各產品單位的利潤是：產品 1 是 \$4、產品 2 是 \$5、產品 3 是 \$7，假設所有製造出來的產品都可以在市場上賣出。公司目標要使每天生產的利潤最大，將問題轉換為線性規劃模式，並用單形法求解。

解：

假設 x_1、x_2 和 x_3 是產品 1、產品 2 和產品 3 每天生產的數量，則線性規劃模式可建立如下：

極大化 $Z = 4x_1 + 5x_2 + 7x_3$

限制條件 $2x_1 + 3x_2 + 2x_3 \leq 410$（機器 M_1 產能）

               $4x_1 + 2x_2 + 3x_3 \leq 450$（機器 M_2 產能）

               $3x_1 + 4x_2 \leq 400$（機器 M_3 產能）

               $x_1, x_2, x_3 \geq 0$（生產的數量為非負數）

用單形法求解此問題：加上鬆弛變數 s_1、s_2、s_3 後，上述數學模式寫成標準型如下：

極大化 $Z = 4x_1 + 5x_2 + 7x_3$

限制條件 $2x_1 + 3x_2 + 2x_3 + s_1 = 410$

               $4x_1 + 2x_2 + 3x_3 + s_2 = 450$

               $3x_1 + 4x_2 + s_3 = 400$

               $x_1, x_2, x_3, s_1, s_2, s_3 \geq 0$

建立初始單形表，如表 4.5 所示。

表 4.5

	c_j	4	5	7	0	0	0	常數	比值
c_b	x_b	x_1	x_2	x_3	s_1	s_2	s_3	b_i	$\dfrac{b_i}{a_{ij}}$
R_1 0	s_1	2	3	2	1	0	0	410	$\dfrac{410}{2}=205$
R_2 0	s_2	4	2	**3**	0	1	0	450	$\dfrac{450}{3}=150$ ←
R_3 0	s_3	3	4	0	0	0	1	400	--
$\sum c_b a_{ij}$	z_j	0	0	0	0	0	0	0	
	$c_j - z_j$	4	5	7	0	0	0		

↑

檢視表 4.5 最後一列，最大的數是 7，位於 x_3 行，$\dfrac{b_i}{a_{ij}}$ 最小的數是 150(450/3)（注意：我們不考慮 $\dfrac{400}{0}=\infty$），因此將 x_3 行訂為樞紐行、第 2 列訂為樞紐列，x_3 為進入變數、s_2 為離開變數。將第 2 列除以 3 得到

4/3	2/3	1	0	1/3	0	150

開始第一回合計算，經過運算 $R_1 - 2R_2$、R_2、R_3、$z_j = \sum c_b a_{ij}$，得到表 4.6。

表 4.6

c_b	c_j	4	5	7	0	0	0	常數	比值
	x_b	x_1	x_2	x_3	s_1	s_2	s_3	b_i	$\dfrac{b_i}{a_{ij}}$
0	s_1	$-\dfrac{2}{3}$	$\dfrac{5}{3}$	0	1	$-\dfrac{2}{3}$	0	110	$\dfrac{110}{5/3}=66$ ←
7	x_3	$\dfrac{4}{3}$	$\dfrac{2}{3}$	1	0	$\dfrac{1}{3}$	0	150	$\dfrac{150}{2/3}=225$
0	s_3	3	4	0	0	0	1	400	$\dfrac{400}{4}=100$

表 4.6（續）

c_b	c_j	4	5	7	0	0	0	常數	比值
	x_b	x_1	x_2	x_3	s_1	s_2	s_3	b_i	$\dfrac{b_i}{a_{ij}}$
$\sum c_b a_{ij}$	z_j	$\dfrac{28}{3}$	$\dfrac{14}{3}$	7	0	$\dfrac{7}{3}$	0	1,050	
	$c_j - z_j$	$-\dfrac{16}{3}$	$\dfrac{1}{3}$	0	0	$-\dfrac{7}{3}$	0		

　　因表 4.6 最後一列仍有正數，尚未達到最佳解，必須執行第二回合計算。此時正最多的數是 $\dfrac{1}{3}$，在 x_2 行，因此 x_2 行訂為樞紐行。再查看表格最右邊算出來的比值，最小值是 66(330/5)，在第一列，因此，第一列訂為樞紐列。x_2 為進入變數、s_1 為離開變數。我們圈選 x_2 行與第一列交會的樞紐元素，繼續第二回合計算，將第 1 列除以 5/3 得到

$-2/5$	**1**	0	3/5	$-2/5$	0	66

　　經過基本代數運算，$z_j = \sum c_b a_{ij}$，得到表 4.7。

表 4.7

c_b	c_j	4	5	7	0	0	0	
	x_b	x_1	x_2	x_3	s_1	s_2	s_3	b_i
5	x_2	$-\dfrac{2}{5}$	1	0	$\dfrac{3}{5}$	$\dfrac{2}{5}$	0	66
7	x_3	$\dfrac{8}{5}$	0	1	$-\dfrac{2}{5}$	$\dfrac{3}{5}$	0	106
0	s_3	$\dfrac{23}{5}$	0	0	$-\dfrac{12}{5}$	$\dfrac{8}{5}$	1	136
$\sum c_b a_{ij}$	z_j	$\dfrac{46}{5}$	5	7	$\dfrac{1}{5}$	$\dfrac{11}{5}$	0	1,072
	$c_j - z_j$	$-\dfrac{26}{5}$	0	0	$-\dfrac{1}{5}$	$-\dfrac{11}{5}$	0	

在第二回合計算結束時，因表 4.7 最後一列沒有正數，則現階段的解就是最佳解。現階段的解為 $(x_1, x_2, x_3, s_1, s_2, s_3) = (0, 66, 106, 0, 0, 136)$。所以，其最佳解為我們得到的一組解為 $x_1 = 0$、$x_2 = 66$、$x_3 = 106$，以及最佳解 $Z = 4x_1 + 5x_2 + 7x_3 = 4 \times 0 + 5 \times 66 + 7 \times 106 = \$1,072$。

🔒 4.4　人工變數 (Artificial Variable) 技術

前節中的線性規劃問題，其限制條件是小於或等於（≤）且右邊值是非負數的形式。單形法可引進**鬆弛變數 (Slack Variable)** 來提供基變數起始解。然而，許多線性規劃問題，其限制條件是大於等於（≥）或等於（＝）且右邊值是非負數的形式。**此時，鬆弛變數並非總是能提供基變數起始解。遇到這種線性規劃問題，可以引進人工變數 (Artificial Variable) 來提供基變數起始解**。本節將詳述兩個處理人工變數 (Artificial Variable) 的方法：

1. 兩階法 (Two-Phase Method)。
2. 大 M 法 (Big-M Method)。

4.4.1　兩階法 (Two-Phase Method)

在**極小化問題**中，我們通常有大於或等於的條件式，那意味著條件式的左邊有一個負值的鬆弛變數 (Slack Variable)。為了要符合相等矩陣 (Identity Matrix)，我們必須在目標函數和條件式加上人工變數。**雙階段法（兩階法）**：雙階段法是處理人工變數的一種方法，這種方法是將加入人工變數後的線性規劃，把問題分成兩個階段。

第一階段：要判斷原線性規劃是否有基本可行解。淘汰掉所有的人工變數，以便得到一個可行解。

第二階段：以第一階段所得到的基本可行解為初始表，求解原問題的目標函數最佳化。

範例 4.2

用兩階法 (Two-Phase Method) 來求解下例：

極大化　　$P = -12.5x_1 - 14.5x_2$

限制條件　$x_1 + x_2 \geq 20$

$$40x_1 + 75x_2 \geq 1,000$$
$$70x_1 + 100x_2 \leq 2,000$$
$$x_j \geq 0, \; j = 1, 2$$

解：

　　階段一：首先將限制條件加鬆弛變數、減剩餘變數及加人工變數之後，得以下數學式：

$$x_1 + x_2 - s_1 + A_1 = 20$$
$$40x_1 + 75x_2 - s_2 + A_2 = 1,000$$
$$70x_1 + 100x_2 + s_3 = 2,000$$
$$x_1, x_2, s_1, s_2, s_3, A_1, A_2 \geq 0$$

人工變數為 A_1 和 A_2，因此第一階段之目標變數為

極大化　　$Z' = -A_1 - A_2$

起始運算如表 4.8 所示。

表 4.8

c_b	c_j x_b	0 x_1	0 x_2	0 s_1	0 s_2	0 s_3	-1 A_1	-1 A_2	常數 b_i	比值 b_i/a_{ij}
-1	A_1	1	1	-1	0	0	1	0	20	$\frac{20}{1} = 20$
-1	A_2	40	**75**	0	-1	0	0	1	1,000	$\frac{1,000}{75} = 13.33$ ←
0	s_3	70	100	0	0	1	0	0	2,000	$\frac{2,000}{100} = 20$
$\sum c_b a_{ij}$	z_j	-41	-76	1	1	0	-1	-1	-1,020	
	$c_j - z_j$	41	76	-1	-1	0	0	0		

　　由表 4.8 可看出 x_2 為進入變數，A_2 為離開變數，以第二行為樞紐行，第二列為樞紐列，經過運算後得到表 4.9。

運算一：

表 4.9

c_j		**0**	**0**	**0**	**0**	**0**	**−1**	常數	比值
c_b	x_b	x_1	x_2	s_1	s_2	s_3	A_1	b_i	b_i/a_{ij}
−1	A_1	$\frac{7}{15}$	0	−1	$\frac{1}{75}$	0	1	$\frac{20}{3}$	$\frac{20/3}{7/15}=\frac{100}{7}$ ←
0	x_2	$\frac{8}{15}$	**1**	0	$-\frac{1}{75}$	0	0	$\frac{40}{3}$	$\frac{40/3}{8/15}=25$
0	s_3	$\frac{50}{3}$	0	0	$\frac{4}{3}$	1	0	$\frac{2,000}{3}$	$\frac{2,000/3}{50/3}=40$
$\sum c_b a_{ij}$	z_j	$-\frac{7}{15}$	0	1	$-\frac{1}{75}$	0	−1	$-\frac{20}{3}$	
	c_j-z_j	$\frac{7}{15}$	0	−1	$\frac{1}{75}$	0	0		

　　由表 4.9 可看出 x_1 為進入變數，A_1 為離開變數，以第一行為樞紐行，第一列為樞紐列，經過運算後得到表 4.10。

　　運算二：

表 4.10

c_j		**0**	**0**	**0**	**0**	**0**	常數
c_b	x_b	x_1	x_2	s_1	s_2	s_3	b_i
0	x_1	1	0	$-\frac{15}{7}$	$\frac{1}{35}$	0	$\frac{100}{7}$
0	x_2	0	**1**	$\frac{8}{7}$	$-\frac{1}{35}$	0	$\frac{40}{7}$
0	s_3	0	0	$\frac{250}{7}$	$\frac{6}{7}$	1	$\frac{3,000}{7}$
$\sum c_b a_{ij}$	z_j	0	0	0	0	0	0
	c_j-z_j	0	0	0	0	0	

從表 4.10 中可知檢驗數 $c_j - z_j$ 都小於或等於零，則階段一在此停止，現階段的最佳解爲 $(x_1, x_2, s_3) = (100/7, 40/7, 3,000/7)$。

第一階段已獲得最適解，由最後表格得知，人工變數並不在基變數內，所以 $A_1 = 0$、$A_2 = 0$。

階段二：由於人工變數 $A_1 = 0$、$A_2 = 0$，此題有解，且將 A_1 和 A_2 所在的行從第一階段最終表內刪除，再求原問題的目標函數極大化 $P = -12.5x_1 - 14.5x_2$ 之最佳化。

起始運算如表 4.11 所示。

表 4.11

c_b	c_j x_b	**−12.5** x_1	**−14.5** x_2	**0** s_1	**0** s_2	**0** s_3	**常數** b_i
−12.5	x_1	1	0	$-\dfrac{15}{7}$	$\dfrac{1}{35}$	0	$\dfrac{100}{7}$
−14.5	x_2	0	**1**	$\dfrac{8}{7}$	$-\dfrac{1}{35}$	0	$\dfrac{40}{7}$
0	s_3	0	0	$\dfrac{250}{7}$	$\dfrac{6}{7}$	1	$\dfrac{3,000}{7}$
$\sum c_b a_{ij}$	z_j	−12.5	−14.5	10.214	0.057	0	−261.43
	$c_j - z_j$	0	0	−10.214	−0.057	0	

從表 4.11 中可知，檢驗數 $c_j - z_j$ 都小於或等於零，則現階段的最佳解爲 (x_1, x_2) $= (100/7, 40/7)$。最佳極大值 $P = -12.5x_1 - 14.5x_2 = -261.43$。因此，原問題有極小值 $Z = -P = 12.5x_1 + 14.5x_2 = 261.43$。其結果與用大 M 法（**章節 4.4.2 將詳述**）所求得的結果相同。

範例 4.3

極小化　　$Z = 4x_1 + x_2$

限制條件　$3x_1 + x_2 = 3$

　　　　　$4x_1 + 3x_2 \geq 6$

　　　　　$x_1 + 2x_2 \leq 3$

　　　　　$x_j \geq 0, \ j = 1, 2$

解：

階段一：首先將限制條件加鬆弛變數、減剩餘變數及加人工變數之後，得以下數學標準式：

$$3x_1 + x_2 + A_1 = 3$$
$$4x_1 + 3x_2 - s_1 + A_2 = 6$$
$$x_1 + 2x_2 + s_2 = 3$$
$$x_1, x_2, s_1, s_2, A_1, A_2 \geq 0$$

人工變數爲 A_1 和 A_2，因此第一階段之目標變數爲極小化 $Z' = A_1 + A_2$。

應用單形法可得最終單形表，如表 4.12 所示。

表 4.12

	c_j	0	0	0	0	常數
c_b	x_b	x_1	x_2	s_1	s_2	b_i
0	x_1	1	0	$\dfrac{1}{5}$	0	$\dfrac{3}{5}$
0	x_2	0	1	$-\dfrac{5}{3}$	0	$\dfrac{6}{5}$
0	s_2	0	0	1	1	0
$\sum c_b a_{ij}$	z_j	0	0	0	0	0
	$c_j - z_j$	0	0	0	0	

從表 4.12 中可知檢驗數 $c_j - z_j$ 都大於或等於零，則階段一在此停止，現階段的最佳解爲 $(x_1, x_2, s_2) = (3/5, 6/5, 0)$。

第一階段已獲得最適解，由最後表格得知，人工變數並不在基變數內，所以 $A_1 = 0$、$A_2 = 0$。

階段二：由於人工變數 $A_1 = 0$、$A_2 = 0$，此題有解，且將 A_1 和 A_2 所在的行從第一階段最終表內刪除，再求原問題的目標函數極小化 $Z = 4x_1 + x_2$ 之最佳化。

起始運算如表 4.13 所示。

表 4.13

c_b	c_j x_b	**4** x_1	**1** x_2	**0** s_1	**0** s_2	常數 b_i	比值 b_i/a_{ij}
4	x_1	1	0	$\dfrac{1}{5}$	0	$\dfrac{3}{5}$	$\dfrac{3/5}{1/5}=3$
1	x_2	0	1	$-\dfrac{3}{5}$	0	$\dfrac{6}{5}$	--
0	s_2	0	0	1	1	0	0
$\sum c_b a_{ij}$	z_j	4	1	$\dfrac{1}{5}$	0	$\dfrac{18}{5}$	
	$c_j - z_j$	0	0	$-\dfrac{1}{5}$	0		

由表 4.13 可看出 s_1 為進入變數，s_2 為離開變數，以第三行為樞紐行、第三列為樞紐列，經過運算後得表 4.14。

運算一：

表 4.14

c_b	c_j x_b	**4** x_1	**1** x_2	**0** s_1	**0** s_2	常數 b_i
4	x_1	1	0	0	$-\dfrac{1}{5}$	$\dfrac{3}{5}$
1	x_2	0	1	0	$\dfrac{3}{5}$	$\dfrac{6}{5}$
0	s_1	0	0	1	1	0
$\sum c_b a_{ij}$	z_j	4	1	0	$-\dfrac{1}{5}$	$\dfrac{18}{5}$
	$c_j - z_j$	0	0	0	$\dfrac{1}{5}$	

從表 4.14 中可知，檢驗數 $c_j - z_j$ 大於或等於零，則現階段的最佳解為 $(x_1, x_2) = (3/5, 6/5)$。最佳極小值 $Z = 4x_1 + x_2 = 4 \times 3/5 + 6/5 = 18/5$。

注意：當第一階段之目標函數的人工變數 $A_1 \neq 0$ 或 $A_2 \neq 0$ 時，原問題無解，不需繼續第二階段的運算，如在章節 4.5 的範例 4.9 所示。

4.4.2 大 M 法 (Big-M Method)

大 M 法基本上是結合兩階法的第一階段和第二階段，成為一單獨的標準線性規劃模式來求解。在極小化問題，目標是使成本最低，因此我們在目標式加上一個大 M 的人工變數，其中 M 是一個很大的正數（可以想像為 10,000 或更大值），在反覆進行低成本解答過程中，大數值的 M 就自動被淘汰掉。如果問題的目標是極大化而需要一個人工變數，則 -M 被加在目標式中，根據邏輯，在反覆進行極大化的解答過程中，大數值的 M 就自動被淘汰掉。也就是說，為了要使最終解沒有人工變數的存在，在極小化問題中，用 +M 乘以人工變數並加在目標函數中，在極大化問題中，用 -M 乘以人工變數並加在目標函數中。以上的這種解決極大化問題或極小化問題的方法，被稱為大 M 法。

作法：對人工變數在目標函數中給予極大的懲罰，以使得在單形法的運算過程中，盡可能降低人工變數之值（最好為零）。對於極大化問題，讓人工變數的目標函數係數為 $-M$。對於極小化問題，讓人工變數的目標函數係數為 $+M$。

最佳解條件：單形法求解極小化值問題，$c_j - z_j$ 都大於或等於零（即 $c_j - z_j \geq 0$）時，則現階段的解就是最佳解，否則繼續求解代入變數，直到停止運算。

範例 4.4

營養食品 X 每克包含 4 單位的維他命 A 和 8 單位的維他命 B，每克成本 \$20。營養食品 Y 每克包含 9 單位的維他命 A 和 12 單位的維他命 B，每克成本 \$30。每天維他命 A 至少需要 120 單位，維他命 B 至少需要 150 單位。請用單形法求解食品 X 和食品 Y 每天各採購多少克，使成本最低而滿足維他命的需求。

解：

設 x_1 為營養食品 X 的購買量、x_2 為營養食品 Y 的購買量，線性規劃模式可設立如下：

極小化　　$P = 20x_1 + 30x_2$

限制條件　$4x_1 + 9x_2 \geq 120$

$\qquad\qquad 8x_1 + 12x_2 \geq 150$

$\qquad\qquad x_j \geq 0,\ j = 1, 2$

因為限制條件有大於等於（$\geq$）且右邊值是非負數的形式，這種線性規劃問題可以用大 M 法來求解。除了減剩餘變數 (Surplus Variables) 外，另引入人工變數 (Artificial Variables)，問題寫成標準型如下：

極小化　　$P = 20x_1 + 30x_2 + MA_1 + MA_2$

限制條件　$4x_1 + 9x_2 - s_1 + A_1 = 120$

　　　　　$8x_1 + 12x_2 - s_2 + A_2 = 150$

　　　　　$x_1, x_2, s_1, s_2, A_1, A_2 \geq 0$

下面用大 M 法來解此題，起始運算如表 4.15 所示。

表 4.15

c_b	c_j x_b	**20** x_1	**30** x_2	**0** s_1	**0** s_2	M A_1	M A_2	常數 b_i	比值 b_i/a_{ij}
M	A_1	4	9	-1	0	1	0	120	$\dfrac{120}{9} = 13.33$
M	A_2	8	**12**	0	-1	0	1	150	$\dfrac{150}{12} = 12.5$ ←
$\sum c_b a_{ij}$	z_j	$12M$	$21M$	$-M$	$-M$	M	M	$270M$	
	$c_j - z_j$	$20 - 12M$	$30 - 21M$	M	M	0	0		

↑

由表 4.15 可看出 x_2 為進入變數、A_2 為離開變數，以第二行為樞紐行、第二列為樞紐列，經過運算後得表 4.16。

表 4.16

c_b	x_b	x_1	x_2	s_1	s_2	A_1	b_i	b_i/a_{ij}
	c_j	20	30	0	0	M	常數	比值
M	A_1	-2	0	-1	$\dfrac{3}{4}$	1	$\dfrac{15}{2}$	$\dfrac{15/2}{3/4}=10$ ←
30	x_2	$\dfrac{2}{3}$	1	0	$-\dfrac{1}{12}$	0	$\dfrac{25}{2}$	--
$\sum c_b a_{ij}$	z_j	$20-2M$	30	$-M$	$-\dfrac{5}{2}+\dfrac{3}{4}M$	M	$375+\dfrac{15}{2}M$	
	c_j-z_j	$2M$	0	M	$\dfrac{5}{2}-\dfrac{3}{4}M$	0		

↑

　　由表 4.16 看出 s_2 為進入變數、A_1 為離開變數，以第四行為樞紐行、第一列為樞紐列，經過運算後得表 4.17。

表 4.17

c_b	x_b	x_1	x_2	s_1	s_2	常數
	c_j	20	30	0	0	b_i
0	s_2	$-\dfrac{8}{3}$	0	$-\dfrac{4}{3}$	1	10
30	x_2	$\dfrac{4}{9}$	1	$-\dfrac{1}{9}$	0	$\dfrac{40}{3}$
$\sum c_b a_{ij}$	z_j	$\dfrac{40}{3}$	30	$-\dfrac{10}{3}$	0	400
	c_j-z_j	$\dfrac{20}{3}$	0	$\dfrac{10}{3}$	0	

　　從表 4.17 中可知，檢驗數 c_j-z_j 都大於或等於零，則現階段的解為最佳解 $(x_1, x_2)=(0, \dfrac{40}{3})$。最佳極小值為 $P=20x_1+30x_2=20\times0+30\times\dfrac{40}{3}=\$400$。

範例 4.5

極大化　　$Z = x_1 + 5x_2$

限制條件　$3x_1 + 4x_2 \leq 6$

　　　　　$-x_1 - 3x_2 \leq -2$

　　　　　$x_j \geq 0, \; j = 1, 2$

解：

因為第二限制條件右邊值是負數的形式。兩邊乘以 -1，使右邊值是正數的形式，原問題的限制條件轉換成

$$3x_1 + 4x_2 \leq 6$$
$$x_1 + 3x_2 \geq 2$$

因為限制條件有大於等於（$\geq$）且右邊值是非負數的形式，這種線性規劃問題可以用大 M 法來求解。除了加鬆弛變數 (Slack Variables)、剩餘變數 (Surplus Variables) 外，另引入人工變數 (Artificial Variables)，問題寫成標準型如下：

極大化　　$Z = x_1 + 5x_2 - MA_1$

限制條件　$3x_1 + 4x_2 + s_1 = 6$

　　　　　$x_1 + 3x_2 - s_2 + A_1 = 2$

　　　　　$x_1, x_2, s_1, s_2, A_1 \geq 0$

應用單形法可得最終單形表，如表 4.18 所示。

表 4.18

c_b	c_j x_b	**1** x_1	**5** x_2	**0** s_1	**0** s_2	常數 b_i
0	s_2	$\dfrac{5}{4}$	0	$\dfrac{3}{4}$	1	$\dfrac{5}{2}$
5	x_2	$\dfrac{3}{4}$	1	$\dfrac{1}{4}$	0	$\dfrac{3}{2}$
$\sum c_b a_{ij}$	z_j	$\dfrac{15}{4}$	5	$\dfrac{5}{4}$	0	$\dfrac{15}{2}$
	$c_j - z_j$	$-\dfrac{11}{4}$	0	$-\dfrac{5}{4}$	0	

從表 4.18 中可知，檢驗數 $c_j - z_j$ 都小於或等於零，則現階段的解為最佳解 $(x_1, x_2) = (0, 3/2)$。最佳極大值為 $Z = x_1 + 5x_2 = 0 + 5 \times 3/2 = 15/2$。

　　大 M 法與兩階法都是在原問題缺少初始可行基本解的情況下利用人工變數的引入，以達到運用單形法求解原問題的目的。用大 M 法處理人工變數時，計算較困難，M 數字的取決較難，而且會產生數值上的問題。因此，在大規模線性規劃問題的求解中，通常採用兩階法運算。

🔒 4.5 單形解法的特殊情形

　　第二章曾提到線性規劃問題的最佳解有恰有一最佳解、無解、無限多最佳解（多重最佳解）與無限值解四種情形。以下將討論除了單一最佳解的其他三種特殊情形（如圖 4.7 所示）與退化解 (Degenerate Solution)，如何從單形法演算過程中辨別出來。

1. 多重最佳解。
2. 無限值解。
3. 無解。
4. 退化解。

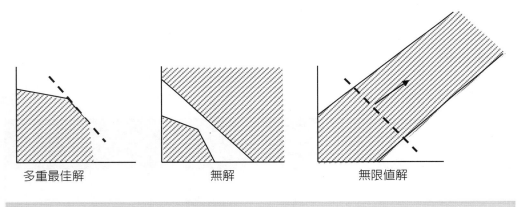

| 多重最佳解 | 無解 | 無限值解 |

← 圖 4.7

　　以下為各種範例。

範例 4.6 　多重最佳解

極大化　　　$Z = 2,000x_1 + 3,000x_2$

限制條件　　$6x_1 + 9x_2 \leq 100$

　　　　　　$2x_1 + x_2 \leq 20$

　　　　　　$x_j \geq 0,\ j = 1, 2$

解：

上述數學模式寫成標準型如下：

極大化　　　$Z = 2,000x_1 + 3,000x_2$

限制條件　　$6x_1 + 9x_2 + s_1 = 100$

　　　　　　$2x_1 + x_2 + s_2 = 20$

　　　　　　$x_j, s_j \geq 0,\ j = 1, 2$

應用單形法可得最終單形表，如表 4.19 所示。

表 4.19

c_b	c_j x_b	2,000 x_1	3,000 x_2	0 s_1	0 s_2	常數 b_i	比值 $\dfrac{b_i}{a_{ij}}$
3,000	x_2	$\dfrac{2}{3}$	1	$\dfrac{1}{9}$	0	$\dfrac{100}{9}$	$\dfrac{50}{3}$
0	s_2	$\boxed{\dfrac{4}{3}}$	0	$-\dfrac{1}{9}$	1	$\dfrac{80}{9}$	$\dfrac{20}{3}$ ←
$\sum c_b a_{ij}$	z_j	2,000	3,000	$\dfrac{1,000}{3}$	0	$\dfrac{100,000}{3}$	
	$c_j - z_j$	0	0	$-\dfrac{1,000}{3}$	0		

↑

　　因為對所有變數 $c_j - z_j \leq 0$，所以達到最佳解。$x_1 = 0$、$x_2 = 100/9$、$Z = 100,000/3$。然而，對應非基變數 x_1，其在最佳單形表的 $c_j - z_j$ 列係數為零，則此線性規劃方程式具有多重最佳解。因此，引進 x_1 為進入變數、s_2 為離開變數，經過演算後，得到表 4.20。

表 4.20

c_b	x_b	c_j 2,000 x_1	3,000 x_2	0 s_1	0 s_2	常數 b_i
3,000	x_2	0	1	$\dfrac{1}{6}$	$-\dfrac{1}{2}$	$\dfrac{20}{3}$
2,000	x_1	1	0	$-\dfrac{1}{12}$	$\dfrac{3}{4}$	$\dfrac{20}{3}$
$\sum c_b a_{ij}$	z_j	2,000	3,000	$\dfrac{1,000}{3}$	0	$\dfrac{100,000}{3}$
	$c_j - z_j$	0	0	$-\dfrac{1,000}{3}$	**0**	

因為對所有變數 $c_j - z_j \leq 0$，所以達到最佳解。$x_1 = 20/3$、$x_2 = 20/3$，而不影響最佳目標值 $Z = 100,000/3$。檢視表 4.20，**有一個非基變數 s_2，其在最佳單形表的列係數為零，則此線性規劃方程式具有多重最佳解**。由上述可知範例 4.6 有多重最佳解。事實上，由圖 4.8 圖解可看出 (0, 100/9) 和 (20/3, 20/3) 間線段上的每一點都是最佳解。換句話說，$(x_1, x_2) = w_1(0, 100/9) + w_2(20/3, 20/3)$（凸組合）都是最佳解。

$w_1 + w_2 = 1, w_1, w_2 \geq 0$。

範例 4.7　無限值解例一：可行解區域無界限，目標值無限值

極大化　　$Z = 3x_1 + 5x_2$

限制條件　$-x_1 + 2x_2 \leq 18$

$\qquad\qquad 2x_2 \leq 12$

$\qquad\qquad x_j \geq 0, j = 1, 2$

解：

上述數學模式寫成標準型如下：

極大化　　$Z = 3x_1 + 5x_2$

限制條件　$-x_1 + 2x_2 + s_1 = 18$

$\qquad\qquad 2x_2 + s_2 = 12$

$\qquad\qquad x_j,\ s_j \geq 0, j = 1, 2$

應用單形法可得最終單形表，如表 4.21 所示。

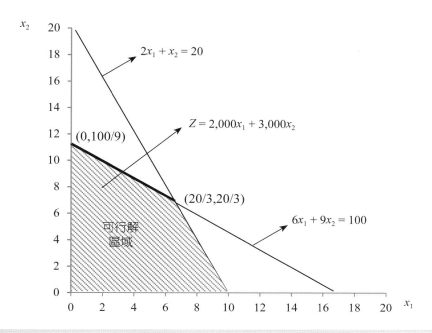

圖 4.8

表 4.21

c_b	x_b	c_j 3	5	0	0	常數	比值
		x_1	x_2	s_1	s_2	b_i	$\dfrac{b_i}{a_{ij}}$
0	s_1	−1	0	1	−1	6	--
5	x_2	0	1	0	$\dfrac{1}{2}$	6	--
$\sum c_b a_{ij}$	z_j	0	5	0	$\dfrac{5}{2}$	30	
	$c_j - z_j$	3	0	0	$-\dfrac{5}{2}$		

　　由表 4.21 得知對應 x_2 的 $a_{i1} \leq 0$，x_1 不能選為進入變數，則可行解區域無界限，而目標值也是無限值。如圖 4.9 解可看出 x_1 可以增加且無界限，可行解區域無界限，而目標值也是無限值。

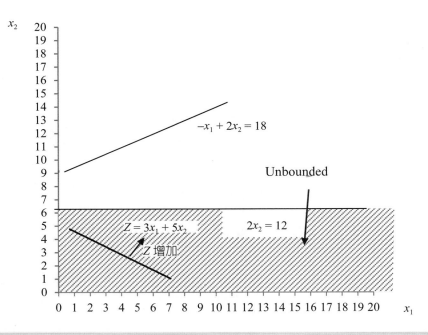

← 圖 4.9

範例 4.8　無限值解例二：可行解區域無界限，目標值有限值

極大化　　$Z = 6x_1 - 2x_2$
限制條件　$2x_1 - x_2 \leq 3$
　　　　　$x_1 \leq 5$
　　　　　$x_j \geq 0, \ j = 1, 2$

解：

上述數學模式寫成標準型如下：

極大化　　$Z = 6x_1 - 2x_2$
限制條件　$2x_1 - x_2 + s_1 = 3$
　　　　　$x_1 + s_2 = 5$
　　　　　$x_j, s_j \geq 0, \ j = 1, 2$

應用單形法可得最終單形表，如表 4.22 所示。

表 4.22

c_b	c_j x_b	6 x_1	−2 x_2	0 s_1	0 s_2	常數 b_i
6	x_1	1	0	0	1	5
−2	x_2	0	1	−1	2	7
$\sum c_b a_{ij}$	z_j	6	−2	2	2	16
	$c_j - z_j$	0	0	−2	−2	

從表 4.22 可以看出該問題有最佳解 $x_1^* = 5$、$x_2^* = 7$，最佳值 =16。由圖 4.10 圖解可看出該問題的可行解區域是無界限，但目標值是有限的。

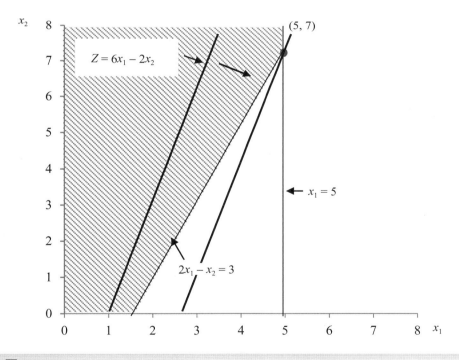

圖 4.10

範例 4.9　無解例

極大化　　$Z = -20x_1 - 30x_2$

限制條件　$2x_1 + 3x_2 \geq 120$

$$x_1 + x_2 \leq 40$$

$$2x_1 + 3/2x_2 \geq 90$$

$$x_j \geq 0, \; j = 1, 2$$

用兩階法 (Two-Phase Method) 來求解。

解：

上述數學模式寫成標準型如下：

極大化　　$Z = -20x_1 - 30x_2$

限制條件　$2x_1 + 3x_2 - s_1 + A_1 = 120$

$$x_1 + x_2 + s_2 = 40$$

$$2x_1 + 3/2x_2 - s_3 + A_2 = 90$$

$$x_1, x_2, s_1, s_2, s_3, A_1, A_2 \geq 0$$

兩階法第一階段：

極大化　　$Z = -A_1 - A_2$

限制條件　$2x_1 + 3x_2 - s_1 + A_1 = 120$

$$x_1 + x_2 + s_2 = 40$$

$$2x_1 + 3/2x_2 - s_3 + A_2 = 90$$

$$x_1, x_2, s_1, s_2, s_3, A_1, A_2 \geq 0$$

應用單形法可得最終單形表，如表 4.23 所示。

表 4.23

	c_j	0	0	0	0	0	−1	−1	常數
c_b	x_b	x_1	x_2	s_1	s_2	s_3	A_1	A_2	b_i
0	x_2	0	1	−1	−2	0	1	0	40
0	x_1	1	0	1	3	0	0	0	0
−1	A_2	0	0	$-\dfrac{1}{2}$	−3	−1	0	1	30
$\sum c_b a_{ij}$	z_j	0	0	$\dfrac{1}{2}$	3	1	0	−1	−30
	$c_j - z_j$	0	0	$-\dfrac{1}{2}$	−3	−1	0	0	≤ 0

因為對所有變數 $c_j - z_j \leq 0$，所以達到最佳解。運算停止了，而卻有人工變數 A_2 在最佳解中，其值等於 30（不等於 0），則此問題無解。由圖 4.11 圖解可知所有限制式的交集為空集合，因此表明問題無解。

$$2x_1 + 3x_2 \geq 120$$

$$x_1 + x_2 \leq 40$$

$$2x_1 + 3/2x_2 \geq 90$$

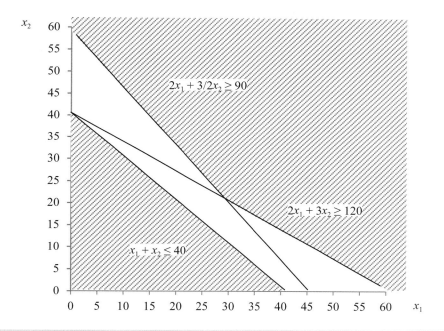

← 圖 4.11

範例 4.10　退化解例一：退化但不產生循環

極大化　　$Z = 2x_1 + x_2$

限制條件　$4x_1 + 3x_2 \leq 12$

　　　　　$4x_1 + x_2 \leq 8$

　　　　　$4x_1 - x_2 \leq 8$

　　　　　$x_j \geq 0,\ j = 1, 2$

解：

上述數學模式寫成標準型如下：

極大化　　$Z = 2x_1 + x_2$

限制條件　$4x_1 + 3x_2 + s_1 = 12$

　　　　　$4x_1 + x_2 + s_2 = 8$

　　　　　$4x_1 - x_2 + s_3 = 8$

　　　　　$x_j \geq 0,\ j = 1, 2,\ s_j \geq 0,\ j = 1, 2, 3$

應用單形法可得最終單形表，如表 4.24 所示。

表 4.24

c_b	c_j x_b	2 x_1	1 x_2	0 s_1	0 s_2	0 s_3	常數 b_i
0	s_3	0	0	1	-2	1	4
1	x_2	0	1	$\frac{1}{2}$	$-\frac{1}{2}$	0	2
2	x_1	1	0	$-\frac{1}{8}$	$\frac{3}{8}$	0	$\frac{3}{2}$
$\sum c_b a_{ij}$	z_j	2	1	$\frac{1}{4}$	$\frac{1}{4}$	0	5
	$c_j - z_j$	0	0	$-\frac{1}{4}$	$-\frac{1}{4}$	0	

由表 4.24 可知，運算達到最佳解，$x_1 = 3/2$、$x_2 = 2$，最佳值 $Z = 5$。

由圖 4.12 圖解可看出限制式 $4x_1 - x_2 \leq 8$ 乃是一多餘的限制條件。

範例 4.11　退化解例二：退化並產生循環現象

極大化　　$Z = 10x_1 - 57x_2 - 9x_3 - 24x_4$

限制條件　$1/2x_1 - 11/2x_2 - 5/2x_3 + 9x_4 \leq 0$

　　　　　$1/2x_1 - 3/2x_2 - 1/2x_3 + x_4 \leq 0$

　　　　　$x_1 + x_2 + x_3 + x_4 \leq 1$

　　　　　$x_j \geq 0,\ j = 1, 4$

解：

上述數學模式寫成標準型如下：

極大化　　$Z = 10x_1 - 57x_2 - 9x_3 - 24x_4$

限制條件　$1/2x_1 - 11/2x_2 - 5/2x_3 + 9x_4 + s_1 = 0$

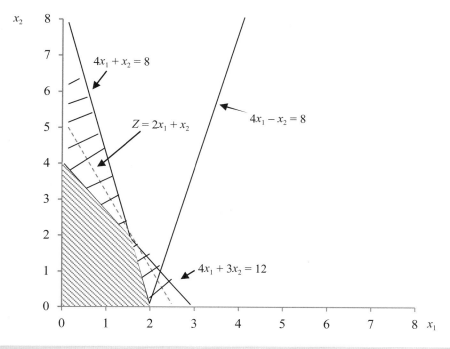

圖 4.12

$$1/2x_1 - 3/2x_2 - 1/2x_3 + x_4 + s_1 = 0$$
$$x_1 + x_2 + x_3 + x_4 + s_3 = 1$$
$$x_j \geq 0,\ j = 1, 4,\ s_j \geq 0,\ j = 1, 2, 3$$

起始運算如表 4.25 所示。

表 4.25

c_b	c_j	10	−57	−9	−24	0	0	0	常數	比值
c_b	x_b	x_1	x_2	x_3	x_4	s_1	s_2	s_3	b_i	$\dfrac{b_i}{a_{ij}}$
0	s_1	$\dfrac{1}{2}$	$-\dfrac{11}{2}$	$-\dfrac{5}{2}$	9	1	0	0	0	$\dfrac{0}{1/2}=0$ ←
0	s_2	$\dfrac{1}{2}$	$-\dfrac{3}{2}$	$-\dfrac{1}{2}$	1	0	1	0	0	$\dfrac{0}{1/2}=0$
0	s_3	1	1	1	1	0	0	1	1	$1/1=1$
$\sum c_b a_{ij}$	z_j	0	0	0	0	0	0	0	0	
	$c_j - z_j$	10	−57	−9	−24	0	0	0		

由表 4.25 得知，x_1 為進入變數，s_1 或 s_2 可為離開變數。如果選第一行為樞紐行、第一列為樞紐列，x_1 為進入變數、s_1 為離開變數，繼續應用單形法可得最終兩個單形表，如表 4.26 和表 4.27 所示。

表 4.26

c_b	c_j x_b	10 x_1	−57 x_2	−9 x_3	−24 x_4	0 s_1	0 s_2	0 s_3	常數 b_i	比值 $\dfrac{b_i}{a_{ij}}$
0	s_1	−4	8	2	0	1	−9	0	0	--
−24	x_4	$\dfrac{1}{2}$	$-\dfrac{3}{2}$	$-\dfrac{1}{2}$	1	0	1	0	0	$\dfrac{0}{1}=0$ ←
0	s_3	$\dfrac{1}{2}$	$\dfrac{5}{2}$	$\dfrac{3}{2}$	0	0	−1	1	1	--
$\sum c_b a_{ij}$	z_j	0	0	0	0	0	0	0	0	
	$c_j - z_j$	22	−93	−21	0	0	24	0		

由表 4.26 得知，s_2 為進入變數、x_4 為離開變數，經過運算後得表 4.27。

表 4.27

c_b	c_j x_b	10 x_1	−57 x_2	−9 x_3	−24 x_4	0 s_1	0 s_2	0 s_3	常數 b_i	比值 $\dfrac{b_i}{a_{ij}}$
0	s_1	$\dfrac{1}{2}$	$-\dfrac{11}{2}$	$-\dfrac{5}{2}$	9	1	0	0	0	$\dfrac{0}{1/2}=0$ ←
0	s_2	$\dfrac{1}{2}$	$-\dfrac{3}{2}$	$-\dfrac{1}{2}$	1	0	1	0	0	$\dfrac{0}{1/2}=0$
0	s_3	1	1	1	1	0	0	1	1	$\dfrac{1}{1}=1$
$\sum c_b a_{ij}$	z_j	0	0	0	0	0	0	0	0	
	$c_j - z_j$	10	−57	−9	−24	0	0	0		

表 4.27 又回到起始的第一表（表 4.25），這就是循環！

一種防止循環的方法乃是使用 Bland's 規則。假設 $x_1, x_2, ..., x_n, s_1, s_2, ..., s_m$ 為單形表中固定次序，Bland's 規則定義如下：

1. 從 $c_j - z_j$ 選進入變數時，選取第一個有正數的變數為進入變數。

2. 從比值 $(\frac{b_i}{a_{ij}})$ 選離開變數時，選取第一個有資格的變數為離開變數。

如果原問題用 Bland's 規則，在上述表 4.26 的 $c_j - z_j$ 列，22 是第一個正數，所以選 x_1 為進入變數。重新演算如表 4.28。

表 4.28

c_b	c_j x_b	10 x_1	−57 x_2	−9 x_3	−24 x_4	0 s_1	0 s_2	0 s_3	常數 b_i	比值 $\frac{b_i}{a_{ij}}$
0	s_1	−4	8	2	0	1	−9	0	0	--
−24	x_4	$\frac{1}{2}$	$-\frac{3}{2}$	$-\frac{1}{2}$	1	0	1	0	0	$\frac{0}{1/2} = 0$ ←
0	s_3	$\frac{1}{2}$	$\frac{5}{2}$	$\frac{3}{2}$	0	0	−1	1	1	$\frac{1}{1/2} = 2$
$\sum c_b a_{ij}$	z_j	0	0	0	0	0	0	0	0	
	$c_j - z_j$	22 ↑	−93	−21	0	0	24	0		

由表 4.28 得知，x_1 為進入變數、x_4 為離開變數，經過運算後得表 4.29。

表 4.29

c_b	c_j x_b	10 x_1	−57 x_2	−9 x_3	−24 x_4	0 s_1	0 s_2	0 s_3	常數 b_i	比值 $\frac{b_i}{a_{ij}}$
0	s_1	0	−4	−2	8	1	−1	0	0	--
10	x_1	1	−3	−1	2	0	2	0	0	--
0	s_3	0	4	2	−1	0	−2	1	1	$\frac{1}{2} = 0.5$ ←
$\sum c_b a_{ij}$	z_j	0	0	0	0	0	0	0	0	
	$c_j - z_j$	0	−27	1 ↑	−44	0	−20	0		

由表 4.29 得知，x_3 為進入變數、s_3 為離開變數，經過運算後得表 4.30。

表 4.30

c_j		10	−57	−9	−24	0	0	0	常數
c_b	x_b	x_1	x_2	x_3	x_4	s_1	s_2	s_3	b_i
0	s_1	0	0	0	7	1	−3	1	1
10	x_1	1	−1	0	$\frac{3}{2}$	0	1	$\frac{1}{2}$	$\frac{1}{2}$
−9	x_3	0	2	1	$-\frac{1}{2}$	0	−1	$\frac{1}{2}$	$\frac{1}{2}$
$\sum c_b a_{ij}$	z_j	10	−28	−9	$\frac{39}{2}$	0	19	$\frac{1}{2}$	$\frac{1}{2}$
	$c_j - z_j$	0	−29	0	$-\frac{87}{2}$	0	−19	$-\frac{1}{2}$	

由表 4.30 得知，因為 $c_j - z_j \leq 0$，所以原問題達到最佳解。

$x_1 = 1/2$、$x_2 = 0$、$x_3 = 1/2$、$x_4 = 0$、$Z = \frac{1}{2}$。

4.6　應用單形法求解線性規劃極小化問題的其他方式

求解線性規劃極小化問題，可使用下列兩種方式：

1. 轉換法：將原極小化問題轉換成標準極大化問題。
2. 對偶問題法：將在第五章詳細討論。

4.6.1　轉換法

在第 4.2 節裡，我們提到標準極大化問題的條件為：

1. 目標函數欲尋求極大化。
2. 問題中使用的變數都限定為非負值的變數。
3. 每一條限制式都表示成小於或等於（≤）某一非負值的常數。

在極小化問題情況下，可令 $P = -Z$，則 Z 的極小值相當於 P 的極大值。因此，原線性規劃問題可視為目標函數 Z 的極大化問題，亦即限制式完全保持一樣時，初始問題即被轉變成標準極大化問題了。

範例 4.12　原始問題

極小化　　$Z = -2x - 3y$

限制條件　$5x + 4y \le 32$

$\qquad\qquad x + 2y \le 10$

$\qquad\qquad x \ge 0, y \ge 0$

　　本例的目標函數欲尋求極小化，因此不可能歸為標準極大化問題，但我們可以檢驗它符合前述的條件 2 與 3。在此情況下，可令 $P = -C$，則 C 的極小值相當於 P 的極大值。因此，原線性規劃問題可視為目標函數 P 的極大化問題，亦即限制式完全保持一樣時，初始問題即被轉變成標準極大化問題了。加上鬆弛變數 s_1、s_2 後，可將原極小化問題轉換成標準極大化問題。

極大化　　$P = -Z = 2x + 3y$

限制條件　$5x + 4y + s_1 = 32$

$\qquad\qquad x + 2y + s_2 = 10$

$\qquad\qquad x \ge 0, y \ge 0, s_1 \ge 0, s_2 \ge 0$

　　以下我們先利用單形法求解轉換後的標準極大化問題，加上鬆弛變數 s_1、s_2，建立初始單形表。應用單形法並開始進行反覆運算之後，可得最終單形表如表 4.31 所示。

表 4.31

c_b	c_j / x_b	2 / x	3 / y	0 / s_1	0 / s_2	常數 / b_i
2	x	1	0	$\dfrac{1}{3}$	$-\dfrac{2}{3}$	4
3	y	0	1	$-\dfrac{1}{6}$	$\dfrac{5}{6}$	3
	z_j	2	3	$\dfrac{1}{6}$	$\dfrac{7}{6}$	17
	$c_j - z_j$	0	0	$-\dfrac{1}{6}$	$-\dfrac{7}{6}$	

　　至此我們已得到單形表的最後形式，因表 4.31 最後一列沒有正數，則現階段的解就是最佳解。現階段的解為 $(x, y, s_1, s_2) = (4, 3, 0, 0)$，因此最佳解為 $x = 4$、$y = 3$ 與 $P = 2x + 3y = 2*4 + 3*3 = 17$，因此，初始問題的最佳解為 $x = 4$、$y = 3$，最佳值為 $Z = -P = -17$。

範例 4.13

　　　　極小化　　$Z = 12.5x_1 + 14.5x_2$
　　　　限制條件　$x_1 + x_2 \geq 20$
　　　　　　　　　$40x_1 + 75x_2 \geq 1,000$
　　　　　　　　　$70x_1 + 100x_2 \leq 2,000$
　　　　　　　　　$x_j \geq 0, j = 1, 2$

解：

　　原極小化問題，可令 $P = -Z$，則 Z 的極小值相當於 P 的極大值。因此，原線性規劃問題可轉換如下：

　　　　極大化　　$P = -12.5x_1 - 14.5x_2$
　　　　限制條件　$x_1 + x_2 \geq 20$
　　　　　　　　　$40x_1 + 75x_2 \geq 1,000$
　　　　　　　　　$70x_1 + 100x_2 \leq 2,000$
　　　　　　　　　$x_j \geq 0, j = 1, 2$

　　因為限制條件有大於等於（$\geq$）且右邊值為非負數的形式，這種線性規劃問題可以用大 M 法來求解。原線性規劃問題，加鬆弛變數、減剩餘變數及加人工變數之後，得以下數學式：

　　　　極大化　　$P = -12.5x_1 - 14.5x_2 - MA_1 - MA_2$
　　　　限制條件　$x_1 + x_2 - s_1 + A_1 = 20$
　　　　　　　　　$40x_1 + 75x_2 - s_2 + A_2 = 1,000$
　　　　　　　　　$70x_1 + 100x_2 + s_3 = 2,000$
　　　　　　　　　$x_1, x_2, s_1, s_2, s_3, A_1, A_2 \geq 0$

　　應用單形法可得最終單形表，如表 4.32 所示。

表 4.32

c_b	c_j	-12.5	-14.5	0	0	0	常數
	x_b	x_1	x_2	s_1	s_2	s_3	b_i
-12.5	x_1	1	0	$-\dfrac{15}{7}$	$\dfrac{1}{35}$	0	$\dfrac{100}{7}$
-14.5	x_2	0	1	$\dfrac{8}{7}$	$-\dfrac{1}{35}$	0	$\dfrac{40}{7}$
0	s_3	0	0	$\dfrac{250}{7}$	$\dfrac{6}{7}$	0	$\dfrac{3,000}{7}$
$\sum c_b a_{ij}$	z_j	-12.5	-14.5	10.214	0.057	0	-261.43
	$c_j - z_j$	0	0	-10.214	-0.057	0	

　　從表 4.32 中可知，檢驗數 $c_j - z_j$ 都小於或等於零，則現階段的最佳解為 (x_1, x_2) = (100/7, 40/7)。最佳極大值 $P = -12.5x_1 - 14.5x_2 = -261.43$。

　　因此，原問題有極小值 $Z = -P = 12.5x_1 + 14.5x_2 = 261.43$，其結果與用兩階法（範例 4.2）所得的結果相同！

🔒 4.7　軟體的線性規劃求解

　　市面上有很多優良的模式語言，包括 CPLEX、LINGO/LINDO、AMPL、Python 和 GAMS 等等。CPLEX 是全球公認可以求解龐大問題的功能強大套裝軟體。而 LINDO 亦是著名的求解線性規劃及其延伸問題的套裝軟體。LINDO 的歷史比 CPLEX 更久，最大版本的 LINDO 曾經解過數以千計的函數限制式和數十萬決策變數的問題，它長期受歡迎的原因是因其使用方便，若處理很小的問題時，使用者能以直覺的方式輸入與求解模型，對學生來說是一種很方便的工具。用 Python 來求解大型線性規劃模式的應用也被廣泛使用。茲介紹 Excel Solver、LINDO 和 Python 等三種模式語言。

4.7.1　使用試算表 (Excel Solver) 建立和求解線性規劃模式

　　請參考附錄 A 的詳細介紹，使用試算表建立和求解線性規劃模式。

4.7.2　LINDO 模式語言

　　LINDO 和 LINGO 是美國 LINDO 系統公司開發的一套專門用於求解最優化問題的套裝軟體。LINDO 用於求解線性規劃和二次規劃問題。由於 LINDO 執行速度快，易於方便地輸入、求解和分析數學規劃問題，因此在教學、科研和工業界得到廣泛應用。LINDO 主要用於求解線性規劃、非線性規劃、二次規劃和整數規劃等問題。LINDO 套裝試用軟體皆可從網站 www.lindo.com 下載 Classic LINDO 軟體。

　　以下範例是使用 LINDO 解決簡單的線性規劃問題。

範例 4.14

　　某牛飼料可由燕麥、玉米、苜蓿和花生殼混合，每種食物的每噸成本（以元為單位）及營養如表 4.33 所示。

表 4.33　範例 4.14 的資料

	% 蛋白	% 脂肪	% 纖維	成本（元）/ 每噸
燕麥	60	50	90	200
玉米	80	70	30	150
苜蓿	55	40	60	100
花生殼	40	100	80	75

　　其限制條件為：飼料每天至少維持 60% 的蛋白和 60% 的纖維，飼料每天最多維持 60% 脂肪，將問題轉換為線性規劃模式以使每天每噸的成本最低。

解：

　　假設 x_1 = 每噸中燕麥成分、x_2 = 每噸中玉米成分、x_3 = 每噸中苜蓿成分、x_4 = 每噸中花生殼成分。線性規劃模式可建立如下：

極小化　　$Z = 200x_1 + 150x_2 + 100x_3 + 75x_4$

限制條件　$60x_1 + 80x_2 + 55x_3 + 40x_4 \geq 60$（蛋白分量）

　　　　　$50x_1 + 70x_2 + 40x_3 + 100x_4 \leq 60$（脂肪分量）

　　　　　$90x_1 + 30x_2 + 60x_3 + 80x_4 \geq 60$（纖維分量）

　　　　　$x_1 + x_2 + x_3 + x_4 = 1$（每噸總成分）

　　　　　$x_1, x_2, x_3, x_4 \geq 0$

以下是使用 LINDO 模式語言得到的輸出結果。

1. 打開 LINDO 後，會出現視窗如下，首先將線性規劃模式輸入。

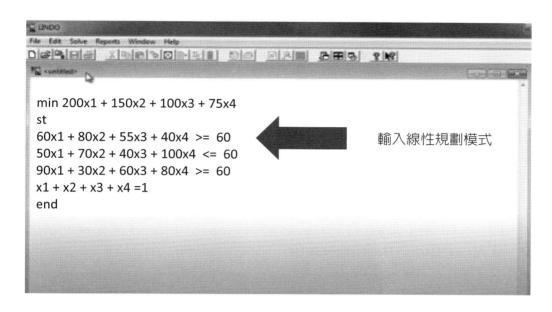

```
min 200x1 + 150x2 + 100x3 + 75x4
st
60x1 + 80x2 + 55x3 + 40x4  >=  60        輸入線性規劃模式
50x1 + 70x2 + 40x3 + 100x4  <=  60
90x1 + 30x2 + 60x3 + 80x4  >=  60
x1 + x2 + x3 + x4 =1
end
```

2. 在工具列上，點「Solve」，並在下拉的選單中選擇按「Solve」。

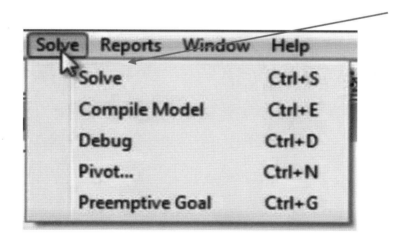

3. 在「DO RANGE(SENSITIVITY) ANALYSIS?」的視窗選「No」。

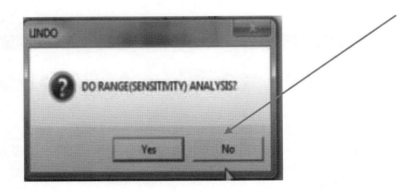

4. 然後按「Close」，得到的輸出結果如下：

LP OPTIMUM FOUND AT STEP   4

      OBJECTIVE FUNCTION VALUE

    1)   125.0000

VARIABLE	VALUE	REDUCED COST
x1	0.157143	0.000000
x2	0.271429	0.000000
x3	0.400000	0.000000
x4	0.171429	0.000000

ROW	SLACK OR SURPLUS	DUAL PRICES
2)	0.000000	-5.000000
3)	0.000000	0.000000
4)	0.000000	-2.500000
5)	0.000000	325.000000

NO. ITERATIONS= 4

由上結果得知，原問題最佳解為每噸中燕麥 =0.16 噸、玉米 =0.27 噸、苜蓿 =0.4 噸、花生殼 =0.17 噸，混合得一噸牛飼料其成本 =$125。

範例 4.15　**員工上班調度問題**

某超市需要決定僱用多少員工及每天分配多少員工，以使總工資最低且達到該超市每天員工的需求，表 4.34 列出每天至少所需要的員工。

表 4.34　範例 4.15 的資料

	星期一	星期二	星期三	星期四	星期五	星期六	星期日
至少需要的員工	20	13	10	12	16	18	20

　　週末沒有上班的員工每週工資是 \$300，星期六上班多 \$25，星期日上班多 \$35，每位員工每週工作五天，並且連續休息兩天，請問該超市需要僱用多少員工及每天分配多少員工？

解：

　　根據上述問題資料，表 4.35 為員工的工作時間表及每週的工資。（✓ 表示上班，x 表示休假）

表 4.35

開始上班 ＼ 工作天	星期一	星期二	星期三	星期四	星期五	星期六	星期日	每週工資（\$）
星期一	✓	✓	✓	✓	✓	x	x	300
星期二	x	✓	✓	✓	✓	✓	x	325
星期三	x	x	✓	✓	✓	✓	✓	360
星期四	✓	x	x	✓	✓	✓	✓	360
星期五	✓	✓	x	x	✓	✓	✓	360
星期六	✓	✓	✓	x	x	✓	✓	360
星期日	✓	✓	✓	✓	x	x	✓	335

決策變數

假設　x_1 是星期一開始來上班的員工，

　　　x_2 是星期二開始來上班的員工，

　　　x_3 是星期三開始來上班的員工，

　　　x_4 是星期四開始來上班的員工，

　　　x_5 是星期五開始來上班的員工，

　　　x_6 是星期六開始來上班的員工，

　　　x_7 是星期日開始來上班的員工。

目標函數：最小化每週工資

極小化　　　$Z = 300x_1 + 325x_2 + 360x_3 + 360x_4 + 360x_5 + 360x_6 + 335x_7$

函數限制式　$x_1 + x_4 + x_5 + x_6 + x_7 \geq 20$（星期一）

$x_1 + x_2 + x_5 + x_6 + x_7 \geq 13$（星期二）

$x_1 + x_2 + x_3 + x_6 + x_7 \geq 10$（星期三）

$x_1 + x_2 + x_3 + x_4 + x_7 \geq 12$（星期四）

$x_1 + x_2 + x_3 + x_4 + x_5 \geq 16$（星期五）

$x_2 + x_3 + x_4 + x_5 + x_6 \geq 18$（星期六）

$x_3 + x_4 + x_5 + x_6 + x_7 \geq 20$（星期日）

以下是使用 LINDO 模式語言得到的輸出結果。

OBJECTIVE FUNCTION VALUE

1)　　　　　　　　　7750.0000

VARIABLE	VALUE	REDUCED COST
x_1	2.000000	0.000000
x_2	0.000000	100.000000
x_3	2.000000	0.000000
x_4	6.000000	0.000000
x_5	6.000000	0.000000
x_6	4.000000	0.000000
x_7	2.000000	0.000000

ROW	SLACK OR SURPLUS	DUAL PRICES
x_1	0.000000	-100.000000
x_2	0.000000	0.000000
x_3	0.000000	-100.000000
x_4	1.000000	0.000000
x_5	0.000000	-100.000000
x_6	0.000000	-25.000000
x_7	0.000000	-135.000000

NO. ITERATIONS =　　　　　　　8

由以上結果得知原問題最佳解爲：星期一 2 個員工開始上班，星期二沒有員工開始上班，星期三 2 個員工開始上班，星期四 6 個員工開始上班，星期五 6 個員工開始上班，星期六 4 個員工開始上班，星期日 2 個員工開始上班。其每週所付總工資 =$7,750。

4.7.3　Python 模式語言

Python 是一種直接解讀、互動及物件導向的電腦模式語言。Python 的應用很廣，包括機器學習、人工智能、數據分析、電腦視覺、自然語言處理等等。Gurobi 可與 Python 整合變成一個縝密嚴謹並簡單易用的數值計算工具，Gurobi 可用來求解線型規劃、整數規劃及混合整數規劃等問題。

範例 4.16

極大化　　$Z = 120x + 60y + 175z$

限制條件　$110x + 200y + 150z <= 12,000$

　　　　　$90x + 30y + 120z <= 3,000$

　　　　　$x + y + z <= 80$

　　　　　$x, y, z >= 0$

上述線性問題可用 Python 及 Gurobi Solver 求解如下：

```
from gurobipy import *

try:
    # Create a new model
    m = Model("lp")

    # Create variables
    x = m.addVar(lb=0, name="x")
    y = m.addVar(lb=0, name="y")
    z = m.addVar(lb=0, name="z")

    # Set objective
    m.setObjective(120*x + 60*y + 175*z, GRB.MAXIMIZE)
```

```
# Add Constraints
m.addConstr( 110*x+200*y+150*z – 12000 <= 0, "c1")
m.addConstr(  90*x+ 30*y+120*z –  3000 <= 0, "c2")
m.addConstr(        x+   y+   z –    80 <= 0, "c3")

# Optimize model
m.optimize()

for v in m.getVars():
    print('%s %g' %(v.varName, v.x))


print('Obj: %g' % m.objVal)


except GurobiError as e:
  print('Error code ' + str(e.errno)+ ": " + str(e))


except AttributeError:
  print('Encountered an attribute error')
```

得到結果如下：

```
Solved in 3 iterations and 0.04 seconds
Optimal objective  5.200000000e+03
x 0
y 50.7692
z 12.3077
Obj: 5200
```

▌4.8　本章摘要

■ 單形法的幾何概念雖然簡單明瞭，但其基本思想是一種代數程序。在每次反覆中，單形法選擇一個進入基變數和退出基變數，以便從目前的基本可行解移動到另一較優的相鄰基本可行解。當找不到較優的相鄰基本可行解時，則目前的解為最佳解，並停止演算。

■ 求解線性規劃問題，其步驟如下：

步驟 1：首先要將線性規劃問題轉換成標準形式：

1. 所有限制式轉換成相等限制式，而等式右邊的值為非負數，所有的變數 ≥ 0。

 (1) 對等式限制式 i（=）而言，加上一人工變數 (Artificial Variable) A_i，對極大化問題而言，目標函數加 $-MA_i$，對極小化問題而言，目標函數加 $+MA_i$。

 (2) 對不等式限制式 i（$\geq$）而言，減去一剩餘變數 (Surplus Variable) s_i，再加上一人工變數 (Artificial Variable) A_i，對極大化問題而言，目標函數加 $-MA_i$，對極小化問題而言，目標函數加 MA_i。

 (3) 對不等式限制式 i（$\leq$）而言，加上一鬆弛變數 (Slack Variable) s_i。

2. 如果有變數 x_i 是無限制的話，則在目標函數和限制式中，用 $x_i' - x_i''$ 來更換 x_i 且設 $x_i', x_i'' \geq 0$。

步驟 2：如果標準形式無法用單形法 (Simplex Method) 找出基變數起始解來求解的話，可用大 M 法 (Big-*M* Method) 或兩階法 (Two-Phase Method) 來求解。在最終單形表中，如果任何人工變數有正值的話，則表示原問題無解。

■ 大 M 法與兩階法都是在原問題缺少起始可行基本解的情況下，利用人工變數的引入，以達到運用單形法求解原問題的目的。用大 M 法處理人工變數，計算較困難。為了克服這個困難，可以對添加人工變數後的線性規劃問題分為兩個階段來計算，而避免 M 的使用，這個方法稱為兩階法。在大規模線性規劃問題的求解中，通常採用兩階法運算。

■ 單形法的求解過程可用來辨別線性規劃問題的四個特殊情況：多重最佳解、無限解、無解和退化解。

■ 求解線性規劃極小化問題可使用下列兩種方式：

1. 轉換法：將原極小化問題轉換成標準極大化問題來求解。

2. 對偶問題法：將在第五章詳細討論。

Chapter **5**

對偶理論與敏感度分析
(Duality Theorem and Sensitivity Analysis)

◀ GE 塑料公司的最佳化生產 *

　　GE Plastics 是一家價值 50 億美元的全球塑料供應商，它供應從世界各地的工廠到公司的原材料，如汽車、電器、電腦設備和醫療設備公司。在其七個主要部門中，高性能聚合物 (HPP) 部門是增長最快的部門。HPP 是一種非常耐熱的聚合物，用於製造微波炊具、消防頭盔、器具和飛機。HPP 的供應鏈由兩個類似於所有 GE 塑料部門的層次組成：製造工廠和分銷管道。一級工廠轉換過程將原料製成樹脂，並將它們運送到精密加工工廠，與添加劑結合以產生不同等級最終產品，之後產品會運往 GE Polymerland（GE 塑料的商業分銷管道）經銷給客戶。每個實體工廠都有多個獨立製造設施運作的生產線，HPP 擁有 8 條樹脂生產線，為 21 家工廠提供原料，以生產 24 個等級的 HPP 產品。HPP 使用線性規劃模式來求解最佳化生產：線性規劃模式目標函數 —— 最大化總邊際貢獻，其中包括：收入減去製造、添加劑和分銷的成本總和、限制條件取決於需求 / 製造能力 / 流量限制，決策變數是：每個工廠生產線生產的每種樹脂數量和每種產品的數量。公司利用該模型發展了一個包括 4 年計劃的實施方案，每個單年的線性規劃模式有 3,100 個決策變數、1,100 個約束條件。該模型使用商業最佳化 LINGO 求解軟體來求解。

* 資料來源：R. Tyagi, P. Kalish, K. Akbay, and G. Munshaw, "GE Plastics Optimizes the Two-Echelon Global Fulfillment Network at Its High Performance Polymers Division," *Interfaces*, *34*(5) (September-October 2004), pp. 359-366.

5.1 前言

在線性規劃早期發展中最重要的發現就是對偶理論 (Duality Theorem)，即每一個線性規劃問題（稱為原始問題）都存在另一個與它相對應的對偶線性規劃問題（稱為對偶問題），稱其為對偶 (Dual)。1928 年美籍匈牙利數學家 J. von Neumann 在研究對策論時，已發現線性規劃與對策論之間存在著非常緊密的聯繫。兩人零和競賽對策可表達成線性規劃的原始問題和對偶問題。1954 年 C. E. Lemke 提出對偶單形法，成為管理決策中進行敏感度分析的重要工具。對偶理論有許多重要應用：在原始的和對偶的兩個線性規劃中求解任何一個規劃時，會自動地給出另一個線性規劃的最佳解；當對偶問題比原始問題有較少約束時，求解對偶問題比求解原始問題要方便得多。至今，內點法 (Interior Point Method) 不能完全取代單形法的原因之一，就是單形法比較好用，也方便作敏感度分析，而背後的原理之一是**對偶理論**。

研習本章之後，學者將瞭解對偶 (Dual) 問題與原始 (Primal) 問題之間的關係、對偶問題的經濟解釋、影子價格在經濟管理中的應用，以及敏感度分析的解釋與應用執行。

5.2 對偶問題的本質

5.2.1 對偶問題的重要特徵

每一個線性規劃問題都對應有另一個線性規劃問題，稱為對偶問題。原來的線性規劃問題則稱為原始線性規劃問題，簡稱原始問題。**對偶問題中決策變數的數目即是原始問題限制條件的數目。對偶問題有許多重要的特徵，它能提供關於原始問題最佳解的許多重要資料，有助於原始問題的求解和分析**。對偶問題與原始問題之間存在著下列關係：

1. 目標函數對原始問題是極大化，對偶問題則是極小化。或者是目標函數對原始問題是極小化，對對偶問題則是極大化。
2. 原始問題目標函數中的各決策變數的係數是對偶問題限制條件不等式中的右端常數，而原始問題限制條件不等式中的右端常數則是對偶問題中目標函數的各決策變數的係數。
3. 原始問題和對偶問題的限制條件不等式的符號方向相反。

4. 原始問題限制條件不等式係數矩陣轉置後即爲對偶問題的限制條件不等式的係數矩陣。

5. 原始問題的限制條件方程數對應於對偶問題的變數，而原始問題的變數對應於對偶問題的限制條件方程數。

6. 對偶問題的對偶問題是原始問題，這一性質被稱爲原始和對偶問題的對稱性。敏感度分析的解釋與執行，乃是對偶問題理論的重要應用。

其對應關係如表 5.1 所示。

表 5.1

原始問題（極大化）		對偶問題（極小化）		原始問題（極小化）		對偶問題（極大化）	
如果限制條件是	<=	對應的變數是	>=0	如果限制條件是	>=	對應的變數是	>=0
	>=		<=0		<=		<=0
	=		無限制		=		無限制
如果變數是	>=0	對應的限制條件是	>=	如果變數是	>=0	對應的限制條件是	<=
	<=0		<=		<=0		>=
	無限制		=		無限制		=

典型範例

一線性規劃問題，其模式如下：

極大化　　$Z = 12x_1 + 3x_2 + x_3$

限制條件　$10x_1 + 2x_2 + x_3 \leq 100$

　　　　　$7x_1 + 3x_2 + 2x_3 \leq 75$

　　　　　$2x_1 + 4x_2 + x_3 \leq 80$

　　　　　$x_1, x_2, x_3 \geq 0$

表 5.2 分別以代數形式和矩陣形式列出上例的原始問題及其對偶問題。

表 5.2

代數形式之**原始問題**	代數形式之**對偶問題**

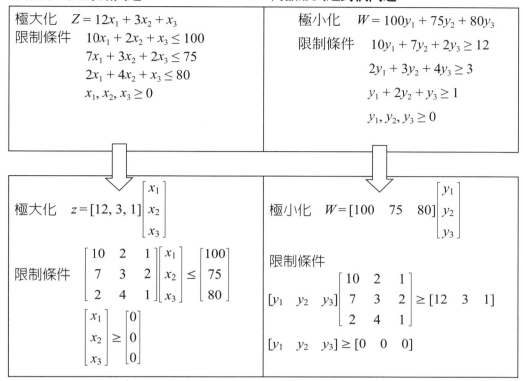

5.3 原始對偶關係之性質

　　弱對偶性質 (Weak Duality Property)：若 x 為原始問題可行解，y 為對偶問題可行解，則 $cx \leq yb$。

　　強對偶性質 (Strong Duality Property)：若 x^* 為原始問題的最佳解，y^* 為對偶問題的最佳解，則 $cx^* = y^*b$。

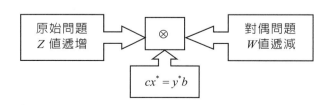

原始問題與對偶問題之間對應解的一般關係，如表 5.3。

表 5.3

原始問題		對偶問題
有最佳解	←→	有最佳解
無限值解		無限值解
無可行解		無可行解
多重最佳解		退化解
退化解	←→	多重最佳解

1. 若原始問題或對偶問題有最佳解，則另一問題也會有最佳解，且兩者的最佳解的目標函數值亦相等。

2. 若原始問題有可行解，且其目標函數值為無限值解，則其對偶問題為無可行解。

3. 若對偶問題有可行解，且其目標函數值為無限值解，則其原始問題為無可行解。

4. 若原始問題無可行解，則其對偶問題為無可行解或無限值解。

5. 若原始問題有無限值解，則其對偶問題為無可行解。

6. 若原始問題有多重最佳解，則其對偶問題為退化解。

7. 若原始問題有退化解，則其對偶問題有多重最佳解。

範例 5.1 *原始問題*

極小化　　$Z = 8x_1 + 6x_2$

限制條件　$10x_1 \geq 50$

　　　　　$10x_2 \geq 80$

　　　　　$10x_1 + 20x_2 \geq 300$

　　　　　$x_1, x_2 \geq 0$

解：

將限制條件加鬆弛變數，減剩餘變數及加人工變數之後，得以下標準數學式：

極小化　　$Z = 8x_1 + 6x_2 + 0s_1 + 0s_2 + 0s_3 + MA_1 + MA_2 + MA_3$

限制條件　$10x_1 - s_1 + A_1 = 50$

　　　　　$10x_2 - s_2 + A_2 = 80$

　　　　　$10x_1 + 20x_2 - s_3 + A_3 = 300$

　　　　　$x_1, x_2, s_1, s_2, s_3, A_1, A_2, A_3 \geq 0$

利用單形法求解得到最終單形表，如表 5.4 所示。

表 5.4　原始問題的最佳解

c_b	c_j / x_b	8 / x_1	6 / x_2	0 / s_1	0 / s_2	0 / s_3	b_i
8	x_1	1	0	$-\dfrac{1}{10}$	0	0	5
6	x_2	0	1	$\dfrac{1}{20}$	0	$-\dfrac{1}{20}$	$\dfrac{25}{2}$
0	s_2	0	0	$\dfrac{1}{2}$	1	$-\dfrac{1}{2}$	45
$\sum c_b a_{ij}$	z_j	8	6	$-\dfrac{1}{2}$	0	$-\dfrac{3}{10}$	115
	$c_j - z_j$	0	0	$\dfrac{1}{2}$	0	$\dfrac{3}{10}$	

由表 5.4 得知，最佳解為 $x_1^* = 5$、$x_2^* = \dfrac{25}{2}$。最小值 $= 8 \times 5 + 6 \times \dfrac{25}{2} = 115$。

原問題的對偶問題為

極大化　$W = 50u_1 + 80u_2 + 300u_3$

限制條件　$10u_1 + 0u_2 + 10u_3 \le 8$

　　　　　$0u_1 + 10u_2 + 20u_3 \le 6$

　　　　　$u_1, u_2, u_3 \ge 0$

解：

將限制條件加鬆弛變數後，得以下標準數學式：

極大化　$W = 50u_1 + 80u_2 + 300u_3 + 0s_1 + 0s_2$

限制條件　$10u_1 + 0u_2 + 10u_3 + s_1 = 8$

　　　　　$0u_1 + 10u_2 + 20u_3 + s_2 = 6$

　　　　　$u_1, u_2, u_3, s_1, s_2 \ge 0$

利用單形法求解得到最終單形表，如表 5.5 所示。

5.5

鬆弛變數

c_b	c_j u_b	**50** u_1	**80** u_2	**300** u_3	**0** s_1	**0** s_2	b_i
50	u_1	1	$-\dfrac{1}{2}$	0	$\dfrac{1}{10}$	$-\dfrac{1}{20}$	$\dfrac{1}{2}$
300	u_3	0	$\dfrac{1}{2}$	1	0	$\dfrac{1}{20}$	$\dfrac{3}{10}$
$\sum c_b a_{ij}$	w_j	50	125	300	5	$\dfrac{25}{2}$	115
	$c_j - w_j$	0	−45	0	−5	$-\dfrac{25}{2}$	

對偶問題的最佳解

原始問題的最佳解（取正值）

由表 5.5 得知，最佳解為 $u_1^* = \dfrac{1}{2}$、$u_2^* = 0$、$u_3^* = \dfrac{3}{10}$。最大值 $= 50 \times \dfrac{1}{2} + 300 \times \dfrac{3}{10}$ $= 115$。

要注意的是，由表 5.4 得知，原始問題最終單形表最後一列 (z_j) 鬆弛變數的值 $\left(-\dfrac{1}{2}, 0, -\dfrac{3}{10}\right)$（取正值）即是對偶問題決策變數的最佳解。而由表 5.5 得知，對偶問題最終單形表最後一列 (w_j) 鬆弛變數的值 $\left(5, \dfrac{25}{2}\right)$（取正值）即是原始問題決策變數的最佳解。

$$cx^* = [8, 6]\begin{bmatrix} x_1 \\ x_2 \end{bmatrix} = [8, 6]\begin{bmatrix} 5 \\ \dfrac{25}{2} \end{bmatrix} = 115$$

$$u^*b = [50, 80, 300]\begin{bmatrix} b_1 \\ b_2 \\ b_3 \end{bmatrix} = [50, 80, 300]\begin{bmatrix} \dfrac{1}{2} \\ 0 \\ \dfrac{3}{10} \end{bmatrix} = 115$$

$cx^* = u^*b \Rightarrow$ 原始對偶關係符合強對偶性質。

範例 5.2 原始問題

極小化 $Z = x_1 - x_2$
限制條件 $2x_1 - x_2 \geq 2$
$-x_1 + x_2 \geq 1$
$x_1, x_2 \geq 0$

解：

首先將限制條件減剩餘變數及加人工變數之後，得以下標準型數學式：

極小化 $Z = x_1 - x_2 + 0s_1 + 0s_2 + MA_1 + MA_2$
限制條件 $2x_1 - x_2 - s_1 + A_1 = 2$
$-x_1 + x_2 - s_2 + A_2 = 1$
$x_1, x_2, s_1, s_2, A_1, A_2 \geq 0$

利用單形法求解得到單形表，如表 5.6 所示。

表 5.6

c_b	c_j x_b	**1** x_1	**−1** x_2	**0** s_1	**0** s_2	M A_1	M A_2	b_i	$\frac{b_i}{a_{ij}}$
1	x_1	1	0	−1	−1	1	1	3	−3
−1	x_2	0	1	−1	−2	1	2	4	−4
$\sum c_b a_{ij}$	z_j	1	−1	0	1	0	−1		
	$c_j - z_j$	0	0	0	−1	M	$M+1$		

由表 5.6 得知 s_2 應為進入變數，但 $\frac{b_i}{a_{ij}}$ 都是負數、s_2 不能選為進入變數，則原始問題為無限值解。

原始問題的對偶問題為

極大化 $W = 2u_1 + u_2$
限制條件 $2u_1 - u_2 \leq 1$
$-u_1 + u_2 \leq -1$
$u_1, u_2 \geq 0$

解：

因為第二限制條件右邊值是負數的形式，兩邊乘以 -1 使右邊值是正數的形式：

$$u_1 - u_2 \geq 1$$

將限制條件加鬆弛變數、減剩餘變數及加人工變數之後，得以下標準數學式：

極大化　　$W = 2u_1 + u_2 + 0s_1 + 0s_2 - MA_1$

限制條件　$2u_1 - u_2 + s_1 = 1$

　　　　　$u_1 - u_2 - s_2 + A_1 = 1$

　　　　　$u_1, u_2, s_1, s_2, A_1 \geq 0$

利用單形法求解得到最終單形表，如表 5.7。

表 5.7

c_b	c_j u_b	2 u_1	1 u_2	0 s_1	0 s_2	M A_1	b_i
2	u_1	1	$-\dfrac{1}{2}$	$\dfrac{1}{2}$	0	0	$\dfrac{1}{2}$
$-M$	A_1	0	$-\dfrac{1}{2}$	$-\dfrac{1}{2}$	-1	1	$\dfrac{1}{2}$
$\sum c_b a_{ij}$	w_j	2	$-1+\dfrac{M}{2}$	$1+\dfrac{M}{2}$	M	$-M$	
	$c_j - w_j$	0	$2-\dfrac{M}{2}$	$-1-\dfrac{M}{2}$	$-M$	0	

因為對所有變數 $c_j - w_j \leq 0$，所以停止運算，但人工變數 A_1 的值是 $1/2$（不等於 0）。因此，**對偶問題無可行解，而原始問題為無限值解。讀者可利用圖解法來驗證原始問題為無限值解。**

範例 5.3　原始問題

極大化　　$Z = 2{,}000x_1 + 3{,}000x_2$

限制條件　$6x_1 + 9x_2 \leq 100$

　　　　　$2x_1 + x_2 \leq 20$

　　　　　$x_j \geq 0,\ j = 1, 2$

解：

上述數學模式寫成標準型如下：

極大化　　$Z = 2,000x_1 + 3,000x_2$

限制條件　$6x_1 + 9x_2 + s_1 = 100$

　　　　　$2x_1 + x_2 + s_2 = 20$

　　　　　$x_j, s_j \geq 0, \ j = 1, 2$

利用單形法求解得到最終單形表，如表 5.8。

表 5.8

鬆弛變數

c_b	c_j / x_b	**2,000** x_1	**3,000** x_2	**0** s_1	**0** s_2	b_i
3,000	x_2	$\dfrac{2}{3}$	1	$\dfrac{1}{9}$	0	$\dfrac{100}{9}$
0	s_2	$\dfrac{3}{4}$	0	$-\dfrac{1}{9}$	1	$\dfrac{80}{9}$
$\sum c_b a_{ij}$	z_j	2,000	3,000	$\dfrac{1,000}{3}$	0	$\dfrac{100,000}{3}$
	$c_j - z_j$	0	0	$-\dfrac{1,000}{3}$	0	≤ 0

對偶問題的最佳解（取正值）

因為對所有變數 $c_j - z_j \leq 0$，所以達到最佳解。$x_1 = 0$、$x_2 = 100/9$、$Z = 100,000/3$。然而，**對應的非基變數** x_1，**其在最終單形表的** $c_j - z_j$ **列係數為零，則此線性規劃方程式具有多重最佳解。**

原始問題的對偶問題為

極小化　　$W = 100y_1 + 20y_2$

限制條件　$6y_1 + 2y_2 \geq 2,000$

　　　　　$9y_1 + y_2 \geq 3,000$

　　　　　$y_1, y_2 \geq 0$

解：

將限制條件減剩餘變數及加人工變數之後，得以下標準數學式：

極小化　　$W = 100y_1 + 20y_2 + 0s_1 + 0s_2 + MA_1 + MA_2$

限制條件　$6y_1 + 2y_2 - s_1 + A_1 = 1$

$\qquad\qquad 9y_1 + y_2 - s_2 + A_2 = 1$

$\qquad\qquad y_1, y_2, s_1, s_2, A_1, A_2 \geq 0$

利用單形法求解得到最終單形表，如表 5.9。

表 5.9

c_b	c_j	100	20	0	0	b_i
	x_b	y_1	y_2	s_1	s_2	
20	y_2	0	1	$\dfrac{3}{4}$	$-\dfrac{1}{2}$	0
100	y_1	1	0	$-\dfrac{1}{12}$	$\dfrac{1}{6}$	$\dfrac{1,000}{3}$
$\sum c_b a_{ij}$	z_j	100	20	$-\dfrac{20}{3}$	$-\dfrac{20}{3}$	$\dfrac{100,000}{3}$
	$c_j - z_j$	0	0	$\dfrac{20}{3}$	$\dfrac{20}{3}$	

　　因為對所有變數 $c_j - z_j \geq 0$，所以停止運算，因為人工變數的值為 0，該運算達到最佳解。$y_1 = 1,000/3$、$y_2 = 0$，W 有極小值 = 100,000/3。然而，基變數 y_2 的數值等於 0，因此，**對偶問題有退化解，而原始問題有多重最佳解。讀者可利用圖解法來驗證原始問題為多重最佳解！**

5.3.1 　互補鬆弛定理 (Complementary Slackness Theorem)

　　根據本章節 5.3 前面描述的強對偶性質，互補鬆弛定理乃陳述當線性規劃問題得到最佳解時，不僅同時得到原始問題和對偶問題的最佳解，也得到變數量和限制條件之間的一種對應關係。扼要地說：已知原始問題（或對偶問題）的最佳解時，則可求其對偶問題（或原始問題）的最佳解，亦即，已知 X^* 可求得 Y^* 或已知 Y^* 可求得 X^*。

　　設 X 和 Y 分別為原始問題與對偶問題的可行解，S 和 W 分別是原始問題與對偶問題的鬆弛變數的可行解，則 X 和 Y 是最佳解的充要條件為 $W \times X^* = 0$ 和 $Y^* \times S = 0$，兩個條件式稱為互補鬆弛條件。兩個互補鬆弛條件可寫成下兩式：

$$\sum_{i=1}^{m} y_i^* s_i = 0$$

$$\sum_{j=1}^{n} w_j x_j^* = 0$$

由於變數量都非負數，要使上述兩條件式各項之和等於 0，每一個 $y_i^* \times s_i$ 和 $w_j \times x_j^*$ 要為 0，因而有下列關係：

當 $y_i^* > 0$ 時，$s_i = 0$；相反的，當 $s_i > 0$ 時，$y_i^* = 0$。

當 $w_j > 0$ 時，$x_j^* = 0$；相反的，當 $x_j^* > 0$ 時，$w_j = 0$。

利用上述關係，可求得對偶問題（或原始問題）的最佳解。

範例 5.4 考慮下列原始問題

極大化　　$Z = 5x_1 + 4x_2$

限制條件　$2x_1 + x_2 \le 5$

　　　　　$x_1 + 2x_2 \le 7$

　　　　　$x_j \ge 0,\ j = 1, 2$

1. 寫出上述問題的對偶問題。

2. 利用圖解法求解 1.。

3. 利用互補鬆弛來求解原始問題。

解：

1. 對偶問題寫成如下：

極小化　　$Y = 5y_1 + 7y_2$

限制條件　$2y_1 + y_2 \ge 5$

　　　　　$y_1 + 2y_2 \ge 4$

　　　　　$y_1, y_2 \ge 0$

2.

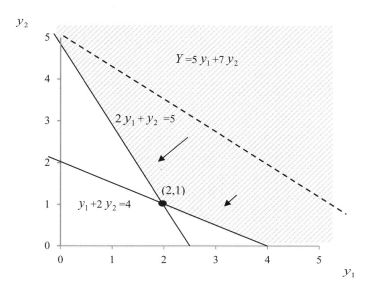

由圖解可得 $y_1^* = 2$、$y_2^* = 1$，Y 有極小值 $= 5 \times 2 + 7 \times 1 = 17$。

3. 利用互補鬆弛原理

w_1	w_2	y_1	y_2
x_1	x_2	s_1	s_2

$y_1 s_1 = 0 \Rightarrow s_1 = 0$（因為 $y_1 \neq 0$）

$y_2 s_2 = 0 \Rightarrow s_2 = 0$（因為 $y_2 \neq 0$）

$w_1 x_1 = 0 \Rightarrow x_1 \neq 0$（因為 $2y_1 + y_2 = 5 \Rightarrow w_1 = 0$）$\Rightarrow 2x_1 + x_2 = 5$ (1)

$w_2 x_2 = 0 \Rightarrow x_2 \neq 0$（因為 $y_1 + 2y_2 = 4 \Rightarrow w_2 = 0$）$\Rightarrow x_1 + 2x_2 = 7$ (2)

由公式 (1)、(2) 可得 $x_1^* = 1$、$x_2^* = 3$，x 有極大值 $= 5x_1 + 4x_2 = 5 \times 1 + 4 \times 3 = 17$。

🔓 5.4 對偶問題的經濟解釋：影子價格 (Shadow Prices)

影子價格 (Shadow Prices)，又稱靈敏度係數，通常指線性規劃對偶問題中對偶決策變數的最佳解。它對線性問題相關的經濟管理問題具有重要的經濟意義。**影子價格以資源的稀缺性為價值依據，以資源的邊際效益來衡量，反映了資源對目標價值的邊際貢獻，資源在最佳決策下的邊際價值以及資源的稀缺程度。這種估價不是該資源的市場價格，而是根據該資源作出的貢獻所作的估價，因而稱為「影子價格」。**

從數學意義上說，影子價格是指在其他條件及最佳解不變的前提下，當資源增加一個單位而得到目標函數新的最大值時，其最大值的增量與資源的增量的比值，即為目標函數的邊際增加值。從經濟意義而論，影子價格是在其他條件及最佳解不變的前提下，每增加一單位資源可能獲得的超額利潤，即原始問題目標函數的邊際增加值。

前面章節 5.3.1 所述的互補鬆弛定理的經濟意義：如果某資源的影子價格大於零 ($y_i^* > 0$)，該資源必是緊缺資源，對應的限制條件為緊約束條件 ($b_i - a_i x = 0$)；否則，若資源仍有剩餘，該資源不是緊缺資源，對應的限制條件為鬆約束條件 ($b_i - a_i x > 0$) 時，其對偶解（影子價格）必為零 ($y_i^* = 0$)。

5.4.1　影子價格的計算

影子價格就是對偶問題中對偶變數的最佳解y_i^*，又等於$\partial Z/\partial b_i$，亦即 b_i（右邊常數）每增加一單位時，目標函數值 Z 的增加量。

$$Z = W = b_1 y_1 + b_2 y_2 + ... + b_i y_i + ... + b_m y_m$$

$$Z + \Delta Z = b_1 y_1 + b_2 y_2 + ... + (b_i + \Delta b_i) y_i + ... + b_m y_m$$

$$\Delta Z = \Delta b_i y_i$$

$$y_i^* = \frac{\Delta Z^*}{\Delta b_i} = \frac{最大目標值的增量}{第\,i\,種資源的增量} = 第\,i\,種資源的邊際增加值 = 第\,i\,種資源的影子$$

價格

1. 影子價格越大，該資源越是相對緊缺。
2. 影子價格越小，該資源越是相對不緊缺。
3. 如果最佳化情況下，某種資源有剩餘，該資源的影子價格等於零。
4. 對偶問題的最佳解就是影子價格。
5. 第 i 種資源的影子價格不是第 i 種資源的市場價格，而是根據第 i 種資源在生產中作出的貢獻而做的估價。
6. 資源的影子價格實際上又是一種機會成本。當市場價格高於影子價格時，可賣出資源；當市場價格低於影子價格時，可買進資源。

5.4.2　影子價格在經濟管理中的應用

影子價格眞實地反映了資源在經濟結構中最優決策下對總收益（目標函數）的影響和貢獻率大小，資源的影子價格越高，表明該資源對總收益的貢獻越大。影子價格的大小客觀地反映資源在系統內的稀缺程度，如果某資源在系統內供大於求，儘管它有實實在在的市場價格，但它的影子價格爲零。這一事實表明，增加該資源的供應不會引起系統目標的任何變化。如果某資源是稀缺資源，其影子價格必然大於零，影子價格越高，客觀地反映資源在系統中越稀缺。

茲舉例來說明原始問題和對偶問題的經濟解釋。

範例 5.5

萬科達公司製造三種產品：寫字臺、桌子和椅子，該三種產品需要的木料、製造時間及可用的資源，如表 5.10 所示。

表 5.10 範例 5.5 的資料

產品 材料	寫字臺	桌子	椅子	可用資源
木料（英尺板）	10	3	1	120
木工時間	7	4	2	88
拋光時間	3	4	1	90
利潤／單位	130	50	20	

請問寫字臺、桌子、椅子各生產多少（假設部分生產是允許的）可得最大利潤？

解：

設寫字臺的生產量為 x_1、桌子的生產量為 x_2、椅子的生產量為 x_3。

原始問題可用線性規劃模式表示如下：

極大化 $Z = 130x_1 + 50x_2 + 20x_3$

限制條件 $10x_1 + 3x_2 + x_3 \le 120$ 〔木料（英尺板）的限制〕

              $7x_1 + 4x_2 + 2x_3 \le 88$（木工時間的限制）

              $3x_1 + 4x_2 + x_3 \le 90$（拋光時間的限制）

              $x_j \ge 0, \ j = 1, 2, 3$

其對偶問題可用線性規劃模式表示如下：

極小化 $W = 120y_1 + 88y_2 + 90y_3$

限制條件 $10y_1 + 7y_2 + 3y_3 \ge 130$（寫字臺的限制）

              $3y_1 + 4y_2 + 4y_3 \ge 50$（桌子的限制）

              $y_1 + 2y_2 + y_3 \ge 20$（椅子的限制）

              $y_i \ge 0, \ i = 1, 2, 3$

用單形法求解原始問題得到最終單形表，如表 5.11。

表 5.11

c_b	c_j x_b	130 x_1	50 x_2	20 x_3	0 s_1	0 s_2	0 s_3	b_i
130	x_1	1	0	$-\dfrac{2}{19}$	$\dfrac{4}{19}$	$-\dfrac{3}{19}$	0	$\dfrac{216}{9}$
50	x_2	0	1	$\dfrac{13}{19}$	$-\dfrac{7}{19}$	$\dfrac{10}{19}$	0	$\dfrac{40}{19}$

表 5.11（續）

c_b	c_j	130	50	20	0	0	0	b_i
	x_b	x_1	x_2	x_3	s_1	s_2	s_3	
0	s_3	0	0	$-\dfrac{27}{19}$	$\dfrac{16}{19}$	$-\dfrac{31}{19}$	1	$\dfrac{902}{19}$
$\sum c_b a_{ij}$	z_j	130	50	$\dfrac{390}{19}$	$\dfrac{170}{19}$	$\dfrac{110}{19}$	0	$\dfrac{30,080}{19}$
	$c_j - z_j$	0	0	$-\dfrac{10}{19}$	$-\dfrac{170}{19}$	$-\dfrac{110}{19}$	0	

對偶問題的最佳解（取正值）

原始問題的最佳解為 $x_1 = \dfrac{216}{19}$，$x_2 = \dfrac{40}{19}$，$x_3 = 0$，最大值 $Z^* = 130 \times \dfrac{216}{19} + 50 \times \dfrac{40}{19} + 20 \times 0 = \dfrac{30,080}{19}$。

對偶問題的最佳解為 $y_1 = \dfrac{170}{19}$，$y_2 = \dfrac{110}{19}$，$y_3 = 0$，最小值 $W^* = 120 \times \dfrac{170}{19} + 88 \times \dfrac{110}{19} + 80 \times 0 = \dfrac{30,080}{19}$。

對 i 個資源來說：$y_i^* = \dfrac{\Delta z^*}{\Delta b_i}$，木料的影子價格 y_1^* 是 $\dfrac{170}{19}$ / 每立方英尺、木工時間的影子價格 y_2^* 是 $\dfrac{110}{19}$ / 每小時、拋光時間的影子價格 y_3^* 是 0（因為有 $\dfrac{902}{19}$ 小時沒有用到）。

假設有一企業公司 ABC 要購買萬科達公司全部的資源。在對偶問題中 y_1、y_2 和 y_3 是資源的價格（木料一英尺板的價格、一木工時間的價格及一拋光時間的價格），W 是購買這些資源的成本。萬科達公司知道木料的每立方英尺價格、木工時間的每小時價格，以及拋光時間的每小時價格，也就是每種資源的影子價格。當市場價格高於影子價格時，可賣出資源。同樣地，ABC 公司也有興趣要知道萬科達公司資源的售價以使總支出的成本最低。當市場價格低於影子價格時，可買進資源。雙方最終可能以影子價格達成協議，也就是說總購買成本等於總售價。

5.5　對偶單形法 (Dual Simplex Method)

這一節要介紹一種不同的單形法——對偶單形法 (Dual Simplex Method)，此法是基於原始與對偶問題之間的關係。對偶單形法可適用於極大化和極小化問題。對偶單形法在運算過程中，確定目標列係數符合最佳解條件，而尋求滿足右邊常數均

非負的最佳解。它和第四章介紹的單形法非常相似，**其差異是選取進入變數和離開變數所採用的標準不同。**

對偶單形法的步驟如下（對極大化問題而言）：

步驟 1：如果是極小化問題，則轉換成極大化問題。

步驟 2：首先將任何大於等於（≥）形式的限制式兩邊乘以 –1 轉換成（≤）形式的限制式。

步驟 3：將限制式加上鬆弛變數，並將原問題轉成標準式。

步驟 4：以原點作為起始基本可行解 (BFS)。令 $s_1, s_2, \ldots, s_m$ 為基變數 (**Basic Variables**)，其餘變數為非基變數 (**Non-Basic Variables**)。

步驟 5：檢驗步驟 3 所得的解是否為最佳解──計算非基變數之相對數值 $c_j - z_j$

　　1.當此相對數值 $c_j - z_j$ 都小於或等於零（即 $c_j - z_j \leq 0$），且右端值 (b_i) 的值都大於或等於零時，則現階段的解就是最佳解。

　　2.當此相對數值 $c_j - z_j$ 都小於或等於零（即 $c_j - z_j \leq 0$），且至少有一個右端值 (b_i) 的值小於零時，則執行步驟 6。

　　3.如果至少有一個 $c_j - z_j$ 是正數，則不適合用對偶單形法。

步驟 6：決定新的離開變數 (Leaving Variable)──選取最小負值的右邊常數項 b_i 為離開變數。

步驟 7：決定新的代入變數 (Entering Variable)

　　1.如果所有 a_{ij} 都大於或等於零，則原問題無可行解。

　　2.如果至少有一個 a_{ij} 小於零，則代入變數為正數最小比值的 $\dfrac{c_j - z_j}{a_{ij}}$ = 最小值 $|((c_j - z_j)/$ 離開變數列內的負數$)|$。

步驟 8：決定新的基本可行解──利用矩陣的基本列運算高斯－喬登 (Gauss-Jordan) 消去法成典型方程組 (Canonical Equation)。

步驟 9：返回步驟 5。

範例 5.6

使用對偶單形法求解下列問題：

極小化　　$Z = 2x_1 + 2x_2 + 4x_3$

限制條件　$2x_1 + 3x_2 + 5x_3 \geq 2$

　　　　　$3x_1 + x_2 + 7x_3 \leq 3$

　　　　　$x_1 + 4x_2 + 6x_3 \leq 5$

$$x_1, x_2, x_3 \geq 0$$

解：

首先將極小化轉換成極大化，並且第一限制式兩邊乘以 -1，原問題轉換成

極大化　　$G = -2x_1 - 2x_2 - 4x_3$

限制條件　$-2x_1 - 3x_2 - 5x_3 \leq -2$

$$3x_1 + x_2 + 7x_3 \leq 3$$

$$x_1 + 4x_2 + 6x_3 \leq 5$$

$$x_1, x_2, x_3 \geq 0$$

上述數學模式寫成標準型如下：

極大化　　$G = -2x_1 - 2x_2 - 4x_3$

限制條件　$-2x_1 - 3x_2 - 5x_3 + s_1 = -2$

$$3x_1 + x_2 + 7x_3 + s_2 = 3$$

$$x_1 + 4x_2 + 6x_3 + s_3 = 5$$

$$x_1, x_2, x_3, s_1, s_2, s_3 \geq 0$$

建立初始單形表，如表 5.12。

表 5.12

c_b	c_j / x_b	-2 / x_1	-2 / x_2	-4 / x_3	0 / s_1	0 / s_2	0 / s_3	b_i
0	s_1	-2	-3	-5	1	0	0	-2 ←
0	s_2	3	1	7	0	1	0	3
0	s_3	1	4	6	0	0	1	5
$\sum c_b a_{ij}$	z_j	0	0	0	0	0	0	0
	$c_j - z_j$	-2	-2	-4	0	0	0	
	$\dfrac{c_j - z_j}{a_{ij}}$	1	$\dfrac{2}{3}$	$\dfrac{4}{5}$	-	-	-	

根據對偶單形法演算原則，由表 5.12 可看出 x_2 為進入變數、s_1 為離開變數，以第二行為樞紐行、第一列為樞紐列，經過運算後得表 5.13。

表 5.13

c_b	c_j	-2	-2	-4	0	0	0	b_i
	x_b	x_1	x_2	x_3	s_1	s_2	s_3	
-2	x_2	$\dfrac{2}{3}$	1	$\dfrac{5}{3}$	$-\dfrac{1}{3}$	0	0	$\dfrac{2}{3}$
0	s_2	$\dfrac{7}{3}$	0	$\dfrac{16}{3}$	$\dfrac{1}{3}$	1	0	$\dfrac{7}{3}$
0	s_3	$-\dfrac{5}{3}$	0	$-\dfrac{2}{3}$	$\dfrac{4}{3}$	0	1	$\dfrac{7}{3}$
$\sum c_b a_{ij}$	z_j	$-\dfrac{4}{3}$	-2	$-\dfrac{10}{3}$	$\dfrac{2}{3}$	0	0	$-\dfrac{4}{3}$
	$c_j - z_j$	$-\dfrac{2}{3}$	0	$-\dfrac{2}{3}$	$-\dfrac{2}{3}$	0	0	≤ 0

因為所有 $c_j - z_j \leq 0$，並且所有 $b_i > 0$，所以表 5.13 達到最佳解。

$x_1 = 0$、$x_2 = 2/3$、$x_3 = 0$，極大值 $G = -2x_1 - 2x_2 - 4x_3 = -2 \times 0 - 2 \times 2/3 - 4 \times 0 = -4/3$。

原問題有極小值 $Z = -G = 2x_1 + 2x_2 + 4x_3 = 4/3$。

5.6　敏感度分析

什麼是敏感度分析 (Sensitivity Analysis)──許多線性規劃問題，其中參數（係數）c_i、a_{ij}、b_j 常常是未知，而是根據現有的資料估計，且可能會變化而導致最佳解或最佳值的改變。敏感度分析對決策者很重要的原因，是因為真實問題是處在一個動態的環境，原物料的價格會變動、需求波動、公司機器汰舊換新、勞力市場變化、生產成本、員工離職等，敏感度分析對探討資料的改變對最佳解或最佳值的改變是非常的重要。例如：在介紹 Shadow Prices 時，想要知道工廠加班時數最多是多少，還有其利潤為何，**敏感度分析通常不需要重新用原來步驟以求得最佳解**，尤其當研究線性規劃很大時，敏感度分析更是很有用的工具。用敏感度分析，我們可以回答以下問題：

1. 目標函數係數的改變對最佳解有何影響？

2. 限制式右邊值的改變對最佳解有何影響？等此類問題。

　　敏感度分析的優點之一是當原線性規劃問題的係數改變時，通常不需要重新用單形法來求解係數改變後的最佳解。敏感度分析可以利用原線性規劃問題的最佳

解，節省時間而迅速有效地求得係數改變後的最佳解。

線性規劃模式的變動，可分為以下幾個類型：

1. 目標函數係數的變動。
2. 資源可用數量的改變。
3. 係數 a_{ij} 的改變。
4. 新增限制條件。
5. 刪除限制條件。
6. 新增變數。
7. 刪除一變數。

首先以下章節用圖解法來看敏感性分析，然後再用單形法來說明敏感性分析。

5.6.1 圖解法看敏感性分析

極大化　　$Z = 13x_1 + 5x_2$

限制條件　$4x_1 + x_2 \leq 24$

　　　　　$x_1 + 3x_2 \leq 24$

　　　　　$3x_1 + 2x_2 \leq 23$

　　　　　$x_1, x_2 \geq 0$

利用圖解法如圖 5.1，可求得上述問題最佳解是$(x_1^*, x_2^*) = (5, 4)$、$Z = 13 \times 5 + 5 \times 4 = 85$。

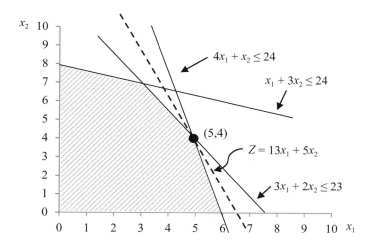

← 圖 5.1

刪除限制條件：假如刪除限制條件 $x_1 + 3x_2 \leq 24$。利用圖解法如圖 5.2，可求得上述問題最佳解仍是$(x_1^*, x_2^*) = (5, 4)$、$Z = 13 \times 5 + 5 \times 4 = 85$。

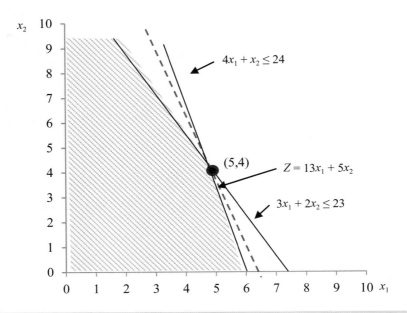

← 圖 5.2

假如刪除限制條件 $4x_1 + x_2 \leq 24$。利用圖解法如圖 5.3，可求得上述問題最佳解是$(x_1^*, x_2^*) = \left(7\frac{2}{3}, 0\right)$、$Z = 13 \times 7\frac{2}{3} + 5 \times 0 = \frac{299}{3}$，而$(x_1^*, x_2^*) = (5, 4)$不再是最佳解。

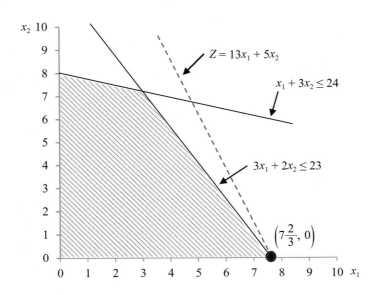

← 圖 5.3

假如增加限制條件：$x_1 + x_2 \leq 8$。利用圖解法如圖 5.4，可求得上述問題最佳解是 $(x_1^*, x_2^*) = \left(\dfrac{16}{3}, \dfrac{8}{3}\right)$、$Z = 13 \times \dfrac{16}{3} + 5 \times \dfrac{8}{3} = \dfrac{248}{3}$，而 $(x_1^*, x_2^*) = (5, 4)$ 不再是最佳解。

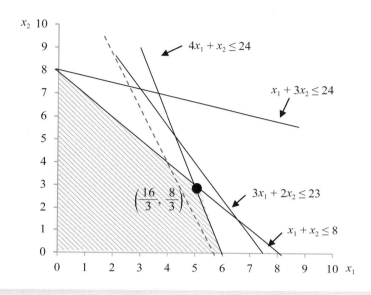

↩ 圖 5.4

資源可用數量的改變：假如 $4x_1 + x_2 \leq 24$ 改為 $4x_1 + x_2 \leq 26$。利用圖解法如圖 5.5，可求得上述問題最佳解是 $(x_1^*, x_2^*) = \left(\dfrac{29}{5}, \dfrac{14}{5}\right)$，而 $(x_1^*, x_2^*) = (5, 4)$ 不再是最佳解，最佳值是 $13 \times \dfrac{29}{5} + 5 \times \dfrac{14}{5} = \dfrac{447}{5} = 89.4$，原最佳值是 $13 \times 5 + 5 \times 4 = 85$。所以，最佳值增加了 $89.4 - 85 = 4.4$。

目標函數係數的變動：極大化 $Z = 13x_1 + 5x_2$ 改為 $Z = 12x_1 + 5x_2$。利用圖解法如圖 5.6，可求得上述問題最佳解仍是 $(x_1^*, x_2^*) = (5, 4)$，最佳值是 $12 \times 5 + 5 \times 4 = 80$。

我們可以找出 x_1 的係數 c_1 在何範圍下（c_2 不變），最佳解仍是 $(x_1^*, x_2^*) = (5, 4)$。

茲用數學方程式來求解 c_1 的最適區間：由圖 5.6 所示，A 線的斜率 $= -3/2$ 是目標函數斜率的上限、B 線的斜率 $= -4$ 是目標函數斜率的下限，要使最佳解仍是 $(x_1^*, x_2^*) = (5, 4)$，B 線的斜率 $\leq$ 目標函數斜率 $\leq$ A 線的斜率，目標函數 $Z = c_1 x_1 + 5x_2$、斜率 $= -c_1/5$，所以，$-4 \leq -c_1/5 \leq -3/2 \Rightarrow 15/2 \leq c_1 \leq 20$，最佳解仍是 $(x_1^*, x_2^*) = (5, 4)$。用同樣的方法（c_1 不變），可以找出 x_2 的係數 c_2 在何範圍下，最佳解仍是 $(x_1^*, x_2^*) = (5, 4)$，$-4 \leq -13/c_2 \leq -3/2 \Rightarrow \dfrac{13}{4} \leq c_2 \leq \dfrac{26}{3}$，而最佳解仍是 $(x_1^*, x_2^*) = (5, 4)$。

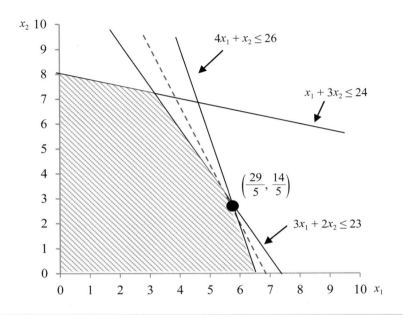

圖 5.5

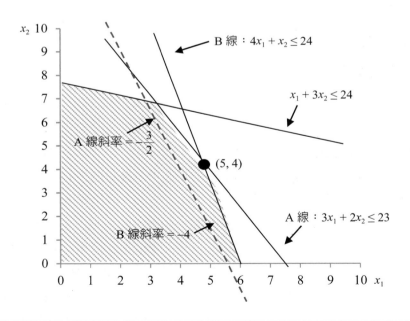

圖 5.6

5.6.2 單形法看敏感性分析

第 5.6.1 節是用圖解法來做敏感度分析，**但遇到三個以上變數的線性規劃問題時，則較難用圖解法來做敏感度分析**。本章節使用單形法表格的矩陣表示法來說明敏感性分析，假設已經求得問題的最佳解矩陣形式如下：

	Z	X	右端值
Z	1	$c - c_B B^{-1} A$	$c_B B^{-1} b$
x_B	0	$B^{-1} A$	$B^{-1} b$

其中 B^{-1} 為最終單形法表格中鬆弛變數係數的矩陣
A 為限制條件係數 a_{ij} 矩陣
c 為目標函數係數的列向量
c_B 為基變數對應係數的列向量
b 為右邊值的行向量

1. **目標函數係數的變動**：目標函數係數變動的靈敏度分析（c 變化）可分兩種狀況

(1) 非基變數的目標函數係數 $c_j \to c_j' = c_j + \Delta c_j$（$\Delta c_j$ 可正可負），受影響的只有 x_j 的檢驗數，其餘不變，此時只需重新計算 x_j 的檢驗數。若新的檢驗數：

① $\sigma_j' \leq 0$，原最佳解保持不變。

$\sigma_j' = c_j' - z_j = (c_j + \Delta c_j) - c_B B^{-1} p_j \leq 0$（$p_j$ 是變數 j 行的對應係數）

$\Rightarrow \sigma_j + \Delta c_j \leq 0(\sigma_j = c_j - c_B B^{-1} p_j)$

$\Delta c_j \leq -\sigma_j$

② $\sigma_j' > 0$，則以 x_j 為進入基變數，用單形法或者對偶單形法繼續反覆運算，即可求出最佳解。

(2) 基變數的目標函數係數 $c_j \to c_j' = c_j + \Delta c_j$（$\Delta c_j$ 可正可負），所有非基變數的檢驗數都改變，計算新的檢驗數。若新的檢驗數：

① $\sigma_j' \leq 0$，原最佳解保持不變。

② $\sigma_j' > 0$，則以大於 0 的檢驗數中最大值的變數為進入基變數，用單形法或者對偶單形法繼續反覆運算，即可求出最佳解。

範例 5.7 原問題

極大化　$Z = 5x_1 + 4x_2$

限制條件　$x_1 + 3x_2 \leq 90$

$$2x_1 + x_2 \leq 80$$

$$x_1 + x_2 \leq 45$$

$$x_1, x_2 \geq 0$$

求解 x_2 的係數 c_2 的範圍，使原最佳解保持不變。

解：

上述問題利用單形法，可得最終單形表如表 5.14 所示。

表 5.14

c_b	c_j	5	4	0	0	0	b_i
	x_b	x_1	x_2	s_1	s_2	s_3	
0	s_1	0	0	1	2	−5	25
5	x_1	1	0	0	1	−1	35
4	x_2	0	1	0	−1	2	10
$\sum c_b a_{ij}$	z_j	5	4	0	1	3	215
	$c_j - z_j$	0	0	0	−1	−3	

最佳解 $(x_1^*, x_2^*, s_1, s_2, s_3) = (35, 10, 25, 0, 0)$、$z^* = 5 \times 35 + 4 \times 10 = 215$。

$$\sigma_j' = (c_j + \Delta c_j) - c_B B^{-1} p_j \leq 0$$

$$\Rightarrow \sigma_4 = 0 - (0, 5, c_2) \begin{bmatrix} 2 \\ 1 \\ -1 \end{bmatrix} = c_2 - 5$$

$$\sigma_5 = 0 - (0, 5, c_2) \begin{bmatrix} -5 \\ -1 \\ 2 \end{bmatrix} = 5 - 2c_2$$

表 5.15

c_b	c_j	5	c_2	0	0	0	b_i
	x_b	x_1	x_2	s_1	s_2	s_3	
0	s_1	0	0	1	2	−5	25
5	x_1	1	0	0	1	−1	35
c_2	x_2	0	1	0	−1	2	10
$\sum c_b a_{ij}$	z_j	5	4	0	$5 - c_2$	$2c_2 - 5$	$175 + 10 \times c_2$
	$c_j - z_j$	0	0	0	$c_2 - 5$	$5 - 2c_2$	

從表 5.15 檢驗，如果

$$\sigma_4 = c_2 - 5 \le 0$$

$$\sigma_5 = 5 - 2c_2 \le 0$$

$$\Rightarrow 5/2 \le c_2 \le 5$$

最佳解仍為$(x_1^*, x_2^*, s_1, s_2, s_3) = (35, 10, 25, 0, 0)$、$z^* = 5 \times 35 + c_2 \times 10 = 175 + 10 \times c_2$。

若 $c_2 = 6$，原最佳解是否仍為最佳解？

$$\sigma_4 = c_2 - 5 = 1 > 0$$

$$\sigma_5 = 5 - 2c_2 = -7 < 0$$

因為 $\sigma_4 > 0$，原最佳解可能改變，則以 s_2 為進入基變數，用單形法或者對偶單形法繼續反覆運算，即可求出最佳解如表 5.16 所示。

表 5.16

c_b	c_j / x_b	5 x_1	6 x_2	0 s_1	0 s_2	0 s_3	b_i
6	x_2	0	1	$\frac{1}{2}$	0	$-\frac{1}{2}$	$\frac{45}{2}$
0	s_2	0	0	$\frac{1}{2}$	1	$-\frac{5}{2}$	$\frac{25}{2}$
5	x_1	1	0	$-\frac{1}{2}$	0	$\frac{3}{2}$	$\frac{45}{2}$
$\sum c_b a_{ij}$	z_j	5	6	$\frac{1}{2}$	0	$\frac{9}{2}$	$\frac{495}{2}$
	$c_j - z_j$	0	0	$-\frac{1}{2}$	0	$-\frac{9}{2}$	

最佳解為$(x_1^*, x_2^*) = \left(\frac{45}{2}, \frac{45}{2}\right)$、$z^* = 5 \times \frac{45}{2} + 6 \times \frac{45}{2} = \frac{495}{2}$。

2. **資源可用數量的改變**：假設右邊常數 b 發生變化，$b' = b + \Delta b$

   (1) 若 $B^{-1}b' \ge 0$，則原最佳解還是最佳解，即最佳解基變數 B 不變，但最佳解的數值可能會改變。（$x_B = B^{-1}b'$，其他變數 x 為 0）

   (2) 若 $B^{-1}b' < 0$，則用單形法或者對偶單形法繼續求解。

   (3) 使最佳解基變數不變的資源限量範圍。

   用 $B^{-1}b' \ge 0$ 計算。

由前範例 5.7

極大化　　$Z = 5x_1 + 4x_2$

限制條件　$x_1 + 3x_2 \leq 90$

　　　　　$2x_1 + x_2 \leq 80$

　　　　　$x_1 + x_2 \leq 45$

　　　　　$x_1, x_2 \geq 0$

分析 b_1 在什麼範圍內，最佳解基變數不變？

解：

由前範例 5.7 的最終單形表，表 5.14，得知 $B^{-1} = \begin{bmatrix} 1 & 2 & -5 \\ 0 & 1 & -1 \\ 0 & -1 & 2 \end{bmatrix}$

利用修訂單形法求得 $B^{-1} = \begin{bmatrix} 1 & 2 & -5 \\ 0 & 1 & -1 \\ 0 & -1 & 2 \end{bmatrix} \Rightarrow B^{-1}b' = \begin{bmatrix} 1 & 2 & -5 \\ 0 & 1 & -1 \\ 0 & -1 & 2 \end{bmatrix}\begin{bmatrix} b_1 \\ 80 \\ 45 \end{bmatrix}$

$$= \begin{bmatrix} b_1 - 65 \\ 35 \\ 10 \end{bmatrix} \geq 0$$

解得 $b_1 \geq 65$ 時，最佳解基變數不變，最佳解 $(x_1^*, x_2^*) = (35, 10)$、$z^* = 5 \times 35 + 4 \times 10 = 215$。

同樣地，分析 b_2 在什麼範圍內，最佳解基變數不變？

利用修訂單形法求得 $B^{-1} = \begin{bmatrix} 1 & 2 & -5 \\ 0 & 1 & -1 \\ 0 & -1 & 2 \end{bmatrix} \Rightarrow B^{-1}b' = \begin{bmatrix} 1 & 2 & -5 \\ 0 & 1 & -1 \\ 0 & -1 & 2 \end{bmatrix}\begin{bmatrix} 90 \\ b_2 \\ 45 \end{bmatrix}$

$$= \begin{bmatrix} 2b_2 - 135 \\ b_2 - 45 \\ 90 - b_2 \end{bmatrix} \geq 0$$

解得 $67.5 \leq b_2 \leq 90$，最佳解基變數不變，最佳解 $(x_1^*, x_2^*) = (b_2 - 45, 90 - b_2)$、$z^* = 5 \times (b_2 - 45) + 4 \times (90 - b_2) = 135 + b_2$。

同樣地，當 $40 \leq b_3 \leq 50$，最佳解基變數不變，最佳解 $(x_1^*, x_2^*) = (80 - b_3, 2b_3 - 80)$、$z^* = 5 \times (80 - b_3) + 4 \times (2b_3 - 80) = 80 + 3b_3$。

如果同時改變 b_1、b_2、b_3

$$\Rightarrow B^{-1}b' = \begin{bmatrix} 1 & 2 & -5 \\ 0 & 1 & -1 \\ 0 & -1 & 2 \end{bmatrix}\begin{bmatrix} b_1 \\ b_2 \\ b_3 \end{bmatrix} = \begin{bmatrix} b_1 + 2b_2 - 5b_3 \\ b_2 - b_3 \\ 2b_3 - b_2 \end{bmatrix} \geq 0$$

$\Rightarrow b_3 \leq b_2 \leq 2b_3$ 及 $5b_3 \leq b_1 + 2b_2$

最佳解基變數不變,最佳解$(x_1^*, x_2^*) = (b_2 - b_3, 2b_3 - b_2)$、$z^* = 5 \times (b_2 - b_3) + 4 \times (2b_3 - b_2) = 3b_3 + b_2$。

若 $b_3 = 60$,最佳解基變數會不會變?$B^{-1}b = \begin{bmatrix} 1 & 2 & -5 \\ 0 & 1 & -1 \\ 0 & -1 & 2 \end{bmatrix}\begin{bmatrix} 90 \\ 80 \\ 60 \end{bmatrix} = \begin{bmatrix} -50 \\ 20 \\ 40 \end{bmatrix} \ngeq 0$,所

以最佳解基變數可能會改變,則用單形法或者對偶單形法繼續求解。

3. 係數 a_{ij} 的改變(對極大化問題而言)

(1) 只有某個非基變數 x_j 的係數 a_{ij} 元素改變:觀察表格的矩陣表示得知,只有 $B^{-1}A$ 與 $c_BB^{-1}A - c$ 改變,再進一步由第四章的單形法可知,只要計算改變的 行 $B^{-1}A_j$ 與 $c_j - c_BB^{-1}A_j$ 即可。Z 列係數 $c_j - c_BB^{-1}A_j$ 非正,則最佳解不變解,否則,進一步用單形法或者對偶單形法繼續求解。

(2) 只有某個基變數 x_j 的係數 a_{ij} 元素改變:雖然我們從 (1) 知道,最佳解表格只有 x_j 該行需要重算,但是基變數的係數改變之後,顯然該行任意的變動都使得表格不再是正確的表格,因此不能像 (1) 那樣方便,一定要先得出正確的表格再分析是否要轉軸。也就是說,進一步要用單形法或者對偶單形法繼續求得最佳解。

由上述範例 5.7

極大化　　$Z = 5x_1 + 4x_2$

限制條件　$x_1 + 3x_2 \leq 90$

　　　　　$2x_1 + x_2 \leq 80$

　　　　　$x_1 + x_2 \leq 45$

　　　　　$x_1, x_2 \geq 0$

若第一種產品的消耗係數改變為$p_1 = \begin{bmatrix} 3/2 \\ 3/2 \\ 1/2 \end{bmatrix}$

極大化　　$Z = 5x_1 + 4x_2$

限制條件　$3/2x_1 + 3x_2 \leq 90$

　　　　　$3/2x_1 + x_2 \leq 80$

　　　　　$1/2x_1 + x_2 \leq 45$

　　　　　$x_1, x_2 \geq 0$

請問最佳解會不會改變?

解：

利用單形法求得 $B^{-1} = \begin{bmatrix} 1 & 2 & -5 \\ 0 & 1 & -1 \\ 0 & -1 & 2 \end{bmatrix} \Rightarrow B^{-1}p_1 = \begin{bmatrix} 1 & 2 & -5 \\ 0 & 1 & -1 \\ 0 & -1 & 2 \end{bmatrix}\begin{bmatrix} 3/2 \\ 3/2 \\ 1/2 \end{bmatrix} = \begin{bmatrix} 2 \\ 1 \\ -1/2 \end{bmatrix}$，最終

單形表，如表 5.17 所示。

表 5.17

c_b	c_j x_b	5 x_1	4 x_2	0 s_1	0 s_2	0 s_3	b_i
0	s_1	2	0	1	2	-5	25
5	x_1	1	0	0	1	-1	35
4	x_2	$-\dfrac{1}{2}$	1	0	-1	2	10
$\sum c_b a_{ij}$	z_j	3	4	0	1	3	215
	$c_j - z_j$	2	0	0	-1	-3	

經過運算列基本運算，得表 5.18。

表 5.18

c_b	c_j x_b	5 x_1	4 x_2	0 s_1	0 s_2	0 s_3	b_i
0	s_1	0	0	1	0	-3	-45 ←
5	x_1	1	0	0	1	-1	35
4	x_2	0	1	0	$-\dfrac{1}{2}$	$\dfrac{3}{2}$	27.5
$\sum c_b a_{ij}$	z_j	5	4	0	3	1	28.5
	$c_j - z_j$	0	0	0	-3	-1	≤ 0
	$\dfrac{c_j - z_j}{a_{ij}}$	-	-	-	-	$\dfrac{1}{3}$	

檢驗表 5.18，因為 s_1 的值是負值，上表的解不是最佳解，利用**對偶單形法 (Dual Simplex Method)** 可用來求解最佳解，從對偶單形法的規則得知 s_3 為進入變

數、s_1 為離開變數，經過運算，得到最終單形表如表 5.19 所示。

表 5.19

c_b	c_j	5	4	0	0	0	b_i
	x_b	x_1	x_2	s_1	s_2	s_3	
0	s_3	0	0	$-\dfrac{1}{3}$	0	1	15
5	x_1	1	0	$-\dfrac{1}{3}$	1	0	50
4	x_2	0	1	$\dfrac{1}{2}$	$-\dfrac{1}{2}$	0	5
$\sum c_b a_{ij}$	z_j	5	4	$\dfrac{1}{3}$	3	0	270
	$c_j - z_j$	0	0	$-\dfrac{1}{3}$	-3	0	

由表 5.19 得到最佳解為$(x_1^*, x_2^*, s_1, s_2, s_3) = (50, 5, 0, 0, 15)$，最佳值 $= 5 \times 50 + 4 \times 5 = 270$。因此，原始問題的最佳解$(x_1^*, x_2^*, s_1, s_2, s_3) = (35, 10, 25, 0, 0)$，和最佳值 $= 5 \times 35 + 4 \times 10 = 215$ 都改變。

4. 增加限制條件

增加新的限制條件，則把最佳解基變數帶入新的限制條件，若滿足則最佳解不變，否則填入單形表作為新的一行，引入一個新的非負變數（原限制條件若是小於等於形式可引入非負鬆弛變數，否則引入非負剩餘變數和人工變數），並通過矩陣行變換把對應基變數的元素變為 0，進一步用單形法或者對偶單形法繼續求得最佳解。

由前範例 5.7 考慮一個新的資源條件：$4x_1 + 2x_2 \leq 145$，原線性問題變成

極大化　　$Z = 5x_1 + 4x_2$

限制條件　$x_1 + 3x_2 \leq 90$

$\qquad\qquad 2x_1 + x_2 \leq 80$

$\qquad\qquad x_1 + x_2 \leq 45$

$\qquad\qquad 4x_1 + 2x_2 \leq 145$

$\qquad\qquad x_1, x_2 \geq 0$

最佳解 $(x_1^*, x_2^*, s_1, s_2, s_3) = (35, 10, 25, 0, 0)$ 帶入新的限制條件 $4x_1 + 2x_2 = 4 \times 35 + 2 \times 10 = 160 > 145$，不滿足新的限制條件，因此填入單形表作為新的一行，引入一

個新的非負變數，並通過矩陣行變換把對應基變數的元素變為 0，進一步用單形法或者對偶單形法繼續求得最佳解。把最佳解基變數帶入新的限制條件，最終單形表被調整為如表 5.20 所示。

表 5.20

c_b	c_j / x_b	5 / x_1	4 / x_2	0 / s_1	0 / s_2	0 / s_3	0 / s_4	b_i
0	s_1	0	0	1	0	-5	1	10
0	s_2	0	0	0	1	0	$-\dfrac{1}{2}$	$\dfrac{15}{2}$
4	x_2	0	1	0	0	2	$-\dfrac{1}{2}$	$\dfrac{35}{2}$
5	x_1	1	0	0	0	-1	$\dfrac{1}{2}$	$\dfrac{55}{2}$
$\sum c_b a_{ij}$	z_j	5	4	0	0	3	$\dfrac{1}{2}$	$\dfrac{415}{2}$
	$c_j - z_j$	0	0	0	0	-3	$-\dfrac{1}{2}$	

由表 5.20 得到最佳解為 $(x_1^*, x_2^*, s_1, s_2, s_3) = \left(\dfrac{55}{2}, \dfrac{35}{2}, 10, \dfrac{15}{2}, 0 \right)$，最佳值 $= 5 \times \dfrac{55}{2} + 4 \times \dfrac{35}{2} = \dfrac{415}{2}$。

5. 刪除一限制條件

若把一條限制條件刪除，如果鬆弛變數是在最終單形表的基變數內，不需再繼續演算，其最佳解和最佳值不改變。否則，如果鬆弛變數不是在最終單形表的基變數內，則需再繼續檢驗演算，直到新的最終單形表。

範例 5.8　原問題

極大化　　$Z = 5x_1 + 8x_2 + 4x_3$（總利潤）

限制條件　$4x_1 + 4x_2 + 3x_3 \leq 120$（鑄造時間）

　　　　　$3x_1 + 6x_2 + 8x_3 \leq 150$（焊接時間）

　　　　　$2x_1 + 4x_2 + 6x_3 \leq 200$（磨光時間）

　　　　　$x_j \geq 0,\ j = 1, 2, 3$（非負值 (Nonnegativity)）

利用單形表求得原問題的最終單形表，如表 5.21 所示。

表 5.21

c_b	c_j x_b	5 x_1	8 x_2	4 x_3	0 s_1	0 s_2	0 s_3	b_i
5	x_1	1	0	$-\dfrac{7}{6}$	$\dfrac{1}{2}$	$-\dfrac{1}{3}$	0	10
8	x_2	0	1	$\dfrac{23}{12}$	$-\dfrac{1}{4}$	$\dfrac{1}{3}$	0	20
0	s_3	0	0	$\dfrac{2}{3}$	0	$-\dfrac{2}{3}$	1	100
$\sum c_b a_{ij}$	z_j	5	8	$\dfrac{19}{2}$	$\dfrac{1}{2}$	1	0	210
	$c_j - z_j$	0	0	$-\dfrac{11}{2}$	$-\dfrac{1}{2}$	-1	0	

最佳解 $(x_1, x_2, x_3) = (10, 20, 0)$，最佳值 $Z = 5x_1 + 8x_2 + 4x_3 = 5 \times 10 + 8 \times 20 + 4 \times 0 = 210$。

今刪除第三條限制條件，原問題變成

極大化　　　$Z = 5x_1 + 8x_2 + 4x_3$（總利潤）

限制條件　　$4x_1 + 4x_2 + 3x_3 \le 120$（鑄造時間）

　　　　　　$3x_1 + 6x_2 + 8x_3 \le 150$（焊接時間）

　　　　　　$x_j \ge 0, j = 1, 2, 3$（非負值 (Nonnegativity)）

若把第三條限制式刪除，因為鬆弛變數 s_3 是在最終單形表的基變數內，不需再繼續演算，其最佳解和最佳值不改變。

今刪除第二條限制條件，原問題變成

極大化　　　$Z = 5x_1 + 8x_2 + 4x_3$（總利潤）

限制條件　　$4x_1 + 4x_2 + 3x_3 \le 120$（鑄造時間）

　　　　　　$2x_1 + 4x_2 + 6x_3 \le 200$（磨光時間）

　　　　　　$x_j \ge 0, j = 1, 2, 3$（非負值 (Nonnegativity)）

因為鬆弛變數 s_2 不是在最終單形表的基變數內，則需再繼續檢驗演算，從原問題的最終單形表拿掉 x_2 列（假設 x_2 不會生產），再進行行列運算，得列單形表如表 5.22 所示。

表 5.22

c_b	c_j x_b	5 x_1	8 x_2	4 x_3	0 s_1	0 s_2	0 s_3	常數 b_i	比值 $\dfrac{b_i}{a_{ij}}$
5	x_1	1	0	$-\dfrac{7}{6}$	$\dfrac{1}{2}$	$-\dfrac{1}{3}$	0	10	$-\dfrac{60}{7}$
0	s_3	0	0	$\dfrac{2}{3}$	0	$-\dfrac{2}{3}$	1	100	150 ←
$\sum c_b a_{ij}$	z_j	5	0	$-\dfrac{35}{6}$	$\dfrac{5}{2}$	$-\dfrac{5}{3}$	0	50	
	$c_j - z_j$	0	8	$9\dfrac{5}{6}$	$-\dfrac{5}{2}$	$\dfrac{5}{3}$	0		

因為不是所有 $c_j - z_j \leq 0$，需再繼續演算，直到產生新的最終單形表，利用單形表求得原問題的最終單形表，如表 5.23 所示。

表 5.23

c_b	c_j x_b	5 x_1	8 x_2	4 x_3	0 s_1	0 s_2	b_i
8	x_2	1	1	$\dfrac{3}{4}$	$\dfrac{1}{4}$	0	30
0	s_2	-2	0	3	-1	1	80
$\sum c_b a_{ij}$	z_j	8	8	6	2	0	240
	$c_j - z_j$	-3	0	-2	-2	0	

最佳解 $(x_1, x_2, x_3) = (0, 30, 0)$，最佳值 $Z = 5x_1 + 8x_2 + 4x_3 = 5 \times 0 + 8 \times 30 + 4 \times 0 = 240$。

範例 5.9 考慮線性規劃問題

極大化　　$Z = 6x_1 + 14x_2 + 5x_3$

限制條件　$x_1 + 3x_2 + x_3 \leq 6$

　　　　　$3x_1 - x_2 + 2x_3 \leq 4$

$x_j \geq 0$, $j = 1, 2, 3$

(1) 改變資源從 $\begin{bmatrix} 6 \\ 4 \end{bmatrix}$ 到 $\begin{bmatrix} 7 \\ 5 \end{bmatrix}$ 對最佳解的影響？

(2) 改變資源從 $\begin{bmatrix} 6 \\ 4 \end{bmatrix}$ 到 $\begin{bmatrix} 3 \\ 10 \end{bmatrix}$ 對最佳解的影響？

(3) 應該增加哪一個資源以使邊際利潤增加的最大？

(4) 第二個資源可減少多少而目前的解仍是可行解？

解：

　　利用單形法求解原問題，可得最終單形法表，如表 5.24 所示

表 5.24

c_b	c_j x_b	**6** x_1	**14** x_2	**5** x_3	**0** s_1	**0** s_2	b_i
14	x_2	0	1	$\dfrac{1}{10}$	$\dfrac{3}{10}$	$-\dfrac{1}{10}$	$\dfrac{7}{5}$
6	x_1	1	0	$\dfrac{7}{10}$	$\dfrac{1}{10}$	$\dfrac{3}{10}$	$\dfrac{9}{5}$
$\sum c_b a_{ij}$	z_j	6	14	$\dfrac{28}{5}$	$\dfrac{24}{5}$	$\dfrac{2}{5}$	$\dfrac{152}{5}$
	$c_j - z_j$	0	0	$-\dfrac{3}{5}$	$-\dfrac{24}{5}$	$-\dfrac{2}{5}$	

（B^{-1} 指表中 s_1、s_2 兩欄的基底部分）

　　原問題的最佳解為 $x_1^* = \dfrac{9}{5}$、$x_2^* = \dfrac{7}{5}$、$x_3^* = 0$，最佳值 $= 6 \times \dfrac{9}{5} + 14 \times \dfrac{7}{5} + 0 = \dfrac{152}{5}$。

(1) 如果改變資源從 $\begin{bmatrix} 6 \\ 4 \end{bmatrix}$ 到 $\begin{bmatrix} 7 \\ 5 \end{bmatrix}$，則新的基變數 $\begin{bmatrix} x_2 \\ x_1 \end{bmatrix} = B^{-1}b' = \begin{bmatrix} \dfrac{3}{10} & -\dfrac{1}{10} \\ \dfrac{1}{10} & \dfrac{3}{10} \end{bmatrix} \begin{bmatrix} 7 \\ 5 \end{bmatrix}$

$= \begin{bmatrix} \dfrac{21}{10} - \dfrac{5}{10} \\ \dfrac{7}{10} + \dfrac{15}{10} \end{bmatrix} = \begin{bmatrix} \dfrac{16}{10} \\ \dfrac{22}{10} \end{bmatrix} = \begin{bmatrix} \dfrac{8}{5} \\ \dfrac{11}{5} \end{bmatrix}$，因為 x_1 和 x_2 都是非負數，所以 x_1 和 x_2 仍維持可行

解，並且其最佳解為 $x_1^* = \dfrac{11}{5}$、$x_2^* = \dfrac{8}{5}$、$x_3^* = 0$，最佳值 $= 6 \times \dfrac{11}{5} + 14 \times \dfrac{8}{5} + 0 = \dfrac{178}{5}$。

(2) 如果改變資源從 $\begin{bmatrix} 6 \\ 4 \end{bmatrix}$ 到 $\begin{bmatrix} 3 \\ 10 \end{bmatrix}$，則新的基變數 $\begin{bmatrix} x_2 \\ x_1 \end{bmatrix} = B^{-1}b' = \begin{bmatrix} \dfrac{3}{10} & -\dfrac{1}{10} \\ \dfrac{1}{10} & \dfrac{3}{10} \end{bmatrix} \begin{bmatrix} 3 \\ 10 \end{bmatrix}$

$= \begin{bmatrix} \dfrac{9}{10} - \dfrac{10}{10} \\ \dfrac{3}{10} + \dfrac{30}{10} \end{bmatrix} = \begin{bmatrix} -\dfrac{1}{10} \\ \dfrac{33}{10} \end{bmatrix}$，其單形表如表 5.25 所示。

表 5.25

c_b	c_j x_b	6 x_1	14 x_2	5 x_3	0 s_1	0 s_2	b_i
14	x_2	0	1	$\dfrac{1}{10}$	$\dfrac{3}{10}$	$-\dfrac{1}{10}$	$-\dfrac{1}{10}$ ←
6	x_1	1	0	$\dfrac{7}{10}$	$\dfrac{1}{10}$	$\dfrac{3}{10}$	$\dfrac{33}{10}$
$\sum c_b a_{ij}$	z_j	6	14	$\dfrac{28}{5}$	$\dfrac{24}{5}$	$\dfrac{2}{5}$	$\dfrac{152}{5}$
	$c_j - z_j$	0	0	$-\dfrac{3}{5}$	$-\dfrac{24}{5}$	$-\dfrac{2}{5}$	
	$\dfrac{c_j - z_j}{a_{ij}}$					4	

因為 x_2 是負數，所以 x_1 和 x_2 變成不可行解，利用**對偶單形法 (Dual Simplex Method)** 可用來求解最佳解，從對偶單形法的規則得知 s_2 為進入變數，x_2 為離開變數，經過運算，繼續演算，得到最終單形表如表 5.26 所示。

表 5.26

c_b	c_j x_b	6 x_1	14 x_2	5 x_3	0 s_1	0 s_2	b_i
6	x_1	1	3	1	1	0	3
0	s_2	0	-10	-1	-3	1	1
$\sum c_b a_{ij}$	z_j	6	18	6	6	0	18
	$c_j - z_j$	0	-4	-1	-6	0	

最佳解為$x_1^* = 3$、$x_2^* = 0$、$x_3^* = 0$，最佳值 $= 6 \times 3 + 14 \times 0 + 5 \times 0 = 18$。

(3) 原問題的對偶問題是

極小化　　$W = 6y_1 + 4y_2$

由 (1) 的最終單形表之表 5.24，可得 y_1 和 y_2 的最佳解為 $y_1^* = \dfrac{24}{5}$、$y_2^* = \dfrac{2}{5}$。所以，應該增加第一資源。至於要增加多少第一資源？假設Δ是增加的第一資源。

$$\begin{bmatrix} x_2 \\ x_1 \end{bmatrix} = B^{-1}b' = \begin{bmatrix} \dfrac{3}{10} & -\dfrac{1}{10} \\ \dfrac{1}{10} & \dfrac{3}{10} \end{bmatrix} \begin{bmatrix} 6+\Delta \\ 4 \end{bmatrix} = \begin{bmatrix} \dfrac{18}{10} + \dfrac{3\Delta}{10} - \dfrac{2}{5} \\ \dfrac{6}{10} + \dfrac{\Delta}{10} + \dfrac{12}{10} \end{bmatrix} = \begin{bmatrix} \dfrac{14+3\Delta}{10} \\ \dfrac{18+\Delta}{10} \end{bmatrix} \geq \begin{bmatrix} 0 \\ 0 \end{bmatrix}$$

只要$\Delta \geq 0$，x_1 和 x_2 都是非負數，所以 x_1 和 x_2 仍維持可行解，並且其最佳解為 $x_1^* = \dfrac{18+\Delta}{10}$、$x_2^* = \dfrac{14+3\Delta}{10}$、$x_3^* = 0$，因此第一資源可無限制地增加，而每增加第一資源一單位，目標值就增加$\dfrac{24}{5}$。

(4) 假設Δ是第二資源的減少量

$$\begin{bmatrix} x_2 \\ x_1 \end{bmatrix} = B^{-1}b' = \begin{bmatrix} \dfrac{3}{10} & -\dfrac{1}{10} \\ \dfrac{1}{10} & \dfrac{3}{10} \end{bmatrix} \begin{bmatrix} 6 \\ 4-\Delta \end{bmatrix} = \begin{bmatrix} \dfrac{18}{10} + \dfrac{\Delta}{10} - \dfrac{2}{5} \\ \dfrac{6}{10} - \dfrac{3\Delta}{10} + \dfrac{12}{10} \end{bmatrix} = \begin{bmatrix} \dfrac{14+\Delta}{10} \\ \dfrac{18-3\Delta}{10} \end{bmatrix} \geq \begin{bmatrix} 0 \\ 0 \end{bmatrix}$$

只要$\Delta \geq 0$ 並且$\dfrac{18-3\Delta}{10} \geq 0$，$x_1$ 和 x_2 都是非負數，所以 x_1 和 x_2 仍維持可行解並且其最佳解為$x_1^* = \dfrac{18-3\Delta}{10}$、$x_2^* = \dfrac{14+\Delta}{10}$、$x_3^* = 0$。$\Delta \geq 0$，並且$\dfrac{18-3\Delta}{10} \geq 0 \Rightarrow 0 \leq \Delta \leq 6$，目前的解仍是可行解。如果 $\Delta > 6$，x_1 變成負數，因而不在可行解內。

6. 新增變數

範例 5.10　考慮下述線性規劃問題

極大化　　$Z = 50x_1 + 120x_2 + 30x_3 + 20x_4$

限制條件　$5x_1 + 10x_2 + 5x_3 + 3x_4 \leq 1,000$

　　　　　$3x_1 + 20x_2 + x_3 + x_4 \leq 800$

　　　　　$x_j \geq 0, \ j = 1, 2, 3, 4$

如果增加一變數 x_5，其限制條件係數 $\begin{bmatrix} a_{15} \\ a_{25} \end{bmatrix} = \begin{bmatrix} 8 \\ 9 \end{bmatrix}$，目標函數係數 c_5 是 100，請問最佳解有何改變？

解：

原問題變成

極大化　$Z = 50x_1 + 120x_2 + 30x_3 + 20x_4 + 100x_5$

限制條件　$5x_1 + 10x_2 + 5x_3 + 3x_4 + 8x_5 \leq 1{,}000$

$3x_1 + 20x_2 + x_3 + x_4 + 9x_5 \leq 800$

$x_j \geq 0,\ j = 1, 2, 3, 4, 5$

利用單形表求解原問題沒有增加變數 x_5 時的最終單形表，如表 5.27 所示。

表 5.27

c_b	c_j x_b	50 x_1	120 x_2	30 x_3	20 x_4	0 s_1	0 s_2	b_i
50	x_1	1	0	$\dfrac{9}{7}$	$\dfrac{5}{7}$	$\dfrac{2}{7}$	$-\dfrac{1}{7}$	$\dfrac{1{,}200}{7}$
120	x_2	0	1	$-\dfrac{1}{7}$	$-\dfrac{2}{35}$	$-\dfrac{3}{70}$	$\dfrac{1}{14}$	$\dfrac{100}{7}$
$\sum c_b a_{ij}$	z_j	50	120	$\dfrac{330}{7}$	$\dfrac{202}{7}$	$\dfrac{64}{7}$	$\dfrac{10}{7}$	$\dfrac{72{,}000}{7}$
	$c_j - z_j$	0	0	$-\dfrac{120}{7}$	$-\dfrac{62}{7}$	$-\dfrac{64}{7}$	$-\dfrac{10}{7}$	

（B^{-1} 指向 s_1, s_2 欄位）

現增加一變數 x_5，$\sigma_5 = c_5 - c_B B^{-1} p_5 = 100 - [50, 120] \begin{bmatrix} \dfrac{2}{7} & -\dfrac{1}{7} \\ -\dfrac{3}{70} & \dfrac{1}{14} \end{bmatrix} \begin{bmatrix} 8 \\ 9 \end{bmatrix} = 100 -$

$\begin{bmatrix} \dfrac{64}{7}, & \dfrac{10}{7} \end{bmatrix} \times \begin{bmatrix} 8 \\ 9 \end{bmatrix} = 14$，因為 $\sigma_5 = 14 > 0$，進一步使用單形法或對偶單形法繼續求最佳解，經過運算得到表 5.28。

表 5.28

c_b	c_j / x_b	50 / x_1	120 / x_2	30 / x_3	20 / x_4	100 / x_5	0 / s_1	0 / s_2	b_i
50	x_1	1	$-\dfrac{10}{3}$	$\dfrac{37}{21}$	$\dfrac{19}{21}$	0	$\dfrac{3}{7}$	$-\dfrac{8}{21}$	$\dfrac{2{,}600}{21}$
100	x_5	0	$\dfrac{10}{3}$	$-\dfrac{10}{21}$	$-\dfrac{4}{21}$	1	$-\dfrac{1}{7}$	$\dfrac{5}{21}$	$\dfrac{1{,}000}{21}$
$\sum c_b a_{ij}$	z_j	50	$\dfrac{500}{3}$	$\dfrac{850}{21}$	$\dfrac{550}{21}$	100	$\dfrac{50}{7}$	$\dfrac{100}{21}$	$\dfrac{230{,}000}{21}$
	$c_j - z_j$	0	$-\dfrac{140}{3}$	$-\dfrac{220}{21}$	$-\dfrac{130}{21}$	0	$-\dfrac{50}{7}$	$-\dfrac{100}{21}$	

因為 $c_j - z_j \le 0$，所以表 5.28 達到最佳解。$x_1 = \dfrac{2{,}600}{21}$、$x_5 = \dfrac{1{,}000}{21}$，$x_2 = x_3 = x_4 = 0$，最佳值 $Z = \dfrac{230{,}000}{21}$。

7. 刪除一變數：刪除的變數是 x_k

(1) 如果原最佳解 $x_k^* = 0$，則原最佳解還是最佳解。

(2) 如果原最佳解 $x_k^* > 0$，則 x_k 必須離開原最佳解，顯然原先的表格不再是正確的表格，因此不能像情況 1 那樣方便。也就是說，進一步要用單形法或者對偶單形法繼續求得最佳解。

範例 5.11　原問題

極大化　　　$Z = 5x_1 + 8x_2 + 4x_3$（總利潤）

限制條件　$4x_1 + 4x_2 + 3x_3 \le 120$（鑄造時間）

　　　　　　$3x_1 + 6x_2 + 8x_3 \le 150$（焊接時間）

　　　　　　$2x_1 + 4x_2 + 6x_3 \le 200$（磨光時間）

　　　　　　$x_j \ge 0,\ j = 1, 2, 3$（非負值 (Nonnegativity)）

最佳解 $(x_1, x_2, x_3) = (10, 20, 0)$，最佳值 $Z = 5x_1 + 8x_2 + 4x_3 = 5 \times 10 + 8 \times 20 + 4 \times 0 = 210$。

今刪除一變數 x_3，$x_3 = $ 第三種產品，原問題變成

極大化　　　$Z = 5x_1 + 8x_2$（總利潤）

限制條件　$4x_1 + 4x_2 \le 120$（鑄造時間）

　　　　　　$3x_1 + 6x_2 \le 150$（焊接時間）

$$2x_1 + 4x_2 \leq 200（磨光時間）$$

$$x_j \geq 0, \ j = 1, 2（非負值 (Nonnegativity)）$$

最佳解 $(x_1, x_2) = (10, 20)$，最佳值 $Z = 5x_1 + 8x_2 = 5 \times 10 + 8 \times 20 = 210$。

刪除變數 x_3 不影響最佳解和最佳值。

今刪除一變數 x_1，$x_1 =$ 第一種產品，原問題變成

極大化　　　$Z = 8x_2 + 4x_3$（總利潤）

限制條件　$4x_2 + 3x_3 \leq 120$（鑄造時間）

$$6x_2 + 8x_3 \leq 150（焊接時間）$$

$$4x_2 + 6x_3 \leq 200（磨光時間）$$

$$x_j \geq 0, \ j = 2, 3（非負值 (Nonnegativity)）$$

用單形法求得最佳解 $(x_2, x_3) = (25, 0)$，最佳值 $Z = 8x_2 + 4x_3 = 8 \times 25 + 4 \times 0 = 200$。

所以，刪除變數 x_1 影響最佳解和最佳值。

🔓5.7　本章摘要

■ 每一線性規劃問題有其相關之對偶線性規劃問題，其對應解的關係如下表：

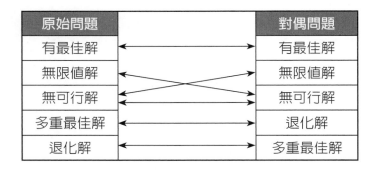

原始問題		對偶問題
有最佳解	←→	有最佳解
無限值解	✕	無限值解
無可行解		無可行解
多重最佳解	←→	退化解
退化解	←→	多重最佳解

■ 對偶問題的對偶問題是原始問題。原始問題和對偶問題有最佳解的必要，且充分條件是原始問題和對偶問題都要有可行解。

■ 對偶線性規劃問題的變數有經濟價值，可用來幫助規劃它的資源。原始規劃問題與對偶問題之間存在著密切的關係。由對偶問題引申出來的影子價格有重要的經濟意義，是進行經濟分析的重要工具。第 i 個限制條件的影子價格 (Shadow Prices) 乃是當資源 b_i 增加 1 單位時，最佳目標值改進的邊際數量（極大化問題

的邊際增加量或極小化問題的邊際減少量）。利用對偶問題的方法，我們很容易決定第 i 個限制條件的影子價格。亦即，第 i 個限制條件的影子價格＝第 i 個對偶變數的最佳值。

1. 對極大化問題而言，如果第 i 個限制條件的資源增加 Δb_i，而且最佳解的變數不改變，則新的最佳目標值＝舊的最佳目標值＋Δb_i（第 i 個限制條件的影子價格）。

2. 對極小化問題而言，如果第 i 個限制條件的資源增加 Δb_i，而且最佳解的變數不改變，則新的最佳目標值＝舊的最佳目標值－Δb_i（第 i 個限制條件的影子價格）。

■ 互補鬆弛定理 (Complementary Slackness Theorem) 乃陳述當線性規劃問題達到最佳解時，不僅同時得到原始問題和對偶問題的最佳解，也得到變數量和限制條件之間的一種對應關係。扼要地說：已知原始問題（或對偶問題）的最佳解時，則可求其對偶問題（或原始問題）的最佳解，亦即已知 X^* 可求得 Y^*，或已知 Y^* 可求得 X^*。

■ **敏感度分析 (Sensitivity Analysis)**：線性規劃模式所使用的參數值一般都只是估計值，所以必須進行敏感度分析，以探討錯誤估計值可能發生的各種情況。一個管理者需要瞭解這樣的改變對線性規劃最佳解有怎樣的影響。敏感度分析求解的要訣：

1. 目標函數係數改變：檢視 $c_j - z_j$ 列非基變數的值

   對極大化問題：如果所有非基變數的 $c_j - z_j \leq 0$，則最佳基變數不變；否則重新求解。

   對極小化問題：如果所有非基變數的 $c_j - z_j \geq 0$，則最佳基變數不變；否則重新求解。

2. 右邊常數改變：檢視 $B^{-1} b_{New}$

   如果 $B^{-1} b_{New} \geq 0$，則最佳基變數不變；否則重新求解。

3. 基變數的限制條件係數改變：先得出正確的表格再分析是否要轉軸，並進一步用單形法或者對偶單形法繼續求得最佳解。

4. 非基變數的限制條件係數改變：檢視 $c_j - z_j$ 列非基變數的值

   對極大化問題：如果所有非基變數的 $c_j - z_j \leq 0$，則最佳基變數不變；否則重新求解。

   對極小化問題：如果所有非基變數的 $c_j - z_j \geq 0$，則最佳基變數不變；否則重新求解。

5. 加入新變數：檢視 $c_j - z_j$ 列新加入的變數的值

　　對極大化問題：如果新加入的變數的 $c_j - z_j \leq 0$，則最佳基變數不變；否則重新求解。

　　對極小化問題：如果新加入的變數的 $c_j - z_j \geq 0$，則最佳基變數不變；否則重新求解。

6. 加入新限制條件：將目前的最佳解代入新限制條件

　　如果符合新限制條件，則最佳基變數不變；否則重新求解。

Chapter **6**

整數規劃
(Integer Programming)

◀ 俄亥俄大學商學院的課程安排 *

　　位於俄亥俄州雅典市的俄亥俄大學商學院，包括四個學術部門：會計、金融、管理訊息系統和市場行銷，以及大約 65 到 75 名教師，每個學期學院部門提供 110 到 130 個不同的課程。學院的主樓是 Copeland Hall，包括 14 到 16 個教室。在 1998 年之前，該學院使用人為的手工操作程序為教師安排了在一天中的不同時間的課程，副院長將教室分配給不同的部門，系主任會為教員分配課程，有時還需要考慮到教師的偏好。如果一個部門可用的教室不足以容納所有課程，他們會被分配到大樓外的教室，雖然這個過程是可行的，但它並不是最優的，而且他們經常在大樓外教授課程。為了使課程安排最佳化，1998 年該學院使用整數規劃來制定課程表的模型，模型分配教師在特定時間段於教室上課並考慮部門內的教師偏好因素，課程的典型整數規劃模型：一個學期的每日課程安排包括超過 2,500 個決策變數和將近 2,000 個約束條件。該模型改進了使用教室空間，教師也很少在大樓以外教授課程（儘管入學人數增加），教師對他們的日程安排更滿意，並且制定課程表的時間也減少了一半。

* 資料來源：C. H. Martin, "Ohio University's College of Business Uses Integer Programming to Schedule Classes," *Interfaces*, *34*(6) (November-December 2004), pp. 460-465.

🔒6.1 前言

在前述線性規劃問題中，它的決策變數解都假設為符合**可分性** (Divisibility) 的連續型數值。但是在許多實際問題中，決策變數只有整數值時才有意義。許多工程、工業、金融方面的應用，都涉及整數條件的約束。例如：在汽車製造業，很難實現最佳生產 10.4 輛汽車的解決方案，分數值的車輛是不可行的。整數規劃是指問題中的全部或一部分決策變數，必須為整數的數學規劃。若在線性規劃模式中，變數量限制為整數，則稱為整數線性規劃，比如變數表示的為值班工作人數、機器的臺數、學生註冊人數或裝貨的車數等等，必須是整數。**為了滿足整數解的要求，比較簡便的方法似乎就是把用線性規劃方法所求得的分數解進行「四捨五入」或「取整」處理。當然這樣做有時確實取得與整數最佳解相同的可行整數解，但是實際問題中並不都是如此，有時化整得到的解不一定是原問題的最佳解，有時甚至不是可行解**，章節 6.2 典型的純整數規劃問題中有個例子來說明，因而有必要研究整數規劃問題的求解方法。整數線性規劃問題一般可分為四種型態：

1. **純粹整數問題：所有決策變數都必須是整數**。例如：學校新的學期開始，學生註冊人數必須是整數。

2. **混合整數線性規劃問題：某些決策變數必須是整數，而其他決策變數可以不為整數**。例如：一生產排程的工作人員必須是整數，但可用的工時可以不為整數。

3. **0-1 整數規劃問題：這類型問題的決策變數不僅必須是整數，還必須是 0 或 1。所以，這些變數也被稱之為「二位元變數」(Binary Variables) 或「0-1 變數」。** 例如：游泳教練決定要不要選游泳選手——克里加入游泳校隊，其決策變數必須是 0（不被選）或是 1（被選）。

4. **混合 0-1 整數規劃問題：某些決策變數必須是 0 或 1，而其他決策變數可以不為整數。**

研習本章之後，學者將瞭解如何用整數規劃建構數學模式，以及如何求解整數規劃的問題。

🔒6.2 整數規劃模式

6.2.1 純粹整數問題：問題中所有決策變數值都必須是整數

極大化 $Z = \sum_{j=1}^{n} c_j x_j$

限制條件　$\sum_{j=1}^{n} a_{ij} x_j \leq b_i$ $(i = 1, 2, ..., m)$

$\quad\quad\quad\quad x_i \geq 0$ 且 x_i 為整數，$i = 1, 2, ..., m$

典型範例 1　投資問題

東生不動產公司目前有 6,000,000 元可用來投資出租房屋計劃。公司將投資方案限於在住宅區的別墅及公寓，別墅每棟 300,000 元、公寓每棟 120,000 元，公寓的數量很多。公司管理人員每月有 200 小時來管理這些投資的不動產，每棟別墅需 7 小時管理、每棟公寓需 4 小時管理。每月利潤，別墅每棟為 15,000 元、公寓每棟為 10,000 元，公司要如何分配資金投資到別墅及公寓，以使總利潤最高？

解：

整數線性規劃模式：（金錢以千元為單位）

設 $x_1 =$ 購買別墅棟數、$x_2 =$ 購買公寓棟數

極大化　　$Z = 15x_1 + 10x_2$

限制條件　$300x_1 + 120x_2 \leq 6,000$

$\quad\quad\quad\quad 7x_1 + 4x_2 \leq 200$

$\quad\quad\quad\quad x_1, x_2 \geq 0$ 且為整數

6.2.2　混合整數線性規劃問題：問題中有某些變數必須是整數，而其他變數可以不為整數

極大化　　$Z = \sum_{j=1}^{n} c_j x_j$

限制條件　$\sum_{j=1}^{n} a_{ij} x_j \leq b_i$ $(i = 1, 2, ..., m)$

$\quad\quad\quad\quad x_i \geq 0, i = 1, 2, ..., n$，$x_1, x_2, ..., x_n$ 中部分或全部為整數

典型範例 2　生產計劃問題

考慮一生產計劃問題，有三種產品可供生產，產品 A 和 B 需整數生產，產品 C 不需整數生產。每種產品都要經過機器甲、機器乙與機器丙的加工才能完成。每種產品的機器處理製造時間、機器的可用時間，以及產品每單位的售價，如表 6.1 所示。

表 6.1 典型範例 2 的資料

機器	每單位產品製造時間（小時）			機器可用時間（小時）
	產品 A	產品 B	產品 C	
甲	2	3	4	500
乙	3	2	1	380
丙	7	3	1	450
產品單位售價（元）	75	70	55	

試建立混合整數規劃模式，將此問題構建成最大利潤目標之線性規劃模式。

解：

設 x_A、x_B 和 x_C 分別是產品 A、B 和 C 的產量。工廠目標是要使生產產品利潤最大，線性規劃模式可建立如下：

極大化 $\quad Z = 75x_A + 70x_B + 55x_C$

限制條件 $\quad 2x_A + 3x_B + 4x_C \leq 500$（機器甲可用的小時）

$\qquad\qquad 3x_A + 2x_B + 1x_C \leq 380$（機器乙可用的小時）

$\qquad\qquad 7x_A + 3x_B + 1x_C \leq 450$（機器丙可用的小時）

$\qquad\qquad x_A, x_B \geq 0$ 且為整數

$\qquad\qquad x_C \geq 0$（產品產量為非負數）

6.2.3 0-1 整數規劃：問題中所有變數都必須是 0 或 1

極大化 $\quad Z = \sum_{j=1}^{n} c_j x_j$

限制條件 $\quad \sum_{j=1}^{n} a_{ij} x_j \leq b_i \ (i = 1, 2, ..., m)$

$\qquad\qquad x_i = 0$ 或 1，$i = 1, 2, ..., m$

典型範例 3 俱樂部問題

一個住在退休社區的居民，因為每個月繳管理費，他可以參加五個俱樂部的活動。每個俱樂部的報名費和對該居民的重要性係數如表 6.2 所示。假設該居民每月可負擔的報名費為 120 元。試選擇該居民所參加的俱樂部。

表 6.2 典型範例 3 的資料

俱樂部	1	2	3	4	5
報名費	20	60	12	50	40
重要性係數	18	14	8	4	10

解：

引入 0-1 變數 x_i，$x_i = 1$ 表示參加的俱樂部 i，$x_i = 0$ 表示不參加的俱樂部 i

極大化　　$Z = 18x_1 + 14x_2 + 8x_3 + 4x_4 + 10x_5$

限制條件　$20x_1 + 60x_2 + 12x_3 + 50x_4 + 40x_5 \leq 120$

　　　　　$x_i = 0$ 或 1，$i = 1, 2, ..., 5$

6.2.4 混合 0-1 整數規劃問題：某些決策變數必須是 0 或 1，而其他決策變數可以不為整數

典型範例 4　生產計劃問題

考慮一生產計劃問題，三部機器生產至少 3,000 個產品。每部機器的設置成本、單位生產成本及最大產能如表 6.3 所示。

表 6.3 典型範例 4 的資料

機器	設置成本（百元）	單位生產成本（百元）	最大產能（單位數）
1	150	1.5	900
2	450	3	1,200
3	300	7	1,800

試建立混合整數規劃模式，求解三部機器的生產量以使總生產成本最低。〔摘自 90 年淡大管科所〕

解：

這個問題的數學描述如下：

設 x_1、x_2 和 x_3 表示機器 1、2 和 3 的生產量，y_1、y_2 和 y_3 表示機器 1、2 和 3 是否被設置生產的變數。混合整數規劃模式建立如下：

極小化　　$Z = 150y_1 + 450y_2 + 300y_3 + 1.5x_1 + 3x_2 + 7x_3$

限制條件 $x_1 + x_2 + x_3 \geq 3{,}000$

$\qquad\qquad\quad x_1 \leq 900y_1$

$\qquad\qquad\quad x_2 \leq 1{,}200y_2$

$\qquad\qquad\quad x_3 \leq 1{,}800y_3$

$\qquad\qquad\quad x_1, x_2, x_3 \geq 0$，$y_1, y_2, y_3 \in \{0,1\}$

以下章節將描述如何求解典型的純整數線性規劃、混合整數線性規劃和 0-1 整數規劃問題。

6.3 典型的純整數規劃問題

整數規劃問題的解：通過對線性規劃的最佳解「化整」來得到整數規劃的最佳解，雖然是最容易想到的，但常常得不到整數規劃的最佳解，甚至根本不是可行解。

範例 6.1

極大化 $\quad Z = 5x_1 + 8x_2$

限制條件 $\quad x_1 + x_2 \leq 6$ $\qquad\qquad\qquad\qquad\qquad\qquad\qquad\qquad$ (1)

$\qquad\qquad\quad 5x_1 + 9x_2 \leq 45$ $\qquad\qquad\qquad\qquad\qquad\qquad\quad$ (2)

$\qquad\qquad\quad x_1, x_2 \geq 0$ 且為整數 $\qquad\qquad\qquad\qquad\qquad\quad$ (3)

首先，利用圖解法如圖 6.1 或單形法求解，可得最佳解為 $x_1 = \dfrac{9}{4} = 2.25$、

$x_2 = \dfrac{15}{4} = 3.75$，$Z = \dfrac{165}{4} = 41.25$。

為了要滿足整數解的要求，將 x_1、x_2 進行「四捨五入」或「取整」。

1. x_1「四捨五入」得到 2、x_2「四捨五入」得到 4，得到 $x_1 = 2$、$x_2 = 4$，但不滿足第二限制條件 $(5x_1 + 9x_2 = 5 \times 2 + 9 \times 4 = 46 > 45)$，其解不是可行解。

2. x_1「四捨五入」得到 2、x_2「取整」得到 3，得到 $x_1 = 2$、$x_2 = 3$，雖然滿足限制條件，但 $Z = 34$，其解不是最佳解。

事實上，該問題的最佳解是 ($x_1^* = 0$, $x_2^* = 5$, $Z = 40$) 如圖 6.1 所示。

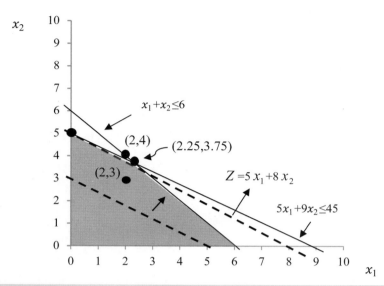

圖 6.1 範例 6.1 的最佳解 ($x_1^* = 0$, $x_2^* = 5$, $Z = 40$)

範例 6.2

極大化　　$Z = x_1 + 4x_2$

限制條件　$-x_1 + 2x_2 \leq 1/2$　　　　　　　　　　　　　　　　　　(1)

　　　　　$x_1 + 2x_2 \leq 7/2$　　　　　　　　　　　　　　　　　　(2)

　　　　　$x_1, x_2 \geq 0$ 且為整數　　　　　　　　　　　　　　　　(3)

首先利用圖解法如圖 6.2 或單形法求解，可得最佳解為 $x_1 = 3/2 = 1.5$、$x_2 = 1$、$Z = 11/2 = 5.5$。

x_1「取整」或「四捨五入」得到 $x_1 = 1$ 或 2、$x_2 = 1$，但不滿足第一或第二限制條件，其解不是可行解。**事實上，該問題的最佳解是 $x_1^* = 3$、$x_2^* = 0$、$Z = 3$。**雖然整數規劃只比線性規劃多了一個整數約束條件，但其求解難度將大大增加。這是因為整數規劃沒有連續的可行解區域，它的可行解區域只是由一些離散的非負的整數個點所組成。對於整數規劃的求解，目前常用的兩種方法：**切割平面法 (Cutting-Plane Method) 和分支界限法 (Branch and Bound Method)**。

切割平面法是在 1958 年由高默理 (Gomory) 所提出。其基本思想是新加入一些限制條件，稱為割平面，去「切割」相對應的線性規劃可行解區域，並使切掉部分都是非整數解，所有整數解被保留下來。如果最佳解仍非整數，重複加入新切面，直到找出整數最佳解為止。**以一般線性規劃問題方式求出最佳解。若有變數未能符**

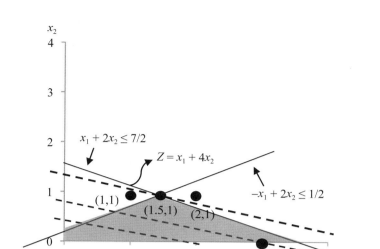

圖 6.2　範例 6.2 最佳整數解是 $(x_1^* = 3, x_2^* = 0, Z = 3)$

合整數條件，則在問題內加入一個 **Gomory 限制條件縮小可行解區域再重新求解**。
若仍不符合整數條件，再加入一個 Gomory 限制條件，如此反覆運算，直到最佳解符合整數要求（或無解）爲止。因爲用切割平面法求解時，有時要加入的切面很多，運算也花相當時間，不如分支界限法的實用。所以本章在這裡只介紹分支界限法。

　　分支界限法是 20 世紀 60 年代由 Land-Doig 和 Dakin 等人提出的。這種方法既可用於求解純整數規劃問題，也可用於求解混合整數規劃問題和 0-1 整數規劃問題，而且便於用電腦程式求解，所以很快成爲求解整數規劃的最主要方法。分支界限法的基本思想是對有約束條件的最優化問題的所有可行解（數目有限）空間進行搜索。該演算法在具體執行時，把全部可行的解空間不斷分割爲越來越小的子集（稱爲分支），併爲每個子集內的解的值計算一個下界或上界（稱爲界限）。在每次分支後，對凡是界限超出已知可行解值那些子集不再做進一步分支。這樣，解的許多子集（即搜索樹上的許多節點）就可以不予考慮了，也就是說被洞悉（Fathomed），從而縮小了搜索範圍。這一過程一直進行到找出可行解爲止。因此，這種演算法一般可以求得最優解。**將問題分支爲子問題，並對這些子問題定界限的步驟稱爲分支界限法**。

6.3.1　分支界限法步驟

　　在詳述分支界限法之前，先解釋何爲洞悉 (Fathomed)。洞悉 (Fathomed) 的基

本解釋是澈底檢查，是分支界限法的重要技巧。若檢查某一節點，確知其下層的分支，節點不可能存在最佳解，即可在該節點演算後停止，不必再往下演算，則稱該節點被洞悉。分支界限法步驟首先將問題依線性規劃求出最佳解，如果最佳解是整數，則不需要繼續求解。但如果最佳解有變數不符合整數條件，可採分支界限法繼續求解。分支界限法的步驟如下：

步驟 1：以下假設目標是極大化 (Max)。在起始節點，令 $Z^* = -\infty$，並依分支法則往下分支。如果問題的目標爲極小化，則設定目前最佳解的值 $Z^* = \infty$。

步驟 2：若有一個以上的變數值不是整數，可任選其一開始。根據分支法則 (Branching Rule)，從尚未被洞悉 (Fathomed) 節點（局部解）中選擇一個節點，併在此節點的下一階層中分爲幾個新的節點。**分支法則是選擇一個未符合整數條件的變數 x_i，依其數值分割成兩個最接近的整數 $[x_i]$ 與 $[x_i] + 1$，分列爲兩個限制條件，各別加入原問題，形成兩個子問題，並分別求解。**

$$x_i \leq [x_i]$$
$$x_i \geq [x_i] + 1$$

步驟 3：對每一節點進行洞悉 (Fathomed) 條件測試，分支幹圖中應有以下性質：

1.若上層節點（母問題）已無可行解，下層節點（子問題）也必無可行解。

2.當目標函數爲極大化，下層節點的目標值將不大於上層節點的目標值，即 Z 值往下層節點遞減（起始節點不算），三個洞悉條件：

條件 (1)：若某節點無可行解，則該節點與其下層均已洞悉。

條件 (2)：若 $Z > Z^*$ 且該節點線性規劃問題最佳解爲整數規劃問題可行解，則該節點以下均已洞悉，並令 Z 取代 Z^*。

條件 (3)：若 $Z \leq Z^*$，則該節點以下不可能有最佳解，因此被洞悉。

亦即有下列三種情況時，子問題便可不必再分支求解（被洞悉）：

情況 (1)：某一子問題之最佳解均爲整數時，即該節點有一最佳解，不須再分支。

情況 (2)：某一子問題無可行解，則該節點及其下層不須再分支。

情況 (3)：某一子問題之最佳目標函數值較原問題目前最佳整數解的目標函數值爲小時，不須再分支。

步驟 4：判斷是否仍有尚未被洞悉的節點，如果有，則進行步驟 2；如果所有節點下層均已被洞悉時，則演算停止，並得到最佳解。

圖 6.3 表示分支界限法（極大化問題）流程圖。

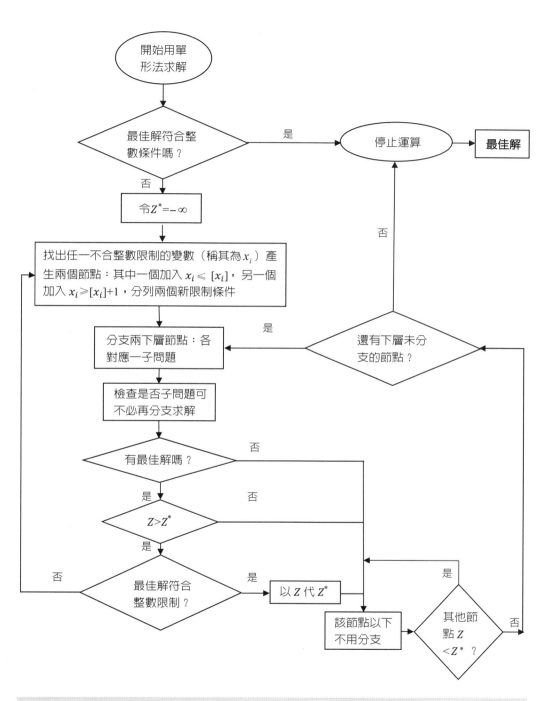

圖 6.3　分支界限法（極大化問題）流程圖

範例 6.3

極大化　　$Z = 10x_1 + 12x_2$

限制條件　$2x_1 + x_2 \leq 60$

　　　　　$4x_1 + 5x_2 \leq 200$

　　　　　$x_1, x_2 \geq 0$ 且為整數

解：

　　將問題依線性規劃求出最佳解 $x_1^* = 16.67$、$x_2^* = 26.67$、$Z = 486.67$，但最佳解有變數不符合整數條件，可採分支界限法繼續求得解，如圖 6.4 所示。

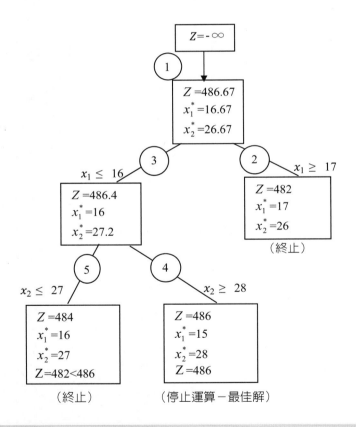

➜ 圖 6.4　範例 6.3 分支界限法

　　所以，$x_1^* = 15$、$x_2^* = 28$、$Z^* = 486$。

範例 6.4

極大化　　$Z = 2x_1 + 3x_2 + x_3 + 2x_4$

限制條件　$5x_1 + 2x_2 + x_3 + x_4 \leq 15$

　　　　　$2x_1 + 6x_2 + 10x_3 + 8x_4 \leq 60$

　　　　　$x_1 + x_2 + x_3 + x_4 \leq 8$

　　　　　$2x_1 + 2x_2 + 3x_3 + 3x_4 \leq 16$

　　　　　$x_1 \leq 3, x_2 \leq 7, x_3 \leq 5, x_4 \leq 5$，且為整數

解：

用單形法求得原問題最佳解為 $x_1^* = 0.08$、$x_2^* = 7$、$x_3^* = 0$、$x_4^* = 0.62$、$Z^* = 22.4$，但最佳解有變數不符合整數條件，可採分支界限法繼續求得解，如圖 6.5 所示。

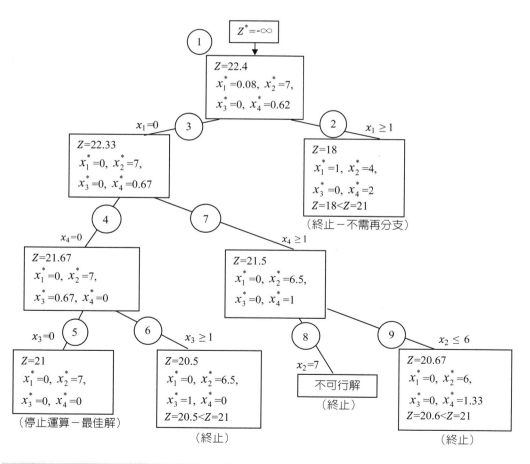

◆ 圖 6.5　範例 6.4 分支界限法

所以，$x_1^* = 0$、$x_2^* = 7$、$x_3^* = 0$、$x_4^* = 0$、$Z^* = 21$。

至於極小化問題，分支界限法之求解流程與圖 6.3 流程類似，其差異之處為：

步驟 3 中之「極大化」改為「極小化」；「大於」需改為「小於」。

步驟 3 中條件 (2) 之 $Z > Z^*$ 改為 $Z < Z^*$；條件 (3) 之 $Z \leq Z^*$ 改為 $Z \geq Z^*$。

範例 6.5

極小化　　$Z = 2x_1 + 3x_2$

限制條件　$x_1 + 3x_2 \geq 5$

　　　　　$2x_1 + x_2 \geq 6$

　　　　　$x_1, x_2 \geq 0$，且為整數

解：

將問題依線性規劃求出最佳解 $x_1^* = 2.6$、$x_2^* = 0.8$、$Z = 7.6$，但最佳解有變數不符合整數條件，因此採分支界限法繼續求得解，如圖 6.6 所示。

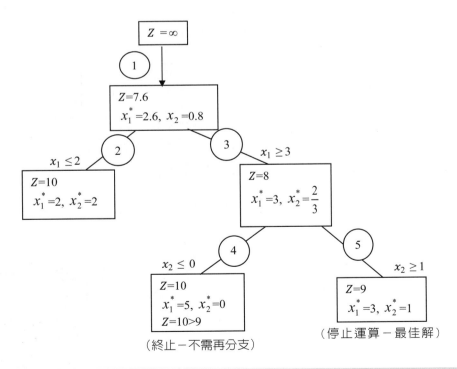

← 圖 6.6　範例 6.5 分支界限法

所以，$x_1^* = 3$、$x_2^* = 1$、$Z^* = 9$。

🔒6.4　混合整數規劃

6.4.1 用分支界限法來求解，方法與 6.3.1 節完全相同。

範例 6.6

極大化　　$Z = 9x_1 + 6x_2$

限制條件　$2x_1 + 3x_2 \leq \dfrac{35}{2}$

　　　　　$4x_1 \leq 15$

　　　　　$x_1, x_2 \geq 0$，x_2 為整數

請以分支界限法求解。

解：

用單形法求得原問題最佳解為 $x_1 = \dfrac{15}{4}$、$x_2 = \dfrac{10}{3}$、$Z = \dfrac{215}{4}$，因為 $x_2 = \dfrac{10}{3}$ 不合整數，用分支界限法繼續求得解，如圖 6.7 所示。

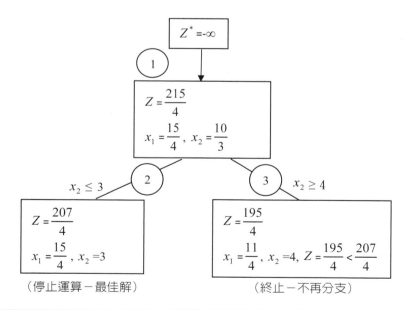

➡ 圖 6.7　範例 6.6 分支界限法

在節點 ②，$x_1 = \dfrac{15}{4}$、$x_2 = 3$，合乎限制條件和整數限制要求；故節點 ② 以下不需再分支。在節點 ③，$x_1 = \dfrac{11}{4}$、$x_2 = 4$，但 $Z = \dfrac{195}{4} < \dfrac{207}{4}$。所以，$x_1^* = \dfrac{15}{4}$、$x_2^* = 3$、$Z = \dfrac{207}{4}$。

🔒6.5　0-1 型整數規劃

0-1 型整數規劃在整數規劃問題中是一類比較特殊的整數規劃，它的決策變數僅取 0 或 1 兩個值，這樣的整數規劃稱為 0-1 型整數規劃。本章節將用分支界限法 (Branch and Bound Method) 來求解 0-1 型整數規劃。

6.5.1　分支界限法步驟

將問題依線性規劃求出最佳解，如果最佳解是 0-1 整數，則不需要繼續求解。但如果最佳解有變數不符合整數條件，可採分支界限法繼續求解。

範例 6.7　資本預算問題

極大化　　$Z = 20x_1 + 40x_2 + 20x_3 + 15x_4 + 30x_5$

限制條件　$5x_1 + 4x_2 + 3x_3 + 7x_4 + 8x_5 \leq 10$

　　　　　$x_1 + 7x_2 + 9x_3 + 4x_4 + 6x_5 \leq 15$

　　　　　$8x_1 + 10x_2 + 2x_3 + x_4 + 10x_5 \leq 25$

　　　　　$x_i = 0$ 或 $1, i = 1, 2, ..., 5$

解：

將問題多加上五個限制條件式 $x_1 \leq 1$、$x_2 \leq 1$、$x_3 \leq 1$、$x_4 \leq 1$、$x_5 \leq 1$，並用單形法求得原問題最佳解為 $x_1 = 0.7143$、$x_2 = 1$、$x_3 = 0.8095$、$x_4 = 0$、$x_5 = 0$、$Z = 70.4762$，因 x_1 和 x_3 不是 0 或 1，現用分支界限法來求得解，如圖 6.8 所示。

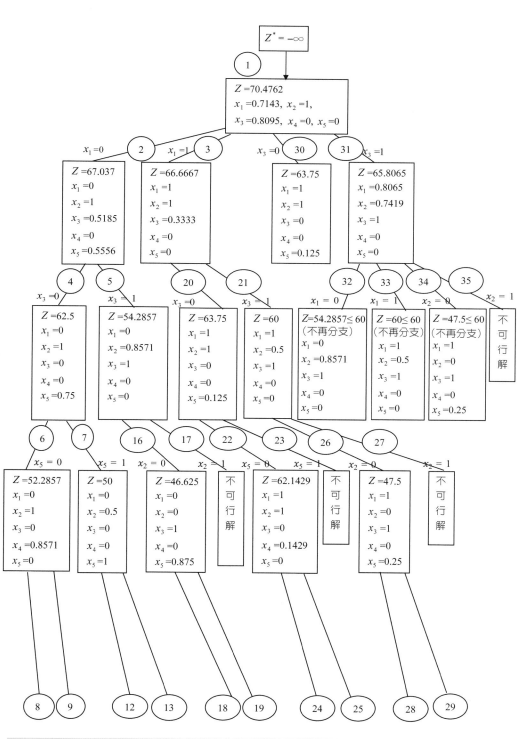

圖 6.8 範例 6.7 分支界限法

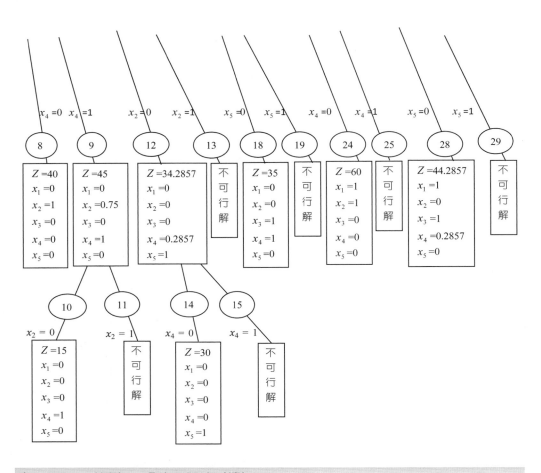

← 圖 6.8　範例 6.7 分支界限法（續）

所以，$x_1^* = 1$、$x_2^* = 1$、$x_3^* = 0$、$x_4^* = 0$、$x_5^* = 0$、$Z^* = 60$。

6.6 本章摘要

- 混合整數規劃問題可用分支界限法 (Branch and Bound Method) 或切割平面法 (Cutting-Plane Method) 來求解。
- 純整數規劃問題可用分支界限法 (Branch and Bound Method) 或切割平面法 (Cutting-Plane Method) 來求解。
- 用切割平面法求解整數規劃問題時，有時要加入的切面很多，運算也須花相當時間，不如分支界限法的實用。所以，本章在這裡只介紹分支界限法。

■整數規劃問題比沒有整數限制的問題難解，所以整數規劃演算法的效率時常遠低於單形法的效率。然而，過去 30 多年來發展出很多方法解決各種整數規劃問題，也有很多複雜的套裝軟體也持續推出求解大規模的整數規劃問題。0-1 整數規劃在整數規劃中占有重要地位，因為許多實際問題，例如：指派問題、選地問題、送貨問題，都可歸納為此類 0-1 整數規劃問題。

■0-1 整數規劃問題可用分支界限法 (Branch and Bound Method) 來求解。

運輸問題、轉運問題與指派問題
(Transportation Problem, Transshipment Problem and Assignment Problem)

◀ 聯合太平洋鐵路的空貨車分配 *

　　聯合太平洋鐵路是美國北部最大的鐵路公司。公司擁有超過 32,000 數英里的鐵軌，以及 50,000 名員工。它部署了超過 8,000 臺機車和超過 100,000 輛貨車為其顧客運送貨物。當貨物被送到一個地點時，貨車留在客戶現場卸貨。因此，在任何特定的時間點，空貨車遍布整個北美道路網。同時在任何時候，聯合太平洋公司的客戶要求有空貨車，以便他們可以裝運貨物。聯合太平洋鐵路的關鍵決定是如何分配空貨車給有需要的客戶。事實上，貨車的供應量通常不符合需求，還有多種類型貨車（例如：廂式車、汽車運輸車等）和服務時間預期必須是滿足客戶的同時，還要控制成本而使得分配空貨車的決策更加複雜化。

　　在開發貨車分配模型的最優化之前，汽車經理從特定的貨車名單中為客戶分配汽車的類型。這些經理沒有有效的工具來評估他們所做的分配會如何影響到整個鐵路網絡。聯合太平洋鐵路公司與普渡大學的教師合作，開發了一種交通運輸模型，這個模型目標是使運輸的加權組合成本最小化，並加上供需約束的限制條件。該運輸模型成功地實施，並帶來了 35% 的投資回報率。

* 資料來源：A. K. Narisetty, J. P. Richard, D. Ramcharan, D. Murphy, G. Minks, and J. Fuller, "An Optimization Model for Empty Freight Car Assignment at Union Pacific Railroad," *Interfaces*, *38*(2) (March/April: 2008), pp. 89-102.

7.1　前言

　　運輸問題、轉運問題與指派問題是特殊的線性規劃問題，也是企業管理者經常會遇到的問題。 顧名思義，**運輸問題**（Transportation Problem）牽涉到 m 個資源和 n 個目的地的問題，每個資源擁有 a_i $(i = 1, 2, ..., m)$ 可用的同樣貨品，每個目的地需求 b_j $(j = 1, 2, ..., n)$ 的同樣貨品，其目的是要找出一個最佳整數的運輸表，使得目的地的需求能達到，並使總運輸成本、總時間或總路程最小化。**轉運問題 (Transshipment Problem)** 是運輸問題的擴充。在運輸問題中，節點只單單有供給（貨物流出）或只有需求（貨物流入），但轉運問題涉及到轉運點，即該點既有貨物流出，也有貨物流入，此節點稱為**轉運點** (Transshipment Nodes)，因此有**轉運點的問題**就變成**轉運問題** (Transshipment Problem) 了。**指派問題 (Assignment Problem)** 牽涉到分配問題，例如：安排工作人員到不同的工作（機器），其目的是要分配每一個工作人員到不同的工作（機器），而使所有工作（機器）完成的時間最短或成本最低。

　　許多運輸問題、轉運問題與指派問題可寫成數學規劃，而且具有相似的特殊結構，這種特殊結構使得這一類的規劃問題比一般的線性規劃容易求解。本章將討論如何求解這三個特別重要的線性規劃問題。

　　研究本章之後，學者應知道如何採用不同的方法求得運輸問題（包括不平衡運輸問題）的起始解，然後用不同的方法求得最佳解。同時也知道如何以有效的數學演算法，來求解轉運問題與指派問題（包括不平衡指派問題）。

7.1.1　運輸問題

典型範例 1

　　捷揚貨運有三間工廠分別位在洛杉磯、底特律和新奧爾良，以及四個主要的配送中心分別在丹佛、聖路易、休士頓和邁阿密。該公司下一季有關貨運車的供應量和四個配送中心的需求量，以及從三個工廠到四個配送中心每一輛車的運輸成本，如表 7.1 所示。

表 7.1　典型範例 1 的資料

起點＼終點	D_1	D_2	D_3	D_4	供給量
S_1	20	22	17	4	120
S_2	24	37	9	7	70
S_3	32	37	20	15	50
需求量	60	40	30	110	240　240

請問從各工廠配送到各中心的最佳配送量為何，而使總運輸成本最低？

7.1.2　轉運問題

典型範例 2

某公司有三間工廠均生產相同之產品，該公司另有四個倉庫存放這些產品。**三間工廠並設有兩個轉運站配送產品至四個倉庫。**三間工廠的供給量和四個倉庫的需求量，如表 7.2 所示。

表 7.2　典型範例 2 的資料

工廠＼倉庫	D_1	D_2	D_3	D_4	供給量
S_1					300
S_2					200
S_3					200
最高需求量	200	120	160	220	

已知各起點、轉運點與終點之間的單位運輸成本，如表 7.3 所示。

表 7.3

	單位運輸成本						
	$1(S_1)$	$2(S_2)$	$3(S_3)$	$6(D_1)$	$7(D_2)$	$8(D_3)$	$9(D_4)$
4（配送點 T_1）	3	6	5	4	6	3	4
5（配送點 T_2）	5	5	8	12	6	3	4

請問該公司應如何將三間工廠生產之產品分配到四個倉庫，而使總運輸成本最低？

7.1.3　指派問題

典型範例 3

某工作站有五部機器須完成五件工作，每部機器只被分配完成一件工作。各機器完成一件工作所費的成本如表 7.4 所示。請問如何分派給每部機器一件工件，而使所花費的總成本最小？

表 7.4　典型範例 3 的資料

	機器 A	機器 B	機器 C	機器 D	機器 E
工作 1	15	8	17	18	19
工作 2	9	15	24	9	12
工作 3	12	9	4	4	4
工作 4	6	12	10	9	16
工作 5	15	17	18	12	20

以下章節將描述如何求解典型的運輸問題、轉運問題和指派問題。

7.2　運輸問題

標準運輸問題，如表 7.5 所示。

表 7.5

起點＼終點	1	2	.	n	供給量
1	c_{11} 　　x_{11}	c_{12} 　　x_{12}	. .	c_{1n} 　　x_{1n}	s_1
2	c_{21} 　　x_{21}	c_{22} 　　x_{22}	. .	c_{2n} 　　x_{2n}	s_2
.	. .	. .	. .	. .	
m	c_{m1} 　　x_{m1}	c_{m2} 　　x_{m2}	. .	c_{mn} 　　x_{mn}	s_m
需求量	d_1	d_2	.	d_n	$\sum_{j=1}^{m} s_j$ / $\sum_{i=1}^{n} d_i$

運輸問題之線性規劃模式：

極小化　　　$Z = \sum_{i=1}^{m} \sum_{j=1}^{n} c_{ij} x_{ij}$（$m \times n$ 項相加）

限制條件　$\sum_{j=1}^{n} x_{ij} = s_i$, $i = 1, 2, ..., m$（供給量：m 個限制式）

　　　　　　$\sum_{i=1}^{m} x_{ij} = d_j$, $j = 1, 2, ..., n$（需求量：n 個限制式）

　　　　　　$x_{ij} \geq 0$, $\forall i$ 和 j（$m \times n$ 個變數）

若 s_i、d_j 均為整數，且 $\sum_{j=1}^{m} s_j = \sum_{i=1}^{n} d_i$（總供給量等於總需求量），則必有 x_{ij} 均為整數的最佳解。

本章節將採用運輸單體法來求解運輸問題。運輸單體法可直接在表格上運算，而不需透過一般的單形法中使用的單形表。

7.2.1 均衡性的運輸問題 (Balanced Transportation Problem)（總供給量等於總需求量）求解步驟

步驟 1：求解起始解

　　一典型運輸問題有 $m + n$ 限制式（m 是起點數、n 是終點數），但因總供給量等於總需求量，其中一限制式是多餘的，因此只有 $m + n - 1$ 互相獨立的限制式；也就是說起始解有 $m + n - 1$ 個基變數。本章節介紹四種方法來求解起始解。

(一) 西北角法 (North-West Corner Method)。

(二) 最小成本法 (Least Cost Method)。

(三) 佛格近似法 (Vogel's Approximation Method)。

(四) Russell 近似法 (Russell's Approximation Method)。

　　由上述方法所求得的起始解必須滿足下列條件：

1. 解答必須是可行的，也就是說必須滿足供給和需求的限制條件。

2. 當運輸問題有 m 列、n 行時，正數分配的數目必須等於 $m + n - 1$。

步驟 2：測試最佳解

　　由步驟 1 得到起始解後，本章節介紹兩種方法測試並求解最佳解：

(一) 階石法 (Stepping Stone Method)

(二) 修正分配法（Modified Distribution Method, MODI 法）

　　運輸單體法最常採用**佛格近似法求解起始解，再搭配 MODI 法**來求解最佳解。

　　對於不平衡運輸問題和極大化運輸問題，下面章節 7.2.2 和 7.2.3 將討論如何處理。

　　一般而言，起始解四種方法之中以佛格近似法（差額法）的結果最好。若以佛格近似法（差額法）的解當起始解，會比較快得到最佳解。不論使用何種方法當起始解，最後還要檢視各行列和是否等於各供給量與需求量。在求起始解過程中，有可能基變數之個數會少於 (m + n − 1)，將會造成退化解。圖 7-1 為描述運輸模式問題求解流程圖。

步驟 1：求解起始可行解

　　(一) 西北角法：西北角法利用運輸單體表中西北角方格的最大分配量，來求出起始可行解。其步驟如下：

1. 自 x_{11} 方格開始，根據供給量和需求量的條件，將最大允許數量分配到該方格，$x_{ij} =$ 最小值 $\{s_i, d_j\}$，並從相對應的行和列的剩餘的需求量和供給量減去該數量。

2. 如果起點 i 還有剩餘的供給量，則選取下一方格 $x_{i,j+1}$，否則，如果起點 i 還有剩餘的需求量，選取下一方格 $x_{i+1,j}$。如果起點 i 沒有剩餘的供給量和需求量，則選取下一方格 $x_{i+1,j+1}$。

3. 劃掉供給量是零的列或需求量是零的行，以表示在那列或那行再沒有進一步分配。假如供給量與需求量同時用完，則刪除列或刪除行，在沒有劃掉的行或列留下零。（注意，此狀況是退化解，會有基變數的數值是 0。）

4. 如果剩下只有一列或一行沒有劃掉則停止運算，剩餘未刪除的位置都是基變數，否則回到步驟 2。

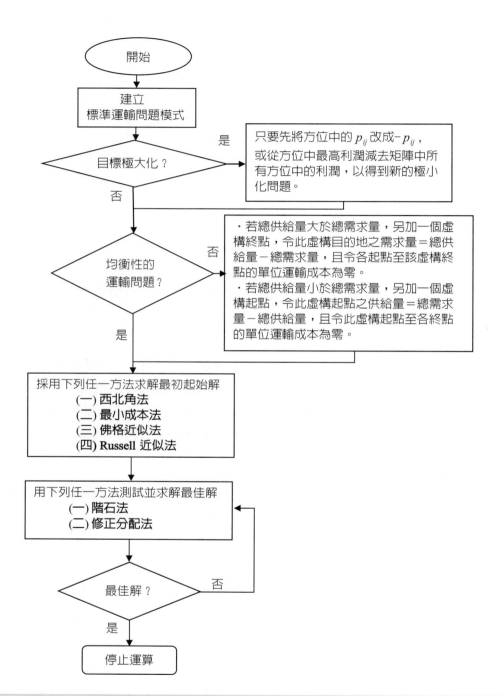

圖 7.1 運輸模式問題求解流程圖

Chapter 7 運輸問題、轉運問題與指派問題　167

　　西北角法是求運輸問題起始解最簡單的方法，但因未將單位成本納入考慮，所得結果通常較差。

範例 7.1

　　若有標準運輸問題如表 7.6 所示，請用西北角法求出一個起始解。

表 7.6　範例 7.1 的資料

終點 起點	D_1	D_2	D_3	D_4	供給量
S_1	20	22	17	4	120
S_2	24	37	9	7	70
S_3	32	37	20	15	50
需求量	60	40	30	110	240

解：

　　本題 $m = 3$、$n = 4$，所以應有 $m + n - 1 = 6$ 個基變數方格。以下運算表將以打叉（×）代表刪除該列或該行。

　　$x_{11} = $ 最小值 $(s_1, d_1) = $ 最小值 $(120, 60) = 60$

20　60	22	17	4	120
24　×	37	9	7	70
32　×	37	20	15	50
60	40	30	110	240

$x_{12} = $ 最小值 $(s_1 - x_{11}, d_2) = $ 最小值 $(60, 40) = 40$

20	22	17	4	120
60	40			
24 ✕	37 ✕	9	7	70
32 ✕	37 ✕	20	15	50
60	40	30	110	72

$x_{13} = $ 最小值 $(s_1 - x_{11} - x_{12}, d_3) = $ 最小值 $(20, 30) = 20$

20	22	17	4	120
60	40	20	✕	
24 ✕	37 ✕	9	7	70
32 ✕	37 ✕	20	15	50
60	40	30	110	240

$x_{23} = $ 最小值 $(s_2, d_3 - x_{13}) = $ 最小值 $(70, 10) = 10$

20	22	17	4	120
60	40	20	✕	
24 ✕	37 ✕	9 10	7	70
32 ✕	37 ✕	20 ✕	15	50
60	40	30	110	240

$x_{24} = $ 最小值 $(s_2 - x_{21} - x_{22} - x_{23}, d_4) = $ 最小值 $(60, 110) = 60$

20　60	22　40	17　20	4　✕	120
24　✕	37　✕	9　10	7　60	70
32　✕	37　✕	20　✕	15　50	50
60	40	30	110	240

故可得一個可行起始基解如下：

20　**60**	22　**40**	17　**20**	4	120
24	37	9　**10**	7　**60**	70
32	37	20	15　**50**	50
60	40	30	110	240

此時目標值 $Z = (20 \times 60) + (22 \times 40) + (17 \times 20) + (9 \times 10) + (7 \times 60) + (15 \times 50) =$ 3,680。

此種方法分配的缺點是完全沒有考慮成本因素，所得到的答案往往不甚理想。

(二) 最小成本法：最小成本法 (Least Cost Method) 所選的基變數方格是（未刪去）方格中的單位成本最小方格，其餘步驟如同西北角法。最小成本法因考慮了單位成本，通常可獲得比西北角法更好的起始解，即總運輸成本較小。

步驟爲選擇具最小 c_{ij} 的 x_{ij}。$x_{ij} = $ 最小值 (s_i, d_j)，並按照西北角法方式處理特殊情況：

1. 如果某行有相同的最小成本方格，則選擇編號較低的列。
2. 如果某列有相同的最小成本方格，則選擇編號較低的行。

範例 7.2

以範例 7.1 為例，請用最小成本法求出一個起始解。

解：

如範例 7.1 的表 7.6 所示。

最小成本選擇 $c_{14} = 4$，$x_{14} = $ 最小值 $\{s_1, d_4\} = $ 最小值 $\{120, 110\} = 110$

20	22	17	4 ⟨110⟩	120
24	37	9	7 ×	70
32	37	20	15 ×	50
60	40	30	110	240

最小成本選擇 $c_{23} = 9$，$x_{23} = $ 最小值 $\{s_2, d_3\} = $ 最小值 $\{70, 30\} = 30$

20	22	17 ×	4 ⟨110⟩	120
24	37	9 ⟨30⟩	7 ×	70
32	37	20 ×	15 ×	50
60	40	30	110	240

最小成本選擇 $c_{11} = 20$，$x_{11} = $ 最小值 $\{s_1 - x_{14}, d_1\}$ = 最小值 $\{10, 60\} = 10$

20　　10	22　×	17　×	4　　110	120
24	37	9　30	7　×	70
32	37	20　×	15　×	50
60	40	30	110	240

最小成本選擇 $c_{21} = 24$，$x_{21} = $ 最小值 $\{s_2 - x_{23}, d_1 - x_{11}\}$ = 最小值 $\{40, 50\} = 40$

20　　10	22　×	17　×	4　　110	120
24　40	37　×	9　30	7　×	70
32	37	20　×	15　×	50
60	40	30	110	240

最小成本選擇 $c_{31} = 32$，$x_{31} = $ 最小值 $\{s_3, d_1 - x_{11} - x_{21}\}$ = 最小值 $\{50, 10\} = 10$

20　　10	22　×	17　×	4　　110	120
24　40	37　×	9　30	7　×	70
32　10	37　40	20　×	15　×	50
60	40	30	110	240

故得一起始解，如表 7.7。

表 7.7

20　　**10**	22	17	4　　**110**	120
24　**40**	37	9　　**30**	7	70
32　　**10**	37　**40**	20	15	50
60	40	30	110	240

此時總運輸成本 $Z = (20 \times 10) + (4 \times 110) + (24 \times 40) + (9 \times 30) + (32 \times 10) + (37 \times 40) = 3,670$。

以上所獲得的總成本，係就個別成本因素考量其最低成本，並未顧慮整體成本因素之間相對效益關係，故其總成本並非一定最低。

(三) 佛格近似法：佛格近似法 (VAM) 又稱差額法，是最小成本法的改良版，其步驟如下：

1. 算出每列、每行未刪方格中，最低成本與次低成本的差額。
2. 從所有的行差與列差之中選出具最大負差額的列（或行），以該列（或行）的最小成本方格為基變數方格，選小的值，$x_{ij} = $ 最小值 $\{s_i, d_j\}$。若有同樣最大負差額的列（或行），可任選其一，並從相對應的行和列的剩餘的需求量和供給量減去該數量。
3. 若供給量用完則刪除該列；若需求量用完則刪除該行。若供給量與需求量同時用完，則刪除該列或刪除該行只能擇一。（注意，此狀況是退化解，會有基變數的數值是 0 。）
4. 如果剩下只有一列或一行沒有劃掉則停止運算，剩餘未刪除的位置都是基變數，否則回到步驟 1 反覆進行。

範例 7.3

以範例 7.1 為例，請用佛格近似法求出一個起始解。

解：

如範例 7.1 的表 7.6 所示。

佛格近似法第一步最大差額在行差額 =15（37 − 22 = 15），並選取最低成本

$c_{12} = 22$，$x_{12} = $ 最小值 $\{s_1, d_2\} = $ 最小值 $\{120, 40\} = 40$。

列差額

20	22 _40_	17	4	120	**17 − 4 = 13**
24	37 ✕	9	7	70	**9 − 7 = 2**
32	37 ✕	20	15	50	**20 − 15 = 5**
60	40	30	110	240	
行差額 **24 − 20 = 4**	**37 − 22 = 15**	**17 − 9 = 8**	**7 − 4 = 3**		

如下表所示，差額法第二步最大差額在列差額 =13，並選取最低成本 $c_{14} = 4$，$x_{14} = $ 最小值 $\{s_1 - x_{12}, d_4\} = $ 最小值 $\{80, 110\} = 80$。

列差額

20 ✕	22 _40_	17 ✕	4 _80_	120	**17 − 4 = 13**
24	37 ✕	9	7	70	**9 − 7 = 2**
32	37 ✕	20	15	50	**20 − 15 = 5**
60	40	30	110	240	
行差額 **24 − 20 = 4**		**17 − 9 = 8**	**7 − 4 = 3**		

如下表所示，佛格近似法第三步最大差額在行差額 =11，並選取最低成本 c_{23} = 9，x_{23} = 最小值 $\{s_2, d_3\}$ = 最小值 $\{70, 30\}$ = 30。

列差額

20 ×	22 40	17 ×	4 80	120	
24	37 ×	9 30	7	70	**9 − 7 = 2**
32	37 ×	20 ×	15	50	**20 − 15 = 5**
60	40	30	110	240	

行差額　**32 − 24 = 8** | | **20 − 9 = 11** | **15 − 7 = 8** |

如下表所示，佛格近似法第四步最大差額在行差額 =17，並選取最低成本 c_{24} = 7，x_{24} = 最小值 $\{s_2 - x_{23}, d_4 - x_{14}\}$ = 最小值 $\{40, 30\}$ = 30。

列差額

20 ×	22 **40**	17 ×	4 **80**	120	
24 **10**	37 ×	9 **30**	7 **30**	70	**24 − 7 = 17**
32 **50**	37 ×	20 ×	15 ×	50	**32 − 15 = 17**
60	40	30	110	240	

行差額　**32 − 24 = 8** | | | **15 − 7 = 8** |

故得一起始解，如表 7.8。

表 7.8

20	22 **40**	17	4 **80**	120
24 **10**	37	9 **30**	7 **30**	70
32 **50**	37	20	15	50
60	40	30	110	240

而此起始解目標值 $Z = (22 \times 40) + (4 \times 80) + (24 \times 10) + (9 \times 30) + (7 \times 30) + (32 \times 50) = 3,520$。

(四)Russell 近似法 (RAM)：所選的基變數方格是（未刪去）最負的 Δ_{ij}，其餘步驟如同西北角法。

1. 決定各列與各行中最大的 c_{ij}，並以 $\overline{U_i}$ 與 $\overline{V_j}$ 表示。

2. 對於每一個空格 (i, j)，計算 $\Delta_{ij} = c_{ij} - \overline{U_i} - \overline{V_j}$。

3. 選擇有最負的 Δ_{ij} 的 x_{ij}（若有同樣具最負的 Δ_{ij} 的 x_{ij}，任選其一），亦即，若有同樣最大差額的列（或行），可任選其一，選小的值，$x_{ij} =$ 最小值 $\{s_t, d_j\}$，並從相對應的行和列的剩餘的需求量和供給量減去該數量。

4. 若供給量用完則刪除該列；若需求量用完則刪除該行；若供給量與需求量同時用完，則刪除該列或刪除該行只能擇一。（注意，此狀況是退化解，會有基變數的數值是 0。）

5. 如果剩下只有一列或一行沒有劃掉則停止運算，剩餘未刪除的位置都是基變數，否則回到 1. 反覆進行。

範例 7.4

以範例 7.1 為例，請用 Russell 近似法求出一個起始解。

解：

如範例 7.1 的表 7.6 所示。

Russell 近似法第一步計算 $\Delta_{ij} = c_{ij} - (\overline{U_i} + \overline{V_j})$，如 $\Delta_{11} = c_{11} - \overline{U_1} - \overline{V_1} = 20 - 22 - 32 = -34$。最大負差額 $\Delta_{ij} = -48$，選取 $\Delta_{23} = -48$，$x_{23} =$ 最小值 $\{s_2, d_3\} =$ 最小值 $\{70, 30\} = 30$。

$\overline{U_i}$

				供給	$\overline{U_i}$
20 / −34	22 / −37	17 / −25	4 / −33	120	22
24 / −45	37 / −37	9 / **−48**	7 / −45	70	37
32 / −37	37 / −37	20 / −37	15 / −37	50	37
60	40	30	110	240 / 240	

$\overline{V_j}$: 32 , 37 , 20 , 15

Russell 近似法第二步計算 $\Delta_{ij} = c_{ij} - (\overline{U_i} + \overline{V_j})$，最大負差額 $\Delta_{ij} = -45$，因有同樣的 −45，任選其一，選取 $\Delta_{21} = -45$，$x_{21} =$ 最小值 $\{s_2 - x_{23}, d_1\} =$ 最小值 $\{40, 60\} = 40$。

$\overline{U_i}$

				供給	$\overline{U_i}$
20 / −34	22 / −37	17 / ×	4 / −33	120	22
24 / **−45**	37 / −37	9 / **30**	7 / −45	70	37
32 / −37	37 / −37	20 / ×	15 / −37	50	37
60	40	30	110	240 / 240	

$\overline{V_j}$: 32 , 37 , 15

Russell 近似法第三步計算 $\Delta_{ij} = c_{ij} - (\overline{U_i} + \overline{V_j})$，最大負差額 $\Delta_{ij} = -37$，因有同樣的 −37，任選其一，選取 $\Delta_{12} = -37$，$x_{12} =$ 最小值 $\{s_1, d_2\} =$ 最小值 $\{120, 40\} = 40$。

					$\overline{U_i}$
20　　−34	22　　**−37**	17　　×	4　　−33	120	22
24　**40**	37　×	9　**30**	7　×	70	
32　　−37	37　　−37	20　　×	15　　−37	50	37
60	40	30	110	240 / 240	
$\overline{V_j}$　32	37		15		

Russell 近似法第四步計算 $\Delta_{ij} = c_{ij} - (\overline{U_i} + \overline{V_j})$，最大負差額 $\Delta_{ij} = -32$，因有同樣的 -32，任選其一，選取 $\Delta_{31} = -32$，$x_{31} =$ 最小值 $\{s_3, d_1 - x_2\} =$ 最小值 $\{50, 20\} = 20$。

					$\overline{U_i}$
20　　−32	22　**40**	17　　×	4　　−31	120	22
24　**40**	37　×	9　**30**	7　×	70	
32　**−32**	37　×	20　×	1　　−32	50	37
60	40	30	110	240 / 240	
$\overline{V_j}$　32			15		

$\overline{U_i}$

					$\overline{U_i}$
20　　0	22　**40**	17　×	4　**80**	120	22
24　**40**	37　×	9　**30**	7　×	70	
32　**20**	37　×	20　×	1　**30**	50	37
60	40	30	110	240／240	
$\overline{V_j}$　32			15		

如此，繼續運算，可得一起始解，如表 7.9。

表 7.9

20	22　**40**	17	4　**80**	120
24　**40**	37	9　**30**	7	70
32　**20**	37	20	15　**30**	50
60	40	30	110	240／240

而此起始解目標值 $Z = (22 \times 40) + (4 \times 80) + (24 \times 40) + (9 \times 30) + (32 \times 20) + (15 \times 30) = 3,520$。

步驟 2：測試起始解並求解最佳解

運輸問題得到起始解後，本章節介紹兩種方法（階石法和修正分配法）來測試起始解，並求解最佳解。

(一) 階石法（Stepping Stone 法）：用以測試前面章節所得到的起始解是否為最佳解。對於每一個**非基變數**，利用起始解的**基變數**找出一條階石路徑，由此路徑可判斷**哪一個基變數可以離開、哪一個非基變數可以進入，而尋求最佳解**。其步驟如下：

1. 選一非基變數方格來評估，每一非基變數恰對應一條閉迴路。閉迴路是指由非
   基變數方格出發，沿著基變數方格（階石），並以階石為轉角點，沿水平—垂
   直—水平—垂直……的線段前進，再回到原來的非基變數方格。
2. 每一非基變數方格也對應一個改進指標 (Improvement Index) Q_{ij}，而 Q_{ij} 是閉迴路
   上正負相間單位成本的和。**從非基變數方格加上正號開始，然後正負相間**，即
   $Q_{ij} = c_{ij} - c_{ij*} + ... - ...$。
3. 求出所有非基變數方格的 Q_{ij}。
4. 若所有 $Q_{ij} \geq 0$，則已達最佳解，否則回到步驟 5. 或 6.。
5. 以 Q_{ij} 最小值方格為調入變數，並求出其閉迴路，再設定調出變數與分配調整值
   θ，θ = **最小值** $(x_{ij*}, ...)$（**閉迴路的最小值**），而修正分配得到一組新而更佳的基
   解。回到步驟 2.。
6. 若有同樣的 Q_{ij} 最小值，任選其一再設定調出變數與分配調整值 θ，θ = **最小值**
   $(x_{ij*}, ...)$（**閉迴路的最小值**），而修正分配得到一組新而更佳的基解。回到步驟 2.。

範例 7.5

　　請以範例 7.2 的最小成本法的基解為起始解（表 7.7），以階石法（Stepping
Stone 法）求出該問題的最佳解。

解：

　　以最小成本法的起始解表 7.7 為準，非基變數方格的閉迴路與改進指標如下：

$Q_{12} = -3(22 - 20 + 32 - 37 = -3)$

20 **10**	22	17	4 **110**	120
24 **40**	37	9 **30**	7	70
32 **10**	37 **40**	20	15	50
60	40	30	110	240 / 240

圖 (a)

　　(1, 2) 方格的閉迴路（如圖 (a)）：$x_{12} \to x_{11} \to x_{31} \to x_{32} \to x_{12}$，$Q_{12}$ = **22 − 20 +
32 − 37 = −3**

$(1, 3)$ 方格的閉迴路：$x_{13} \to x_{11} \to x_{21} \to x_{23} \to x_{13}$，$Q_{13} = 17 - 20 + 24 - 9 = 12$

$(2, 2)$ 方格的閉迴路：$x_{22} \to x_{21} \to x_{31} \to x_{32} \to x_{22}$，$Q_{22} = 37 - 24 + 32 - 37 = 8$

$(2, 4)$ 方格的閉迴路：$x_{24} \to x_{14} \to x_{11} \to x_{21} \to x_{24}$，$Q_{24} = 7 - 4 + 20 - 24 = -1 < 0$

$(3, 3)$ 方格的閉迴路：$x_{33} \to x_{23} \to x_{21} \to x_{31} \to x_{33}$，$Q_{33} = 20 - 9 + 24 - 32 = 3$

$(3, 4)$ 方格的閉迴路（如圖 (b)）：$x_{34} \to x_{14} \to x_{11} \to x_{31} \to x_{34}$，$Q_{34} = 15 - 4 + 20 - 32 = -1 < 0$

從上所得方格指標，其中 $Q_{12} = -3$、$Q_{24} = -1$、$Q_{34} = -1$，因此仍非最佳解。

因為 $Q_{12} = 22 - 20 + 32 - 37 = -3$ **是最小負值，所以選** x_{12} **為調入變數。**

$\theta =$ **最小值** $(x_{ij*}, ...) = 10$，以 x_{12} 為調入變數、x_{11} 為調出變數，得新基解如表 7.10 所示。

表 7.10

20	22 10	17	4 **110**	120
24 40	37	9 30	7	70
32 20	37 30	20	15	50
60	40	30	110	240 / 240

以表 7.10 為準，非基變數方格的閉迴路與改進指標如下：

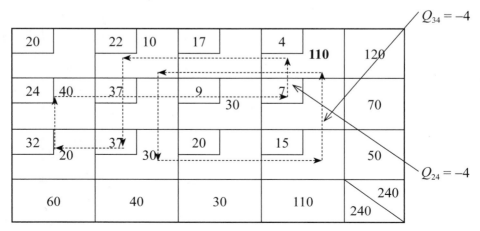

圖 (b)

(1, 1) 方格的閉迴路：$x_{11} \to x_{31} \to x_{32} \to x_{12} \to x_{11}$，$Q_{11} = 20 - 32 + 37 - 22 = 3$

(1, 3) 方格的閉迴路：$x_{13} \to x_{12} \to x_{32} \to x_{31} \to x_{21} \to x_{23} \to x_{13}$，$Q_{13} = 17 - 22 + 37 - 32 + 24 - 9 = 15$

(2, 2) 方格的閉迴路：$x_{22} \to x_{21} \to x_{31} \to x_{32} \to x_{22}$，$Q_{22} = 37 - 24 + 32 - 37 = 8$

(2, 4) 方格的閉迴路：$x_{24} \to x_{14} \to x_{12} \to x_{32} \to x_{31} \to x_{21} \to x_{24}$，**$Q_{24} = 7 - 4 + 22 - 37 + 32 - 24 = -4 < 0$**

(3, 3) 方格的閉迴路：$x_{33} \to x_{23} \to x_{21} \to x_{31} \to x_{33}$，$Q_{33} = 20 - 9 + 24 - 32 = 3$

(3, 4) 方格的閉迴路（如圖 (b)）：$x_{34} \to x_{14} \to x_{12} \to x_{32} \to x_{34}$，**$Q_{34} = 15 - 4 + 22 - 37 = -4 < 0$**

所以仍非最佳解，因為 $Q_{24} = Q_{34} = -4$，任選其一，現選 Q_{34}，$\theta = $ 最小值$(x_{ij*}, ...)$ = 30，以 x_{34} 為調入變數、x_{32} 為調出變數，得新基解如表 7.11 所示。

表 7.11

20	22 40	17	4 80	120
24 40	37	9 30	7	70
32 20	37	20	15 30	50
60	40	30	110	240 / 240

同樣做法，以表 7.11 為準，非基變數方格 (1,1) 的閉迴路與最小值的改進指標如下：

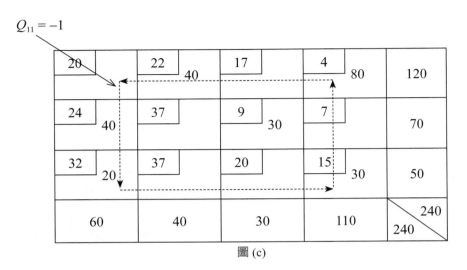

圖 (c)

(1, 1) 方格的閉迴路（如圖 (c)）：$x_{11} \rightarrow x_{31} \rightarrow x_{34} \rightarrow x_{14} \rightarrow x_{11}$，$\boldsymbol{Q_{11} = 20 - 32 +}$
$\boldsymbol{15 - 4 = -1 < 0}$

所以仍非最佳解，θ = 最小值 $(x_{ij*}, ...)$ = 20，以 x_{11} 為調入變數、x_{31} 為調出變數，得新基解如表 7.12 所示。

表 7.12

20		22		17		4		120
	20		40				60	
24		37		9		7		70
	40				30			
32		37		20		15		50
							50	
60		40		30		110		240 / 240

同樣做法，以表 7.12 為準，非基變數方格 (2,4) 的閉迴路與最小值的改進指標如下：

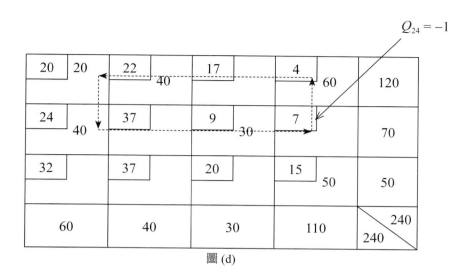

圖 (d)

(2, 4) 方格的閉迴路（如圖 (d)）：$x_{24} \rightarrow x_{14} \rightarrow x_{11} \rightarrow x_{21} \rightarrow x_{24}$，$\boldsymbol{Q_{24} = 7 - 4 + 20 - 24 = -1} < 0$

所以仍非最佳解，θ = 最小值 $(x_{ij*}, ...) = 40$，以 x_{11} 為調入變數、x_{21} 為調出變數，得新基解如表 7.13 所示。

表 7.13

20		22		17		4		120
	26		40				20	
24		37		9		7		70
					30		40	
32		37		20		15		50
							50	
60		40		30		110		240 / 240

同樣做法，以表 7.13 為準，非基變數方格的閉迴路與改進指標如下：

20		22		17		4		120
	60		40				20	
24		37		9		7		70
					30		40	
32		37		20		15		50
							50	
60		40		30		110		240 / 240

(1, 3) 方格的閉迴路：$x_{13} \rightarrow x_{14} \rightarrow x_{24} \rightarrow x_{23} \rightarrow x_{13}$，$Q_{13} = 17 - 4 + 7 - 9 = 11$

(2, 1) 方格的閉迴路：$x_{21} \rightarrow x_{11} \rightarrow x_{14} \rightarrow x_{24} \rightarrow x_{21}$，$Q_{21} = 24 - 20 + 4 - 7 = 1$

(2, 2) 方格的閉迴路：$x_{22} \rightarrow x_{12} \rightarrow x_{14} \rightarrow x_{24} \rightarrow x_{22}$，$Q_{22} = 37 - 22 + 4 - 7 = 12$

(3, 1) 方格的閉迴路：$x_{31} \rightarrow x_{11} \rightarrow x_{14} \rightarrow x_{34} \rightarrow x_{31}$，$Q_{31} = 32 - 20 + 4 - 15 = 1$

(3, 2) 方格的閉迴路：$x_{32} \rightarrow x_{12} \rightarrow x_{14} \rightarrow x_{34} \rightarrow x_{32}$，$Q_{32} = 37 - 22 + 4 - 15 = 4$

(3, 3) 方格的閉迴路：$x_{33} \rightarrow x_{23} \rightarrow x_{24} \rightarrow x_{34} \rightarrow x_{33}$，$Q_{33} = 20 - 9 + 7 - 15 = 3$

因為所有的 $Q_{ij} \geq 0$，故已達最佳解如表 7.14 所示。

表 7.14

20		22		17		4		120
	60		**40**				**20**	
24		37		9		7		70
					30		**40**	
32		37		20		15		50
							50	
60		40		30		110		240 / 240

$Z = (20 \times 60) + (22 \times 40) + (4 \times 20) + (9 \times 30) + (7 \times 40) + (15 \times 50) = 3,460$。

(二) 修正分配法（Modified-Distribution 法，MODI）：修正分配法與階石法頗為類似，係另以關鍵值計算各非基變數改進指標以判斷哪一個基變數可以離開，哪一個非基變數可以進入而改進最佳解。修正分配法是階石法的一種改良方法。修

正分配法是一個測試起始解是否為最佳解的有效方法。修正分配法可減少評估非基
變數所需要的步數，從而降低複雜性，而給予一個簡單的計算方案來測試並求得最
佳解，其步驟如下：

1. 已得起始解。
2. 以 $c_{ij} = u_i + v_j$，求出所有**基變數**相對應的 u_i、v_j 值（通常設 $u_1 = 0$，然後計算其
   他的 u_i、v_j 值）。
3. 以 $Q_{ij} = c_{ij} - u_i - v_j$，求出所有**非基變數**方格的 Q_{ij}。
4. 若所有 $Q_{ij} \geq 0$ 則已達最佳解，否則到步驟 5. 或 6.。
5. 以 Q_{ij} 最小值方格為調入變數，並求出其閉迴路，再設定調出變數與分配調整值
   θ，而修正分配得到一組新而更佳的基解。回到步驟 2.。
6. 若有同樣的 Q_{ij} 最小值，任選其一再設定調出變數與分配調整值 θ，而修正分配
   得到一組新而更佳的基解。回到步驟 2.。

範例 7.6

　　請以範例 7.2 的最小成本法的基解為起始解（重列如下），以修正分配法
(MODI) 求出該問題的最佳解。

20　10	22	17	4　110	120
24　40	37	9　30	7	70
32　10	37　40	20	15	50
60	40	30	110	240 / 240

解：

　　採 MODI 法求最佳解，先求 u、v 值。各對應的 u、v 變數參見表 7.15。

表 7.15

	v_1	v_2	v_3	v_4	
u_1	20 **10**	22	17	4 **110**	120
u_2	24 **40**	37	9 **30**	7	70
u_3	32 **10**	37 **40**	20	15	50
	60	40	30	110	240 / 240

由**基變數方格** $c_{ij} = u_i + v_j$ 的關係式得

$$u_1 + v_1 = 20, \quad u_1 + v_4 = 4$$
$$u_2 + v_1 = 24, \quad u_2 + v_3 = 9$$
$$u_3 + v_1 = 32, \quad u_3 + v_2 = 37$$

我們令 $u_1 = 0$，可求得 $v_1 = 20$、$v_4 = 4$、$u_2 = 4$、$v_3 = 5$、$u_3 = 12$、$v_2 = 25$。

其實求 u, v 值的運算通常是直接在表中完成，並可一併求出各**非基變數** Q_{ij}。

$Q_{ij} = c_{ij} - u_i - v_j$（圓圈字），參見下列諸表。

$Q_{12} = 22 - 0 - 25 = -3, Q_{13} = 17 - 0 - 5 = 12, Q_{22} = 37 - 4 - 25 = 8, Q_{24} = 7 - 4 - 4 = -1, Q_{33} = 20 - 12 - 5 = 3, Q_{34} = 15 - 12 - 4 = -1$。

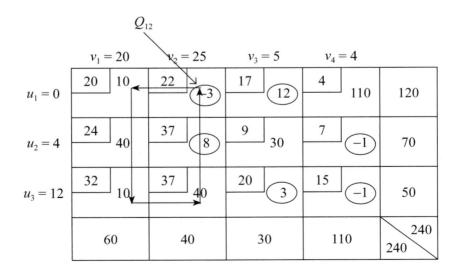

Q_{ij} 的最小值 $= Q_{12} = -3$，其解不是最佳解，取 x_{12} 為調入變數、x_{11} 為調出變數，$\theta = 10$ 代入後，得改進後之新基解。

20		22	10	17		4	110	120
24	40	37		9	30	7		70
32	20	37	30	20		15		50
60		40		30		110		240 / 240

並續用 MODI 法，由基變數方格 $c_{ij} = u_i + v_j$ 的關係式，我們令 $u_1 = 0$，可求得 $v_1 = 17$、$v_4 = 4$、$u_2 = 7$、$v_3 = 2$、$u_3 = 15$、$v_2 = 22$。

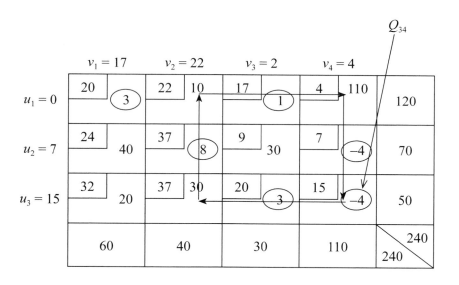

Q_{ij} 的最小值 $= Q_{34} = -4$，其解不是最佳解，取 x_{34} 為調入變數、x_{32} 為調出變數，$\theta = 30$ 代入後，得改進後之新基解。

20	22　40	17	4　80	120
24　40	37	9　30	7	70
32　20	37	20	15　30	50
60	40	30	110	240 / 240

並續用 MODI 法，由基變數方格 $c_{ij} = u_i + v_j$ 的關係式，我們令 $u_1 = 0$，可求得 $v_1 = 21$、$v_2 = 22$、$v_4 = 4$、$v_3 = 6$、$u_2 = 3$、$u_3 = 11$。

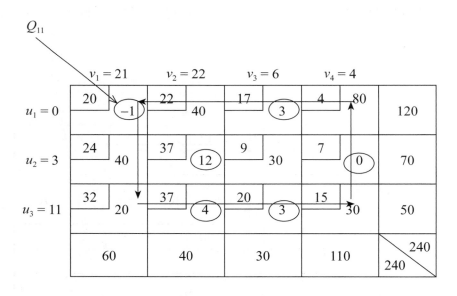

Q_{ij} 的最小值 $= Q_{11} = -1$，其解不是最佳解，取 x_{11} 為調入變數、x_{31} 為調出變數，$\theta = 20$ 代入後，得改進後之新基解。

20 20	22 40	17	4 60	120
24 40	37	9 30	7	70
32	37	20	15 50	50
60	40	30	110	240 / 240

並續用 MODI 法，由基變數方格 $c_{ij} = u_i + v_j$ 的關係式，我們令 $u_1 = 0$，可求得 $v_1 = 20$、$v_2 = 22$、$v_4 = 4$、$v_3 = 5$、$u_2 = 4$、$u_3 = 11$。

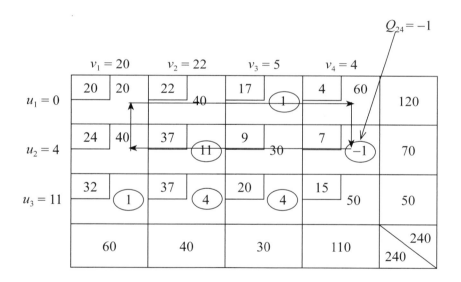

Q_{ij} 的最小值 $= Q_{24} = -1$，其解不是最佳解，取 x_{24} 為調入變數、x_{21} 為調出變數，$\theta = 40$ 代入後，得改進後之新基解。

20 ＼ 60	22 ＼ 40	17	4 ＼ 20	120
24	37	9 ＼ 30	7 ＼ 40	70
32	37	20	15 ＼ 50	50
60	40	30	110	240 ／ 240

並續用 MODI 法，由基變數方格 $c_{ij} = u_i + v_j$ 的關係式，我們令 $u_1 = 0$，可求得 $v_1 = 20$、$v_2 = 22$、$v_4 = 4$、$v_3 = 6$、$u_2 = 3$、$u_3 = 11$。

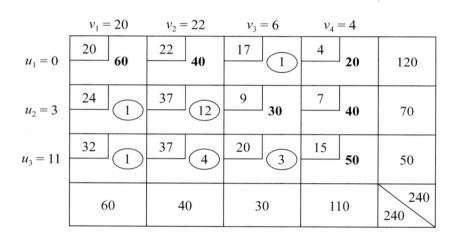

因為所有非基變數方格的 $Q_{ij} \geq 0$，則已達最佳解。

此時運輸成本 $Z = (20 \times 60) + (22 \times 40) + (4 \times 20) + (9 \times 30) + (7 \times 40) + (15 \times 50) = 3,460$。

　　註：用修正分配法（MODI 法）所得的最佳解與用階石法（Stepping Stone 法）（見範例 7.5）所得的最佳解相同。

7.2.2 不平衡運輸問題 (Unbalanced Transportation Problem)（總供給量不等於總需求量）

　　前述運輸問題求解法應用於平衡性運輸問題（供給量等於需求量）。當總供給量與總需求量不相等時，稱為**不平衡運輸問題** (Unbalanced Transportation

Problem)。這類問題表示資源仍未使用或者需求仍未填補，其求解過程如下：

情況 1：$\Sigma s_i > \Sigma d_i$

若$\Sigma s_i > \Sigma d_i$，即總供給量大於總需求量，另加一個虛構終點或目的地令此目的地之需求量為$\Sigma s_i - \Sigma d_i$，使總供給量與總需求量變成相等。

(1) 令各起點至該虛構終點的運輸成本為零 $c_{ij} = 0$，便可應用前述運輸問題求解法求解。

(2) 如果涉及儲存成本 s_{ij}，即供給量過多，則令各起點至該虛構終點的運輸成本為 s_{ij}，然後應用前述運輸問題求解法求解。

情況 2：$\Sigma s_i < \Sigma d_i$

若$\Sigma s_i < \Sigma d_i$，即總供給量小於總需求量，另加一個虛構起點，令此虛構起點之供給量為$\Sigma d_i - \Sigma s_i$，使總供給量與總需求量變成相等。

(1) 令此虛構起點至各終點的運輸成本為零 $c_{ij} = 0$，便可應用前述運輸問題求解法求解。

(2) 如果涉及懲罰成本 p_{ij}，即需求量達不到，則令此虛構起點至各終點的運輸成本為 p_{ij}，然後應用前述運輸問題求解法求解。

範例 7.7

請求解下面最低成本運輸問題，如表 7.16 所示。

表 7.16

起點＼終點	D_1	D_2	D_3	D_4	供給量
S_1	5	6	7	13	50
S_2	13	12	11	9	70
S_3	14	5	11	12	40
S_4	10	12	14	9	50
需求量	20	45	105	20	210 / 190

解：

　　由表 7.16 可知，總供給量 = 210，總需求量 = 190，即總供給量大於總需求量，另加一個虛構終點或目的地令此目的地之需求量為 $\Sigma s_i - \Sigma d_i = 20$，運輸問題調整如下表。

起點＼終點	D_1	D_2	D_3	D_4	D_5	供給量
S_1	5	6	7	13	0	50
S_2	13	12	11	9	0	70
S_3	14	5	11	12	0	40
S_4	10	12	14	9	0	50
需求量	20	45	105	20	20	210 / 210

　　應用前述運輸問題求解法求解，最佳運輸分配如表 7.17 所示。

表 7.17

起點＼終點	D_1	D_2	D_3	D_4	D_5	供給量
S_1	5　**10**	6　**5**	7　**35**	13	0	50
S_2	13	12	11　**70**	9	0	70
S_3	14	5　**40**	11	12	0	40
S_4	10　**10**	12	14	9　**20**	0　**20**	50
需求量	20	45	105	20	20	210 / 210

此時運輸成本 $Z = (5\times10) + (6\times5) + (7\times35) + (11\times70) + (5\times40) + (10\times10) +$ $(9\times20) + (0\times20) = 1,575$。

範例 7.8

請求解下面最低成本運輸問題。

起點＼終點	城市 1	城市 2	城市 3	供給量
工廠 1	16	24	16	82
工廠 2	8	16	24	77
需求量	72	102	41	159 / 215

由上表可知，總供給量 =159、總需求量 =215，即總需求量大於總供給量，另加一個虛構供給點或起點，令此起點之供給量為 $\Sigma d_i - \Sigma s_i = 56$，而此運輸問題又涉及懲罰成本，**城市 1 每單位懲罰成本是 \$4、城市 2 每單位懲罰成本是 \$9、城市 3 每單位懲罰成本是 \$8**。運輸問題調整如表 7.18 所示。

表 7.18

起點＼終點	城市 1	城市 2	城市 3	供給量
工廠 1	16	24	16	82
工廠 2	8	16	24	77
工廠 3	4	9	8	56
需求量	72	102	41	215 / 215

應用前述運輸問題求解法求解，最佳運輸分配如表 7.19 所示。

表 7.19

終點 起點	城市 1	城市 2	城市 3	供給量
工廠 1	16	24 **41**	16 **41**	82
工廠 2	8 **72**	16 **5**	24	77
工廠 3	4	9 **56**	8	56
需求量	72	102	41	215 / 215

此時運輸成本 $Z = (24 \times 41) + (16 \times 41) + (8 \times 72) + (16 \times 5) = 984 + 656 + 576 + 80 = 2{,}296$。

而懲罰成本 $P = (9 \times 56) = 504$；運輸成本 $= 2{,}296 + 504 = \$2{,}800$。

7.2.3 極大化運輸問題

當運輸問題中的單位成本 c_{ij} 換成單位利潤 p_{ij} 時，就成了極大化問題了。一般有兩種方法求解極大化問題：

1. 只要先將所有方位中的 p_{ij} 改成 $-p_{ij}$，即可按一般運輸問題方法加以求解。
2. 從方位中最高利潤減去矩陣中所有方位中的利潤以得到新的極小化問題，再應用前述運輸問題方法求解。

範例 7.9

設某公司有五間工廠，供應產品給四家客戶，五間工廠下個月的產量為 750、600、500、800、1,000，而四家客戶的定貨量各為 500、600、750、800，而由工廠運送到各客戶之每單位利潤，如表 7.20 所示。

表 7.20　範例 7.9 的資料

終點＼起點	D_1	D_2	D_3	D_4	供給量
S_1	80	55	30	15	750
S_2	90	65	25	12	600
S_3	60	40	30	25	500
S_4	75	60	50	35	800
S_5	100	50	20	10	1,000
需求量	500	600	750	800	3,650 / 2,650

解：

　　由表 7.20 可知，總供給量 = 3,650、總需求量 = 2,650，即總供給量大於總需求量，另加一個虛構客戶，令此客戶之需求量為 $\Sigma s_i - \Sigma d_i = 1{,}000$，最大化問題調整如表 7.21。

表 7.21

終點＼起點	D_1	D_2	D_3	D_4	Dummy D_5	供給量
S_1	80	55	30	15	0	750
S_2	90	65	25	12	0	600
S_3	60	40	30	25	0	500

表 7.21（續）

起點＼終點	D_1	D_2	D_3	D_4	Dummy D_5	供給量
S_4	75	60	50	35	0	800
S_5	100	50	20	10	0	1,000
需求量	500	600	750	800	1,000	3,650 / 3,650

應用第二種方法從方位中最高利潤 (= 100) 減去矩陣中所有方位中的利潤，以得到新的極小化問題如表 7.22。

表 7.22

起點＼終點	D_1	D_2	D_3	D_4	Dummy D_5	供給量
S_1	20	45	70	85	100	750
S_2	10	35	75	88	100	600
S_3	40	60	70	75	100	500
S_4	25	40	50	65	100	800
S_5	0	50	80	90	100	1,000
需求量	500	600	750	800	1,000	3,650 / 3,650

應用佛格近似法 (VAM) 求出一起始解，如表 7.23 所示。

表 7.23

終點＼起點	D_1	D_2	D_3	D_4	Dummy D_5	供給量
S_1	20	45	70	85　250	100　500	750
S_2	10	35　600	75	88	100	600
S_3	40	60	70	75　500	100	500
S_4	25	40	50　750	65　50	100	800
S_5	0　500	50	80	90	100　500	1,000
需求量	500	600	750	800	1,000	3,650／3,650

用階石法或應用修正分配法（MODI 法），可求得最佳解。在此用修正分配法（MODI 法）來求得最佳解，其最佳解與起始解相同，如表 7.24 所示。

表 7.24

終點＼起點	D_1	D_2	D_3	D_4	Dummy D_5	供給量
S_1	20	45	70	85　**250**	100　**500**	750
S_2	10	35　**600**	75	88	100	600
S_3	40	60	70	75　**500**	100	500
S_4	25	40	50　**750**	65　**50**	100	800

表 7.24（續）

終點＼起點	D_1		D_2	D_3	D_4	Dummy D_5		供給量
S_5	0	**500**	50	80	90	100	**500**	1,000
需求量	500		600	750	800	1,000	3,650	3,650

　　從原問題的利潤表，總利潤 = 15×250 + 0×500 + 65×600 + 25×500 + 50×750 + 35×50 + 100×500 + 0×500 = \$144,500。

🔓7.3 轉運問題

　　轉運問題 (Transshipment Problem) 是運輸問題的擴充。其與運輸問題不同處乃是其貨物先經過轉運點 (Transshipment Nodes)，然後到達終點，如圖 7.2 所示，轉運點視為起點和終點，而運輸問題就變成了轉運問題。

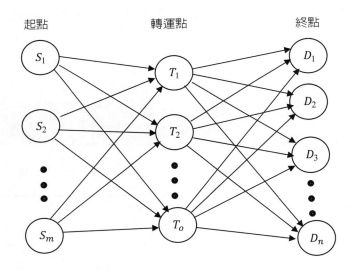

◀ 圖 7.2

　　轉運問題可用運輸問題方法求解，其求解步驟如下：

步驟 1：檢查此問題供需是否平衡，如果供需不平衡，則增加一虛擬的供應點或需

求點，以使供給量等於需求量。

步驟 2：建立一運輸問題表如下：

(1) 每一供應點和轉運點加在運輸問題表的列。

(2) 每一需求點和轉運點加在運輸問題表的行。

(3) 每一供應點，其供應量等於原始的供應量。

(4) 每一需求點，其需求量等於原始的需求量。

(5) 每一轉運點，其供給量（緩衝量）等於原始的供給量加上虛擬的供給量，其需求量（緩衝量）等於原始的需求量加上虛擬的需求量。

步驟 3：填入各路徑的單位成本。本站到其他沒有路徑連接的站的單位成本為 M（很大）。本轉運站到本轉運站的單位成本為 0。

建立了轉運供需表即可視為運輸問題加以求解。

轉運問題一般可用運輸問題單形法、兩個連續階段法（Rajeev and Satya 建議），或者 Microsoft Excel Solver 求解。

範例 7.10

有一轉運問題，如圖 7.3 所示。

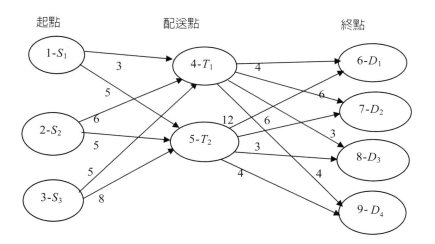

← 圖 7.3

解：

將上述轉運問題用運輸問題表示，如表 7.25 所示。

表 7.25　範例 7.10 的資料

起點 ＼ 終點	D_1	D_2	D_3	D_4	供給量
S_1					300
S_2					200
S_3					200
最高需求量	200	120	160	220	

該轉運問題可用線性規劃模式表示如下：

令第 i 個地點至第 j 個地點運送的數量以 x_{ij} 表示，其中 $i = 1, 2, 3$ 分別代表起點 S_1、S_2、S_3；4, 5 分別代表配送點 T_1、T_2；及 6, 7, 8, 9 分別代表四個終點 D_1、D_2、D_3、D_4。上述問題的數學模式可寫成如下：

極小化　　$Z = 3x_{14} + 5x_{15} + 6x_{24} + 5x_{25} + 5x_{34} + 8x_{35} + 4x_{46} + 6x_{47} + 3x_{48} + 4x_{49} +$
　　　　　　$12x_{56} + 6x_{57} + 3x_{58} + 4x_{59}$

限制條件　
$$\left. \begin{array}{l} x_{14} + x_{15} = 300 \\ x_{24} + x_{25} = 200 \\ x_{34} + x_{35} = 200 \end{array} \right\} \text{起點限制式}$$

$$\left. \begin{array}{l} x_{14} + x_{24} + x_{34} = x_{46} + x_{47} + x_{48} + x_{49} \\ x_{15} + x_{25} + x_{35} = x_{56} + x_{57} + x_{58} + x_{59} \end{array} \right\} \text{轉運限制式}$$

$$\left. \begin{array}{l} x_{46} + x_{56} = 200 \\ x_{47} + x_{57} = 120 \\ x_{48} + x_{58} = 160 \\ x_{49} + x_{59} = 220 \end{array} \right\} \text{終點限制式}$$

$x_{ij} \geq 0, \ i = 1, 2, 3, 4, \ j = 4, 5, 6, 7, 8, 9$

已知各起點，轉運點與終點之間的單位運輸成本如表 7.26 所示。

表 7.26

	單位運輸成本						
	$1(s_1)$	$2(s_2)$	$3(s_3)$	$6(D_1)$	$7(D_2)$	$8(D_3)$	$9(D_4)$
4（配送點 T_1）	3	6	5	4	6	3	4
5（配送點 T_2）	5	5	8	12	6	3	4

將上述轉運問題用運輸問題表示，如表 7.27。

表 7.27

起點＼終點	終點				轉運點		供給量
	D_1	D_2	D_3	D_4	T_1	T_2	
起點 S_1	M	M	M	M	3	5	300
S_2	M	M	M	M	6	5	200
S_3	M	M	M	M	5	8	200
轉運點 T_1	4	6	3	4	0	M	700
T_2	12	6	3	4	M	0	700
最高需求量	200	120	160	220	700	700	

注意：在表 7.27 有些方格的成本是大 M，表示從某起點不會運貨到某終點，以確保該方格不會出現在最佳解。

利用運輸問題單形法、Excel Solver 或其他最佳化軟體 Online Optimizer 求解，得到最佳解如表 7.28。

表 7.28

起點＼終點	D_1	D_2	D_3	D_4	T_1	T_2	供給量
S_1	M	M	M	M	3 **300**	5	300
S_2	M	M	M	M	6	5 **200**	200
S_3	M	M	M	M	5 200	8	200
T_1	4 **200**	6 **120**	3 **160**	4 **20**	0 200	M	700
T_2	12	6	3	4 **200**	M	0 500	700
需求量	200	120	160	220	700	700	

表 7.28 可用圖 7.4 表示。

最佳解：S_1 配送 300 單位至配送點 T_1、S_2 配送 200 單位至配送點 T_2、S_3 配送 200 單位至配送點 T_1。配送點 T_1 配送 200 單位至終點 D_1、120 單位至終點 D_2、160 單位至終點 D_3、20 單位至終點 D_4，配送點 T_2 配送 200 單位至終點 D_4。

所以，最低總運輸成本 = 3×300 + 5×200 + 5×200 + 4×200 + 6×120 + 3×160 + 4×20 + 0×200 + 4×200 + 0×500 = 5,780。

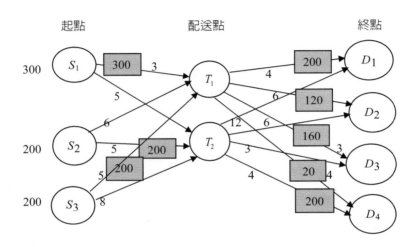

← 圖 7.4

🔒7.4 指派問題

指派問題是線性規劃問題的另一特例。它是特殊結構的線性規劃 0-1 規劃問題、運輸問題。其供應點應被指派到需求點，而滿足每個需求點的要求。假設有 n 件不同工作，n 位人員。指派問題 (Assignment Problem) 就是研究如何將 n 件工作以一對一方式分派給 n 位人員，而使得總成本最小（或總利潤最大）。表 7.29 乃是典型的指派問題架構。

求解指派問題可應用單形法或運輸問題方法，但不是很實際有效的方法。通常用匈牙利演算法 (Hungarian Algorithm) 求得最佳解。匈牙利演算法是由匈牙利學者 (H. W. Kuhn) 所發展出來的方法，用以求解指派問題的最佳解，也叫畫圈法。

表 7.29

機器或操作員

	1	2	3	● ●	n
1	c_{11}	c_{12}	c_{13}	● ●	c_{1n}
2	c_{21}	c_{22}	c_{23}	● ●	c_{2n}
3	c_{31}	c_{32}	c_{33}	● ●	c_{3n}
●	●	●	●	● ●	●
●	●	●	●	● ●	
n	c_{n1}	c_{n2}	c_{n3}	● ●	c_{nn}

工作

典型的指派問題

7.4.1　匈牙利演算法（目標極小化）

1. 如果指派問題的目標是極大化，則每一元素乘以 -1，或者以矩陣中最大的元素減去各元素，得到更新矩陣，然後以極小化問題處理。

2. 如果指派問題中的行和列數不相等，則該指派問題是不平衡的問題。需加入一（或數）虛擬列或行，以形成 $m \times m$ 方陣，新加入元素值均為 0。若有不欲被指派的元素則設該元素值為∞，然後用匈牙利法求解。

匈牙利演算法步驟

1. 在成本矩陣中，各列減去該列最小值，又各行減去該行最小值，得到更新矩陣。

2. 畫出最少的水平線和垂直線來涵蓋更新矩陣中所有 0 元素。如果這數目等於 m，就可能有一最適指派，則進行步驟 5. 以求解最佳的指派。否則，如果所畫出的線數小於 m，則進行下一步驟 3.。

3. 在步驟 2. 所得的矩陣中，於所有未被線條畫到的數字中，決定其最小的非 0 成本的方格 (k)。

4. 所有未被線條畫到的方格減去最小值 k，同時被水平與垂直線畫到的方格加上最小值 k，然後回到步驟 2.。

5. 開始進行指派

   (1) 從只有一個 0 的行或列開始，若每個行（或列）只有一個 0，則將此 0 圈起來，如 ⓪。再將同行（或列）的其他 0 刪去，如 ⊗。重複這樣的步驟，直到沒有只包含單個 0 的行（或列）。

   (2) 剩下的行（或列）有兩個以上的 0，則任選一個 0，將此 0 框起來，也將同行（或列）的其他 0 刪去。

重複上述 (1) 和 (2) 直到圈起或刪去所有的 0。方陣中每一列或行都恰好有一個標記為 ⓪ 的元素，相對這些標記為 0 的元素的分配，乃是最佳的分配。

範例 7.11

　　某工作站有五部機器須完成五件工作，每部機器完成一件工作。各機器完成一件工作所費成本如表 7.30 所示。請分派每部機器給一件工作，而使所費總成本最小。

表 7.30　範例 7.11 的資料

	機器 A	機器 B	機器 C	機器 D	機器 E
工作 1	15	8	17	18	19
工作 2	9	15	24	9	12
工作 3	12	9	4	4	4
工作 4	6	12	10	9	16
工作 5	15	17	18	12	20

解：

　　依循匈牙利演算法步驟來解題。

　　問題本身即求最小的成本矩陣，所以不需改變。列出成本矩陣如表 7.31。

表 7.31

	機器 A	機器 B	機器 C	機器 D	機器 E
工作 1	15	8	17	18	19
工作 2	9	15	24	9	12
工作 3	12	9	4	4	4
工作 4	6	12	10	9	16
工作 5	15	17	18	12	20

　　上矩陣是方陣不需加列或行。

1. 成本方陣中，各列減該列最小值，接著又各行減該行最小值，得更新方陣如下：

7	0	9	10	11
0	6	15	0	3
8	5	0	0	0
0	6	4	3	10
3	5	6	0	8

2. 涵蓋方陣中所有 0 元素最少的線數是 $N = 4 < 5 = n$，因此進行步驟 3.。

3. 在未涵蓋的元素中，確定一最小值的元素，此元素是 3。

4. 所有未涵蓋的元素減該最小值，並在水平線和垂直線的交叉處加上該最小值得到新的簡化方陣，再進行步驟 5.。

7	0	6	10	8
0	6	12	0	0
11	8	0	3	0
0	6	1	3	7
3	5	3	0	5

5. 涵蓋方陣中所有 0 元素最少的線數是 $N = 5 = n$，因此可進行步驟 6. 來做最佳的分配。

6. 開始進行指派。

表 7.32

7	Ⓞ	6	10	8
⊗	6	12	⊗	Ⓞ
11	8	Ⓞ	3	0
Ⓞ	6	1	3	7
3	5	3	Ⓞ	5

由表 7.32 可得知最佳的分配是：

工作	機器
1	B
2	E
3	C
4	A
5	D

總成本 = 8 + 12 + 4 + 6 + 12 = 42。

7.4.2 指派問題轉換成運輸問題求解

指派問題可轉換成運輸問題模式來求解。其供應點被指派到需求點的成本設為供應點到需求點的單位運輸成本,而每供應點的供應量設為 1,每需求點的需求量也設為 1,如此得到運輸問題模式,然後以運輸問題處理。

範例 7.12

某工作站有五部機器須完成五件工作,每部機器完成一件工作。各機器完成一件工作所費成本如表 7.33 所示。請用運輸問題方式來分派每部機器給一件工作,而使所費總成本最小。

表 7.33 範例 7.12 的資料

	機器 A	機器 B	機器 C	機器 D	機器 E
工作 1	15	8	17	18	19
工作 2	9	15	24	9	12
工作 3	12	9	4	4	4
工作 4	6	12	10	9	16
工作 5	15	17	18	12	20

解:

原問題建構成一運輸問題如下:

起點＼終點	機器 A	機器 B	機器 C	機器 D	機器 E	供給量
工作 1	15	8	17	18	19	1
工作 2	9	15	24	9	12	1
工作 3	12	9	4	4	4	1
工作 4	6	12	10	9	16	1
工作 5	15	17	18	12	20	1
需求量	1	1	1	1	1	5 / 5

利用佛格近似法 (VAM) 求得起始解，並用修正分配法（MODI 法）得到最佳解如表 7.34。

表 7.34

起點＼終點	機器 A	機器 B	機器 C	機器 D	機器 E	供給量
工作 1	15	8　**1**	17	18	19	1
工作 2	9	15	24	9	12　**1**	1
工作 3	12	9	4　**1**	4	4	1
工作 4	6　**1**	12	10	9	16	1
工作 5	15	17	18	12　**1**	20	1
需求量	1	1	1	1	1	5 / 5

由表 7.34 可得知最佳的分配是：

工作 1 分配到機器 B，工作 2 分配到機器 E，工作 3 分配到機器 C，工作 4 分配到機器 A，工作 5 分配到機器 D。總成本 = 8 + 12 + 4 + 6 + 12 = 42。

此解與上面章節 7.4.1 範例 7.11 用匈牙利演算法求解指派問題，得到最佳的分配相同。

🔒 7.5　本章摘要

■ 運輸問題可用四種方法求得起始解：1. 西北角法 (North-West Corner Method)；2. 最小成本法 (Least Cost Method)；3. 佛格近似法 (Vogel's Approximation Method) 和 4. Russell 近似法 (Russell's Approximation Method)。當求得起始解後，可用兩種方法測試並求解最佳解：1. 階石法 (Stepping Stone Method)；2. 修正分配法（MODI 法）。

■ 運輸問題最佳解測試

求出所有非基變數方格的 Q_{ij}：

1. 如果所有 $Q_{ij} > 0$，則有單一最佳解。

2. 如果所有 $Q_{ij} \geq 0$，則有多重最佳解；若以 $Q_{ij} = 0$ 方格爲調入變數來求得新基變數，可得到另一總運輸成本的最佳解。

3. 如果至少有一個 $Q_{ij} < 0$，則目前解不是最佳解，需繼續求解，以最大負值 Q_{ij} 方格爲調入變數，來求得新基變數，直到最佳解達到爲止。

■ 當總供給量與總需求量不相等時，稱爲不平衡運輸問題 (Unbalanced Transportation Problem)。

1. 當總供給量大於總需求量：加上一虛需求點，其需求量＝總供給量－總需求量。

2. 令各起點至該虛構終點的運輸成本爲零 (= 0)。

3. 如果涉及儲存成本 s_{ij}，則令各起點至該虛構終點的運輸成本爲 s_{ij}。

4. 當總需求量大於總供給量：加上一虛供給點，其供給量＝總需求量－總供給量。

5. 令此虛構起點至各終點的運輸成本爲零 (= 0)。

6. 如果涉及懲罰成本 p_{ij}，則令此虛構起點至各終點的運輸成本爲 p_{ij}。

使不平衡運輸問題轉換成平衡運輸問題，便可應用前述運輸問題求解法求解。

■ 特殊運輸問題

退化解：在運輸問題中，如果基變數的個數少於 (m+n–1) 時即爲退化解。在起始解或求解過程中會產生退化解。

解決退化解之方法：在非基變數的方格中選取最小成本的方格，並分配一非常小之數量ε，該方格就像其他被分配的方格對待，使得被分配的方格數$= (m+n-1)$，並以上述評估方法以求得最佳解。

■ 極大化運輸問題：當運輸問題中的單位成本 c_{ij} 換成單位利潤 p_{ij} 時，就成了極大化問題了。一般用兩種方法來求解極大化問題：

1. 只要先將 p_{ij} 改成 $-p_{ij}$，即可按一般運輸問題方法加以求解。

2. 從方位中最高利潤減去矩陣中所有方位中的利潤以得到新的極小化問題，再應用前述運輸問題方法求解。

■ 傳統的運輸問題都假設從任一起點到任一終點的單位運輸成本是固定的，但在實務上，當運輸量到達某一數量時，常有享受折扣的優待，此時該問題仍可建立成運輸問題來求解，不過其求解過程就變得複雜多了。

■ 當指派問題不平衡時，需加入一（或數個）虛擬列或行，使矩陣成為方陣，使不平衡指派問題轉換成平衡指派問題，便可應用匈牙利演算法求得最佳解。

■ 極大化指派問題：如果指派問題的目標是極大化，則每一元素乘以 -1，或者以矩陣中最大的元素減去各元素，得到更新矩陣，然後以極小化問題處理。

■ 指派問題可轉換成運輸問題模式來求解。其供應點被指派到需求點的成本設為供應點到需求點的單位運輸成本，而每供應點的供應量設為 1，每需求點的需求量也設為 1，如此得到運輸問題模式，然後以運輸問題模式處理。

Chapter 8

動態規劃
(Dynamic Programming)

◀ 龐巴迪 (BOMBARDIER)FLEXJET 航班和機組人員的安排 *

　　龐巴迪 (BOMBARDIER) FLEXJET 是一個快速發展的飛機行業的領先公司。FLEXJET 出售的公務機股份規模相當於每年 50 小時使用飛機。擁有部分所有權的公司只需 4 小時的交貨時間，可以保證 24 小時使用飛機。持有零碎股份的公司每月支付管理費和使用費，作為管理費的交換，FLEXJET 提供機庫設施、維護和飛行人員。由於部分飛機業務提供的靈活性，安排機組人員和航班的問題甚至比商業航空業更複雜。最初，FLEXJET 很想利用人工操作來安排航班。然而，這項任務很快被證明是不可能的。事實上，人工操作調度導致 FLEXJET 額外的公務機和機組人員的維修。噴氣式飛機和機組人員的額外成本，估計為每飛行小時要數百美元。為了降低成本，龐巴迪公司顯然需要使用優化模型的調度系統。

　　為 FLEXJET 開發的調度系統，包括一個大型非線性優化模型，該模型與 FLEXJET 人員使用的圖形使用者介面 (GUI) 聯繫整合。該模型包括基於配合美國聯邦航空總署 (FAA) 法規，公司規則和飛機性能特徵的約束條件，它還包括涉及成本權衡的約束條件。該模型用於將飛機和機組人員的分配給航班。該非線性優化模型太大，無法直接用商業優化軟體求解。具有太多決策變數而無法直接求解的模型，通常使用分解方法來求解。因此，通過子問題的解決方案來識別適合成為最佳解決方案一部分的變數。在 FLEXJET 模型中，使用稱為動態規劃的技術來求解這個大型非線性優化模型的問題。

　　這個非線性優化模型取得了巨大成功。該模型最初為 FLEXJET 節省了 5,400 萬美元，預計每年可節省 2,700 萬美元。大部分成本節約是由於機組人員減少 20% 和飛機庫存減少 40% 的結果，此外，飛機利用率也提高了 10%。

* 資料來源：Richard Hicks et al., "Bombardier Flexjet Significantly Improves Its Fractional Aircraft Ownership Operations," *Interfaces*, 35(1) (January/ February 2005), pp. 49-60.

8.1 前言

前面數章所討論的線性規劃問題都假設決策變數的最佳值決定在單階梯階段。但是在很多情況下，決策變數的值決定在多階梯階段，也稱為多階段決策問題。在這種情況下，**問題的求解將採取步驟在每個階段進行決策，以便在所有階段定義的總目標是最佳的**。處理這類問題的技術稱之為**動態規劃** (Dynamic Programming) 或**遞迴優化** (Recursive Optimization)。動態規劃是 20 世紀 50 年代初美國數學家 R. E. Bellman 等人在研究多階段決策過程 (Multistage Decision Process) 的優化問題時，提出了著名的最優化原理 (Principle of Optimality)，**把多階段過程轉化為一系列單階段問題並逐個階段求解，創立了解決這類多階段優化問題的新方法 —— 動態規劃**。

動態規劃為決定多階段的最佳決策提供了一個有系統的求解步驟。動態規劃背後的基本思想非常簡單，大致上，若要求解一個多階段決策問題，我們需要求解其不同階段（即子問題），再合併子問題的解以得出原問題的最佳解，故動態規劃問題又稱為多階段決策 (Multistage Decision) 問題。動態規劃又可歸類為確定性動態規劃 (Deterministic Dynamic Programming) 和機率性動態規劃 (Probabilistic Dynamic Programming)。它們的不同之處在於機率性動態規劃的下一個階段的狀態，並不完全依目前階段的狀態及決策而定，而是按某種機率分配決定下一個狀態。

研習本章之後，學者將瞭解動態規劃問題的獨特的特徵、如何建立動態規劃模式、如何利用動態規劃方法來求解網路／工作排程／資源分配／存貨控制／設備更新等問題，以及各種不同動態規劃問題的應用。

8.1.1 確定性動態規劃

典型範例 1 驛馬車問題

美國早期年代，一群淘金者由城市 1 至城市 10 去淘金。在路上擔心劫匪，所以買保險以防萬一。淘金者要找出由城市 1 至城市 10 所有的路徑中，總保費最低的路徑（淘金者對每個保險的理賠很滿意）。各城市間的路徑及保費如圖 8.1 所示。

請問淘金者如何找出由城市 1 至城市 10 所有的路徑中，總保費最低的路徑？

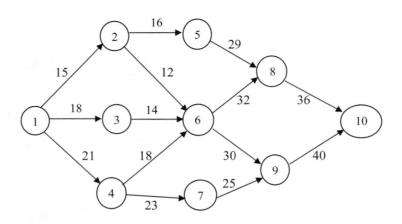

◀▶ 圖 8.1

典型範例 2 銷售員分配問題

　　某公司將其行銷區域劃分成三個地區，銷售量取決於每個區域的銷售員人數。根據過去的經驗，公司估計下一年有 7 位銷售員，其銷售量（以千元為單位）如表 8.1 所示。

表 8.1 典型範例 2 三個地區銷售量的資料

銷售員的人數	地區 1	地區 2	地區 3
0	30	35	45
1	40	45	55
2	60	55	60
3	70	65	70
4	85	75	85
5	90	85	95
6	100	95	100
7	110	100	115

　　請問公司如何分配這 7 位銷售員到各地區，以使總銷售量最大？

8.1.2 機率性動態規劃

典型範例 3 機率性投資問題

　某公司要在未來 4 年投資 $10,000。公司計劃每年年初購買股票,並在年末把股票賣出,累積的錢可以再投資。股票的報酬視市場狀況而定,有三種可能如表 8.2 所示。

表 8.2 典型範例 3 的資料

市場狀況 i	報酬率 r_i	機率
1	2	0.4
2	0	0.2
3	−1	0.4

　請問該公司如何擬定投資策略,使得 4 年之後獲得的報酬最大?

　以下章節將描述如何求解典型的動態規劃問題。

8.2 動態規劃的常用名詞

　動態規劃背後的基本思想非常簡單。大致上,若要求解一個多階段問題,我們需要求解其不同階段(即子問題),再合併子問題的解以得出原問題的最佳解。在學習動態規劃算法之前,先得對下面的名詞有所瞭解。

　狀態 (state):對於一個問題,所有可能到達的情況(包括初始情況和目標結果情況)都稱為這個問題的一個狀態。

　狀態變數 (s_k):對每個狀態 k 關聯一個狀態變數 s_k,它的值表示狀態 k 所對應的問題的當前解值。

　決策 (decision):決策是一種選擇,對於每一個狀態而言,都可以選擇某一種路線或方法,從而到達下一個狀態。

　決策變數 (d_k):在狀態 k 下的決策變數 d_k 的值,表示對狀態 k 當前所做出的決策。

策略 (strategy)：策略是一個決策的集合，在解決問題的時候，將一系列決策記錄下來，就是一個策略，其中滿足某些最佳條件的策略，稱之爲最佳策略。

狀態轉移函數 (t)：從一個狀態到另一個狀態，可以依據一定的規則來進行。用一個函數 t 來描述這樣的規則，它將狀態 i 和決策變數 d_i 映射到另一個狀態 j，記爲 $t(i, d_i) = j$。

狀態轉移方程 (f)：狀態轉移方程 f 描述了狀態變數之間的數學關係。一般來說，與最佳化問題相應，狀態轉移方程表示 s_i 的值最佳化的條件，或者說是狀態 i 所對應問題的最佳解值的計算公式，圖 8.3 或圖 8.4 可表示這種數學關係。

🔒8.3 動態規劃算法基本結構

確定問題的狀態變數、目標函數及限制條件。

1. 對決策過程劃分階段

動態規劃所處理的問題是一個多階段決策問題，一般由初始狀態開始，通過對中間階段決策的選擇，達到結束狀態。這些決策形成了一個決策序列，如圖 8.2 所示。

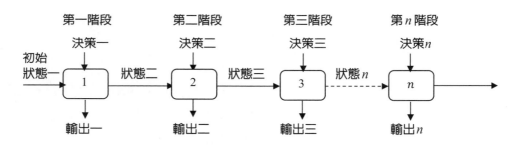

← 圖 8.2

2. 建立遞迴關係 (Recursive Relationship)

乃是將子問題以其他子問題表示的關係。在動態規劃問題中藉遞迴關係，將已知在第 $n-1$ 階段（採用順推計算程序）或者在第 $n+1$ 階段（採用逆推計算程序）內每一狀態之最佳決策，求出在第 n 階段每一狀態之最佳決策。

3. 動態規劃的求解可分順推歸納的方式 (Forward Induction Procedure) 或逆推歸納的方式 (Backward Induction Procedure)

在動態規劃問題中使用順推計算程序或者逆推計算程序，視問題本身而定。一般而言，採用逆推計算程序較多，不論使用何者程序計算，其最後的最佳解均會相同。現用圖形來描述順推計算程序（如圖 8.3）和逆推計算程序（如圖 8.4）。

(1) 若先計算階段 1 依次直至階段 n，則稱為順推計算程序。

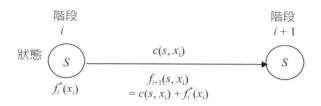

圖 8.3 順推歸納計算程序 (Forward Induction Procedure)

所以，其遞迴關係方程式為 $f_{i+1}(s, x_i) = c(s, x_i) + f_i^*(x_i)$。

(2) 若將原問題分成 n 個階段，我們先計算階段 n，獲致階段 n 之最佳解，再考慮階段 $(n-1)$，獲得階段 $(n-1)$ 之最佳解，依次直至階段 1，稱為逆推計算程序。

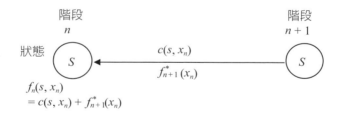

圖 8.4 逆推歸納計算程序 (Backward Induction Procedure)

所以，其遞迴關係方程式為 $f_n(s, x_n) = c(s, x_n) + f_{n+1}^*(x_n)$。

4. 對各階段確定狀態變數。

5. 根據狀態變數確定目標函數。

6. 建立各階段狀態變數的轉移過程，確定狀態轉移方程。

有了上面的定義之後，我們就可以利用順推計算程序或逆推計算程序的動態規劃算法，來找到動態規劃問題的最佳解。

🔒8.4 確定性動態規劃 (Deterministic Dynamic Programming) 及範例

範例 8.1 驛馬車問題

　　一群淘金者由城市 1 至城市 10 去淘金。在路上擔心劫匪，所以買保險以防萬一。各城市間的路徑及保費圖示如圖 8.5 所示。淘金者對每個保險的理賠很滿意。

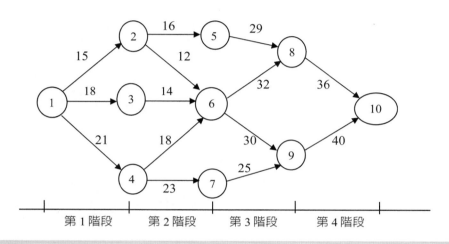

◆↩ 圖 8.5

　　請問淘金者如何找出由城市 1 至城市 10 所有的路徑中，總保費最低的路徑？

解：

　　逆推計算程序求解過程：

1. 將原問題的四個節點依序分為四個階段，令終點節點的值為 0。
2. 依序在每一階段（節點）找出最小值，但取決於後一階段（節點）的最小值。

　 $f_i(s) = $ 最小值 $\{c(s, x_i) + f_{i+1}(x_i)\}$, $i = n, n-1, ..., 1, \forall s$

3. 重複步驟 2. 直至起始點（節點 1）的值找到 $(f_1(1))$ 為止。
4. 得其總保費並順推來找到整個過程的最佳路徑。

根據邊界條件：$f_5(10) = 0$。

根據遞迴關係：

第 4 階段 $k = 4$，

$f_4(8) = c(8, 10) + f_5(10) = 36 + 0 = 36$

$f_4(9) = c(9, 10) + f_5(10) = 40 + 0 = 40$

$\rightarrow x_4^* = 10$。

第 3 階段 $k = 3$，

$f_3(5) = $ 最小值 $\{c(5, 8) + f_4(8)\} = $ 最小值 $\{29 + 36\} = 65$

$\rightarrow x_3^* = 8$。

$f_3(6) = $ 最小值 $\{c(6, 8) + f_4(8), c(6, 9) + f_4(9)\} = $ 最小值 $\{32 + 36, 30 + 40\} = 68$

$\rightarrow x_3^* = 8$。

$f_3(7) = $ 最小值 $\{c(7, 9) + f_4(9)\} = $ 最小值 $\{25 + 40\} = 65$

$\rightarrow x_3^* = 9$。

第 2 階段 $k = 2$，

$f_2(2) = $ 最小值 $\{c(2, 5) + f_3(5), c(2, 6) + f_3(6)\} = $ 最小值 $\{16 + 65, 12 + 68\} = 80$

$\rightarrow x_2^* = 6$。

$f_2(3) = $ 最小值 $\{c(3, 6) + f_3(6)\} = $ 最小值 $\{14 + 68\} = 82$

$\rightarrow x_2^* = 6$。

$f_2(4) = $ 最小值 $\{c(4, 6) + f_3(6), c(4, 7) + f_3(7)\} = $ 最小值 $\{18 + 68, 23 + 65\} = 86$

$\rightarrow x_2^* = 6$。

第 1 階段 $k = 1$，

$f_1(1) = $ 最小值 $\{c(1, 2) + f_2(2), c(1, 3) + f_2(3), c(1, 4) + f_2(4)\}$

$= $ 最小值 $\{15 + 80, 18 + 82, 21 + 86\} = 95$

$\rightarrow x_1^* = 2$。

所以，最低的總保費為 95，用順推來找出整個路程的最佳路徑：由第一階段 (k = 1) 的 95 選出節點 2，由第二階段 (k = 2) 的 80 選出節點 6，由第三階段 (k = 3) 的 68 選出節點 8，由第四階段 (k = 4) 的 36 選出節點 10。因此，整個路程的最佳路徑為 1 → 2 → 6 → 8 → 10，如圖 8.6 所示。

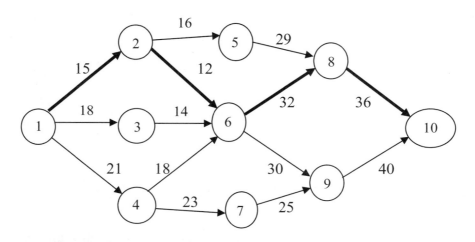

圖 8.6

驛馬車問題的表格式計算如下：

■ $k = 4$

	$c(s, x_4) + f_5(x_4)$		
s_4 ＼ x_4	10	$f_4^*(s_4)$	x_4^*
8	36 + 0	36	10
9	40 + 0	40	10

■ $k = 3$

	$c(s, x_3) + f_4(x_3)$			
s_3 ＼ x_3	8	9	$f_3^*(s_3)$	x_3^*
5	29+36=65		65	8
6	32+36=68	30+40=70	68	8
7		25+40=65	65	9

■ *k* = 2

	$c(s, x_2) + f_3(x_2)$				
x_2 　　 s_2	5	6	7	$f_2^*(s_2)$	x_2^*
2	16+65=81	12+68=80		80	6
3		14+68=82		82	6
4		18+68=86	23+65=88	86	6

■ *k* = 1

	$c(s, x_1) + f_2(x_1)$				
x_1 　　 s_1	2	3	4	$f_1^*(s_1)$	x_1^*
1	15+80=95	18+82=100	21+86=107	95	2

所以，最低的總保費為 95，由最佳策略函數值，可得最佳路徑為 1-2-6-8-10。

範例 8.2 　銷售員分配問題

某公司將其行銷區域劃分成三個地區，銷售量取決於每個區域的銷售員人數。根據過去的經驗，公司估計下一年有 7 位銷售員，其銷售量（以千元為單位）如表 8.3 所示。

表 8.3 　範例 8.2 的資料

銷售員人數	地區 1	地區 2	地區 3
0	30	35	45
1	40	45	55
2	60	55	60
3	70	65	70
4	85	75	85
5	90	85	95

表 8.3（續）

銷售員人數	地區 1	地區 2	地區 3
6	100	95	100
7	110	100	115

　　請問公司如何分配這 7 位銷售員到各地區，以使總銷售量最大？

解：

　　順推計算程序求解過程：

1. 將原問題的三個地區依序分爲三個階段。設 $p_i(R_i)$ 表示地區 i 有 R_i 銷售員的銷售量，則三個地區的總銷售量爲 $P(R_1, R_2, R_3) = p_1(R_1) + p_2(R_2) + p_3(R_3)$，總銷售員人數 $R = R_1 + R_2 + R_3 = 7$, $R_1, R_2, R_3 \geq 0$。

2. 依序在每一階段（地區）找出最大值，但取決於前一階段（地區）的最大值。

　　找出 $f_3(R) = \underset{0 \leq R_i \leq 7}{\text{最大化}}[P(R_1, R_2, R_3)] = \underset{0 \leq R_i \leq 7}{\text{最大化}}[p_1(R_1) + p_2(R_2) + p_3(R_3)]$。

3. 重複步驟 2. 直至目的地（地區 3）的值找到 (f_3) 爲止。

4. 以其最大利潤回溯來找出銷售員的最佳分配。

　　(1) 以地區 1 開始，依據表 8.3，表 8.4 表明地區 1 依銷售員人數所得的銷售量。

表 8.4

銷售員人數	0	1	2	3	4	5	6	7
銷售量	30	40	60	70	85	90	100	110

　　(2) 現考慮地區 1 和地區 2，7 位銷售員分配到地區 1 和地區 2，下表表明地區 1 和地區 2 依銷售員人數分配組合所得的銷售量，* 表示相同銷售員人數組合時最大的銷售量，例如：$x_1 + x_2 = 7 = 0 + 7 = 7 + 0 = 6 + 1 = 1 + 6 = 5 + 2 = 2 + 5 = 4 + 3 = 3 + 4$，最大的銷售量 $= 150^*(x_1 = 4, x_2 = 3)$。同樣地：$x_1 + x_2 = 6$，最大的銷售量 $= 140^*(x_1 = 4, x_2 = 2)$。

地區2 x_2 \ 地區1 x_1 / $f_1(x_1)$ / $f_2(x_2)$	0 / 30	1 / 40	2 / 60	3 / 70	4 / 85	5 / 90	6 / 100	7 / 110
0 / 35	65*	75*	95*	105*	115	125	135	145
1 / 45	75*	85	105*	115*	130*	135	145	
2 / 55	85	95	115*	125	140*	145		
3 / 65	95	105	125	135	150*			
4 / 75	105	115	135	145				
5 / 85	115	125	145					
6 / 95	125	135						
7 / 100	130							

(3) 現考慮地區 1、地區 2 和地區 3，7 位銷售員分配到地區 1、地區 2 和地區 3，下表表明地區 1、地區 2 和地區 3 依銷售員人數分配組合所得的銷售量（＊表示相同銷售員人數是 7 時，最大的銷售量）：

地區 1 和 2 的銷售員人數	0	1	2	3	4	5	6	7
最大銷售量 $f_2(x_2) + f_1(x_1)$	65	75	95	105	115	130	140	150
$x_2 + x_1$	0+0	0+1 1+0	0+2	0+3 1+2	1+3 2+2	1+4	2+4	3+4
地區 3 的銷售員人數 x_3	7	6	5	4	3	2	1	0
地區 3 銷售量 $f_3(x_3)$	115	100	95	85	70	60	55	45
總銷售量 $f_3(x_3) + f_2(x_2) + f_1(x_1)$	180	175	190	190	185	190	**195**	**195**

由上表可得知，7 位銷售員可得的最大銷售量是 $195,000。由上表得知有兩種分配的方案：

1. 1 位銷售員分配到地區 3，2 位銷售員分配到地區 2，4 位銷售員分配到地區 1。

或者；

2. 地區 3 不分配，3 位分配到地區 2，4 位分配到地區 1。

範例 8.3　背包問題

　　現假設有人帶著一個背包登山，其可攜帶物品的重量限度爲 14 公斤。各物品的重量 w_i 及各項物品每單位的價值 v_i，如表 8.5 所示。請問此人應如何選擇各項物品各幾件，以使總價值最大？

表 8.5

物品 (i)	重量／單位	價值／單位
1	2	3
2	4	6
3	5	8

　　設 x_i 爲第 i 項物品的攜帶數量，則數學模式爲：

極大化　　$Z = 3x_1 + 6x_2 + 8x_3$

限制條件　$2x_1 + 4x_2 + 5x_3 \leq 14$

　　　　　$x_i \geq 0$ 且爲整數 ($i = 1, 2, 3$)

　　因爲有三個變數 x_1、x_2 和 x_3，因此分爲三階段，x_1 爲第一階段、x_2 爲第二階段、x_3 爲第三階段。狀態變數 s_i 定義爲第 i 階段開始時，可容納物品的重量。

階段 1：$w_1 = 2, v_1 = 3, \dfrac{w}{w_1} = \dfrac{14}{2} = 7$，所以 $x_1 = 0, 1, 2, ...7$。

階段 2：$w_2 = 4, v_2 = 6, \dfrac{w}{w_2} = \dfrac{14}{4} = 3.5$（$= 3$，最大攜帶整數），所以 $x_2 = 0, 1, 2, 3$。

階段 3：$w_3 = 5, v_3 = 8, \dfrac{w}{w_3} = \dfrac{14}{5} = 2.8$（$= 2$，最大攜帶整數），所以 $x_3 = 0, 1, 2$。

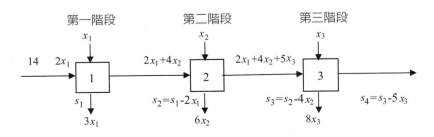

↩ 圖 8.7

$$f_4(s_4) = 0, k = 3, f_3(3) = \underset{x_3=0,1,2}{\text{最大化}}\{f_3(s_3) + f_4(s_4)\} = \underset{x_3=0,1,2}{\text{最大化}}\{8x_3 + 0\} = \underset{x_3=0,1,2}{\text{最大化}}\{8x_3\}$$

s_3 為第三階段開始時，可容納物品的重量。當 $s_3 = 0, 1, 2, 3, 4$ 時，物品三不能攜帶；當 $s_3 = 5, 6, 7, 8, 9$ 時，物品三能攜帶一單位；當 $s_3 = 10, 11, 12, 13, 14$ 時，物品三能攜帶一單位或二單位。

第三階段可由下表所示。

$w_3=5$ \\ s_3 $\quad x_3$	$8x_3$			$f_3(s_3)$	x_3^*
	0	1	2		
0, 1, 2, 3, 4	0	-	-	0	0
5, 6, 7, 8, 9	0	8	-	8	1
10, 11, 12, 13, 14	0	8	16	16	2

$$k = 2, f_2(s_2) = \underset{x_2=0,1,2,3}{\text{最大化}}\{f_2(s_2) + f_3(s_3)\} = \underset{x_2=0,1,2,3}{\text{最大化}}\{6x_2 + f_3(s_3)\} = \underset{x_2=0,1,2,3}{\text{最大化}}\{6x_2 + f_3(s_2 - 4x_2)\}。$$

$w_2 = 4$ \\ s_2 $\quad x_2$	$6x_2 + f_3(s_2 - 4x_2)$				$f_2(s_2)$	x_2^*
	0	1	2	3		
0, 1, 2, 3	0				0	0
4	0	6+0			6	1
5,6	8	6+0			8	0
7	8	6+0			8	0
8	8	6+0	12+0		12	2
9	8	6+8	12+0		14	1
10,11	16	6+8	12+0		16	0
12	16	6+8	12+0	18+0	18	3
13	16	6+8	12+8	18+0	20	2
14	16	6+16	12+8	18+0	22	1

$k = 1, f_1(s_1) = \underset{x_1 = 0, 1, 2, \ldots 7}{\text{最大化}} \{f_1(s_1) + f_2(s_2)\} = \underset{x_1 = 0, 1, 2, \ldots 7}{\text{最大化}} \{x_1 + f_2(s_2)\} = \underset{x_1 = 0, 1, 2, \ldots 7}{\text{最大化}} \{3x_1 + f_2(s_1 - 2x_1)\}$。

$w_1 = 2$	$3x_1 + f_2(s_1 - 2x_1)$								$f_1(s_1)$	x_1^*
$\begin{matrix} & x_1 \\ s_1 & \end{matrix}$	0	1	2	3	4	5	6	7		
14	0+22 =**22**	3+18 =21	6+16 =**22**	9+12 =21	12+8 =20	15+6 =21	18+0 =18	21+0 =21	**22**	0, 2

按計算過程回溯得最佳決策：

第二項物品帶一件，第三項物品帶二件。將得到總價值 = 3×0 + 6×1 + 8×2 = 22，而總重量 = 2×0 + 4×1 + 5×2 = 14（公斤）。

或者，**第一項物品帶二件，第三項物品帶二件**。將得到總價值 = 3×2 + 6×0 + 8×2 = 22，而總重量 = 2×2 + 3×0 + 5×2 = 14（公斤）。

上述背包問題如果用整數線性規劃的方法（參見第六章）來求解，結果是相同的。

範例 8.4 資源分配問題

某公司打算在三個不同的工廠設置四套設備。根據市場部門分析，在不同工廠設置不同數量的設備，其所得到的利潤如表 8.6 所示。試問在各工廠如何設置這四套設備，使得總利潤最大？

表 8.6 範例 8.4 的資料

工廠	設備數量				
	0	**1**	**2**	**3**	**4**
1	0	16	25	30	32
2	0	12	17	21	22
3	0	10	14	16	17

這個問題屬於資源分配問題。資源分配問題就是將一定數量的一種或若干種資源（原材料、資金、設備等）合理分配給若干使用者，使得資源分配總結果最佳。

解：

設 x_i 為設置在第 i 個工廠的設備數量，s_i 為第 i 個工廠可用以設置的設備數，則數學模式為：

極大化　　$Z = g_1(x_1) + g_2(x_2) + g_3(x_3)$

限制條件　$x_1 + x_2 + x_3 = 4$

　　　　　$x_i \geq 0$ 且為整數 $(i = 1, 2, 3)$

茲用動態規劃的逆推計算方法來求解：$f_n^*(s_n) = \underset{0 \leq x_n \leq s_n}{\text{最大化}} [g_n(x_n) + f_{n+1}(s_{n+1})]$，$n = 4, 3, 2, 1$。

根據邊界條件：$f_4(s_4) = 0$, $n = 3$

$f_3(s_3) = \underset{x_3 = 0,1,2,3,4}{\text{最大化}} \{f_3(s_3) + f_4(s_4)\} = \underset{x_3 = 0,1,2,3,4}{\text{最大化}} \{g_3(x_3) + f_4(s_4)\} = \underset{x_3 = 0,1,2,3,4}{\text{最大化}} \{g_3(x_3)\}$。

s_3 ＼ x_3	$g_3(x_3)$					$f_3(s_3)$	x_3^*
	0	1	2	3	4		
0	0	不可行	不可行	不可行	不可行	0	0
1	不可行	10	不可行	不可行	不可行	10	1
2	不可行	不可行	14	不可行	不可行	14	2
3	不可行	不可行	不可行	16	不可行	16	3
4	不可行	不可行	不可行	不可行	17	17	4

$n = 2$, $f_2(s_2) = \underset{0 \leq x_3 \leq s_2}{\text{最大化}} \{g_2(x_2) + f_3(s_3)\} = \underset{0 \leq x_3 \leq s_2}{\text{最大化}} \{g_2(x_2) + f_3(s_2 - x_2)\}$。

s_2 ＼ x_2	$g_2(x_2) + f_3(s_2 - x_2)$					$f_2(s_2)$	x_2^*
	0	1	2	3	4		
0	0	不可行	不可行	不可行	不可行	0	0
1	0+10	12+0	不可行	不可行	不可行	12	1
2	0+14	12+10	17+0	不可行	不可行	22	1
3	0+16	12+14	17+10	21+0	不可行	27	2
4	0+17	12+16	17+14	21+10	22+0	31	2, 3

$n = 1$, $f_1(s_1) = \underset{0 \le x_1 \le s_1}{最大化} \{ g_1(x_1) + f_2(s_2) \} = \underset{0 \le x_1 \le s_1}{最大化} \{ g_1(x_1) + f_2(s_1 - x_1) \}$。

s_1 \ x_1	$g_1(x_1) + f_2(s_1 - x_1)$					$f_1(s_1)$	x_1^*
	0	1	2	3	4		
4	0+31 =31	16+27 =43	**25+22 =47**	30+12 =42	32+0 =32	**47**	2

從上面的表可看出，第一工廠設置二套設備、第二工廠設置一套設備、第三工廠設置一套設備，將得到總利潤 =25+12+10=47。

範例 8.5　**生產與存貨管理問題**

大同工廠要擬定新一季的精密儀器生產計劃，工廠預測未來三個月精密儀器的需求量、設置成本、單位生產成本、產品每單位每月的存貨成本，如表 8.7 所示。

表 8.7　範例 8.5 的資料

月分	需求量	設置成本	每單位生產成本	每單位每月存貨成本
1	2	500	2,500	100
2	4	400	1,800	100
3	3	500	2,000	100

假設工廠一月初及四月初都沒有存貨，而且每月的生產加上月初的存貨必須滿足每月的需求。請為大同工廠擬定一個最佳的三個月的生產方案。

解：

茲用動態規劃的逆推歸納計算方法 (Backward Induction Procedure) 來求解。

問題的相關變數定義如下：

階段 i：將原問題產品生產依序分為三個階段 ($i = 1, 2, 3$)。

狀態 s_i：表示階段 i 的產品期初存貨。

決策變數 x_i：表示階段 i 的產品生產量；d_i：表示階段 i 的產品需求量。

根據每個階段期初存貨量，每一階段的相關成本函數為

$$r_i\,(s_i,\,x_i) = \begin{cases} h_i(s_i - d_i) & \text{if } x_i = 0 \\ K_i + c_i x_i + h_i(s_i + x_i - d_i) & \text{if } x_i > 0 \end{cases}$$

因此遞迴關係為

$$f_i^*(s_i) = \min_{x_i}\{r_i\,(s_i,\,x_i) + f_{i+1}^*\,(s_i + x_i - d_i)\}$$

其中 $s_i + x_i - d_i \geq 0 \Rightarrow x_i \geq d_i - s_i$ 和 $x_i \geq 0 \Rightarrow d_i \geq s_i$

本問題在於求得 $f_1^*(0)$（一月初存貨為 0）的最佳解。

階段 4：因為四月初沒有存貨，而且不生產，所以貢獻函數變為 $f_4^*(s_4) = 0$，其中 s_4 = 0（四月初的存貨為 0）。

階段 3：

$$f_3^*\,(s_3) = \min_{x_3}\{r_3\,(s_3,\,x_3) + f_4^*\,(s_3 + x_3 - d_3)\} = \min_{x_3}\{r_3\,(s_3,\,x_3) + f_4^*(0)\}$$

$$= \min_{x_3}\{r_3\,(s_3,\,x_3) + 0\} = \min_{x_3}\{r_3\,(s_3,\,x_3)\}$$

$$= \min_{x_3}\begin{cases} 1*(s_3 - 3) & \text{if } (3 - s_3) = 0 \\ 5 + 20*(3 - s_3) + 1*(s_3 + (3 - s_3) - 3) & \text{if } (3 - s_3) > 0 \end{cases} \quad (\text{以百元為單位})$$

$$= \min_{x_3}\begin{cases} 0 & \text{if } (3 - s_3) = 0 \\ 5 + 20*(3 - s_3) & \text{if } (3 - s_3) > 0 \end{cases} \quad (\text{以百元為單位})$$

$$= \min_{x_3}\begin{cases} 0 & \text{if } x_3 = 0 \\ 5 + 20*x_3 & \text{if } x_3 > 0 \end{cases} \quad (\text{以百元為單位})$$

如表 8.8 所示，$s_3 + x_3 - d_3 = 0 \Rightarrow s_3 + x_3 - 3 = 0 \Rightarrow s_3 + x_3 = 3$。

表 8.8

s_3	$x_3^* = 3 - s_3$	$f_3^*(s_3)$
0	3	5+20*3=65
1	2	5+20*2=45
2	1	5+20*1=25
3	0	0

註：以百元為單位。

階段 2：

$$f_2^*(s_2) = \min_{x_2}\{r_2(s_2, x_2) + f_3^*(s_2 + x_2 - d_2)\}$$

$$= \min_{x_2}\begin{cases} 1*(s_2-4) + f_3^*(s_2-4) & \text{if } x_2 = 0 \\ 4 + 18*x_2 + 1*(s_2+x_2-4) + f_3^*(s_2+x_2-4) & \text{if } x_2 > 0 \end{cases} \quad （以百元為單位）$$

如表 8.9 所示，$s_2 + x_2 - d_2 \geq 0 \Rightarrow s_2 + x_2 - 4 \geq 0 \Rightarrow s_2 + x_2 \geq 4$，又因為四月初沒有存貨，所以 $s_2 + x_2 \leq d_2 + d_3 \Rightarrow s_2 + x_2 \geq 4 + 3 = 7 \Rightarrow 4 \leq s_2 + x_2 \leq 7$。

表 8.9

s_2	貢獻函數值								最佳值 $f_2^*(s_2)$	最佳生產值	狀態 s_k 期初存貨
	$x_2=0$	$x_2=1$	$x_2=2$	$x_2=3$	$x_2=4$	$x_2=5$	$x_2=6$	$x_2=7$			
0	不可行	不可行	不可行	不可行	4 + 72 + 0 + 65 = 141	4 + 90 + 1 + 45 = 140	4 + 108 + 2 + 25 = 139	4 + 126 + 3 + 0 = **133**	133	7	0
1	不可行	不可行	不可行	4 + 54 + 0 + 65 = 123	4 + 72 + 1 + 45 = 122	4 + 90 + 2 + 25 = 121	4 + 108 + 3 + 0 = **115**	非最佳解	115	6	1
2	不可行	不可行	4 + 36 + 0 + 65 = 105	4 + 54 + 1 + 45 = 104	4 + 72 + 2 + 25 = 103	4 + 90 + 3 + 0 = **97**	非最佳解	非最佳解	97	5	2
3	不可行	4 + 18 + 0 + 65 = 87	4 + 36 + 1 + 45 = 86	4 + 54 + 2 + 25 = 85	4 + 72 + 3 + 0 = **79**	非最佳解	非最佳解	非最佳解	79	4	3
4	0 + 65 = 65	4 + 18 + 1 + 45 = 68	4 + 36 + 2 + 25 = 67	4 + 54 + 3 + 0 = **61**	非最佳解	非最佳解	非最佳解	非最佳解	61	3	4
5	1 + 45 = 46	4 + 18 + 2 + 25 = 49	4 + 36 + 3 + 0 = **43**	非最佳解	非最佳解	非最佳解	非最佳解	非最佳解	43	2	5
6	2 + 25 = 27	4 + 18 + 3 + 0 = **25**	非最佳解	非最佳解	非最佳解	非最佳解	非最佳解	非最佳解	25	1	6
7	3 + 0 = 3	非最佳解	非最佳解	非最佳解	非最佳解	非最佳解	非最佳解	非最佳解	3	0	7

註：以百元為單位。

階段 1：如表 8.10 所示：

$$f_1^*(s_1) = \min_{x_1}\{r_1(s_1, x_1) + f_2^*(s_1 + x_1 - d_1)\}$$

$$= \min_{x_1}\{5 + 25 \times x_1 + 1 \times (s_1 + x_1 - 2) + f_2^*(s_1 + x_1 - 2), x_1 \geq 0\} \quad （以百元為單位）$$

因為一月初沒有存貨，而且每月生產加上月初存貨必須滿足每月需求，所以貢獻函數變為

$$f_1^*(0) = \min_{x_1}\{5 + 25 \times x_1 + 1 \times (x_1 - 2) + f_2^*(x_1 - 2), x_1 \geq 2\} \text{（以百元為單位）}$$

如表 8.10 所示，$s_1 + x_1 - d_1 \geq 0 \Rightarrow 0 + x_1 - 2 \geq 0 \Rightarrow x_1 \geq 2$，又因為四月初沒有存貨，所以 $s_1 + x_1 \leq d_1 + d_2 + d_3 \Rightarrow 0 + x_1 \leq 2 + 4 + 3 = 9 \Rightarrow 2 \leq x_1 \leq 9$。

表 8.10

s_1	貢獻函數值				最佳值 $f_1^*(0)$	最佳生產值	狀態 s_2 期初存貨
	$x_1 = 2$	$x_1 = 3$	$x_1 = 4$	$x_1 = 5$			
0	**5 + 50 + 133 = 188**	5 + 150 + 1 + 115 = 271	5 + 200 + 2 + 97 = 304	5 + 250 + 3 + 79 = 337	188	2	0
	$x_1 = 6$	$x_1 = 7$	$x_1 = 8$	$x_1 = 9$			
	5 + 300 + 4 + 61 = 370	5 + 350 + 5 + 43 = 403	5 + 400 + 6 + 25 = 436	5 + 450 + 7 + 3 = 465			

註：以百元為單位。

從表 8.10 可知最佳值 $f_1^*(0) = 188$、最佳生產值 =2、狀態 s_2 期初存貨 =0，亦即二月初的存貨為 0。從表 8.9 可知當二月初的存貨為 0 時，最佳值 $f_2^*(0) = 133$、最佳生產值 =7、狀態 s_3 期初存貨 =3，亦即三月初的存貨為 3。從表 8.8 可知當三月初的存貨為 3 時，最佳生產值 =0，亦即三月不生產。

因此，最佳解為一月生產兩個精密儀器，二月生產七個精密儀器，三月不生產。生產的最低總成本為 18,800。

大同工廠最佳的三個月的生產方案，如表 8.11 所示。

表 8.11

月分	需求量	期初存貨	生產量	期末存貨	生產成本	存貨成本	總成本
1	2	0	2	0	5,500	0	5,500
2	4	0	7	3	13,000	300	13,300
3	3	3	0	0	0	0	0
總和	9				18,500	300	18,800

🔒8.5 機率性動態規劃 (Probabilistic Dynamic Programming) 及範例（本章節內容，如果對學生來說太深奧的話，老師可跳過不教 但不致影響本書的學習目的。）

　　機率性動態規劃與確定性動態規劃不同之處，在於其一階段的狀態不是取決於當前的狀態以及決策。確切地說下一階段的狀態呈一機率分布，這個機率分布並考慮當前階段的狀態以及決策。圖 8.8 表示機率性動態規劃的架構。

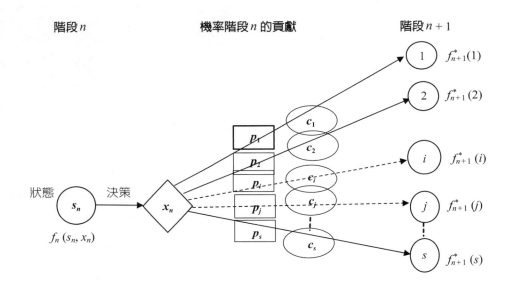

◀▶ 圖 8.8

　　對極大化問題而言，若已知階段 n 的狀態 s_n 及決策 x_n，以 $f_n(s_n, x_n)$ 代表階段 n 以後的最大期望值。

$$f_n(s_n, x_n) = \sum_{i=1}^{S} p_i \{C_i + f_{n+1}^*(i)\}$$

$$f_{n+1}^*(i) = \underset{x_{n+1}}{最大化} f_{n+1}(i, x_{n+1})，最大化是從 x_{n+1} 的可行期望值中選取。$$

範例 8.6 機率性投資問題

　　某公司要在未來 4 年投資 $10,000。公司計劃每年年初購買股票，並在年末把股票賣出，累積的錢可以再投資。股票的報酬視市場狀況而定，有三種可能如表 8.12 所示。

表 8.12　範例 8.6 的資料

市場狀況 i	報酬率 r_i	機率
1	2	0.4
2	0	0.2
3	-1	0.4

請問該公司如何擬定投資策略，使得 4 年之後獲得的報酬最大？

解：

設 x_i = 在第 i 年年初可運用的金額、y_i = 在第 i 年年初投資的金額、r_i = 在第 i 年投資的報酬率。

茲用機率性動態規劃的逆推計算方法來求解：

階段 i = 第 i 年，階段 i 的狀態 = x_i、階段 i 的決定 = y_i，$f_i(x_i)$ = 在第 i 年年初可運用的金額 x_i 時，則在第 $i, i+1, ..., n$ 年期望得到的最大報酬。

對市場狀況 k 來說，在第 $i+1$ 年年初可運用的金額為

$$x_{i+1} = (1 + r_k)y_i + (x_i - y_i) = x_i + r_k y_i, k = 1, 2, 3$$

$$f_i(x_i) = \underset{0 \leq y_i \leq x_i}{\text{最大化}} \left\{ \sum_{k=1}^{3} p_k f_{i+1}(x_i + r_k y_i) \right\}$$

邊界條件 $f_4(x_4) = \underset{0 \leq y_4 \leq x_4}{\text{最大化}} \left\{ \sum_{k=1}^{3} p_k f_{4+1}(x_4 + r_k y_4) \right\}$

$$= \sum_{k=1}^{3} p_k(x_4 + r_k y_4)$$

$$= x_4 \sum_{k=1}^{3} p_k(1 + r_k)$$

$$= x_4 \left(p_1(1 + r_1) + p_2(1 + r_2) + p_3(1 + r_3) \right)$$

$$= x_4 \left(p_1 + p_2 + p_3 + p_1 r_1 + p_2 r_2 + p_3 r_3 \right)$$

$$= x_4(1 + p_1 r_1 + p_2 r_2 + p_3 r_3)(p_1 + p_2 + p_3 = 1)$$

求解 $f_1^*(10,000)$？

階段 4：$f_4(x_4) = x_4(1 + p_1 r_1 + p_2 r_2 + p_3 r_3) = x_4(1 + 0.4 \times 2 + 0.2 \times 0 + 0.4 \times (-1)) = 1.4x_4$。

狀態	$f_4(x_4)$	y_4^*
x_4	$1.4x_4$	$1.4x_4$

階段 3：

$$f_3(x_3) = \underset{0 \le y_3 \le x_3}{最大化}\left\{\sum_{k=1}^{3} p_k f_4(x_3 + r_k y_3)\right\}$$

$$= \underset{0 \le y_3 \le x_3}{最大化}\{0.4 \times 1.4 \times (x_3 + 2y_3) + 0.2 \times 1.4 \times (x_3 + 0y_3) + 0.4 \times 1.4 \times (x_3 - y_3)\}$$

$$= \underset{0 \le y_3 \le x_3}{最大化}\{1.4x_3 + 0.56y_3\}$$

$$= 1.96x_3 \circ$$

狀態	$f_3(x_3)$	y_3^*
x_3	$1.96x_3$	$1.96x_3$

階段 2：

$$f_2(x_2) = \underset{0 \le y_2 \le x_2}{最大化}\left\{\sum_{k=1}^{3} p_k f_3(x_2 + r_k y_2)\right\}$$

$$= \underset{0 \le y_2 \le x_2}{最大化}\{0.4 \times 1.96 \times (x_2 + 2y_2) + 0.2 \times 1.96 \times (x_2 + 0y_2) + 0.4 \times 1.96 \times (x_2 - y_2)\}$$

$$= \underset{0 \le y_2 \le x_2}{最大化}\{1.96x_2 + 0.784y_2\}$$

$$= 2.744x_2 \circ$$

狀態	$f_2(x_2)$	y_2^*
x_2	$2.744x_2$	$2.744x_2$

階段 1：

$$f_1(x_1) = \underset{0 \le y_1 \le x_1}{最大化}\left\{\sum_{k=1}^{3} p_k f_2(x_1 + r_k y_1)\right\}$$

$$= \underset{0 \le y_1 \le x_1}{最大化}\{0.4 \times 2.744 \times (x_1 + 2y_1) + 0.2 \times 2.744 \times (x_1 + 0y_1) + 0.4 \times 2.744 \times (x_1 - y_1)\}$$

$$= \underset{0 \le y_1 \le x_1}{最大化}\{2.744x_1 + 1.0976y_1\}$$

$$= 3.8416x_1 \circ$$

狀態	$f_1(x_1)$	y_1^*
10,000	$3.8416x_1$	$10,000x_1$

所以，**最佳的投資策略是「投資每年年初可運用的金額」**，4 年後得到的最大報酬是 $38,416。

範例 8.7   機率性分配問題

吉利超級市場從農場購買六箱牛奶，每箱牛奶價格 $100。六箱牛奶預計在三家連鎖店出售，每箱牛奶賣的利潤是 $200。每天營業結束後，如有任何牛奶沒有賣出的，農場必須以每箱 $50 買回。這三家連鎖店每天牛奶的需求不定，其機率如表 8.13 所示。每家連鎖店最多可分配三箱牛奶，請問如何分配這六箱牛奶到這三家連鎖店，而使得每天的期望利潤最大？

表 8.13   範例 8.7 的資料

連鎖店＼需求的機率	1 箱	2 箱	3 箱
1	0.6	0.0	0.4
2	0.5	0.1	0.4
3	0.4	0.3	0.3

解：

上述問題的數學模式可寫成如下：

目標函數：設 $r_i(g_i)$ 為分配 g_i 箱到第 i 連鎖店的期望利潤。$f_i(x_i)$ 為分配 x_i 箱到連鎖店 $i, ..., 3$ 的最大期望利潤。

設遞迴關係式：$f_i(x_i) = $ 最大化 $\{r_i(g_i) + f_{i+1}(x_i - g_i)\}$

邊界條件：$f_4(x_4) = 0$ for all x_4

求解 $f_1^*(6)$。

首先計算 $r_i(g_i)$，每一個連鎖店的牛奶最大需求量是 3。現計算 $r_3(2)$ 如果需求量大於或等於 2，則兩箱牛奶將會銷售掉而利潤為 $400。如果需求量是 1，則一箱牛奶將會銷售掉，剩下的一箱退回得 $50，而總利潤為 $250。因此，$r_3(2) = 0.4 \times 250 + 0.6 \times 400 = 340$。

同樣地，$r_3(3)$ 如果需求量大於或等於 3，則三箱牛奶將會銷售掉而利潤為 $600。如果需求量是 1，則一箱牛奶將會銷售掉，利潤為 $200，剩下的兩箱退回得 $100，而總利潤為 $300。如果需求量是 2，則兩箱牛奶將會銷售掉，利潤為 $400，剩下的一箱退回得 $50，而總利潤為 $450。因此 $r_3(3) = 0.3 \times 600 + 0.3 \times 450$

+ 0.4×300 = 435。

其他的 $r_i(g_i)$ 也同樣地計算，而得到如下表：

g_i	$r_1(g_1)$	$r_2(g_2)$	$r_3(g_3)$
0	0	0	0
1	200	200	200
2	310	325	340
3	420	435	435

階段 3：$f_3(x_3) = r_3(x_3)$。

	$r_3(g_3)$					
x_3	0	1	2	3	$f_3(x_3)$	g_3^*
0	0	-	-	-	0	0
1	0	200	-	-	200	1
2	0	200	340	-	340	2
3	0	200	340	435	435	3
4	0	200	340	435	435	3
5	0	200	340	435	435	3
6	0	200	340	435	435	3

階段 2：$f_2(x_2) = $ 最大化 $\{r_2(g_2) + f_3(x_2 - g_2)\}$，也同樣地計算而得到如下表：

	$r_2(g_2) + f_3(x_2 - g_2)$					
x_2	0	1	2	3	$f_2(x_2)$	g_2^*
0	0	-	-	-	0	0
1	200	200	-	-	200	0,1
2	340	400	325	-	400	1
3	435	540	525	435	540	1
4	435	635	665	635	665	2
5	435	635	760	775	775	3
6	435	635	760	870	870	3

階段 1：$f_1(x_1) = $ 最大化 $\{r_1(g_1) + f_2(x_1 - g_1)\}$。

x_1	$r_1(g_1) + f_2(x_1 - g_1)$				$f_1(x_1)$	g_1^*
	0	1	2	3		
6	0+870=870	200+775=975	310+665=975	420+540=960	**975**	1, 2

　　因此，最佳分配策略是 $(x_1^*, x_2^*, x_3^*) = (1, 3, 2)$ 或者 $(2, 2, 2)$，每天的最大期望利潤值為 $975。

🔒8.6　本章摘要

- 動態規劃可用以求解相當複雜的問題，是一種很有用的數學技巧。其基本思想是將原問題分解成一系列的簡單問題（即子問題），然後解其不同階段的子問題，再合併子問題的解以得出原問題的最佳解。此方法必須對每一個子問題建立合適的遞迴公式。
- 確定性動態規劃可應用於求解最短路徑問題、資源分配問題、設備更新問題、背包問題及生產問題、整數線性規劃問題、整數非線性規劃問題等。
- 連續性動態規劃可應用於求解非整數線性規劃問題、非線性規劃問題等。
- 機率性動態規劃可應用於求解機率性投資問題、存貨及生產日程安排等問題。
- 動態規劃的求解可分順推的方式 (Forward Procedure) 或逆推的方式 (Backward Procedure)。視問題本身而定，一般而言，採用逆推計算程序較多，不論使用何種程序計算，其最終最佳解均會相同。

Chapter **9**

網路模式分析
(Network Model and Analysis)

確定蒐集牛奶的最佳路線 *

　　ASSO.LA.C. 是一家義大利乳製品公司，這家公司從不同城鎮的農民那裡蒐集原料奶，其中許多農場很小而卡車和拖車無法同時進入。卡車和拖車必須脫鉤並停好，卡車再進去農場，蒐集牛奶後，卡車和拖車必須重新連接。牛奶由一隊卡車從農場蒐集，將牛奶運送到中央倉庫。卡車被分隔以蒐集不同類型的牛奶，並且當特定類型的牛奶已經蒐集在卡車車廂中時，它不能再容納不同類型的牛奶。

　　該問題有以下限制：網絡（農場）中的每個節點可以是裝載點或停車區（用於脫鉤），油罐車不能超過其容量，多輛卡車可以從特定農民那裡蒐集牛奶，沿路線蒐集所需的時間不能超過工作班次，並且一個隔間只能分配一種牛奶類型。解決方法由兩個數學模式組成。一種使車隊規模最小化，另一種使城鎮蒐集路線長度最小化。這是一個網路模式問題，問題解決的結果使得車子總行駛的距離減少 14.4%，平均卡車裝載率從 85% 提高到 95%，每年可節省 166,000 元的成本。蒐集和運輸成本的降低使公司能夠付給農民更高的牛奶價格，從而吸引更多的牛奶資源。

* 資料來源：M. Caramia and F. Guerriero, "A Milk Collection Problem with Incompatibility Constraints," *Interfaces*, 40(2) (March–April 2010), pp. 130-143.

9.1 前言

　　網路理論提供很多在作業研究方面的應用。網路分析為研究網路一類特殊的線性規劃問題提供了一個可以建立模式的框架。網路可用於表示高速公路、鐵路、航道或航空系統模式，高速公路或鐵路可以看作交通的流動，而電腦通信網路代表訊息流，經濟體系可能代表財富的流動。其中某種商品的供應被運輸或分配以滿足需求。本章旨在介紹網路模式及分析，內容包括四個重要類型的網路問題以及解題的基本觀念：**最短伸展樹問題、最短路徑問題、最大流量問題，以及最低成本流量問題**。

　　許多網路最佳化模式事實上是線性規劃問題的特例。例如：第七章所討論的運輸問題、轉運問題及指派問題皆可利用網路方式來表示。本章要討論的**最短伸展樹問題** (Minimum Spanning Tree Problem)、**最短路徑問題** (Shortest-Path Problem)、**最大流量問題** (Maximum Flow Problem)，以及**最低成本流量問題** (Minimum Cost Flow Problem) 也可利用網路方式表示。網路的表示方式也廣泛應用在各方面，如生產、配銷、專案規劃、設施規劃、資源管理，以及財務規劃等問題。近年來因著電腦軟體的應用及發展，網路最佳化模式的方法及應用也快速的進展。

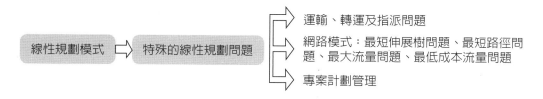

　　在讀完本章後，學者應該能夠針對各類型的網路最佳化問題來建構網路模式及求解。以下章節將描述如何求解典型的網路模式問題。

9.2 網路模式問題

　　許多網路問題可用線性規劃模式來建立並求解。由於其特殊結構，雖然也可用單形法來求解，但不是最有效的方法。

9.2.1 網路模式的專有名詞

　　網路 (Network)：由點與連接節點的弧線 (arc) 所構成，如圖 9.1 所示。點稱為節點（Nodes，或 Vertices）。兩節點之間的連線可稱為弧。

活動 (Activity)：作業由活動組成，活動需要時間和資源去完成，通常用箭號來表示，如圖 9.1 中的 A、B、C、D、E、F。

事件 (Event)：任何活動的起點和終點稱為事件或節點，如圖 9.1 中的 1、2、3、4、5。

路徑 (Path)：

(1) 路徑乃是一系列連接相鄰節點的弧所構成的集合，如圖 9.2 中的 C → D → E → G、C → F → G。

(2) 兩節點若相連接，則兩節點中存在一條路徑。

連接圖 (Connected Graph)：任意兩節點均存在至少一路徑的圖。

鏈 (Chain)：由弧所連接的一系列節點，而弧的方向可相同或可不相同。

循環 (Cycle)：開始和結束在同一節點的鏈，如圖 9.3a 所示。

迴路 (Loop)：開始和結束在同一節點的路徑，如圖 9.3b 所示。

樹 (Tree)：任意兩節點可用一連串的弧線連接且無循環的連接圖，如圖 9.4 所示。

虛擬活動 (Dummy Activity)：虛擬活動乃確定某活動依賴另一活動，但不消耗任何時間和資源。虛擬活動通常用虛線箭頭表示，如圖 9.1 中的 D1 和 D2。

伸展樹 (Spanning Tree)：連接網路中所有節點的樹稱為「伸展樹」，如圖 9.5 所示。

有向與無向弧 (Directed/Undirected Arcs)：

(1) 只有一個方向可以流動之弧為有向弧（以箭頭表示）。

(2) 兩個方向都可以流動之弧為無向弧（無箭頭表示）。

9.2.2 最短伸展樹問題 (Minimum Spanning Tree Problem)

旨在找出將所有的節點都連接起來的樹，而使其弧線上的總距離或總成本最小。

典型範例 1

中西有線電視公司計劃提供對該郊區所有住戶的電纜有線電視服務，圖 9.6 代表各城市間的距離，為使電纜架設成本最低，請找出最短伸展樹。

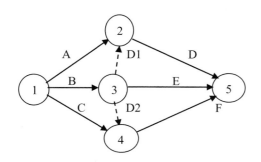

圖 9.1

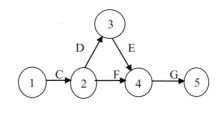

圖 9.2

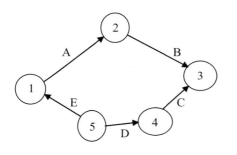

圖 9.3a

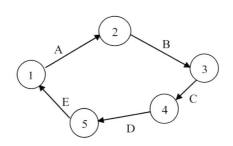

圖 9.3b

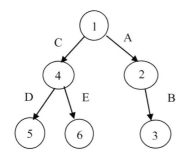

圖 9.4

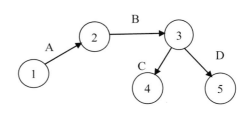

圖 9.5

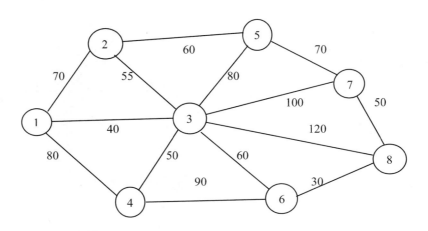

🔙 圖 9.6 典型範例 1 的資料

9.2.3 最短路徑問題 (Shortest-Path Problem)

旨在找出從起點至終點的最短路徑。

典型範例 2

文萃公園內有一條狹窄而彎曲的小徑可供遊客行走,如圖 9.7 所示。①站是公園入口,⑦站有觀光景點。請問由公園入口到公園觀光景點最短路徑為何?

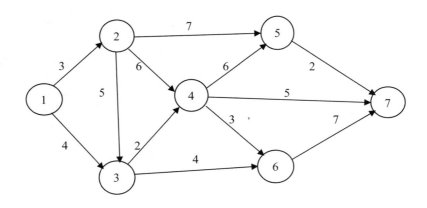

🔙 圖 9.7 典型範例 2 的資料

9.2.4　最大流量問題 (Maximum Flow Problem)

旨在每個弧線上有流量限制的考慮下，決定此網路的最大流量為何。

典型範例 3

某原料可從源頭 1 輸送到水槽 7，其源流的網路及其流量見圖 9.8。請問各源流應如何控制，才能使得原料可輸送最大流量？要注意的是節點 2 和 4 中間，表示有 1 單位可從節點 2 輸送到 4，有 1 單位可從節點 4 輸送到 2。節點 1 和 4 中間，表示 7 單位可從節點 1 輸送到 4，但不能從節點 4 到 1 輸送任何單位。

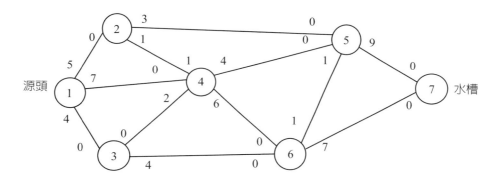

◀ 圖 9.8　典型範例 3 的資料

9.2.5　最低成本流量問題 (Minimum Cost Flow Problem)

旨在流量及單位運送成本的考量下，決定從源頭至終點的流量，使其總運送成本最低。

典型範例 4

有一個網路如圖 9.9 所示，每段路徑都有運送單位成本。節點上括號裡的正參數表示供應量，例如：節點 1 的 [25]；負參數為需求量，例如：節點 5 的 [-45]。有些路徑沒有容量的限制，有些路徑有容量的限制，例如：$1 \rightarrow 2$ 的 (15)、$1 \rightarrow 4$ 的 (15)。如何決定從源頭至終點的流量，使其總運送成本最低？

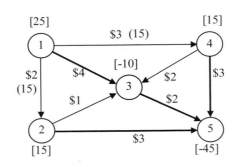

圖 9.9 典型範例 4 的資料

　　以下章節將描述不用線性規劃方法，而利用特殊方法來求解典型的網路模式問題。

9.3 最短伸展樹問題

　　最短伸展樹問題 (Minimum Spanning Tree Problem) 產生於無向網路，其目的乃是構造一個連接的網路。此網路包括所有的節點，而與分支相關的總費用為最小。一般採用圖解法求解：

步驟 1：任意圈選一個未連接的節點，並以此節點開始。

步驟 2：連接該點到未連接節點間距離最短的節點。

步驟 3：若所有的節點已連接，則停止運算，所有已連接的節點構成最短伸展樹。否則在未連接的節點中找出一個到所有已連接的節點距離最短的節點，並回到步驟 2，直到所有的節點已連接。

　　注意：如果到所有已連接的節點距離最短的節點有多個的話，可任取其一，因此可能有多重最佳解。

範例 9.1

　　中西有線電視公司計劃提供對該郊區所有住戶的電纜有線電視服務。圖 9.10 代表各城市間的距離，為使電纜架設成本最低，請找出最短伸展樹。

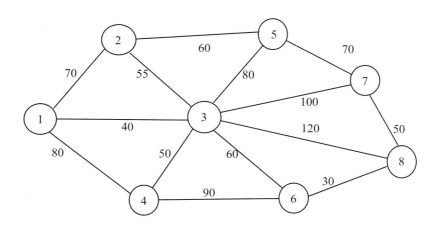

◆➡ 圖 9.10　範例 9.1 的資料

解：

步驟 1： 任意圈選一個未連接的節點，先選擇節點 1。

步驟 2： 連接節點 1 到未連接節點最近的節點。節點 2、3 和 4 鄰近節點 1，其間以
節點 1、3 間的矩離 (=40) 最短，所以連接節點 1、3，如圖 9.11 黑粗線所
示。

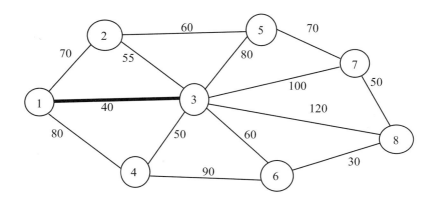

◆➡ 圖 9.11

步驟 3： 連接節點 1 和 3 到未連接節點最近的節點。檢視所有未連接的節點，其間
以節點 3、4 間的矩離 (=50) 最短，所以連接節點 3、4，如圖 9.12 黑粗線
所示。

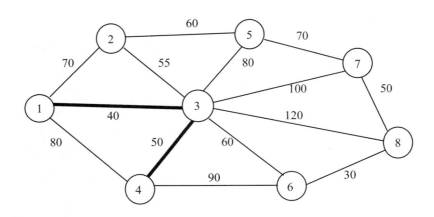

➡ 圖 9.12

現重回步驟 3：連接節點 1、3 和 4 到未連接節點最近的節點。檢視所有未連接的節點，其間以節點 3、2 間的矩離 (=55) 最短，所以連接節點 3、2，如圖 9.13 黑粗線所示。

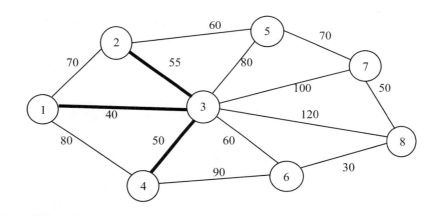

➡ 圖 9.13

現重回步驟 3：連接節點 1、2、3 和 4 到未連接節點最近的節點。檢視所有未連接的節點，其間以節點 2、5 間的矩離 (=60) 最短，所以連接節點 2、5，如圖 9.14 黑粗線所示。

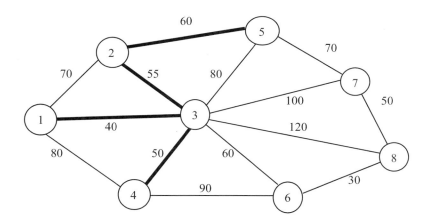

➡ 圖 9.14

如此繼續重複步驟 3，最後可得到最短伸展樹，如圖 9.15 所示。

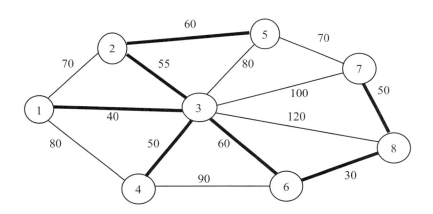

➡ 圖 9.15

伸展樹之總長 = 40 + 50 + 55 + 60 + 60 + 30 + 50 = 345。

🔒9.4 最短路徑問題

所謂路徑 (Path) 是由一連串的有向弧線連接而成的有向鏈 (Chain)，沿著路徑行進時必須順著弧線的方向。

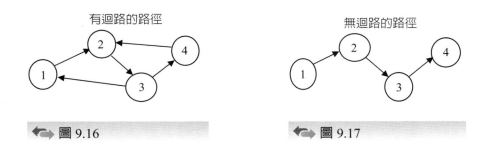

圖 9.16　　　　　　　　　　　　　　　圖 9.17

　　最短路徑問題 (Shortest-Path Problem) 產生於單向網路、雙向網路或混合網路，其旨在尋找圖（由節點和路徑組成的）中兩節點之間的最短路徑。算法具體的形式包括：

1. 確定起點的最短路徑問題：即已知起始節點，求最短路徑的問題。
2. 全局最短路徑問題：求圖中所有的最短路徑。

　　本章介紹求解最短路徑的兩種演算法：**動態規劃法 (Dynamic Programming) 和標籤法 (Labeling)**。

9.4.1　動態規劃法

　　動態規劃法適用於無迴路的網路，可採由後往前式動態規劃或由前往後式動態規劃來求解。讀者可再復習第八章有關動態規劃的詳述。

範例 9.2

　　文萃公園內有一條狹窄而彎曲的小徑可供遊客行走，如圖 9.18 所示。①站是公園入口，⑦站有觀光景點。請問由公園入口到公園觀光景點最短路徑為何？

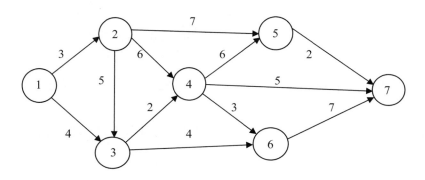

圖 9.18　範例 9.2 的資料

　　在計算過程中，必須在每個節點記錄最佳路徑的來源才能在走到終點後，經由回溯來找到整個過程的最佳路徑。

步驟 1：將原問題的七個節點依序分為七個階段，令起始節點 1 的值為 0。

步驟 2：依序在每一階段（節點）找出最小值，但取決於前一階段（節點）的最小值。

步驟 3：重複步驟 2 直至目的地（節點 7）的值找到為止。

步驟 4：用最後求得的長度回溯，來找到整個過程的最佳路徑。

$$f_1 = 0$$

$$f_2^* = f_1 + d_{12} = 0 + 3 = 3$$

$$f_3^* = 最小值 \{f_1 + d_{13}, f_2^* + d_{23}\} = 最小值 \{0 + 4, 3 + 5\} = 4$$

$$f_4^* = 最小值 \{f_2^* + d_{24}, f_3^* + d_{34}\} = 最小值 \{3 + 6, 4 + 2\} = 6$$

$$f_5^* = 最小值 \{f_2^* + d_{25}, f_4^* + d_{45}\} = 最小值 \{3 + 7, 6 + 6\} = 10$$

$$f_6^* = 最小值 \{f_3^* + d_{36}, f_4^* + d_{46}\} = 最小值 \{4 + 4, 6 + 3\} = 8$$

$$f_7^* = 最小值 \{f_4^* + d_{47}, f_5^* + d_{57}, f_6^* + d_{67}\} = 最小值 \{6 + 5, 10 + 2, 8+7\} = 11$$

　　用最後求得的長度回溯來找到整個過程的最佳路徑：$f_7^* = 11$ 的回溯是 f_4^*（節點 4）、$f_4^* = 6$ 的回溯是 f_3^*（節點 3）、$f_3^* = 4$ 的回溯是 f_1（節點 1）。

　　因此，由公園入口到公園觀光景點最短路徑為 ①→③→④→⑦，如圖 9.19 黑粗線所示。總矩離 = 11。

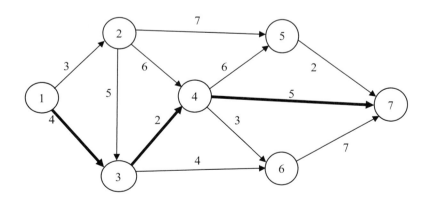

⬅ 圖 9.19

　　動態規劃法可經由回溯來找到節點 1 到各節點的最短路徑，如表 9.1 所示。

表 9.1

節點	從節點 1 到各節點的最短路徑	距離
2	1 → 2	3
3	1 → 3	4
4	1 → 3 → 4	6
5	1 → 2 → 5	10
6	1 → 3 → 6	8
7	1 → 3 → 4 → 7	11

9.4.2 標籤法 (Labeling)

每一節點被貼上一標籤後,其標記如圖 9.20 所示。

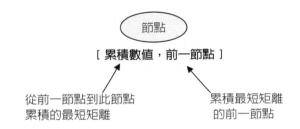

← 圖 9.20

標籤法乃是首先選擇一起始節點並貼上標籤,接下來,連接所有與貼上標籤節點直接連接的未貼上標籤的節點,然後,在未貼上標籤的節點中,選擇一節點,使得起始節點到此節點的距離最短,並貼上標籤,重複執行上述的步驟,直到所有的節點都有標籤而停止。

標籤法演算步驟如下:

步驟 1:起始節點1的值為0,並貼上標籤如圖9.21所示。S表示節點1為起始節點。

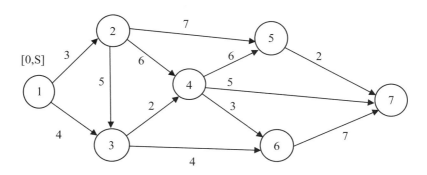

➡ 圖 9.21

步驟 2：更新所有能從已被標記的節點 (X) 直接到未標記節點 (Y) 的值，其更新規則如下：

取從節點 (Y) 到節點 (X) 的距離，將此距離加上節點 (X) 的累積的最短距離。如果節點 (Y) 沒有數值，則由得到的數值變成節點 (Y) 的數值。如果節點 (Y) 有多個數值，則由得到的最小數值，來取代節點 (Y) 的數值。

步驟 3：選擇累積的距離最小的節點，並在此節點貼上標籤。

步驟 4：重複步驟 2 和 3 直到目的地到達。

步驟 5：在目的地標記的距離乃是最短路徑的距離。

步驟 6：經由回溯就可找出從節點 1 到各節點的最短路徑。

以章節 9.4.1 的範例 9.2 為例，應用標籤法演算步驟如下：

從節點 1 開始，用 [0, S] 標籤節點 1。S 表示節點 1 為起始節點（如圖 (a)）。

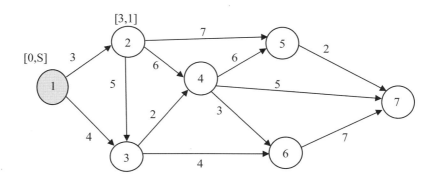

➡ 圖 (a)

　　如圖 (a) 所示，從節點 1 到節點 2，距離是 3，也是累積的最短距離，節點 2 的前一節點是 1，所以在節點 2 用 [3, 1] 標籤如圖 (b) 所示。

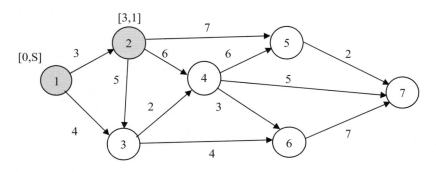

← 圖 (b)

　　從節點 1 到節點 3，有 2 個路徑，1 → 2 → 3 和 1 → 3，其累積距離分別為 8 和 4。因為 4<8，所以在節點 3 用 [4, 1] 標籤，如圖 (c) 所示。

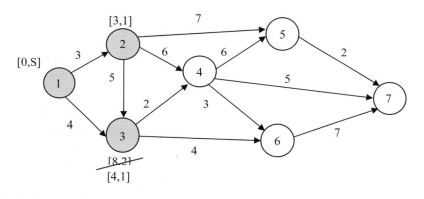

← 圖 (c)

同樣地，從節點 1 到節點 4，有 2 個路徑，1 → 2 → 4 和 1 → 3 → 4，其累積距離分別為 9 和 6。因為 6<9，所以，在節點 4 用 [6,3] 標籤，如圖 (d) 所示。（註：從節點 1 到節點 4，因為從圖 (c) 知道 1 → 3 是最短路徑，所以不考慮路徑 1 → 2 → 3 → 4。）

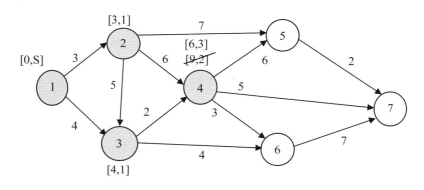

◆ 圖 (d)

重複執行上述的步驟，直到所有的節點都有標籤而停止，其過程如圖 (e) 到圖 (g) 所示。

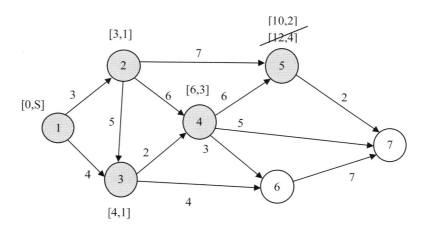

◆ 圖 (e)

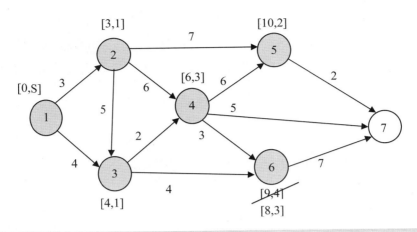

← 圖 (f)

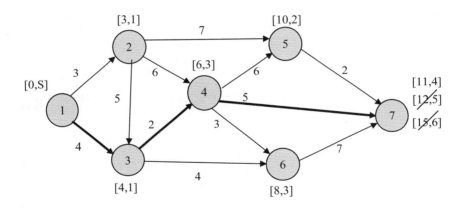

← 圖 (g)

直到目的地節點 7 到達。因此，目的地標記的距離 =11 乃是最短路徑的距離。

由公園入口到公園觀光景點最短路徑為 ① → ③ → ④ → ⑦，如圖 (g) 黑粗線所示。經由回溯就可找出從節點 1 到各節點的最短路徑，如表 9.2 所示。

表 9.2

節點	從節點 1 到各節點的最短路徑	距離
2	1 → 2	3
3	1 → 3	4
4	1 → 3 → 4	6

表 9.2（續）

節點	從節點 1 到各節點的最短路徑	距離
5	$1 \rightarrow 2 \rightarrow 5$	10
6	$1 \rightarrow 3 \rightarrow 6$	8
7	$1 \rightarrow 3 \rightarrow 4 \rightarrow 7$	11

此答案與章節 9.4.1 的範例 9.2，所採用的動態規劃法所得的答案相同。

9.5 最大流量問題

最大流量問題 (Maximal Flow Problem) 乃考慮一個有向與無向網路，其流量可依弧線的方向，由起始節點（Starting Node，或稱來源 Source）經由各轉運節點 (Transshipment Node) 流至終止節點（Terminal Node，或稱水槽 Sink），且弧線容量已知的情況下，求出源頭到終點的最大流量的網路問題。最大流量問題廣泛地應用在交通運輸、供水、油管供油方面，也可以用在生產安排、最優管理化等實際問題上。例如：在設計交通道路時，須考慮到最大交通流量限制，以避免交通擁塞。

三個要遵守的原則

1. 流量限制原則 (Capacity Constraints)：最大流量中，每一弧線有一最大弧線流容量 (Arc Flow Capacity)，此最大弧線流容量是弧線上流量的上限，其流量不能超過上限。
2. 流量守恆原則 (Flow Conservation)：一個點流入的流量恆等於流出的流量。
3. 反對稱原則 (Skew Symmetric)：由 u 到 v 的淨流必須是由 v 到 u 的淨流的相反。

最大流量節點間的流容量表示法，如圖 9.22 所示。

◀ 圖 9.22

圖 9.22 兩個數字表示最大流量及方向，其中 8 代表從節點 1 到節點 2 的最大流量，而 0 代表從節點 2 到節點 1 的最大流量，表示從節點 2 不流向節點 1。

9.5.1 最大流量問題演算法步驟

步驟 1：找從輸入節點至輸出節點的任何路徑，而在路徑上沿流通方向各弧線的網路流容量均大於零（即為正值）（如果找不到，則已經找到最大流量，演算法完成）。

步驟 2：在第一步驟所選的路徑中，選擇剩餘流通最小量以 c^* 表示，將 c^* 的值增加到流通量於第一步驟所選的與路徑方向相同的弧線，以增加網路源頭到終點的流量。

步驟 3：在第一步驟所選的路徑中，每條邊的剩餘流通量減少 c^*，在與路徑方向相反的流容量（路徑的另一邊）減去 c^*。回到第一步驟。

步驟 4：當無法找到能使輸入節點到輸出節點之流量增加的路徑就停止，而剩餘網路容量 (Residual Network Capacity) ＝網路容量 (Network Capacity)－網路流量 (Network Flow)。

範例 9.3

某原料可從源頭 1 輸送到水槽 7，其源流的網路及其流量如圖 9.23。請問各源流應如何控制，才能使得原料輸送最大流量？

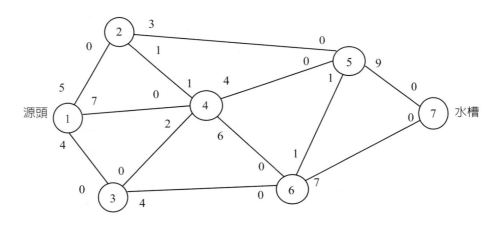

⬅➡ 圖 9.23　範例 9.3 的資料

步驟 1：分配流量 6 到路徑 ①→④→⑥→⑦，最小弧線容量在弧線 4-6，是 6。修改後的網路如下：

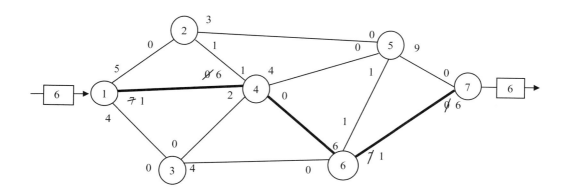

步驟 2： 分配流量 3 到路徑 (1) → (2) → (5) → (7)，最小弧線容量在弧線 2-5，是 3。修改後的網路如下：

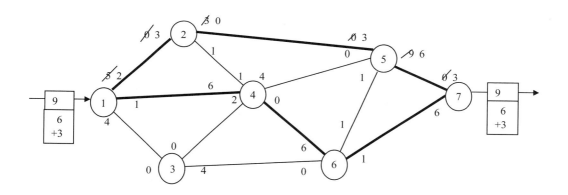

步驟 3： 分配流量 1 到路徑 (1) → (2) → (4) → (5) → (7)，最小弧線容量在弧線 2-4，是 1。修改後的網路如下：

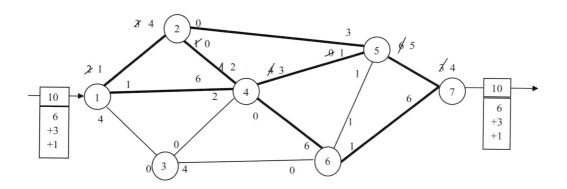

步驟 4：分配流量 2 到路徑 ① → ④ → ⑤ → ⑦，最小弧線容量在弧線 1-4，是 1。修改後的網路如下：

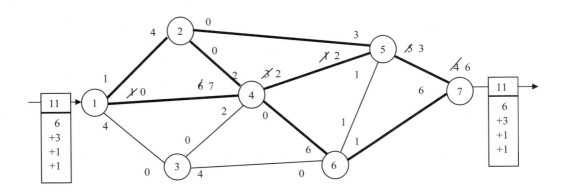

步驟 5：分配流量 1 到路徑 ① → ③ → ⑥ → ⑤ → ⑦，最小弧線容量在弧線 6-5，是 1。修改後的網路如下：

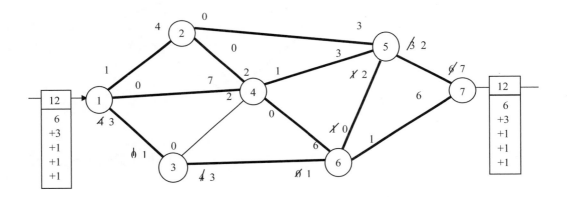

如此，重複上述步驟。

步驟 6：分配流量 1 到路徑 ① → ③ → ⑥ → ⑦。

步驟 7：分配流量 1 到路徑 ① → ③ → ⑥ → ④ → ⑤ → ⑦，得下列網路，如圖 9.24 所示，並無法找到能使輸入節點到輸出節點之流量增加（剩餘網路容量＞0）的路徑，因此演算法完成。而剩餘網路容量 (Residual Network Capacity)＝網路容量 (Network Capacity)－網路流量 (Network Flow) = 16 － 14 = 2（其中 16 為 5 + 7 + 4）。

步驟 8：比對目前流通容量與原流通容量的「出發端」，就可以知道各頂點流出量，每個頂點流入＝流出。

最後結果如圖 9.24 所示，最佳解如下：

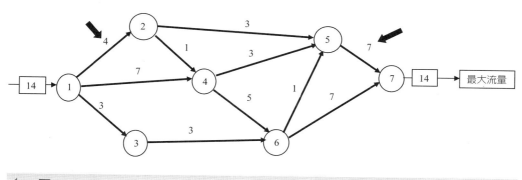

圖 9.24

9.5.2　最大流量最小切割理論 (Max-Flow Min-Cut Theorem)

　　最大流量最小切割定理對於網路流量 (Network Flow) 理論提供了一個重要定理，是指在一個網路流量中，能夠從源點到達匯點的最大流量等於如果從網絡中移除就能夠導致網路流量中斷的邊的集合的最小容量的總和。設 $GN = (V, E)$ 為一個網路（有向圖），V 是頂點、E 是邊，其中，V_s 是源頭、V_t 是水槽；V_s 是所有流的源頭、V_t 是所有流的終點。流量網路中的切線將所有節點分成兩部分，一半包含起點，另一半包含匯集點。每一條切線上的淨流量值都會是相等的。既然每一條切線上的淨流量值都會是相等的，那麼只要找出所有可能的切線，其最小的切線容量值，理論上應該會等於此流量網路的最大流量值，亦即最大流量最小切割容量。這個就是著名的「最大流量最小切割」理論。

割集 (Cut)

　　假設所有節點分成兩集合 S 與 T，S 包含起點、T 包含匯集點，則割集是由 S 節點流向 T 節點的弧線所構成的集合。一般也常以一條割線將節點分成兩部分。

　　定義：一個 s-t 割 $c = (S, T)$ 是一種 V 的劃分，使得 $s \in S$、$t \in T$。c 的割集是集合 $\{(u, v) \in V, u \in S, v \in T\}$，亦即 $c(S, T) = \sum_{u \in S} \sum_{v \in T} c(u, v)$。

　　最小 s-t 割問題：計算 $c(S,T)$ 的最小值。即找到 S 和 T，使 s-t 割的容量達到它的最小值。**割集必須符合「S 包含起點、T 包含匯集點，並且 $S \cap T = \phi$、$S \cup T =$ 所有節點」的條件。**

例子：如圖 9.25 所示。在有向圖網路 G 中，割 (S,T) 將 V(=S+T) 劃分為 S 和 T(=V-S)，s 屬於 S 集合，t 屬於 T 集合。割 (S,T) 的容量是指從集合 S 到集合 T 所有邊的容量之和。

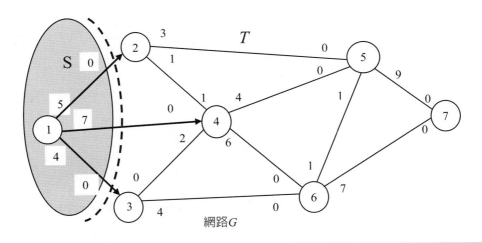

割集 S = {(1 → 2), (1 → 4), (1 → 3)}，割 (S, T) 的切割量 = 5 + 7 + 4 = 16。

切割值 (Cut Value)：集合內所有弧之流動容量的總和。每個割集對應一個切割值。

最大流量最小切割理論 (Max-Flow Min-Cut Theorem)：由源點到匯集點的任何一條路徑，至少會經過切割中的一個弧線，因此，任何一個切割值均為最大流量的上限，亦即網路中的最大流量等於最小切割值。通常對複雜的網路來說，直接從所有切割值中求出最小值並非易事。

以章節 9.5.1 的範例 9.3 為例，其中五條切割，如圖 9.26 所示。

切割值：切割 1：5+7+4=16，切割 2：3+4+6+4=17，切割 3：3+4+6+4=17，切割 4：3+4+0+7=14，切割 5：9+7=16。最小切割值 =14，故最大流量 =14 符合前述最佳解。

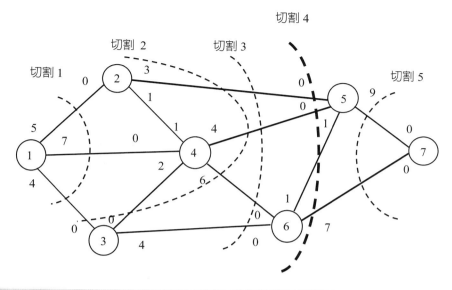

⬅ 圖 9.26

範例 9.4

就下列網路，如圖 9.27 所示。〔摘自靜大 94 年第 1 學期期末考〕

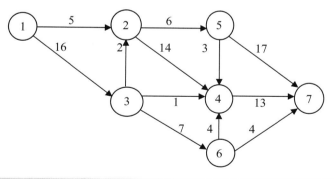

⬅ 圖 9.27 範例 9.4 的資料

求節點 1 到節點 7 的最大流量。

解：

原始網路轉換如下：

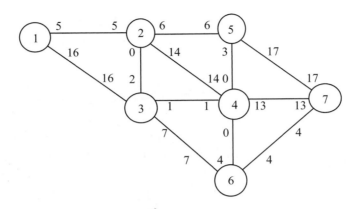

路徑 1-2-5-7 可送 5 單位，如下圖所示：

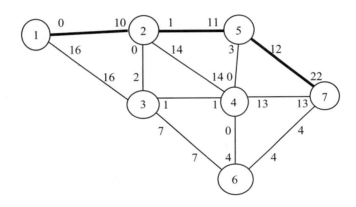

路徑 1-3-4-7 可送 1 單位，如下圖所示：

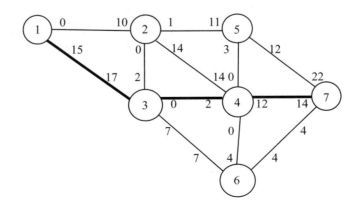

路徑 1-3-6-7 可送 4 單位，如下圖所示：

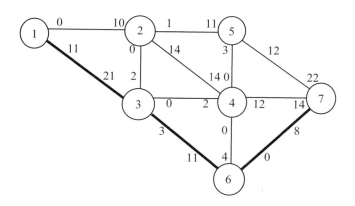

路徑 1-3-6-4-7 可送 3 單位，如下圖所示：

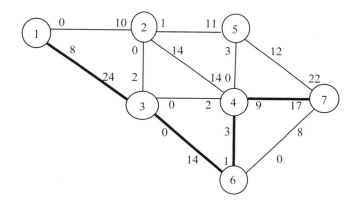

路徑 1-3-2-4-7 可送 2 單位，如下圖所示：

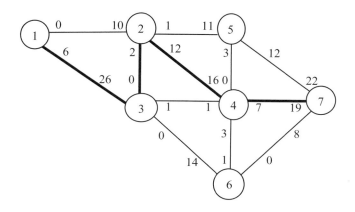

以上路徑總計傳送 5+1+4+3+2=15 單位。

利用「最大流量最小切割」原理

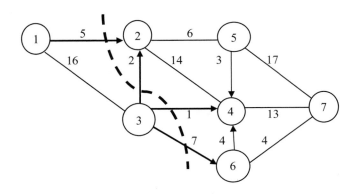

最小截流發生在上圖粗線的位置，最小截流為 5+2+1+7=15。因此，檢視以上截流得知最大流量為 15 單位。

9.6 最低成本流量問題

在滿足需求節點的需求下，決定從供應節點流經網路到需求節點各弧線的流量，以使得總成本為最低。

最低成本流量問題(Minimum Cost Flow Problem)的網路模式，如圖 9.28 所示。

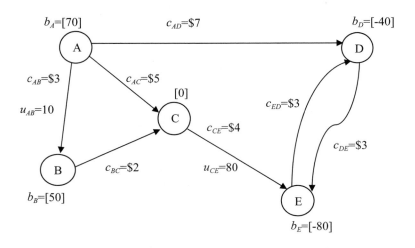

← 圖 9.28

9.6.1　模式的一般式說明

如圖 9.28 所示，其中節點上的正參數表示供應量、負參數爲需求量，c_{ij} 是弧線 ij 運送的單位成本、b_i 是節點 i 的淨流量，若有弧線容量的限制 u_{ij}，則 u_{ij} 是弧線 ij 的弧線容量 ($x_{ij} \leq u_{ij}$)（若無上限就不用註明）。網路若有 n 個節點就有 n 個限制式，m 個弧線就有 m 個變數。因此，決策變數是 x_{ij} = 弧線 ij 的流量。而目標函數是使得總流量成本爲最低。

必要條件：淨流量的總和必須爲零，即 $\Sigma_{i=1}^{n} b_i = 0$。

因爲最低成本流量問題的模式具有特殊結構，一般建議使用網路單形法 (Network Simplex Method)。**網路單形法乃結合運輸問題單形法以及單形法上限技巧兩個方法**，是網路問題求解的高效率方法。

最低成本流量問題的線性規劃模式如下：

極小化　　$Z = \Sigma_i^n \Sigma_j^n c_{ij} x_{ij}$

限制條件　$-\Sigma_{j=1}^{n} x_{ji} + \Sigma_{j=1}^{n} x_{ij} = b_i$（對每一節點 i）

　　　　　$0 \leq x_{ij} \leq u_{ij}$，對每一個從 i 到 j 的弧線

　　　　　$\Sigma_{i=1}^{n} b_i = 0$（最低成本流量問題要有可行解的必要條件）

　　　　　$x_{ij} \geq 0$ 且爲整數

其中 c_{ij} 是從弧線 i 到 j 的單位流量成本、x_{ij} 是從弧線 i 到 j 的流量、u_{ij} 是從弧線 i 到 j 的容量、b_i 是在節點 i 產生的淨流量（$b_i > 0$ 表示節點 i 是供應點，$b_i < 0$ 表示節點 i 是需求點，$b_i = 0$ 表示節點 i 是轉運點）。

範例 9.5

圖 9.29 是一個最小成本流量問題，其中節點上的正參數表示供應量、負參數爲需求量。請寫出可以求解本問題的線性規劃模式。

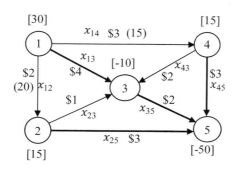

　　圖 9.29　範例 9.5 的資料

解：

上述問題的數學模式可寫成如下：

極小化 $Z = 2x_{12} + 4x_{13} + 3x_{14} + x_{23} + 3x_{25} + 2x_{35} + 2x_{43} + 3x_{45}$

限制條件 $x_{12} + x_{13} + x_{14} = 30$（節點 1）

$\qquad x_{23} + x_{25} - x_{12} = 15$（節點 2）

$\qquad x_{35} - x_{13} - x_{23} - x_{43} = -10$（節點 3）

$\qquad x_{43} + x_{45} - x_{14} = 15$（節點 4）

$\qquad -x_{25} - x_{35} - x_{45} = -50$（節點 5）

$\qquad x_{12} \leq 20$

$\qquad x_{14} \leq 15$

$\qquad$ 所有 $x_{ij} \geq 0$ 且為整數

因為 30+15+15–10–50=0，所以該問題有可行解。

範例 9.6

試考慮圖 9.30 最小成本網路流量問題：節點 1 與節點 2 皆是供應商，供應量各為 40；節點 4 與節點 5 為需求商，需求量為 30 與 50；節點 3 則為轉運站。在每個有向弧上有兩個數字，分別為流量下限（括弧裡的數字）和單位流量成本。有向弧上若沒有數字，其流量下限是∞。假設目前流量為 $x_{14} = 20$、$x_{25} = 30$、$x_{21} = 10$、$x_{13} = 30$、$x_{34} = 10$、$x_{35} = 20$，此是否為最佳解？如果不是，請繼續求最佳解。〔摘自臺大工工所〕

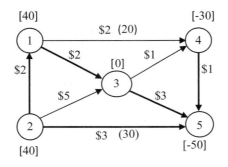

→ 圖 9.30 範例 9.6 的資料

解：

　　當 x_{ij} 到達上限時，依目前流量，$x_{14} = 20$、$x_{25} = 30$ 都到達上限，網路圖需做以下的調整：

1. 節點的需求 b_i 減去 u_{ij}，節點 j 的 b_j 加上 u_{ij}。
2. 將孤線方向 (i, j) 改為反孤線方向 (j, i)。
3. 孤線方向 (j, i) 的單位流量成本 $c_{ji} = -c_{ij}$。

　　因此，原網路圖調整如下：

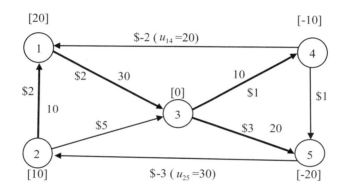

計算非基變數的 ΔZ_{ij} 如下：

x_{23}：$\Delta Z_{23} = (2 \rightarrow 3) + (3 \rightarrow 1) + (1 \rightarrow 2) = 5 - 2 - 2 = 1$

x_{41}：$\Delta Z_{41} = (4 \rightarrow 1) + (1 \rightarrow 3) + (3 \rightarrow 4) = -2 + 2 + 1 = 1$

x_{45}：$\Delta Z_{45} = (4 \rightarrow 5) + (5 \rightarrow 3) + (3 \rightarrow 4) = 1 - 3 + 1 = -1$

x_{52}：$\Delta Z_{52} = (5 \rightarrow 2) + (2 \rightarrow 1) + (1 \rightarrow 3) + (3 \rightarrow 5) = -3 + 2 + 2 + 3 = 4$

　　因仍有負 ($\Delta Z_{45} = -1$)，所以並非最佳解。選擇最負的 ΔZ 之 x_{45} 為進入變數。因在所形成的循環中，$\theta = \min(\infty, 20, \infty) = 30$，$x_{35}$ 為調出變數。所有與循環方向相同的孤線加上 20，與循環方向相反的孤線減去 20。所以更新循環上各孤線的流量 $(20 - \theta, 10 + \theta, \theta)$，結果如下圖所示：

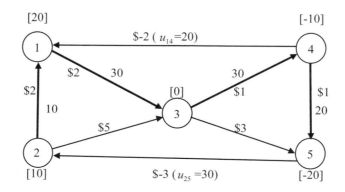

計算非基變數的 ΔZ_{ij} 如下：

x_{23}：$\Delta Z_{23} = (2 \rightarrow 3) + (3 \rightarrow 1) + (1 \rightarrow 2) = 5 - 2 - 2 = 1$

x_{35}：$\Delta Z_{35} = (3 \rightarrow 5) + (5 \rightarrow 4) + (4 \rightarrow 3) = 3 - 1 - 1 = 1$

x_{41}：$\Delta Z_{41} = (4 \rightarrow 1) + (1 \rightarrow 3) + (3 \rightarrow 4) = -2 + 2 + 1 = 1$

x_{52}：$\Delta Z_{52} = (5 \rightarrow 2) + (2 \rightarrow 1) + (1 \rightarrow 3) + (3 \rightarrow 4) + (4 \rightarrow 5) = -3 + 2 + 2 + 1 + 1 = 3$

因所有 ΔZ 均為非負值，所以已得到最佳解。更新各節點的淨需求以及達到上限之弧線的流量，可得下圖所示之各弧線的最佳流量。

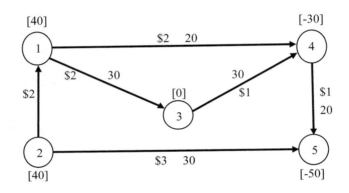

最佳解為 $x_{13} = 30$、$x_{21} = 10$、$x_{34} = 30$、$x_{14} = 20$、$x_{45} = 20$、$x_{25} = 30$，網路有最小流量成本 $= 30 \times 2 + 10 \times 2 + 30 \times 1 + 20 \times 2 + 20 \times 1 + 30 \times 3 = \$260$。

9.7 本章摘要

- 網路模式包括四個重要類型的網路問題：最短伸展樹問題 (Minimum Spanning Tree)、最短路徑問題 (Shortest-Path Problem)、最大流量問題 (Maximal Flow Problem)，以及最低成本流量問題 (Minimum Cost Flow Problem)。而運輸問題、轉運問題、指派問題、最短路徑問題、最大流量問題都是最低成本流量問題的特殊類型。

- 網路模式的問題可以用線性規劃模式建立，並用線性規劃方法來求解。由於其特殊結構，雖然也可用單形法來求解，但不是最有效的方法。

- 最短伸展樹的問題產生於無向網路，一般採用圖解法求解。若網路中有 n 個節點，最短伸展樹應有 $n - 1$ 個弧線。

■最短路徑問題產生於單向網路、雙向網路或混合網路。本章介紹動態規劃法 (Dynamic Programming) 和標籤法 (Labeling) 求解。若問題為混合網路，可將雙向網路轉換成兩個單向弧線再求解。

■最大流量問題考慮在單一輸入（或供應）與單一輸出（流出），且弧線容量已知的情況下，求出源頭到終點的最大流量的網路問題。一般採用正流通量和剩餘流通量的法則，以及最大流量最小切割理論 (Max-Flow Min-Cut Theorem)，即最大流量等於最小切割值求解。

■最低成本流量問題旨在滿足需求節點的需求下，決定從供應節點流經網路到需求節點各弧線的流量，以使得總成本為最低。一般採用網路單形法求解。

Chapter **10**

專案計劃管理
(Project Management)

◀ 胡佛水壩 (Hoover Dam) 的計劃興建完成 *

　　胡佛水壩（英語：Hoover Dam，又稱 Boulder Dam）是一座位於科羅拉多河 (Colorado River) 黑峽谷河段之上的混凝土重力式大壩，位於美國西南部城市拉斯維加斯東南 48 公里亞利桑那州與內華達州交界處，為美國最大的水壩。1900 年前後，人們就布萊克峽谷和附近的博爾德峽谷的潛力進行研究規劃來建造一座控制洪水，並滿足灌溉和水電需求的水壩。1928 年，美國國會批准了胡佛水壩項目，結果，六家公司 (Six Companies) 財團得標。此前從未建造過如此巨型的混凝土結構建築，建造前必須先炸開峽谷將科羅拉多河分流，再傾入極大量的混凝土以建造水壩，工程複雜度非常高，它的建設是數千名工人的巨大努力的結果，工程中有一百多人喪生。胡佛水壩於 1931 年動工，1936 年完工，1936 年 3 月 1 日六家公司將大壩移交給了聯邦政府，比原計劃提前了兩年多完成。最初被稱為博爾德大壩（1933 年）。1947 年，美國國會決議正式將其命名為胡佛水壩。

　　胡佛水壩建造完成後，為鄰近地區提供了電力、灌溉及飲用水的來源，為美國最大的水壩，並被譽為沙漠之鑽 (Diamond on the desert)。人工湖米德湖 (Lake Mead) 是由水壩興建成後所形成的水庫，它位於內華達州和亞利桑那州，距離拉斯維加斯以東 24 英里。就水容量而言，它是美國最大的水庫。胡佛水壩現在是重要的觀光景點，每年約有一百萬人慕名參觀。

* 資料來源：https://en.wikipedia.org/wiki/Hoover_Dam.

🔒 10.1 前言

　　本章旨在介紹專案計劃管理的三個主要的專案管理技術：**甘特圖** (Gantt Chart)、**計劃評核術** (Program Evaluation and Review Technique, PERT) 與**要徑法** (Critical Path Method, CPM) 的研討。計劃評核術 (PERT) 和要徑法 (CPM) 是兩種廣泛用於大型項目的計劃和調度的技術。一個項目可以視為各種議案，例如：房屋建造可以視為一個項目，同樣，進行公開拍賣也可以視為一個項目。在上述示例中，房屋的建造包括各種議案，例如：安排資金、購買材料、挖掘基礎、各層房子的建築等。進行公開拍賣包括：平臺的布置、拍賣人員的安排和觀眾的椅子等。這兩種網絡技術是用 PERT 和 CPM 來估算和評估項目的完成時間，並控制資源，以確保該專案計劃項目在規定的時間內完成，並花費最低的成本。

　　專案可定義為：「為了完成某一項目，在時間、成本與品質的目標要求下，執行一系列的相關作業以完成項目的一種程序。」專案管理是運用管理的知識、工具和技術，將有限的資源（金錢、人力、物資、土地、空間、能源等）做最佳配置，以完成特定的計劃目標或專案。**甘特圖 (Gantt Chart) 是用來顯示專案、各相關作業的預定進度與實際進度。計劃評核術 (Program Evaluation and Review Technique, PERT) 與要徑法 (Critical Path Method, CPM) 是兩個主要的專業管理技術，並且成功地應用在許多專案的規劃排程及控制上**。例如：新產品製程的研究發展、公司的合併、房屋／船隻及工廠的建造、大型且複雜設備的維護保養等。

　　計劃評核術與要徑法這兩種技巧是各自獨立發展而成。要徑法是基於一專業的各種活動所完成的時間是已知的評估技術，而計劃評核術是評估由非確定時間之作業所構成的專案，完成的時間是估計值。要徑法是美國杜邦公司於 1957 年開發出來，用於分析企業複雜工作的完工時間的控制管理，其作業的時間是確定值。計劃評核術是在 1958 年因應北極星飛彈計劃而發展出來的。該計劃包括許多過去未曾執行過的作業，很難預期各作業的完成時間，其作業的時間是隨機不確定的變數。

　　以下為專案計劃管理的典型範例。

10.1.1　甘特圖

典型範例 1

　　某專案各種相關的作業及有關的工作天數，如表 10.1。

表 10.1 典型範例 1 的資料

作業	前置作業	所需時間（天）
A	-	4.00
B	-	5.33
C	A	5.17
D	A	6.33
E	B, C	5.17
F	D	4.50
G	E	5.17

請用 Microsoft Excel 或 Microsoft Project 畫出甘特圖。

10.1.2 要徑法問題

典型範例 2

某公司設計一新產品，該公司只有有限的時間和資源來完成這專案，表 10.2 提供相關的作業、有關的工作天數及有關的成本。

表 10.2 典型範例 2 的資料

作業	作業內容	前置作業	所需時間（天）	正常成本	趕工成本（元）	趕工時間（天）
A	市場調查	-	5	500	150	3
B	資料蒐集與分析	A	5	900	300	4
C	不同設計方案	A	6	550	170	3
D	產品評估	B	4	650	250	2
E	可行性分析	C	3	300	120	2
F	產品製作與測試	D, E	5	700	200	2

1. 畫出專案網路圖。

2. 找出這個專案的要徑。

3. 完成專案的時間及相關的成本。

4. 如果該產品交貨截止日期是 16 天，成本是多少？

10.1.3 計劃評核術問題

典型範例 3

表 10.3 列示一小橋施工專案的各種作業的詳情表。

表 10.3 典型範例 3 的資料

作業	前置作業	作業時間（星期）		
		客觀	最有可能	悲觀
A	-	3	7	17
B	A	6	9	12
C	A	7	11	15
D	B	9	12	15
E	C	2	4	6
F	B	4	7	10
G	D	6	9	12
H	E, F	8	10	12

1. 畫出網路圖並鑑定網路要徑。
2. 求解這個專案平均完成時間。
3. 求解這個專案在 35 個星期內能完成的機率？

以下章節將描述如何求解典型的專案計劃管理問題。

10.2 甘特圖

甘特圖 (Gantt Chart) 是將工作的負荷及排程以橫條圖表達的一種工具，橫軸代表時間，縱軸代表工作，以顯示專案進度及其他與時間相關的系統進展的內在關係隨著時間進展的情況，是由亨利‧甘特 (Henry L. Gantt) 於 1910 年發展出的。在專案管理中，甘特圖顯示專案的終端元素的開始和結束、概要元素或終端元素的依賴關係。

範例 10.1

某專案預計 2006 年 7 月 24 日開工，各種相關的作業及有關的工作天數如表 10.4 所示。

表 10.4 範例 10.1 的資料

作業	前置作業	所需時間（天）
A	-	4.00
B	-	5.33
C	A	5.17
D	A	6.33
E	B, C	5.17
F	D	4.50
G	E	5.17

解：

用 Microsoft Project 畫出甘特圖，如圖 10.1 所示。

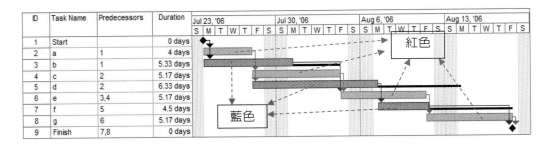

圖 10.1

圖 10.1 中，紅色表示緊要作業要徑，藍色表示非緊要作業。星期六和星期日不工作，因此不包括在時間表。甘特圖上有些橫條切穿過週末，所以比較長。

甘特圖常被用來展現專案現行進度，其提供的資訊包含有作業項目、預估開始時間、預估完成時間、現行作業進度等，優點為簡單易懂且易於變更，但亦存有無法顯示各類作業相關程度（例如：作業完成後，何項後續作業始可開始？），無法評估活動提早或延後開工（完工），以及不確定性風險因素對專案的影響等問題。

為了克服這項缺點，分別發展出兩種解決方法，這兩種都是利用箭線圖，來描繪專案中各項作業的先後或平行的關係。其中一項方法是要徑法 (CPM)，另一項方法是計畫評核術 (PERT)。

🔒10.3　計劃評核術與要徑法

計劃評核術 (Program Evaluation and Review Technique, PERT) 與要徑法 (Critical Path Method, CPM) 是用來評估專案完成的時間並且控制資源，使得專案以最低的成本在預估的時間內完成。許多經理聲稱應用計劃評核術與要徑法已大大地縮短專案完成的時間。在現代計劃的編製和分析手段上，PERT 被廣泛的使用，它能協調整個計劃的各作業工序，合理地安排人力、物力、時間、資金，加速計劃的完成。

10.3.1　專案的網路圖的表達

專案管理一般是利用網路圖來表示各項作業、作業的先後關係及作業時間，藉以控制專案的完成時間和進度。專案的網路圖有兩種表達方式：

1. AON（節點圖法，Activity on Node）：以節點表示作業，箭號表示先後次序關係，如圖 10.2 所示。

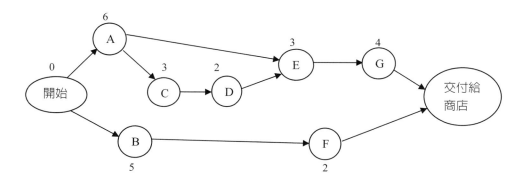

← 圖 10.2

2. AOA（箭線圖法，Activity on Arc）：以箭號表示作業，節點表示作業開始和完成，如圖 10.3 所示。

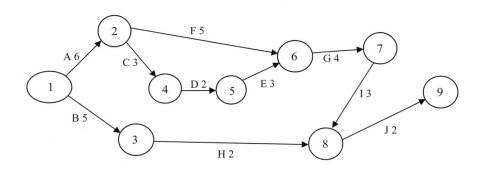

← 圖 10.3

本章將以 **AOA**（箭線圖法，**Activity on Arc**）網路圖為主。

10.3.2　繪製專案網路圖重要名詞

利用箭號來表示作業：

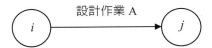

前置作業 (Predecessor Activity)：指要開始某項工作前須完成的作業，如圖 10.4 所示。

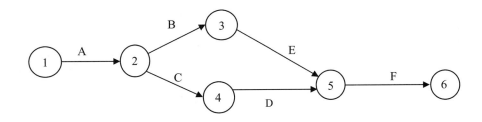

← 圖 10.4

　　圖 10.4 表示作業 A 完成後才可以進行作業 B 和 C，作業 C 完成後才可以進行作業 D，作業 B 完成後才可以進行作業 E，作業 D 和 E 完成後才可以進行作業 F。

　　虛擬作業 (Dummy Activity)：如果兩個以上的作業有共同的起點和終點時，其先後關係必須用虛擬作業來表示，如圖 10.5。虛擬作業乃表達一項作業與其他作業的先後關係，無實際的工作需執行稱為虛擬作業，通常以虛線「----▶」表示，所

需作業的時間設定為 0。

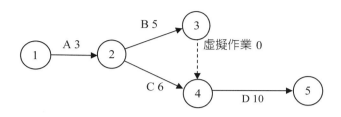

圖 10.5

圖 10.5 表示節點 3 到節點 4 的作業是虛擬作業。作業 B 和作業 C 是作業 D 的前置作業。

繪製網路圖應避免的錯誤，如圖 10.6 所示。

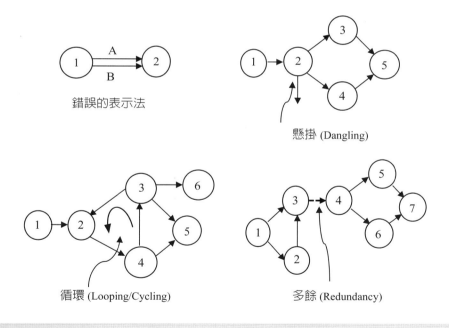

圖 10.6

10.3.3　找出專案計劃要徑的方法

從網路可以有系統地求得要徑與寬裕時間，以下先介紹一些符號：

$D_{i,j}$ (Duration)：代表從事件 i 到事件 j 的作業時間。

ES_i（事件 i Earliest Occurrence Time）：事件 i 最早發生時間。

ES_j（事件 j Earliest Occurrence Time）：事件 j 最早發生時間。

LS_i（事件 i Latest Occurrence Time）：事件 i 最晚發生而不延誤專案完成的時間。

LS_j（事件 j Latest Occurrence Time）：事件 j 最晚發生而不延誤專案完成的時間。

「最早發生」均是指前置作業均無延誤下，最早可以開始的時間。

「最晚發生」均是指不延誤整個專案時限下，最晚可以開始的時間。

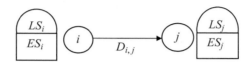

最早開始、最晚開始及寬裕時間的計算如下：

步驟 1：以順推計算法計算專案終點最早開始的時間。

如果只有一個節點進入節點 j，如下圖：

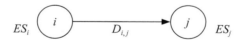

則 $ES_j = ES_i + D_{i,j}$。

如果有多個節點進入節點 j，如下圖：

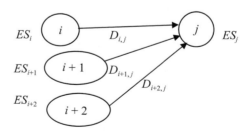

則 $ES_j = \max_i \{ES_i + D_{i,j}\}$，對所有進入節點 j 的節點。

例如：

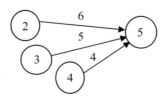

假設 $ES_2 = 5$、$ES_3 = 7$、$ES_4 = 9$，$ES_2 + 6 = 5 + 6 = 11$，$ES_3 + 5 = 7 + 5 = 12$，$ES_4 + 4 = 9 + 4 = 13$，則 $ES_5 = $ 最大值 $\{11, 12, 13\} = 13$。

步驟 2：以逆推計算法計算專案起點最晚完成的時間。

對於任何作業 (i, j)，如果只有一個節點 j 離開節點 i，如下圖：

則 $LS_i = LS_j - D_{i,j}$。

如果有多個節點離開節點 i，如下圖：

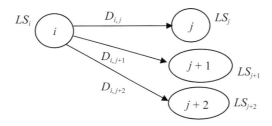

則 $LS_i = $ 最小值 $\{LS_j - D_{i,j}\}$，對所有離開節點 i 的節點。

例如：

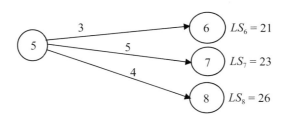

假設 $LS_6 = 21$、$LS_7 = 23$、$LS_8 = 26$，$LS_6 - 3 = 21 - 3 = 18$，$LS_7 - 5 = 23 - 5 = 18$，$LS_8 - 4 = 26 - 4 = 22$，則 $LS_5 = $ 最小值 $\{18, 18, 22\} = 18$。

步驟 3：作業 (i, j) 的總寬裕時間 (Total Float)：是指不延誤整個專案完成時間下，作業 (i, j) 可寬放的時間。

作業 (i, j) 的總寬裕時間 $= TF_{i,j} = $ 節點 j 的最晚開始時間－（節點 i 的最早開

始時間＋作業 (i, j) 的工時）$= LS_j - ES_j = LS_j - ES_i - D_{i,j}$。

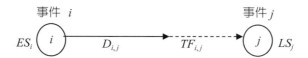

總寬裕時間為 0 的作業表示該作業不能延誤，否則將延誤整個專案完成時間，因此是緊要作業，將緊要作業連接起來即可得要徑（可能不是唯一），而要徑上的作業時間總和就是整個專案所需時間。換句話說，寬裕時間大於 0 的作業，表示該作業可以延誤而不影響整個專案完成時間，因此是非緊要作業。瞭解總寬裕時間是很重要的。作業 (i, j) 的總寬裕時間對考慮專案時間和成本因素及縮短要徑時間，是很有幫助的。

要徑作業 (Critical Activity)：作業 (i, j) 的總寬裕時間等於 0，則作業 (i, j) 是一要徑作業。

要徑 (Critical Path)：一個從頭到尾的路徑完全由要徑作業所組成，則該路徑稱之為要徑。

10.3.4　計劃評核術與要徑法都是採用網路圖和要徑為主要概念，其基本步驟

步驟 1：定義專案及完成專案所需之作業清單。

步驟 2：找出各作業之先行作業。

步驟 3：估計各作業之工作時間。

步驟 4：將步驟 1 與步驟 2 所得到的作業及其先行關係，繪製專案網路圖。

步驟 5：用網路及估計之作業時間，由前向後找出各作業的最早開始及最早完成時間。最後一個作業的完成時間，就是完成整個專案所需時間。

步驟 6：將步驟 5 找出的專案完成時間作為最後一個作業的最遲完成時間，從後向前，以找出各作業的最遲開始及完成時間。

步驟 7：計算作業 (i, j) 的總寬裕時間 = 節點 j 的最晚完成時間 −（節點 i 的最早開始時間 + 作業 (i, j) 的工時）

步驟 8：找出總寬裕時間為 0 的作業，這些作業為要徑作業。

步驟 9：用步驟 5 及步驟 6 所得資料，建立專案的作業排程，並利用網路圖來幫助專案的管理。

範例 10.2

某一專案包括 A、B、C、…、H 等各種作業，每種作業完工的時間（以天為單位）如表 10.5 所示。

表 10.5　範例 10.2 的資料

作業	前置作業	所需時間（天）
A	-	8
B	-	9
C	-	10
D	A	11
E	A	16
F	B, D	29
G	B, D	17
H	C, G	15

1. 畫出網路圖並鑑定網路要徑。

2. 計算各作業的最早開工時間 (E) 及最遲開工時間 (L)。

3. 找出這專案的要徑路線和甘特圖。

解：

網路圖如圖 10.7 所示。

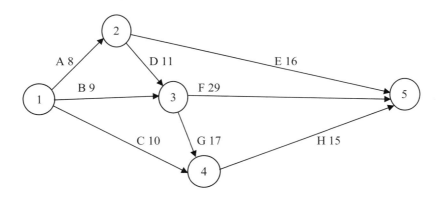

← 圖 10.7

設該專案從時間 0 開始，

$ES_1 = 0$

$ES_2 = ES_1 + D_{1,2} = 0 + 8 = 8$

$ES_3 =$ 最大值 $\{ES_1 + D_{1,3}, ES_2 + D_{2,3}\} =$ 最大值 $\{0 + 9, 8 + 11\} = 19$

$ES_4 =$ 最大值 $\{ES_1 + D_{1,4}, ES_3 + D_{3,4}\} =$ 最大值 $\{0 + 10, 19 + 17\} = 36$

$ES_5 =$ 最大值 $\{ES_2 + D_{2,5}, ES_3 + D_{3,5}, ES_4 + D_{4,5}\} =$ 最大值 $\{8 + 16, 19 + 29, 36 + 15\} = 51$

同樣地，

$LS_5 = ES_5 = 51$

$LS_4 = LS_5 - D_{4,5} = 51 - 15 = 36$

$LS_3 =$ 最小值 $\{LS_5 - D_{3,5}, LS_4 - D_{3,4}\} =$ 最小值 $\{51 - 29, 36 - 17\} = 19$

$LS_2 =$ 最小值 $\{LS_5 - D_{2,5}, LS_3 - D_{2,3}\} =$ 最小值 $\{51 - 16, 19 - 11\} = 8$

$LS_1 =$ 最小值 $\{LS_2 - D_{1,2}, LS_3 - D_{1,3}, LS_4 - D_{1,4}\} =$ 最小值 $\{8 - 8, 19 - 9, 36 - 10\} = 0$

上述順推和逆推計算法完成後可得專案網路圖，如圖 10.8 所示。

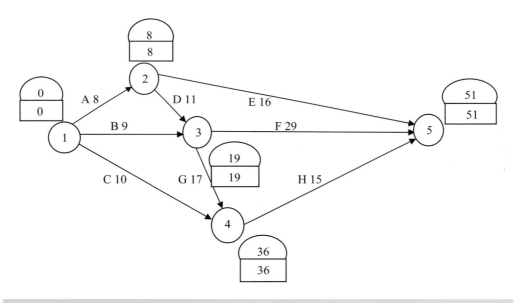

◀▶ 圖 10.8

根據上述資料，各作業的總寬裕時間可計算，例如：

作業 A 的總寬裕時間 $= TF_{1,2} = LS_2 - ES_1 - D_{1,2} = 8 - 0 - 8 = 0$

作業 E 的總寬裕時間 $= TF_{2,5} = LS_5 - ES_2 - D_{2,5} = 51 - 8 - 16 = 27$

根據圖 10.8 網路圖，各作業的 ES_i、ES_j、LS_j，總寬裕時間和緊要路徑可計算如表 10.6。

表 10.6

作業 (i, j)	作業時間（天）($D_{i,j}$)	ES_i	ES_j	LS_j	總寬裕時間 $LS_j - ES_i - D_{i,j}$	緊要路徑
A(1,2)	8	0	8	8	8-0-8=0	是
B(1,3)	9	0	19	19	19-0-9=10	-
C(1,4)	10	0	36	36	36-0-10=26	-
D(2,3)	11	8	19	19	19-8-11=0	是
E(2,5)	16	8	51	51	51-8-16=27	-
G(3,4)	17	19	36	36	36-19-17=0	是
F(3,5)	29	19	51	51	51-19-29=3	-
H(4,5)	15	36	51	51	51-36-15=0	是

從總寬裕時間等於0的作業，得知要徑是A→D→G→H（1→2→3→4→5）。此專案完成的時間 =8+11+17+15=51（天），如圖 10.9 所示。

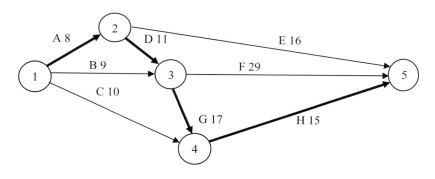

圖 10.9

其甘特圖如圖 10.10 所示。

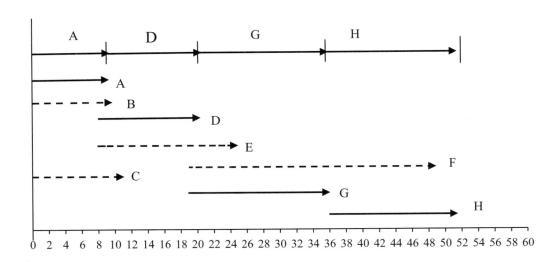

■➡ 圖 10.10

10.3.5　找出簡單的專案計劃要徑的方法

對簡單的專案計劃來說，如果只需找出專案計劃要徑，而不考慮事件 i 最早開始時間、事件 j 最早開始時間、事件 i 最晚完成時間、事件 j 最晚完成時間和總寬裕時間等。有一簡單方法，就是先找出完成專案計劃的所有可能路徑，計算各路徑完成所需的時間，其中完成時間最長的路徑（可能不是唯一）乃是要徑。

範例 10.3

在一新產品推出以前，有些工作必須完成，如表 10.7 所示。

表 10.7　範例 10.3 的資料

作業	作業內容	前置作業	所需時間（星期）
A	設計	-	6
B	市場調查	-	5
C	購買原料	A	3
D	接收原料	C	2
E	構建模型	D	3
F	開發廣告系列	B	2

表 10.7（續）

作業	作業內容	前置作業	所需時間（星期）
G	大量生產	E	4
H	交付給商店	G, F	2

1. 根據資料繪出專案網路圖。
2. 試求解專案計劃網路圖的要徑 (Critical Path)。〔摘自 97 年成大研究所乙組〕
解：

1. 根據問題提供的資料，專案的網路圖繪製如圖 10.11 所示。

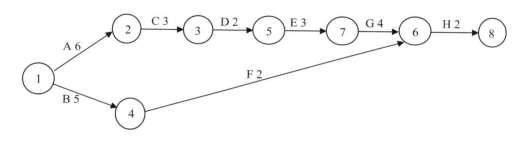

← 圖 10.11

2. 根據網路圖，該專案有兩條路徑：
   路徑 1：

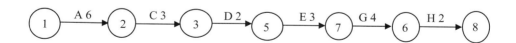

完成時間 = 6 + 3 + 2 + 3 + 4 + 2 = 20（星期）。
路徑 2：

完成時間 = 5 + 2 + 2 = 9（星期）。

比較兩條路徑完成時間，最大值 {20, 9} = 20，因此這專案的要徑路線是
A → C → D → E → G → H。這專案的正常完工時間 = 20（星期）。

🔒10.4 專案時間和成本

　　除時間因素，要徑法也把成本因素納入考慮。某個作業可因投入更多資源（如增加人力、增添設備等）而使正常作業時間減少，進而提早完成。專案時間和成本就是討論如何能在指定的時間內完成專案，並使因趕工而增加出的成本最少，如圖10.12所示。

　　正常時間（T）：某項作業在不趕工情形下的完成時間。

　　正常成本（C）：某項作業在不趕工情形下所需付出的成本。

　　趕工時間（T'）：某項作業在趕工情形下的完成時間。

　　趕工成本（C'）：某項作業在趕工情形下所需付出的成本。

　　趕工極限（$T-T'$）：正常時間減去趕工時間。

$$\text{單位趕工成本 }(s_{ij}) = \frac{\text{趕工成本} - \text{正常成本}}{\text{正常時間} - \text{趕工時間}} = \frac{C'-C}{T-T'}$$

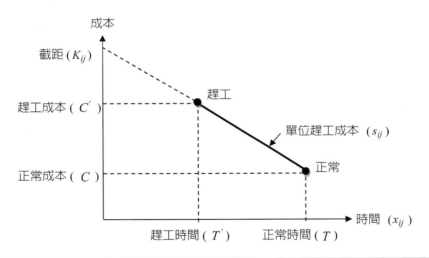

← 圖 10.12

　　專案可藉著減少緊要作業的正常作業時間而提早完成。選擇最小單位趕工成本的緊要作業來趕工會使趕工成本最小，但其縮小時間最多到趕工極限。這並不表示專案完成所減少的時間是緊要作業所縮小的時間，因為緊要作業的縮小時間可能導致新的緊要作業要徑，這可從上述作業的總寬裕＝0來檢查是否有新的緊要作業要徑。因此對緊要作業而言：趕工極限＝極小值｛趕工極限，非緊要作業的自由寬裕｝。

常用的趕工求解方法：**1. 單位時間縮短法和 2. 線性問題規劃法。**

10.4.1　單位時間縮短法

單位時間縮短法演算步驟如下：

步驟 1：計算各項作業的單位趕工成本並列表。

步驟 2：以正常時間尋找要徑，可能有一條或數條。若要徑上的作業均已不能趕工，則停止運算，回到步驟 5。否則選擇要徑上單位趕工成本最小的一項或數項作業趕工，總和因趕工而增加的成本。每條趕工的作業縮短一單位作業時間，使得要徑作業時間縮短，回到步驟 3。

步驟 3：若緊要路徑的時間符合要求，則停止運算，回到步驟 5；否則繼續步驟 4。

步驟 4：以各作業目前的時間繪製新網路圖，並回到步驟 2。

步驟 5：求得新的要徑及專案總成本。

範例 10.4

某公司設計一新產品，該公司只有有限的時間和資源來完成這項專案，表 10.8 提供相關的作業、有關的工作天數及有關的成本。

表 10.8　範例 10.4 的資料

作業	前置作業	所需時間（天）	正常成本	趕工成本（元）	趕工時間（天）
A	-	5	500	150	3
B	A	5	900	300	4
C	A	6	550	170	3
D	B	4	650	250	2
E	C	3	300	120	2
F	E	5	700	200	2

1. 畫出專案網路圖。

2. 找出這項專案的要徑。

3. 完成專案的時間及相關的成本。

4. 如果該產品交貨截止日期是 16 天，成本是多少？

解：

1. 專案網路圖如圖 10.13 所示。

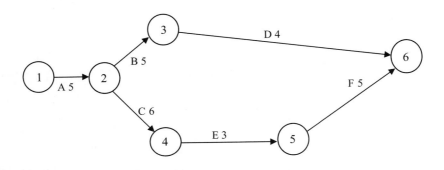

2. 利用 10.3.5 節簡單的專案計劃要徑的方法。

  此專案的要徑是 A、C、E、F（見圖 10.14）。

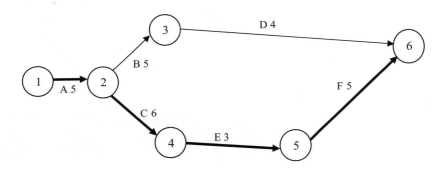

3. 此專案完成的時間 = 5 + 6 + 3 + 5 = 19（天），專案成本 = 500 + 900 + 550 + 650 + 300 + 700 = 3,600（元）。

4. 根據資料趕工時間成本表，如表 10.9 所示。

表 10.9

作業 (i,j)	所需時間（天）	趕工時間（天）	趕工極限	趕工單位成本（元）
A(1,2)	5	3	5 − 3 = 2	**150**
B(2,3)	5	4	5 − 4 = 1	300
C(2,4)	6	3	6 − 3 = 3	170
D(3,6)	4	2	4 − 2 = 2	250
E(4,5)	3	2	3 − 2 = 1	**120**
F(5,6)	5	2	5 − 2 = 3	200

因為專案正常完成的時間是 19 天，如果要 16 天完成，則需在某些作業上趕工，從趕工時間成本表來看，趕工成本最低的兩個作業是 E 和 A。

此專案的趕工要徑如圖 10.15。

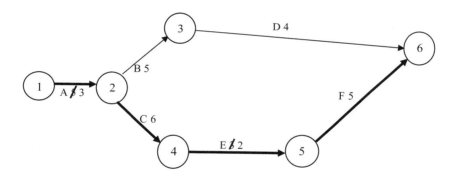

◀ 圖 10.15

此專案的要徑仍是 A → C → E → F。

專案的完成時間 = 3 + 6 + 2 + 5 = 16（天），專案成本 = 3,600 + 2×150 + 1×120 = 4,020（元）。

範例 10.5

奧斯汀造紙廠的工廠經理有一項新專案，其 AOA 如圖 10.16 所示。

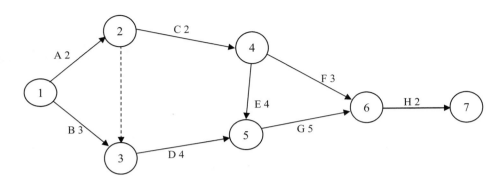

⬅ 圖 10.16　範例 10.5 的資料

　　假設奧斯汀造紙廠的工廠經理只有 13 週的時間去完成一項新專案（而不是 15 週），可能的趕工成本及趕工時間如表 10.10。

表 10.10

作業	前置作業	所需時間（週）	趕工時間（週）	正常成本（元）	趕工單位成本（元）
A	-	2	1	22,000	700
B	-	3	1	30,000	2,200
C	A	2	1	26,000	800
D	A, B	4	3	48,000	1,000
E	C	4	2	56,000	900
F	C	3	2	30,000	500
G	D, E	5	2	80,000	1,300
H	F, G	2	1	16,000	3,500

　　請問工廠經理如何用最少成本，在 13 週的時間去完成這項新專案？

解：

　　根據上網路圖（見圖 10.16），各作業的 ES_i、ES_j 自由寬裕，以及緊要路徑可計算如表 10.11 所示。

表 10.11

作業	所需時間（週）	最早作業開始時間	最早作業完成時間	最晚作業開始時間	最晚作業完成時間	寬裕時間 (LS-ES)	緊要路徑
A	2	0	2	0	2	0	是
B	3	0	3	1	4	1	-
C	2	2	4	2	4	0	是
D	4	3	7	4	8	1	-
E	4	4	8	4	8	0	是
F	3	4	7	10	13	6	-
G	5	8	13	8	13	0	是
H	2	13	15	13	15	0	是

　　緊要路徑是 **A→C→E→G→H**（15週），趕工單位成本計算如表10.12所示。

表 10.12

作業	前置作業	所需時間（週）	趕工時間（週）	正常成本（元）	趕工成本（元）	趕工單位成本（元）	緊要路徑
A	-	2	1	22,000	22,700	700	是
B	-	3	1	30,000	34,400	2,200	-
C	A	2	1	26,000	26,800	800	是
D	A, B	4	3	48,000	49,000	1,000	-
E	C	4	2	56,000	57,800	900	是
F	C	3	2	30,000	30,500	500	-
G	D, E	5	2	80,000	83,900	1,300	是
H	F, G	2	1	16,000	19,500	3,500	是

　　假設奧斯汀造紙廠的工廠經理必須在 13 週內完成該項新專案。

　　當前的關鍵路徑（使用正常時間）是 Start-A-C-E-G-H。在這些關鍵作業中，作業 A 每週的趕工單位成本最低，為 700 元。因此，工廠經理應將作業 A 的趕工時間縮短 1 週，以將項目完成時間減少到 14 週，費用是額外的 700 元。請注意，

作業 A 不能再趕工，因為它已達到 1 週的趕工限制。在這個階段，原始路徑 Start-A-C-E-G-H 仍然很關鍵，完成時間為 14 週。但是，一條新的路徑 Start-B-D-G-H 現在也很關鍵，完成時間為 14 週。因此，必須對兩條關鍵路徑進行任何進一步的趕工。在這些關鍵路徑中，我們都需要確定一個仍然可以趕工的作業，我們還希望使每條路徑上的作業趕工的總成本最小。我們可能很想簡單地選擇每條路徑中，每個時期趕工成本最小的作業。如果這樣做，我們將從第一條路徑中選擇作業 C，從第二條路徑中選擇作業 D，那麼總趕工成本將為 1,800 元（＝ 800 元＋ 1,000 元）。但注意到，作業 G 對兩條路徑都是通用的。也就是說，透過使作業 G 趕工，我們將同時減少兩條路徑的完成時間。儘管作業 G 的 1,300 元的趕工成本高於作業 C 和 D 的趕工成本，但我們仍然更喜歡讓作業 G 趕工，因為現在總趕工成本將僅為 1,300 元（相比之下，如果我們讓作業 C 和 D 趕工，則為 1,800 元）。

　　結論：要將項目壓縮到 13 週，工廠經理應該將作業 A 提前 1 週，將作業 G 提前 1 週。總額外費用為 2,000 元（＝ 700 元＋ 1,300 元）。

　　正常成本 = 22,000 + 30,000 + 26,000 + 48,000 + 56,000 + 30,000 + 80,000 + 16,000 = 308,000（元）。

　　趕工後的總成本 = 308,000 + 2,000 = 310,000（元）。

10.4.2　線性問題規劃法

　　線性規劃法是設定線性規劃模式，在指定完成專案的時間及增加趕工成本的情況下使總成本為最小。

　　設 T 為指定完成專案的時間；

　　ES_k 為事件 k 的最早開始時間，亦即事件 1 是專案開始事件、事件 n 是專案完成事件；

　　s_{ij} 為作業 (i,j) 的單位趕工成本；

　　K_{ij} 為作業 (i,j) 的截距 = 作業 (i,j) 的正常工作時間 × 單位趕工成本 + 作業 (i,j) 的正常成本；

　　d_{ij} 為作業 (i,j) 的趕工時間；

　　D_{ij} 為作業 (i,j) 的正常工作時間。

　　對每一個作業 (i,j)，事件 j 的最早時間大於或等於事件 i 的最早時間加上作業 (i,j) 的工作時間 t_{ij}。

　　線性規劃模式可寫為如下：

　　極小化　　　總成本 $TC(T) = \min\Sigma_{(i,j)} (K_{ij} - s_{ij}t_{ij})$

限制條件　$ES_1 = 0$

$ES_i + t_{ij} \leq ES_j$（對所有 (i,j)）

$ES_n \leq T$

$d_{ij} \leq t_{ij} \leq D_{ij}$（對所有 (i,j)）

範例 10.6

由範例 10.5，假設指定完成專案的時間是 13 週，請問最小總成本為多少？

解：

從表 10.12，可求得 s_{ij} 和 K_{ij} 如表 10.13 所示。

表 10.13

作業	前置作業	所需時間（週）	趕工時間（週）	正常成本（元）	趕工成本（元）	趕工單位成本 (s_{ij})	作業 (i,j) 截距 (K_{ij})
A(1,2)	-	2	1	22,000	22,700	700	23,400
B(1,3)	-	3	1	30,000	34,400	2,200	36,600
C(2,4)	A	2	1	26,000	26,800	800	27,600
D(3,5)	A, B	4	3	48,000	49,000	1,000	52,000
E(4,5)	C	4	2	56,000	57,800	900	59,600
F(4,6)	C	3	2	30,000	30,500	500	31,500
G(5,6)	D, E	5	2	80,000	83,900	1,300	86,500
H(6,7)	F, G	2	1	16,000	19,500	3,500	23,000

線性規劃模式可寫為如下：

極小化　　總成本 $TC(T) = \min\Sigma_{(i,j)} (K_{ij} - s_{ij}t_{ij})$

$= \min(23{,}400 + 36{,}600 + 27{,}600 + 52{,}000 + 59{,}600 +$

$31{,}500 + 86{,}500 + 23{,}000 - 700t_{12} - 2{,}200t_{13} - 800t_{24} -$

$1{,}000t_{35} - 900t_{45} - 500t_{46} - 1{,}300t_{56} - 3{,}500t_{67})$

限制條件　$ES_1 = 0$

$ES_1 + t_{12} \leq ES_2$

$ES_1 + t_{13} \leq ES_3$

$ES_2 + t_{24} \leq ES_4$

$$ES_3 + t_{35} \leq ES_5$$

$$ES_4 + t_{45} \leq ES_5$$

$$ES_4 + t_{46} \leq ES_6$$

$$ES_5 + t_{56} \leq ES_6$$

$$ES_6 + t_{67} \leq ES_7$$

$$ES_7 \leq 13$$

$$1 \leq t_{12} \leq 2$$

$$1 \leq t_{13} \leq 3$$

$$1 \leq t_{24} \leq 2$$

$$3 \leq t_{35} \leq 4$$

$$2 \leq t_{45} \leq 4$$

$$2 \leq t_{46} \leq 3$$

$$2 \leq t_{56} \leq 5$$

$$1 \leq t_{67} \leq 2$$

利用 Excel Solver 求解，得最佳解如表 10.14 所示。

表 10.14

趕工後各作業的時間

	A	t_12	t_13	t_24	t_35	t_45	t_46	t_56	t_67	ES_1	ES_2	ES_3	ES_4	ES_5	ES_6	ES_7
1		t_12	t_13	t_24	t_35	t_45	t_46	t_56	t_67	ES_1	ES_2	ES_3	ES_4	ES_5	ES_6	ES_7
2	value	1.0	3.0	2.0	4.0	4.0	3.0	4.0	2.0	0.0	1.0	3.0	3.0	7.0	11.0	13.0
3	objective function coefficients	-700	-2200	-800	-1000	-900	-500	-1300	-3500	0	0	0	0	0	0	0
4	constraint_1 coefficients	0	0	0	0	0	0	0	0	1	0	0	0	0	0	0
5	constraint_2 coefficients	1	0	0	0	0	0	0	0	1	-1	0	0	0	0	0
6	constraint_3 coefficients	0	1	0	0	0	0	0	0	1	0	-1	0	0	0	0
7	constraint_4 coefficients	0	0	1	0	0	0	0	0	0	1	0	-1	0	0	0
8	constraint_5 coefficients	0	0	0	1	0	0	0	0	0	0	1	0	-1	0	0
9	constraint_6 coefficients	0	0	0	0	1	0	0	0	0	0	0	1	-1	0	0
10	constraint_7 coefficients	0	0	0	0	0	1	0	0	0	0	0	1	0	-1	0
11	constraint_8 coefficients	0	0	0	0	0	0	1	0	0	0	0	0	1	-1	0
12	constraint_9 coefficients	0	0	0	0	0	0	0	1	0	0	0	0	0	1	-1
13	constraint_10 coefficients	0	0	0	0	0	0	0	0	0	0	0	0	0	0	1
14	constraint_11 coefficients	1	0	0	0	0	0	0	0	0	0	0	0	0	0	0
15	constraint_12 coefficients	0	1	0	0	0	0	0	0	0	0	0	0	0	0	0
16	constraint_13 coefficients	0	0	1	0	0	0	0	0	0	0	0	0	0	0	0
17	constraint_14 coefficients	0	0	0	1	0	0	0	0	0	0	0	0	0	0	0
18	constraint_15 coefficients	0	0	0	0	1	0	0	0	0	0	0	0	0	0	0
19	constraint_16 coefficients	0	0	0	0	0	1	0	0	0	0	0	0	0	0	0
20	constraint_17 coefficients	0	0	0	0	0	0	1	0	0	0	0	0	0	0	0
21	constraint_18 coefficients	0	0	0	0	0	0	0	1	0	0	0	0	0	0	0
22	constraint_19 coefficients	1	0	0	0	0	0	0	0	0	0	0	0	0	0	0
23	constraint_20 coefficients	0	1	0	0	0	0	0	0	0	0	0	0	0	0	0

表 10.14（續）

24	constraint_21 coefficients	0	0	1	0	0	0	0	0	0	0	0	0	0	0	0
25	constraint_22 coefficients	0	0	0	1	0	0	0	0	0	0	0	0	0	0	0
26	constraint_23 coefficients	0	0	0	0	1	0	0	0	0	0	0	0	0	0	0
27	constraint_24 coefficients	0	0	0	0	0	1	0	0	0	0	0	0	0	0	0
28	constraint_25 coefficients	0	0	0	0	0	0	1	0	0	0	0	0	0	0	0
29	constraint_26 coefficients	0	0	0	0	0	0	0	1	0	0	0	0	0	0	0
30																
31							趕工後的總成本									
32	objective (min)	310,000.0														
33	constraint_1	0.0	=	0.0												
34	constraint_2	0.0	<=	0.0												
35	constraint_3	0.0	<=	0.0												
36	constraint_4	0.0	<=	0.0												
37	constraint_5	0.0	<=	0.0												
38	constraint_6	0.0	<=	0.0												
39	constraint_7	-5.0	<=	0.0												
40	constraint_8	0.0	<=	0.0												
41	constraint_9	0.0	<=	0.0												
42	constraint_10	13.0	=	13.0												
43	constraint_11	1.0	<=	2.0												
44	constraint_12	3.0	<=	3.0												
45	constraint_13	2.0	<=	2.0												
46	constraint_14	4.0	<=	4.0												
47	constraint_15	4.0	<=	4.0												
48	constraint_16	3.0	<=	3.0												
49	constraint_17	4.0	<=	5.0												
50	constraint_18	2.0	<=	2.0												
51	constraint_19	1.0	>=	1.0												
52	constraint_20	3.0	>=	1.0												
53	constraint_21	2.0	>=	1.0												
54	constraint_22	4.0	>=	3.0												
55	constraint_23	4.0	>=	2.0												
56	constraint_24	3.0	>=	2.0												
57	constraint_25	4.0	>=	2.0												
58	constraint_26	2.0	>=	1.0												

由表 10.14，可得如下表：

作業	A	B	C	D	E	F	G	H
正常時間	2	3	2	4	4	3	5	2
趕工時間	**1**	3	2	4	4	3	**4**	2

　　工廠經理應將作業 A 的趕工時間縮短 1 週，作業 G 的趕工時間縮短 1 週。

　　正常成本 = 22,000 + 30,000 + 26,000 + 48,000 + 56,000 + 30,000 + 80,000 + 16,000 = 308,000（元）。

　　趕工後的總成本 = 310,000（元），總額外費用 = 310,000 − 308,000 = 2,000（元）。

　　結論：用「線性問題規劃法」求得的結果與用「單位時間縮短法」求得的結果完全相同。

🔒10.5　計劃評核術

　　計劃評核術 (PERT) 和要徑法 (CPM) 的網路圖是相同的，只是其作業的時間不一樣。計劃評核術 (PERT) 發展之初是針對作業時間不確定的情況，作業時間採取三個預估值：

　　a = 樂觀時間：在最好的情況下預估的時間。

　　b = 悲觀時間：在最壞的情況下預估的時間。

　　m = 最可能時間：在正常的情況下預估的可能時間。

　　很明顯地，$a \leq m \leq b$。計劃評核術假設作業時間是呈 Beta 分配，如圖 10.17 所示。

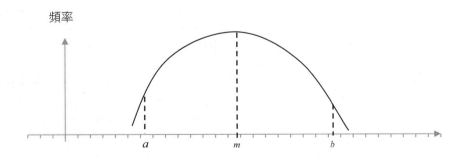

⬅➡ 圖 10.17

　　作業期望完成時間 = $E(D_{i,j}) = \dfrac{(a+b+4m)}{6}$。

　　時間變異數 = $\sigma_{i,j}^2 = [(b-a)/6]^2$。

　　計劃評核術之時程計算及要徑之決定與要徑法相同，其計算作業時間以期望工時代替。由於整個專案計劃之複雜性，欲求其完成時間之機率甚為困難。為簡化問題，假設各項作業時間是獨立隨機變數，因此整個專案的期望完成時間及其變異數

為：

$$E(T) = \Sigma E(D_{i,j}) = \Sigma \frac{(a+b+4m)}{6}$$
$$\sigma_T^2 = \Sigma \sigma_{i,j}^2 = \Sigma [(b-a)/6]^2$$

根據統計學的中央極限定理 (Central Limit Theorem)，整個專案計劃完成的時間 T 呈常態分配 (Normal Distribution)。

$$T \approx N(E(T), \sigma_T^2) = N(E(T), \sigma_T^2) = N\left(\Sigma \frac{(a+b+4m)}{6}, \Sigma[(b-a)/6]^2\right)$$

範例 10.7

表 10.15 列示一小橋施工專案的各種作業的詳情表。

表 10.15　範例 10.7 的資料

作業	前置作業	作業時間（星期）		
		客觀	最有可能	悲觀
A	-	3	7	17
B	A	6	9	12
C	A	7	11	15
D	B	9	12	15
E	C	2	4	6
F	B	4	7	10
G	D	6	9	12
H	E, F	8	10	12

1. 畫出網路圖並鑑定網路要徑。
2. 求解這個專案平均完成時間。
3. 求解這個專案在 35 個星期內能完成的機率。

解：

1.

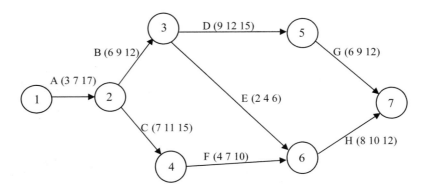

◀◆ 圖 10.18

根據作業期望完成時間 $= E(D_{i,j}) = \dfrac{(a+b+4m)}{6}$，時間變異數 $= \sigma_{i,j}^2 = [(b-a)/6]^2$，可得各相關作業的期望完成時間和時間變異數，如表 10.16 所示。

表 10.16

作業 (i,j)	期望完成時間 $E(D_{i,j})$	時間變異數 $\sigma_{i,j}^2$
A (1,2)	8	5.44
B (2,3)	9	1.00
C (2,4)	11	1.78
D (3,5)	12	1.00
E (3,6)	4	0.44
F (4,6)	7	1.00
G (5,7)	9	1.00
H (6,7)	10	0.44

其網路圖如圖 10.19。

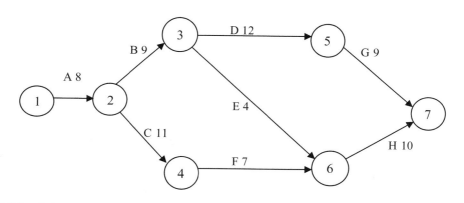

圖 10.19

2. 根據上網路圖（見圖 10.19），各作業的 ES_i、ES_j、LS_j 總寬裕時間和緊要路徑，可計算如表 10.17。

表 10.17

作業 (i,j)	作業時間（天）$(D_{i,j})$	ES_i	ES_j	LS_j	總寬裕時間 $LS_j - ES_i - D_{i,j}$	緊要路徑
A(1,2)	8	0	8	8	$8 - 0 - 8 = 0$	是
B(2,3)	9	8	17	17	$17 - 8 - 9 = 0$	是
C(2,4)	11	8	19	21	$21 - 8 - 11 = 2$	-
D(3,5)	12	17	29	29	$29 - 17 - 12 = 0$	是
E(3,6)	4	17	26	28	$28 - 17 - 4 = 7$	-
F(4,6)	7	19	26	28	$28 - 19 - 7 = 2$	-
G(5,7)	9	29	38	38	$38 - 29 - 9 = 0$	是
H(6,7)	10	26	38	38	$38 - 26 - 10 = 2$	-

此小橋施工專案的要徑是 A → B → D → G（如圖 10.20），專案的完成時間 = 8 + 9 + 12 + 9 = 38（星期）。

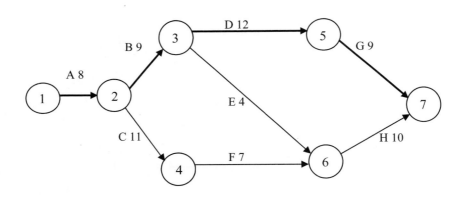

⬅️ 圖 10.20

3. $K = 38$

$E(T) = 35$

$\sigma^2 = \sigma_A^2 + \sigma_B^2 + \sigma_D^2 + \sigma_G^2 = 5.44 + 1 + 1 + 1 = 8.44$

$\sigma = \sqrt{8.44} = 2.91$

$C = \dfrac{K - E(T)}{\sigma} = \dfrac{38 - 35}{2.91} = 1.03$

這專案在 35 個星期內能完成的機率 $= P(T \le 35) = P(z \le C) = P(z \le 1.03) = 0.841$，如圖 10.21 所示。

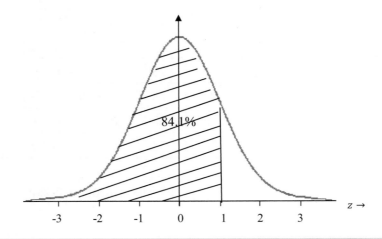

⬅️ 圖 10.21

範例 10.8

　　某土木工程公司競標一水壩的工程，表 10.18 列示該工程的各種作業及估計完成時間表。

表 10.18　範例 10.8 的資料

作業活動	作業時間（天）		
	客觀	最有可能	悲觀
1-2	14	17	26
2-3	15	19	20
2-4	13	15	18
2-8	16	18	27
3-4（虛擬）	0	0	0
3-5	14	16	25
4-6	13	17	19
5-8	15	18	20
6-7（虛擬）	0	0	0
6-8	18	22	36
7-8	15	17	21

　　公司的政策是競標最小的數目，而能有 95% 的機率使收支平衡。工程的成本是 90 萬元，而每天的支出變動成本是 8,000 元。請問該公司應競標多少？

解：

　　根據資料，可得各相關作業的期望完成時間和要徑作業的時間變異數，如表 10.19 所示。

表 10.19

作業活動	作業時間（天）			$E(D_{i,j}) = \dfrac{(a+b+4m)}{6}$	$\sigma_{i,j}^2 = [(b-a)/6]^2$
	客觀 (*a*)	最有可能 (*m*)	悲觀 (*b*)		
1-2	14	17	26	18.00	**4.00**
2-3	15	19	20	18.50	**0.69**
2-4	13	15	18	15.17	0.69
2-7	16	18	27	19.17	3.36
3-4（虛擬）	0	0	0	0.00	**0.00**
3-5	14	16	25	17.17	3.36
4-6	13	17	19	16.67	**1.00**
5-8	15	18	20	17.83	0.69
6-7（虛擬）	0	0	0	0.00	0.00
6-8	18	22	36	23.67	**9.00**
7-8	15	17	21	17.33	1.00

其網路圖如圖 10.22 所示。

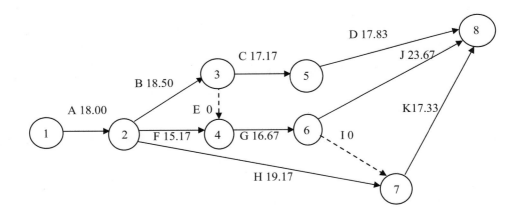

← 圖 10.22

不同的路徑及期望完成時間如下：

路徑 1：1-2-3-5-8，18.00 + 18.50 + 17.17 + 17.83 = 71.50（天）

路徑 2：1-2-3-4-6-8，18.00 + 18.50 + 0 + 16.67 + 23.67 = 76.84（天）

路徑 3：1-2-3-4-6-7-8，18.00 + 18.50 + 0 + 16.67 + 0 + 17.33 = 70.50（天）

路徑 4：1-2-7-8，18.00 + 19.17 + 17.33 = 54.50（天）

路徑 5：1-2-4-6-8，18.00 + 15.17 + 16.67 + 23.67 = 73.51（天）

路徑 6：1-2-4-6-7-8，18.00 + 15.17 + 16.67 + 0 + 17.33 = 67.17（天）

比較上述路徑時間，最大值 = 76.84，因此工程的要徑是**路徑 2：1-2-3-4-6-8**，如圖 10.23 粗黑線表示。

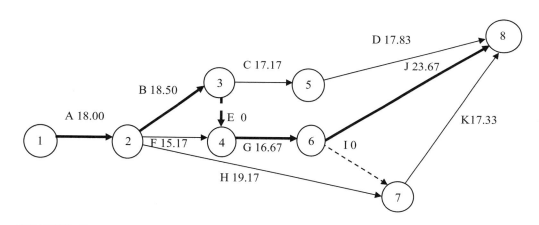

➙ 圖 10.23

要徑的時間變異數 $\sigma^2 = \sigma_A^2 + \sigma_B^2 + \sigma_E^2 + \sigma_G^2 + \sigma_J^2 = 4.00 + 0.69 + 0 + 1.00 + 9.00 = 14.69$，$\sigma = \sqrt{14.69} = 3.833$（天）。

現決定要多少天能有 95% 完成的機率，$p = 0.95$，所以 $z = 1.65$（如圖 10.24），$1.65 = \dfrac{T - 76.84}{3.833}$，$T = 83.16 \approx 84$（天）。公司應競標 = (900,000 + 8,000×84) = 1,572,000（元）。

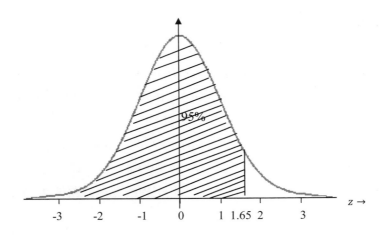

◆━▶ 圖 10.24

🔒10.6 本章摘要

- 計劃評核術 (Program Evaluation and Review Technique, PERT) 及要徑法 (Critical Path Method, CPM) 是兩個主要應用在專案計劃的規劃排程及控制上的專業管理技術。

- 網路圖 (Network Planning) 是一種圖解模型，形狀如同網路，故稱為網路圖。網路圖是由作業、事件和路線三個因素組成的。繪製專案網路圖的基本規則：
  1. 確定專案的各項作業。
  2. 確定各項作業的先後次序關係。
  3. 各項作業所需的時間。
  4. 求出網路中的要徑。

- 專案的網路圖有兩種表達方式：
  1. AON（節點圖法，Activity on Node）：以節點表示作業，箭號表示先後次序關係。
  2. AOA（箭線圖法，Activity on Arc）：以箭號表示作業，節點表示作業開始跟完成。

  專案計劃管理應用上以 AOA（箭線圖法，Activity on Arc）的網路圖較多。

- 要徑法 (CPM) 假設一專業的各種作業活動所完成的時間是已知的評估技術，但對許多專案計劃來說，這個假設並不適用。

■計劃評核術 (PERT) 乃是嘗試矯正要徑法的缺點，各種活動完成的時間是估計值。不過計劃評核術也有一些缺點：

1. 各種活動所完成的時間是互相獨立的假設有時並不適用。

2. 各種活動所完成的時間可能不會是 Beta 分布。

■找出專案計劃的要徑的方法：

1. 對簡單的專案計劃來說，找出完成專案計劃的所有可能路徑，計算各路徑完成所需的時間，完成時間最長的路徑乃是要徑。

2. 對複雜的專案計劃來說，計算各作業的總寬裕時間。總寬裕為 0 的作業，表示該作業不能延誤，否則將延誤整個專案完成時間，因此是緊要作業，將緊要作業連接起來即可得要徑（可能不是唯一的要徑），而要徑上的作業時間總和就是整個專案所需時間。

■專案趕工問題

1. 單位趕工成本 $= \dfrac{\text{趕工成本} - \text{正常成本}}{\text{正常時間} - \text{趕工時間}}$。

2. 常用的趕工求解方法：

   (1) 單位時間縮短法。

   (2) 線性問題規劃法。

3. 趕工原則：

   (1) 在專案要徑上趕工。

   (2) 若有多條要徑，必須同時趕工。

   (3) 從專案要徑上最低單位趕工成本的作業趕工，若緊要路徑的時間符合要求，則停止運算；否則繼續運算以求得新的要徑及專案總成本。

Chapter *11*

存貨模式
(Inventory Models)

◀ 戴爾（Dell）的庫存訂購政策 *

　　全球最大的計算機系統公司為戴爾公司，通過電話或網際網路直接向客戶銷售產品。訂單處理完畢後，將被送到其位於德克薩斯州奧斯汀的一家裝配廠，在 8 小時內完成產品的製造，經過測試和包裝，然後遞送產品。戴爾本身攜帶的組件庫存很少。技術變化如此之快速，以至於持有庫存可能是一項巨大的負擔；一些組件每週會損失 0.5% 到 2.0% 的價值。此外，戴爾的許多供應商都位於東南亞，他們到奧斯汀的運輸時間從空運 7 天到水陸運輸 30 天不等。為了彌補這些因素，戴爾的供應商將庫存保存在用於「循環庫存」的小型倉庫中，這些倉庫距離戴爾的組裝廠只有幾英里。戴爾在自己的工廠中保留的庫存很少，因此每隔幾個小時就會從「循環庫存」的小型倉庫中取出庫存，而且戴爾的大多數供應商每週都會向他們的小型倉庫交付 3 次。

　　戴爾供應商的庫存成本最終反映在電腦的最終價格中。因此，為了在市場上保持價格競爭優勢，戴爾努力幫助其供應商降低庫存成本。戴爾與其供應商簽訂了供應商管理庫存 (Vendor-Managed Inventory, VMI) 的協定，由供應商決定訂購多少以及何時將訂單發送到「循環庫存」的小型倉庫。戴爾的供應商使用連續訂購系統分批訂購（以抵消訂購成本），該系統具有批量訂單大小 Q 和再訂購點 R，其中 R 是訂購庫存和安全庫存的總和。基於長期數據和預測的訂單規模估計保持不變，戴爾為其供應商設定目標庫存水平——通常為 10 天的庫存——追蹤供應商偏離這些目標的程度，並將此訊息報告給供應商，以便他們進行相對應的調整。

* 資料來源：R. Kapuscinski, R. Zhang, P. Carbonneau, R. Moore, and B. Reeves, "Inventory Decisions in Dell's Supply Chain," *Interfaces, 34*(3) (May-June 2004), pp. 191-205.

🔒11.1　前言

　　存貨管理就是對企業的存貨進行管理,譬如一汽車工廠需要儲存不同的零件來組裝車子,若是訂購太多零件,公司要支付過多的存貨儲存成本,如果零件存貨不夠的話,汽車生產會嚴重受到阻礙而遭到財務損失。存貨模式的根本目標涉及到三個決定:**1. 要訂購多少來補充某項目的存貨;2. 何時要訂購;3. 保持多少安全庫存**。存貨模式兩個關鍵是訂貨的數量和時間,其目的是要使訂貨成本和持有成本的總成本最低。在製造業、零售業和某些服務業中的一項重要決策,就是決定要維持多少存貨。一旦確立存貨水準,它們就成為預算系統的一項重要資訊和決策來源。許多公司應用作業研究的數學存貨模式來改善他們的存貨策略 (Inventory Policy) 。在某些情況下,存貨物品的需求是確定性,但有些情況下,存貨物品的需求是不確定的,因此發展隨機性的存貨模式是有必要的。

　　研習本章之後,學者應瞭解各種存貨模式及其他類型系統與相關議題。

🔒11.2　存貨決策中的相關成本

　　存貨決策 (Inventory Decision):存貨是指企業在日常生產經營的過程中為生產或銷售而儲存的物資,以備使用或消費。存貨決策牽涉到四種成本之間的平衡:訂購成本、設置成本、持有成本與缺貨成本。如果因購買數量的多少而有不同的價格時,則最佳存貨決策必須考慮購買成本。

　　訂購成本 (Ordering Cost):是指每發出一訂單所涉及的費用,包括採購人員的處理或作業費用、郵電費用、運送成本與驗收成本等,此種成本通常隨著訂購次數而變動。

　　設置成本 (Setup Cost):當存貨是自己生產時無訂購成本,但也有與訂購成本類似的設置成本,例如:調整生產線、設置機器等的相關成本。

　　持有成本 (Holding Cost/Carrying Cost):持有某存貨項目一段時間所發生的成本,例如:倉儲的空間及管理成本、保險費用、倉庫部門的作業成本等。一般而言,此類成本多少隨著存貨量的多寡而變動。持有成本通常以商品價值的百分率 (20%~40%) 或 $ 表示。

　　缺貨成本 (Shortage Cost):當需求超過現有庫存的供應量時,所產生的懲罰成本,一般分為延期交貨 (Backorder) 或失去銷售 (Lost Sale) 兩種情況涉及的成本。

　　補貨成本 (Backorder Cost):顧客訂單已來,但存貨缺貨,顧客願意等下一批

貨，再行補送的處理成本謂之補貨成本，例如：到貨通知顧客之行政手續費、缺貨罰金等。

購買成本 (Purchasing Cost)：是指購買物品所付的費用。當單位購買成本是固定時，最佳存貨決策不考慮購買成本；但當購買價格不是固定時（可能因購買數量的多少而有不同的價格），則最佳存貨決策必須考慮購買成本。

▣11.3 經濟訂購量 (EOQ) 模式

經濟訂購量 (Economic Order Quantity, EOQ) 乃涉及每次訂購時要訂購多少數量？適用於連續檢閱系統 (Continuous Review System)。基本上有四個不同的 EOQ 模式：

1. EOQ 模式。
2. 經濟生產批量模式 (EPQ)。
3. 允許缺貨模式。
4. 數量折扣模式。

經濟訂購量 (EOQ) 有下列六個基本假設：

1. 需求率 (Demand Rate) 是已知的確定 (Deterministic) 常數，而且不受其他產品的影響。
2. 訂購數量 Q 是連續的 (Continuous)，當每次訂購數量到達時，存貨會增加 Q 單位。
3. 無數量折扣的情形。
4. 每次從訂購到交貨的前置時間 (Lead Time) 是固定，且是已知的常數。
5. 不允許缺貨的情形發生 (Shortages/Stockouts)。
6. 總變動成本僅包括訂購成本 (Setup/Ordering Cost) 和持有成本 (Holding/Carrying Cost)。

符號的定義及其單位：

Q = 每批訂購數量。
D = T 時間的總需求。
d = 每單位時間的需求量。
K = 訂購一次的成本 ($)。
h = 持有一單位每單位時間的成本 ($)。
L = 前置時間 (t)，也稱之為交貨時間。
I = 存貨水準。

設 Q = 每批訂購數量，為決策變數。

T = 每次訂購所間隔的時間，或稱存貨變動的週期，為一變數。

N = T 時間內週期次數。

D = T 時間內（一年內）的總需求，為已知常數。

d = 每單位時間（天）的需求量，為已知常數。

註：規劃分析時間長度，通常為一年。

前置時間 (L)=0 時，簡單 EOQ 模式的存貨變動情形可以圖 11.1 表示如下：

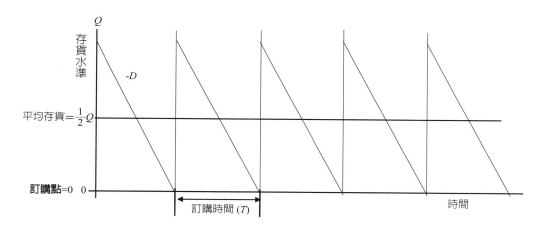

↩ 圖 11.1

前置時間 (L) 不等於 0 時，簡單 EOQ 模式的存貨變動情形可以圖 11.2 表示如下：

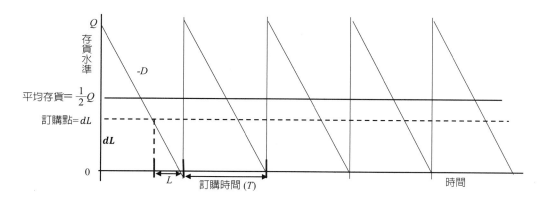

↩ 圖 11.2

存量 $= \triangle$ 面積 $= \dfrac{Q \times T}{2}$。

平均存貨量 $= \dfrac{存量}{T} = \dfrac{Q \times T}{2T} = \dfrac{Q}{2}$。

令 $h =$ 每單位每年持有成本、$K =$ 每次訂購成本、$I_C =$ 年持有成本率。可求得：

1. 每年所需訂購次數 $= \dfrac{D}{Q}$。

2. 全年訂購成本 $=$ 每次訂購成本 $\times$ 每年訂購次數 $= K \times \dfrac{D}{Q}$。

3. 平均每天存貨量 $\dfrac{Q}{2}$。

4. 全年持有成本 $=$ 每單位每年持有成本 $\times$ 平均存貨水準 $= h \times \dfrac{Q}{2}$。

5. 每單位每年持有成本 $h =$ 年持有成本率 $\times$ 每單位成本 $= I_C C$。

6. 年總成本 $=$ 全年持有成本 $+$ 全年訂購成本：$TC(Q) = h \times \dfrac{Q}{2} + K \times \dfrac{D}{Q}$。

年總成本以 Q 函數表示，對年總成本求第一次導數，並令其為零：

$\dfrac{dTC(Q)}{dQ} = \dfrac{h}{2} - K\dfrac{D}{Q^2} = 0$，所以 $Q^* = \sqrt{\dfrac{2DK}{h}}$。

因為 $\dfrac{d^2TC(Q)}{dQ^2} = \dfrac{2DK}{Q^3} > 0$，所以 Q^* 是 $TC(Q)$ 最低點的 Q 值，如圖 11.3 所示。

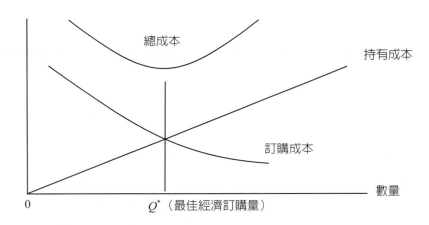

← 圖 11.3　全年持有及訂購成本

將 Q^* 帶入 $TC(Q)$，可得採用 EOQ 的總成本如下：

$$TC = \frac{D}{\sqrt{2DK/h}}K + \frac{\sqrt{2DK/h}}{2}h$$
$$= \frac{\sqrt{2DKh}}{2} + \frac{\sqrt{2DKh}}{2}$$
$$= \sqrt{2DKh}$$

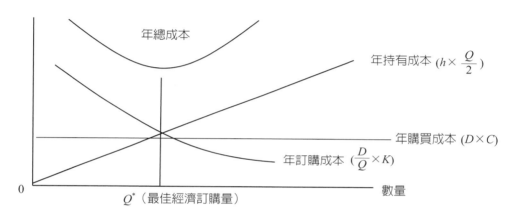

年總成本

← 圖 11.4　每年各項有關成本

圖 11.4 中顯示，期間存貨總成本呈 U 字形曲線，當持有成本與訂購成本相同時，年總成本 $TC(Q^*)$ 為最低，年總成本最低時之訂購量稱為經濟訂購量 (EOQ)。

EOQ 在數量上的限制：有時訂購數量必須是整數，處理方式如下：

1. 若 EOQ 為整數，則為最佳整數解，否則繼續。
2. 比較 EOQ 兩個相鄰整數的 TC，並選擇有較小 TC 的訂購數量。

範例 11.1

某公司推銷無痛的注射針頭給國內醫院，公司要決定經濟訂購量以維持最低存貨成本，每年需求量是 1,200 單位，訂購成本每次訂貨 \$10，持有成本為 \$0.6 / 單位 / 年，訂購的前置時間為 4 天。

1. EOQ 為何？
2. 每年最佳的訂購次數為何？
3. 最佳的訂購週期是幾天？（每年營業 300 天）

4. EOQ 的總成本是多少？

5. 訂購點為何？

解：

1. $D = 1,200$ 單位／年、$K = \$10$、$h = \$0.6$／單位／年、$L = 4$ 天

   最佳經濟訂購量 $Q^* = \sqrt{\dfrac{2DK}{h}} = \sqrt{\dfrac{2(1,200)(10)}{0.6}} = \sqrt{40,000} = 200$。

2. 每年最佳訂購次數 $N = \dfrac{D}{Q^*} = \dfrac{1,200}{200} = 6$ 次。

3. 最佳訂購週期 $T = \dfrac{Working\ Days\ Per\ Year}{N} = \dfrac{300}{6} = 50$ 天。

4. EOQ 的總成本：$TC =$ 年訂購成本＋年持有成本

   $= \dfrac{D}{Q}K + \dfrac{Q}{2}h = \sqrt{2DKh} = \sqrt{2(1,200)(10)(0.60)} = \$120$。

5. 訂購點 $dL = (1200/300)(4) = 16$ 單位。

🔒11.4 經濟生產批量 (EPQ) 模式

經濟生產批量 (EPQ) 模式在生產中被廣泛使用。此模式用於製造情況，其中庫存以有限的生產速率補充，該速率由所考慮的項目的生產率給出。即使在裝配操作中，部分工作也是分批完成的。原因是在某些情況下，生產零件的能力超過了零件的使用率或需求率。只要生產繼續，庫存就會繼續增長。在這種情況下，定期分批或批量生產此類物品，而不是連續生產是有意義的。EPQ 模式的假設與 EOQ 模式的假設相似，不同之處在於不是在一次交付中收到訂單，而是在生產過程中逐步收到生產出來的單位。圖 11.5 說明了定期生產批量模式與庫存的關係。

在經濟生產批量 (EPQ) 模式有兩個變數要注意：

p：每日產量（日產量）。

d：每日需求率（日需求）。

注意：p 和 d 必須以相同的時間單位定義。

EPQ 推導過程：

根據圖形，可計算 $I_{\max}$ 如下：

$$I_{\max} = t(p-d) = \frac{Q}{p}(p-d) = Q\left(1 - \frac{d}{p}\right)$$

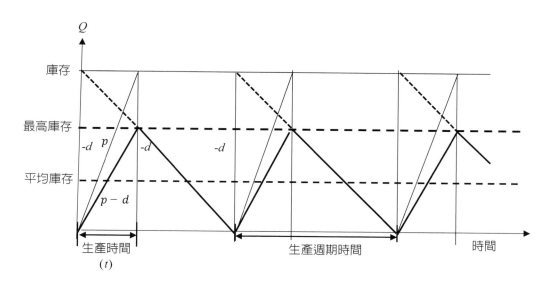

圖 11.5　定期生產批量模式與庫存

因平均存貨為 $\frac{I_{max}}{2}$，故年總成本為 $TC =$ 年設置成本 + 年持有成本，即

$TC = \frac{D}{Q}K + \frac{Q(1-d/p)}{2}h$，欲求此總成本的最低點，我們可讓 TC 對 Q 的導數為零，

即 $\frac{dTC}{dQ} = -\frac{DK}{Q^2} + \frac{(1-d/p)h}{2} = 0$，因此 $EPQ = Q_p^* = \sqrt{\dfrac{2DK}{h(1-d/p)}} = \sqrt{\dfrac{2DK}{h}}\sqrt{\dfrac{p}{p-d}}$。

因為 $\frac{d^2TC}{dQ^2} = \frac{2DK}{Q^3} > 0$ 所以 $EPQ(Q_p^*)$ 是最低總成本 TC 的數量，此與前述所得的

$EOQ = \sqrt{\dfrac{2DK}{h}}$ 差別在 $\sqrt{\dfrac{p}{p-d}}$，將 Q_p^* 帶入 TC，可得總成本為 $TC = \sqrt{2DKh(1-d/p)}$。

範例 11.2

雷聲公司為某汽車零售商製造並出售一特殊的輪圈蓋，公司預測下一年的輪圈蓋需求量是 1,200 單位，公司有效工作天數是每年 300 天。每天有效的生產量是 8 單位，設置成本為 \$10，持有成本為每年每單位 \$0.30。公司要決定最佳的經濟生產批量為何？

1. EPQ 為何？
2. EPQ 的總成本是多少？
3. 每個週期是幾天？
4. 每個批量需要幾天的生產時間？

解：

1. $D = 1,200$ 個／年

   $K = \$10$

   $p = 8$ 單位／每天

   $d = \dfrac{1,200}{300} = 4$ 單位／每天

   $h =$ 每年每單位 $\$0.30$

   注意：所有資料的時間單位必須一致。

   EPQ：

   $$Q_p^* = \sqrt{\frac{2DK}{h(1-d/p)}} = \sqrt{\frac{2DK}{h}}\sqrt{\frac{p}{p-d}} = \sqrt{\frac{2(1,200)(10)}{0.3(1-4/8)}}$$

   $$= \sqrt{\frac{2(1,200)(10)}{0.3}}\sqrt{\frac{8}{8-4}} = \sqrt{160,000} = 400 \text{。}$$

2. EPQ 的總成本 $TC = \sqrt{2DKh(1-d/p)} = \sqrt{2(1,200)(10)(0.3)(1-4/8)} = \$60$。

3. 週期時間 $T = \dfrac{Q^*}{D} = \dfrac{400}{1,200} = 0.333$ 年 $= 121.7$ 天。

4. 每批量生產時間 $\dfrac{Q^*}{p} = \dfrac{400}{8} = 50$ 天。

🔒 11.5　允許缺貨 EOQ 模式 (Back Ordering)

　　當公司允許出現短缺或延期交貨時，這是允許缺貨的庫存問題。在許多情況下，短缺在經濟上是合乎需要的。允許短缺將允許製造商或零售商增加週期時間，從而將設置或訂購成本分攤到更長的時間段內。該模型有以下假設：

1. 系統處理單個項目。
2. 每個時間單位對 D 單位的需求率是已知且是常數。
3. 該項目是批量生產或按訂單採購的。
4. 每個訂單的庫存訂購成本 K 是已知的且是常數。
5. 允許短缺。S 表示當新的單位為 Q 的貨物到達時，已累積的短缺量（延期交貨的單位）。
6. 交貨時間為零。
7. 訂單大小 Q 和短缺量 S 是決策變數。
8. T 是週期時間。
9. 每單位時間的存貨持有成本 h 是已知的且是常數。

10. 每單位時間的允許缺貨成本 r 是已知的且是常數。

11. 這是持續審查過程,即我們不斷查看庫存,並在到達重新訂購點時重新訂購。

有計劃缺貨之庫存量模式,如圖 11.6 所示。

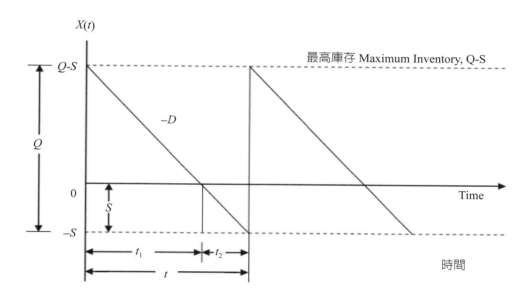

◀ 圖 11.6　有計劃缺貨之庫存量

由圖 11.6 得到 $t_1 = \dfrac{Q-S}{D}$、$t_2 = \dfrac{S}{D}$、$t = \dfrac{Q}{D}$。

每一週期的總成本 = 訂購成本 + 持有成本 + 缺貨成本(不考慮購買物品成本)

$$= K + h\int_0^{t_1} X(t)dt + \int_{t_1}^{t}(-X(t))dt$$

$$= K + h\frac{(Q-S)t_1}{2} + r\frac{St_2}{2}$$

$$= K + h\frac{(Q-S)^2}{2D} + r\frac{S^2}{2D} \quad (因為 t_1 = \frac{Q-S}{D} 、 t_2 = \frac{S}{D})。$$

每單位時間的總成本 = 每一週期的總成本 / 週期時間

$$= \left(K + h\frac{(Q-S)^2}{2D} + r\frac{S^2}{2D}\right)/t \quad (因為 t = \frac{Q}{D})。$$

每單位時間的總成本 $TC = \dfrac{KD}{Q} + h\dfrac{(Q-S)^2}{2Q} + r\dfrac{S^2}{2Q}$。

欲求 Q^* 與 S^*,讓 $\dfrac{\partial TC}{\partial Q}$ 及 $\dfrac{\partial TC}{\partial S}$ 等於零,可得 $\dfrac{\partial TC}{\partial Q} = -\dfrac{KD}{Q^2} - \dfrac{h(Q-S)^2}{2Q^2} + \dfrac{h(Q-S)}{Q}$

$-\dfrac{rS^2}{2Q^2}=0$，$\dfrac{\partial TC}{\partial S}=-\dfrac{h(Q-S)}{Q}+\dfrac{rS}{Q}=0$。

聯立求解可得：

最佳訂購量 $Q^*=\sqrt{\dfrac{2DK}{h}}\sqrt{\dfrac{r+h}{r}}$。

訂單到達前缺貨量 $S^*=Q^*\dfrac{h}{r+h}$。

最大的存貨量 $=Q^*-S^*=Q^*-Q^*\dfrac{h}{r+h}=Q^*\dfrac{r}{r+h}=\sqrt{\dfrac{2DK}{h}}\sqrt{\dfrac{r+h}{r}}\times\dfrac{r}{r+h}$

$=\sqrt{\dfrac{2DK}{h}}\sqrt{\dfrac{r}{r+h}}$。

由此可得最佳週期時間：$t^*=\dfrac{Q^*}{D}=\sqrt{\dfrac{2K}{Dh}}\sqrt{\dfrac{r+h}{r}}$。

把 Q^* 和 S^* 代入每單位時間的總成本 TC，可得每單位時間的總成本

$TC=\sqrt{2DKh\left(\dfrac{r}{r+h}\right)}$。

範例 11.3

假設大亨公司某電器產品適合補貨存量系統的資料如下：

$D=1{,}600$ 件／年

$I_C=0.25$

$C=40$ 元／件

$K=30$ 元／次

$r=20$ 元／件、年

請求解：

1. 最佳訂購量。

2. 訂單到達前缺貨量。

3. 最大存量。

4. 週期時間。

5. 每年訂貨次數。

6. 年總成本。

7. 允許缺貨，還是不允許缺貨？

解：

$$h = I_C C = 0.25 \times 40 = 10 \text{ 元／年、件}$$

1. $Q^* = \sqrt{\dfrac{2DK}{h}}\sqrt{\dfrac{r+h}{r}} = \sqrt{\dfrac{2\times 1,600\times 30}{10}}\sqrt{\dfrac{20+10}{20}} = 120 \text{。}$

2. 缺貨 $S^* = Q^*\dfrac{h}{r+h} = 120 \times \dfrac{10}{10+20} = 40 \text{。}$

3. 最大存量 $Q^* - S^* = 120 - 40 = 80 \text{。}$

4. $t^* = \dfrac{Q^*}{D} = \dfrac{120}{1,600} = 0.075 \text{ 年} = 27.38\text{days 或 27days。}$

5. $N^* = \dfrac{D}{Q^*} = \dfrac{1,600}{120} = 13.33 \text{ 或 13 。}$

6. 年總成本：

   年持有成本 $= h\dfrac{(Q-S)^2}{2Q} = 10\dfrac{(80)^2}{2\times 120} = 266.67 \text{ 元。}$

   年訂購成本 $= K\times\dfrac{D}{Q} = 30\times\dfrac{1,600}{120} = 400 \text{ 元。}$

   年補貨成本 $= r\dfrac{S^2}{2Q} = 20\dfrac{40^2}{2\times 120} = 133.33 \text{ 元。}$

   $TC = 266.67 + 400 + 133.33 = 800 \text{ 元。}$

7. 若公司不允許缺貨，則以 EOQ 模式：

   $$Q^* = \sqrt{\dfrac{2DK}{h}} = \sqrt{\dfrac{2\times 1,600\times 30}{10}} = 97.98 \cong 98 \text{。}$$

   年總成本：

   年持有成本 $= h\times\dfrac{Q}{2} = 10\times\dfrac{97.98}{2} = 489.9 \text{元。}$

   年訂購成本 $= K\times\dfrac{D}{Q} = 30\times\dfrac{1,600}{97.98} = 489.9 \text{元。}$

   $TC = 489.9 + 489.9 = 979.8 \text{ 元} \cong 980 \text{ 元。}$

   不允許缺貨比允許缺貨多了 180 元（= 980 – 800）成本，所以允許缺貨比較好。

🔒 11.6　訂購點的訂購 (Reorder Point Ordering)

　　EOQ 模式回答了訂購多少的問題，而不是何時訂購的問題。後者是根據數量確定再訂購點 (ROP) 的模式的功能。當手頭的數量下降到預定數量時，就會出現再訂購點。除了交貨期內的預期需求，可能還有額外的庫存緩衝，這有助於降低在交貨期內出現缺貨的可能性。請注意，爲了知道何時達到再訂購點，需要對庫存進

行永久（即持續）監控。爲減少由於需求和／或交貨時間可變性而發生缺貨（即缺貨）的可能性而持有的庫存，被稱爲安全庫存。訂購的目標是在現有庫存量足以滿足接收訂單所需時間（即提前期）期間的需求時下訂單。再訂購點數量有四個決定因素，如下：

1. 需求率（通常基於預測）。

2. 交貨時間。

3. 需求的程度和／或交貨時間的可變性。

4. 管理層可接受的缺貨風險程度。

如果需求和前置時間都是不變的，再訂購點就是 $ROP = d \times LT$。

前置時間 (L) 不等於 0 時，簡單 EOQ 模式的存貨變動情形可以圖 11.7 表示。

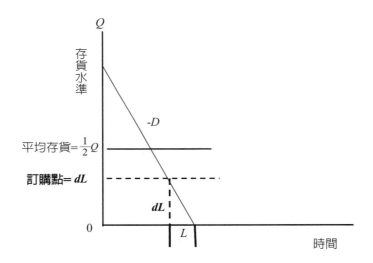

◆━━ 圖 11.7

其中 d = 需求率（每天或每週的單位）、LT = 以天或週爲單位的交貨時間。

注意：需求和提前期必須用相同的時間單位表示。

當需求或交貨時間存在可變性時，就會產生實際需求超過預期（平均）需求的可能性。因此，需要進行額外的庫存，稱爲安全庫存，以降低在交貨期內庫存耗盡（缺貨）的風險。然後，再訂購點會增加安全庫存的數量。

到目前爲止，我們討論的所有庫存模式都假設對產品的需求是恆定且確定的。我們現在放寬這個假設。求當產品的需求是隨機時，以下庫存模式適用。這些類型的模式稱爲概率模式。概率模式是針對實際業務狀況的調整，因爲需求和交貨時

間並非總是已知和恆定的。訂購點 R 的訂定，經常決定於服務水準 (Service Level, SL)。隨機需求與庫存的關係，如圖 11.8 所示。

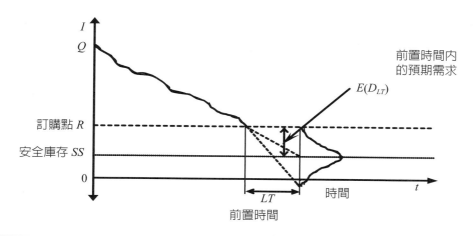

◆ 圖 11.8　隨機需求與庫存的關係

　　對於此隨機需求模式，其訂購政策除了要決定最佳訂購量外，亦需指定訂購點。在最佳訂購量的決定方面，我們可直接使用基本 EOQ 模式，亦可使用允許缺貨的 EOQ 模式，即 $Q^* = \sqrt{\dfrac{2DK}{h}}$ 或 $Q^* = \sqrt{\dfrac{2DK}{h}}\sqrt{\dfrac{r+h}{r}}$。

　　$P_r\{$ 前置時間內的需求 $(D_{LT}) \leq$ 訂購點 $(R)\} = $ 服務水準 (SL)

　　訂購點的決定取決於服務水準，服務水準定義為前置時間內不會缺貨的機率。 例如：如果缺貨概率為 0.05，則服務水準為 0.95。不確定的需求增加了缺貨的可能性。管理層的一個重要問題是在需求不確定的情況下，保持足夠的服務水準。減少缺貨的一種方法是在庫存中保留額外的單位，這種庫存被稱為安全庫存。安全庫存涉及添加一些單位，作為再訂購點的緩衝區。

$$\text{ROP}\,(\text{訂購點}) = E(D_{LT})\,(\text{前置時間內的預期需求}) + SS\,(\text{安全庫存})$$

　　若前置時間內的需求呈常態分配，

$$\text{ROP}\,(\text{訂購點}) = E(D_{LT})\,(\text{前置時間內的預期需求}) + Z\sigma_{dLT}\,(\text{安全庫存})$$

本書後面的附錄 C 為標準常態分布表。

上述有三種情況的訂購點模式：

情況 1：每日需求是變數，前置時間是常數

$$\text{ROP}（訂購點）=〔每日平均需求 \times 前置時間（天）〕+ Z\sigma_{dLT}（安全庫存）$$

σ_d (Standard Deviation of Demand Per Day) = 每日需求的標準差

σ_{dLT} = 前置時間需求的標準偏差 = 每日需求的標準差$\sqrt{前置時間}$

範例 11.4

Best Buy 商店對聯想筆記型電腦的每日平均需求為 20 臺，標準差為 3 臺。交貨時間固定為 2 天。如果管理層需要，90% 的服務水準（即只有 10% 的時間存在缺貨風險）。請找到重新訂購點，其中有多少是安全庫存？

解：

每日平均需求 = 20、前置時間 = 2、每日需求的標準差 = 3、服務水準 = 90%。

利用 Excel 公式 = NORMSINV(0.90) = 1.28。

$\text{ROP}（訂購點）= 20 \times 2 + 1.28(3) \times \sqrt{2} = 40 + 5.43 \cong 45$。

安全庫存 = 5 臺。

情況 2：前置時間是變數，每日需求是常數

$$\text{ROP}（訂購點）=〔每日需求 \times 平均前置時間（天）〕+ Z\sigma_{dLT}（安全庫存）$$

σ_{LT} (Standard Deviation of Lead Time in Days) = 前置時間的標準差（以天為單位）

$Z\sigma_{dLT}$ = 每日需求 $\times$ 前置時間的標準差（以天為單位）

範例 11.5

範例 11.4 中的 Best Buy 商店每天銷售大約 20 臺數位相機。相機交付的前置時間通常平均時間為 4 天，標準差為 1 天。設置了 95% 的服務水準，請找到 ROP（訂購點）。

解：

每日平均需求 = 20、平均前置時間 = 4、前置時間的標準差（以天爲單位）= 1 天、服務水準 = 95%。

利用 Excel 公式 = NORMSINV(0.95) = 1.645。

ROP（訂購點）= $20 \times 4 + 1.645(20) \times \sqrt{1} = 80+32.9=112.9 \cong 113$ 臺。

安全庫存 = 33 臺。

情況 3：每日需求和前置時間都是變數

$$ROP（訂購點）= 〔每日平均需求 \times 平均交貨時間（天）〕+ Z\sigma_{dLT}（安全庫存）$$

σ_d(Standard Deviation of Demand Per Day)= 每日需求的標準差
σ_{LT}(Standard Deviation of Lead Time in Days)= 前置時間的標準差（以天爲單位）
$\sigma_{dLT}= \sqrt{(平均前置時間 \times \sigma_d^2)+(每日平均需求)^2 \times \sigma_{LT}^2}$

範例 11.6

Best Buy 商店最受歡迎的商品是 AA 電池。每天售出約 120 包，標準差爲 5 包的正態分布。電池是從州外經銷商處訂購的；交貨期正態分布，平均前置時間爲 4 天，標準差爲 1 天。爲了保持 95% 的服務水準，ROP 多少是合適的？安全庫存爲何？

解：

每日平均需求 = 120、每日需求的標準差 = 5、平均前置時間 = 4 天、前置時間的標準差（以天爲單位）= 1 天、服務水準 =95%。

利用 Excel 公式 Z=NORMSINV(0.95)=1.645。

$$\sigma_{dLT}= \sqrt{(平均前置時間 \times \sigma_d^2)+(每日平均需求)^2 \times \sigma_{LT}^2}= \sqrt{(4 \times 5^2)+(120)^2 1^2}$$
$$= \sqrt{100+14400}= \sqrt{14500}= 120.42 \cong 120$$

ROP（訂購點）= $120 \times 4 + 1.645(120) = 480 + 197.4 = 677.4 \cong 677$ 包。

安全庫存 = $197.4 \cong 197$ 包。

🔒11.7 數量折扣模式 (Quantity Discount Model)

數量折扣無處不在，你走進雜貨店時，幾乎在每個貨架上都能看到有折扣優惠的物品。事實上，研究人員發現，大多數公司至少會為其銷售或購買的部分產品提供或接受數量折扣。數量折扣只是購買大量商品時降低的價格 (P)。典型的數量折扣端視公司的折扣策略，例如：該商品的正常價格為 50 美元。當一次訂購 120 至 1,499 件時，每件價格降至 48 美元。當一次訂購的數量為 1,500 件或更多時，價格為每件 45 美元。與經濟訂購量一樣，管理層必須決定何時訂購以及訂購多少。然而，鑑於這些數量折扣，運營經理該如何做出這些決定？與其他庫存模式一樣，目標是最小化總成本。從上述情況中，第二個折扣的單位成本最低，公司可能會想訂購 1,500 個單位。**然而，即使以最大的折扣價訂購該數量的訂單，也可能無法最小化總庫存成本，這是因為持有成本增加。因此，考慮數量折扣時的主要權衡是在降低產品成本和增加持有成本之間。** 當我們包括產品成本時，年度總成本的等式可以計算如下：

$$年度總成本 = 年度設置（訂購）成本 + 年度持有成本 + 年度產品成本$$

$$= \frac{D}{Q}K + h \times \frac{Q}{2} + PD$$

其中

Q = 訂購量

D = 每年產品的需求量

K = 訂購成本或設置成本

P = 每單位產品價格

h = 每單位每年持有成本

注意：一般而言，持有成本 (h) 通常以商品價值的百分率表示 (20%～40%) 或 $ 表示。

數量折扣大致可分為兩種情況：

情況 1：全部的數量折扣，如圖 11.9 所示。

情況 2：增加的數量折扣，如圖 11.10 所示。

本章節僅討論第一種情況 1——全部的數量折扣。

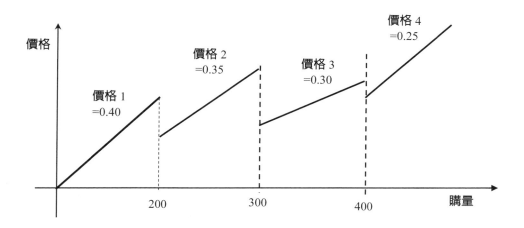

⬅ 圖 11.9　全部的數量折扣

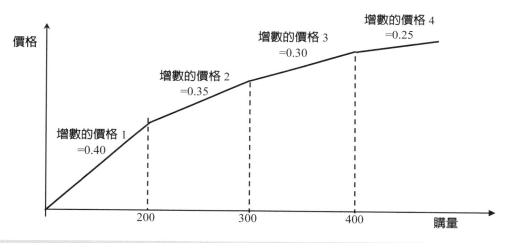

⬅ 圖 11.10　增加的數量折扣

假設單位購買成本 c 如下：

$$c = \begin{cases} c_1 & 1 \leq Q < Q_1 \\ c_2 & Q_1 \leq Q < Q_2 \\ \vdots & \\ c_n & Q_{n-1} \leq Q < Q_n = \infty \end{cases}$$

　　其總成本和購買量的關係有各種不同情況，其最佳購買量的決定也因情況而不同，例如：圖 11.11 所示，最佳購買量是 1,000 單位。從圖 11.11 可以看出，原價

格的最佳經濟訂購量是 220，但 220 不是在原價格的訂購範圍 $(0 \leq Q < 200)$，所以 $Q_{c_0}^* = 220$ 不可行，而 $Q_{c_0}^* = 199$。折扣價格 1 的最佳經濟訂購量是 250，250 是在折扣價格 1 的訂購範圍 $(200 \leq Q < 1{,}000)$，所以 $Q_{c_1}^* = 250$。折扣價格 2 的最佳經濟訂購量是 450，但 450 不是在折扣價格 2 的訂購範圍 $(1{,}000 \leq Q)$，所以 $Q_{c_2}^* = 450$ 不可行，而 $Q_{c_2}^* = 1{,}000$。比較三種價格的總成本，因為 $TC_{c_2} < TC_{c_1} < TC_{c_0}$，因此，在全部的數量折扣情況下，最佳經濟訂購量是 1,000 單位。

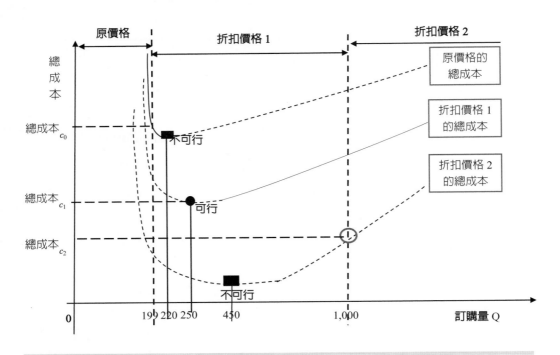

← 圖 11.11

一般來說，求取最佳購買量的步驟如下：

步驟 1：從數量折扣計劃中可能的最低購買價格開始，從 EOQ 公式計算 Q*，並且朝著最高購買價格，繼續從 EOQ 公式計算 Q* 直到第一個找到可行的 **EOQ。第一個可行的 EOQ 以及所有較低價格的訂購數量，是可能的最佳訂購數量。**

步驟 2：使用總年度成本公式計算在步驟 1 中第一個可行的 EOQ 的總年度價格，以及所有較低價格的最佳總年度成本 TC，比較這些總成本，總成本最低的便是最佳的經濟訂購量。

範例 11.7

某公司訂購並推銷遙控的無人機，供應者提供表 11.1 的折扣方式。

表 11.1　範例 11.8 的資料

折扣等級	訂購量	單價
原價	1 至 199	$100
折扣價 1	200 至 1,499	$97
折扣價 2	1,500 以上	$94

　　公司要決定經濟訂購量以維持最低存貨成本，每年需求量是 5,000 單位，訂購成本每次訂貨 $200，持有成本為每單位價格的 25%，請問該公司的最佳經濟訂購量為何？

解：

步驟 1：從最低購買價格 ($94) 開始用 EOQ 計算 Q^* 得 $Q^*_{96} = \sqrt{\dfrac{2DK}{h}} = \sqrt{\dfrac{2(5,000)(200)}{0.25 \times 94}}$ = 291，因為 291 <1,500，這個經濟訂購量是不可行的。所以，繼續從下一個高的最低購買價格 ($97)，用 EOQ 計算 Q^* 得 $Q^*_{98} = \sqrt{\dfrac{2DK}{h}} =$ $\sqrt{\dfrac{2(5,000)(200)}{0.25 \times 97}}$ = 287，因為 287 介於 200 和 1,499 中間，這個經濟訂購量是可行的，因此最佳的經濟訂購量是 287（第一個可行的經濟訂購量）和 1,500（較低價格 $94 的突破數量）。因為我們已找到一低價格可行的經濟訂購量，所以不需要計算原始價格 ($100) 的經濟訂購量。

步驟 2：計算所有可能的經濟訂購量的總成本，並比較總成本以決定最佳的經濟訂購量。

年總成本 = 年訂購成本 + 年持有成本 + 年購買成本 $= K \times \dfrac{D}{Q} + h \times \dfrac{Q}{2} + Dc$

訂購量	單位價格	年訂購成本	年持有成本	年購買成本	年總成本
287	$97	$3,484	$3,480	$485,000	$491,964
1,500	$94	$667	$17,625	$470,000	$488,292

因為 $488,292 < 491,964$，所以最佳的經濟訂購量是 1,500，能享受折扣價格每單位 94 元。

🔒11.8 單期訂購模式 (Single-Period Model)

以上所討論的存貨模式是針對一般的穩定性產品 (Stable Product)。在實務上，有許多可使用時間是短暫的或易腐壞的物品。對於這類保存時間有限之物品的存貨決策，我們僅考慮單期 (Single-Period) 的問題即可，因為若有剩餘，亦須以殘餘價值 (Salvage Value) 賣出，不可能長期持有存貨。單期訂購模式描述了一種產品單期訂購的情況。在銷售期結束時，任何剩餘的產品幾乎沒有價值或毫無價值，這是聖誕樹、季節性商品、烘焙食品、報紙和雜誌等的典型問題。實際上，這種庫存問題通常被稱為「報攤問題」。換句話說，即使報攤上的商品每週或每天訂購一次，它們也不能在下一個銷售期間保留並用作庫存。所以，我們的決定是在期初訂購多少。因此，報紙訂單可以被視為一系列單期訂購模式；即每一天或每一期都是分開的，每一期（天）都必須做出單期庫存決策。季節性服裝（如泳衣和冬衣）通常以單週期方式處理。在這些情況下，買家為每件商品在季節開始前訂購，然後在季末遇到缺貨或對剩餘庫存進行清倉銷售，沒有商品在庫存中處理並在第二年出售。

利用邊際分析法可求得最佳訂購量：由於季節性產品的確切需求永遠未知，為了在季節開始前確定產品的最佳庫存政策，我們考慮與需求相關的概率分布。

假設：

C_s = 單位缺貨成本 = 單位售價 − 單位成本

C_o = 單位貨多成本 = 單位成本 − 單位殘餘價值

Q^* = 最佳訂購量

期望貨多成本 $= C_o P_r(D \leq Q^*)$

期望缺貨成本 $= C_s P_r(D \geq Q^*)$

設期望貨多成本＝期望缺貨

$C_o P_r(D \leq Q^*) = C_s P_r(D \geq Q^*) = C_s(1 - P_r(D \leq Q^*))$

$P_r(D \leq Q^*) = \dfrac{C_s}{C_s + C_o}$，又可定義為服務水平，亦即產品不缺貨的概率。

範例 11.8

約翰遜鞋業公司的買家決定訂購在紐約市舉行的買家會議上展示的男鞋。銷售鞋將成為該公司春夏促銷活動的一部分，並將透過芝加哥地區的九家零售店進行銷售。因為這款鞋是為春夏設計的，所以不能指望在秋季銷售。約翰遜計劃在 9 月舉行一次特別清倉大拍賣，試圖將所有在 8 月 31 日之前未售出的鞋款全部售出。這雙鞋成本 50 美元，零售價為 70 美元。所有多餘的鞋子都有望在 9 月分的促銷期間以每雙 40 美元的售價售出。如果你是約翰遜鞋業公司的買家，你會訂購多少雙鞋？

C_s = 單位缺貨成本 = 單位售價 – 單位成本 = 70 – 50 = 20

C_o = 單位貨多成本 = 單位成本 – 單位殘餘價值 = 50 – 40 = 10

服務水準 $(SL) = P_r\,(D \le Q^*) = \dfrac{C_s}{C_s + C_o} = \dfrac{20}{20+10} = \dfrac{2}{3}$

需求相關的概率分布，可以應用在單期訂購模式。

情況 1：約翰遜鞋子的需求呈離散概率分布 (Discrete Probability Distribution)

假設約翰遜鞋子的需求呈離散概率分布，如表 11.2。

表 11.2　作業研究的發展表

需求	概率
320	0.20
400	0.25
420	0.30
460	0.15
480	0.10

解：

當需求水準呈現離散而非連續時，應選擇與期望服務水準相等或超過的需求水準。計算累積概率如下：

需求	320	400	420	460	480
概率	0.20	0.25	0.30	0.15	0.10
累積概率	0.20	0.45	0.75	0.90	1.00

因爲服務水準 = 0.67，0.45 < 0.67 < 0.75，所以訂購 420 雙鞋。

情況 2：約翰遜鞋子的需求呈均勻概率分布 (Uniform Probability Distribution)

假設約翰遜鞋子的需求呈均勻概率分布，如圖 11.12 所示。

← 圖 11.12

對均勻需求概率分布來說，概率密度函數 $p_D(x) = \dfrac{1}{b-a} = \dfrac{1}{550-350} = 0.005$，

因此 $P_r(D \le Q^*) = \int_0^{Q^*} P_D(x)dx = \int_{350}^{Q^*} 0.005dx = 0.005x \Big|_{350}^{Q^*} = 0.005Q^* - 1.75$。

求解 $0.005Q^* - 1.75 = \dfrac{2}{3}$，$Q^* - 350 = \dfrac{400}{3}$，$Q^* = 483\dfrac{1}{3}$。

因爲只有整數才合理，所以最佳訂購量是 484 雙鞋。

情況 3：約翰遜鞋子的需求呈常態概率分布 (Normal Probability Distribution)

假設約翰遜鞋子的需求是 ($\mu = 400$、$\sigma = 20$) 的常態概率分布，如圖 11.13 所示。

利用 Excel 公式 =NORMSINV(0.667)，Z 值 = 0.432

$= \mu + Z \text{ value}(\sigma) = 400 + (0.432)(20) = 408.64$

因爲只有整數才合理，所以最佳訂購量是 409 雙鞋。

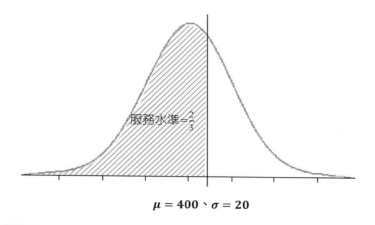

$\mu = 400 \cdot \sigma = 20$

➡️ 圖 11.13

🔒11.9 本章摘要

■ 庫存管理中的兩個基本問題是訂購多少,以及何時訂購。庫存管理是一項核心的營運管理活動。有效的庫存管理通常是運行良好的組織的標誌。必須仔細計劃庫存水平,以平衡持有庫存的成本和提供合理水平的客戶服務的成本。

■ 本章介紹了相當基本類型的存貨模式,它們也足夠精確地代表實務上常用的許多實際存貨狀況,例如:EOQ 模式解決了訂購多少的問題;ROP 模式解決了何時訂購的問題,特別有助於處理包括需求率或交貨時間變化的情況;ROP 模式涉及服務水準和安全庫存考量。

■ 多項目庫存模式 (Multi Item Inventory Model) 和多階層存貨模式 (Multi Echelon Inventory Model) 在存貨模式中,也是一個非常重要的課題。多項目庫存模式涉及獨立訂購 (Independent Ordering) 和聯合訂購 (Joint Ordering);多階層存貨模式涉及集中控制 (Centralized Control) 和分散控制 (Decentralized Control)。有興趣知道更詳細者,可參見本書後面所列的參考文獻。

Chapter **12**

等候理論
(Queuing Theory)

◀ 銀行出納員的配置：成功的等候理論應用實例 *

1976 年，位於紐約之銀行家信託公司 (Bankers Trust Company) 的管理階層越來越關注不斷上升的勞動力成本，並想擬定計劃盡可能來降低成本。然而，有人認為降低成本的努力不應對顧客的服務產生負面影響。該銀行的工業工程組承辦該項目的目標是「通過將每個分行的員工水平和工作時間表與可變（但可預測的）服務需求相匹配，確定提供一致的高水平客戶服務所需的適當員工水平。」根據等候理論的觀念，經過一週又一週的觀察，確定分支機構的客戶到達模式保持相對常數，為每個客戶提供服務的平均時間也是如此。然而，從分支機構到其他分支機構，平均客戶服務時間差異很大。由於每家分行都有不同的特點，其服務時間和客戶到達模式是通過為期兩週的研究來確定的。

經由研究的結果，公司的管理階層認為有許多業務需要整合，以達成所需服務和成本目標的良好人員配置決策。銀行出納員的配置系統 (Staffing System) 通過一系列子系統來滿足這些目標：人員規劃制度、行政制度和實施計劃。最後的實施計劃包括四個要素：指定的服務水平、一線員工的互動、績效的評估和後續的行動。其中大多數分行的服務水平滿足顧客的目標是：大多數客戶在服務前的等待不超過3 分鐘。

自從這個銀行出納員的配置系統計劃實施以來，這項努力的成果令人印象深刻。分行運營的年度工資支出已減少約 100 萬美元。研究和實施人員配備計劃的成本為 110,000 美元。此外，由於使用出納員的工作配置系統調度，許多分支機構提供了比以前更好、更一致的顧客服務。

* 資料來源：Deutsch, Howard and Mabert, Vincent A. "Queueing Theory and Teller Staffing; A Successful Application," *Interfaces*, *10*(5) (Oct., 1980), pp. 63-67.

⬇12.1 前言

　　排隊等候已是我們每天生活會遭遇的事，常見的等候現象，例如：在機場等候安檢、在餐廳等候點餐、超市等候結帳、到銀行等候辦理業務、電影院等候購買電影票等。長時間的等候常常造成個人的困擾。等候也可能導致工商業未來業務的損失。等候理論的目的是正確設計和有效運行各個服務系統，使整個系統發揮最高的效益。丹麥的數學家兼電話工程師 (A. K. Erlang) 於 1905 年在哥本哈根電話公司研究電話通訊系統時，提出等候理論的一些著名公式，並應用到其他與等候有關的問題上。等候理論 (Queueing Theory) 乃在研究各種不同狀況的等候，利用等候模式來表示實務上各種類型的等候系統，並如何有效率地解決系統中人員和服務設備的配置問題，以及如何在服務成本和等待時間兩者之間尋求一個適當的平衡。

　　研習本章之後，學者將會瞭解等候系統的一般架構、如何建立一數學模式、生死過程的重要性質，及不同等候系統的重要操作特性公式。本章闡述一個等候系統模式，並決定哪些是使等候成本和設備成本保持平衡的參數。

　　在探討等候理論之前，我們必須先清楚地瞭解兩件事——服務和客戶。服務代表任何類型的關注客戶，以滿足客戶的需求。這裡的客戶代表顧客或機器或任何接受服務的客體。何謂排隊或等候系統？**排隊等候過程乃基於生死過程的建構：顧客到達一服務設施，然後排隊等候，接收服務後，並離開服務設施。排隊等候系統乃包括一組顧客、一組服務設施，以及顧客到達的程序及如何處理服務的系統。**

12.1.1 等候理論典型範例

典型範例 1

　　某單一自動汽車洗車站，汽車到達的間隔時間是呈指數分配，其平均時間是 10 分鐘；汽車清洗的時間也是呈指數分配，其平均時間是 8 分鐘。每部汽車平均在等候線上多久？洗車站閒置的機率為何？

典型範例 2

　　某醫院之急診室平均每 40 分鐘有一位病人到達。依過去經驗，到達之間隔時間大致呈指數分配，目前急診室僅有一名醫生，其服務病人時間大致呈指數分配，平均每 30 分鐘可醫療一位病人。由於病人等候時間過長，醫院考慮增加一位或兩

位醫生。請問該醫院是否應再增加醫生，讓病人等候的時間不超過 30 分鐘？

典型範例 3

某一機械工修理 4 部機器。機器到達的間隔時間呈指數分配，其平均時間是 5 小時。機器修理時間亦呈指數分配，其平均時間是 1 小時。機器停機時間成本是每小時 25 元，而機械工每小時工資 55 元。是否僱用兩位機械工，每位機械工修理 2 部機器比較經濟嗎？

12.1.2 等候決策典型範例

典型範例 4

考慮一情況平均每 5 分鐘到達一位顧客，平均每一位顧客服務時間是 3 分鐘，如果每分鐘每位顧客的等候成本是 $10.00、每分鐘每位顧客的服務成本是 $5.00，請求解最佳的服務設施率。

以下章節將描述如何求解典型的等候系統及等候決策問題。

12.2 基本等候系統的各項組件

基本等候系統包括四個組件：

1. **顧客來源 (Source of Customers)**
   (1) 無限來源：顧客來源超過系統容量。
   (2) 有限來源：顧客來源是有限的。
2. **服務設施（通道）數目 (Service Facility)**
   (1) 單一服務設施。
   (2) 平行獨立服務設施。
   (3) 串聯服務設施。
3. **系統容量 (System Capacity)**：整個等候系統允許容納的顧客數目。
4. **服務規則 (Queue Disciplines)**：等候系統內，顧客接受服務的原則一般有先到先服務 (FCFS)、後到先服務 (LCFS)、隨機順序服務 (SIRO) 及優先次序服務 (Priority) 等。

圖 12.1 顯示一等候系統的主要組件。

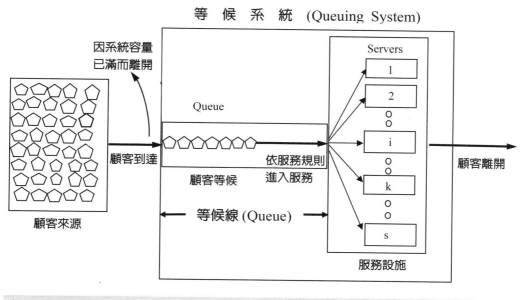

等　候　系　統　(Queuing System)

➡ 圖 12.1

12.3　等候系統模型

12.3.1　典型的等候系統模型

1. 單一通道固定服務時間，如圖 12.2 所示。
2. 多重通道指數服務時間，如圖 12.3 和圖 12.4 所示。
3. 多重優先服務順序，如圖 12.5 所示。

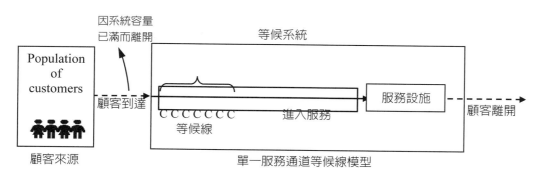

➡ 圖 12.2

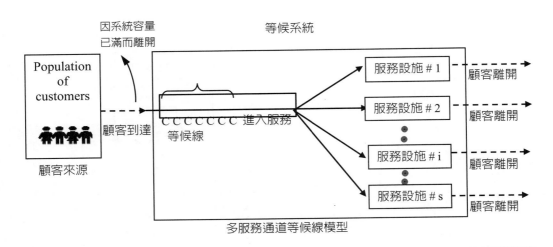

圖 12.3

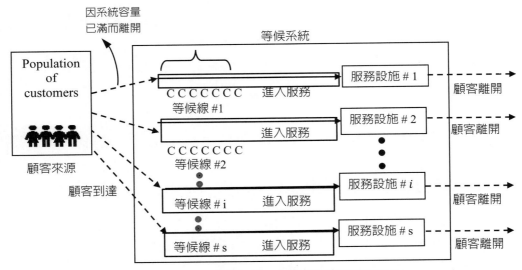

圖 12.4

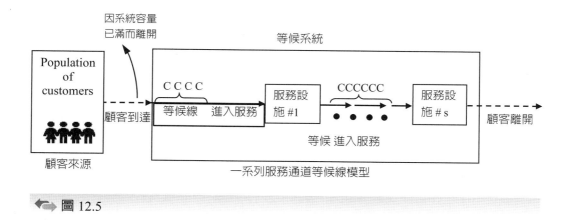

←◯ 圖 12.5

12.3.2　常見的等候服務系統實例

1. 商業服務等候系統

系統型態	顧客	服務員
電影院	人	售票員
銀行櫃檯服務	人	櫃檯人員
餐館	人	服務員
雜貨店	人	結帳員
加油站	車	加油管
醫院、診所	人	醫生

2. 運輸服務等候系統

系統型態	顧客	服務員
遊覽車接送站	人	導遊
港口裝貨碼頭	貨車	裝貨員
飛機起飛降落	飛機	起降跑道
機場檢查行李	人	櫃檯服務員
火災急救	人	救護車

12.3.3　等候系統模式

在介紹等候系統各種模式 (Queuing Models) 以前，先來介紹描述等候系統標準模式所用的 D. G. Kendall 符號：$A/B/C/X/Y/Z$。

其中 A 表明到達間隔時間的機率分配、B 表明服務時間的機率分配、C 表明並聯服務臺的個數、X 表明系統容量、Y 表明顧客來源量、Z 表明服務規則。

如果 X、Y 或 Z 沒有指定，則表示系統容量是無限大 (∞)，顧客來源量是無限大 (∞)，而服務規則是 $FCFS$。

表 12.1 列出到達間隔時間或服務時間及服務規則常用的符號。

表 12.1

等候特性	符號	含義
間隔時間或服務時間	D	常數
	M	指數分配
	E_k	分配
	G	一般分配，用於服務時間
	GI	一般獨立分配，用於到達間隔時間
服務規則	$FCFS$	先到先被服務
	$LCFS$	後到先被服務
	$SIRO$	隨機服務
	GD	一般服務

例如：符號 $M/D/2/5/∞/LCFS$ 表示顧客到達時間呈指數分配，服務時間是常數，兩個服務站，系統內最多容納 5 位顧客，顧客來源量是無限，而服務規則是最後到的顧客先被服務。

例如：符號 $D/D/1$ 表示顧客到達時間和服務時間是常數，一個服務站，系統內可容納無限多位顧客，顧客來源量是無限，而最先到的顧客先被服務。

等候理論主要是探究系統在穩定狀態的情況。本章所研究的基本等候模式主要假設顧客到達間隔時間和服務時間呈指數機率分布 (Exponential Distribution)，因此，先介紹指數機率分布及它的特性。

🔒12.4　指數機率分布

指數機率分布 **(Exponential Distribution)** 常用來描述完成一項工作所需時間的連續機率分配，通常用在與時間相關的現象。其密度函數定義如下：

定義：$f(t,\lambda) = \begin{cases} \lambda e^{-\lambda t}, t \geq 0 \\ 0, \quad t < 0 \end{cases}$

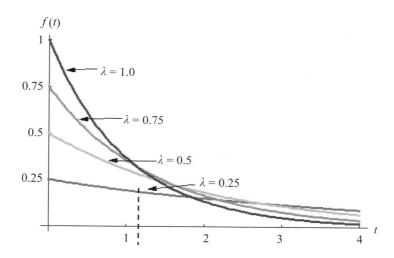

⬅➡ 圖 12.6　$E(T) = \dfrac{1}{\lambda}$

指數分配累積機率：

$F(t) = P(T \leq t) = \int_0^t f(s)ds = 1 - e^{-\lambda t}, t \geq 0$

$P(T > t) = 1 - F(t) = e^{-\lambda t}, t \geq 0$

期望值與變異數為 $E(T) = \dfrac{1}{\lambda}$、$Var(T) = \dfrac{1}{\lambda^2}$。

12.4.1　指數機率分配的特性

1. 無記憶性

指數函數的一個重要特徵是**無記憶性**（Memoryless Property，又稱遺失記憶性）。這表示如果一個隨機變數呈指數機率分配，它的條件符合：$P(T > t + s \mid T > s)$ $= P(T > t)$ 對所有的 s、$t \geq 0$。

也就是說，從上一個事件發生後，經過時間 s，直到下一個事件發生時間的機率，和 s 時間無關。等候模式在大多數情況下，到達間隔時間呈指數機率分布的假

設是合理的。

證明：

$$P(T > t+s \mid T > s) = \frac{P(T > t+s, T > s)}{P(T > s)} = \frac{P(T > t+s)}{P(T > s)} = \frac{e^{-\lambda(t+s)}}{e^{-\lambda s}} = e^{-\lambda t}$$

$$\Rightarrow P(T > t+s \mid T > s) = P(T > t)$$

2. 與卜瓦松機率分布的關係

卜瓦松過程是一種重要的隨機過程。卜瓦松過程中，第 k 次隨機事件與第 k+1 次隨機事件出現的時間間隔呈指數分布。其密度函數定義如下：

在特定時間內，某事件發生次數 X 的機率分布為 $f(X=n) = \frac{\beta^n e^{-\beta}}{n!}$，$n = 0, 1, 2, \ldots$，$\beta$ 為在特定時間內某事件發生次數的期望值。

期望值與變異數為 $E(X) = \beta$、$Var(X) = \beta$。亦即，若 t 時間內到達人數是隨機變數 X、到達率是 λ，則 $f(X=n) = \frac{(\lambda t)^n e^{-\lambda t}}{n!}$，$n = 0, 1, 2, \ldots (\beta = \lambda t)$，期望值與變異數為 $E(X) = \lambda t$、$Var(X) = \lambda t$。

3. 連續指數機率分布與離散卜瓦松分布是彼此相關的，如果卜瓦松分配適合表示某一個區間內事件發生次數的機率，指數分配就可以描述二次事件發生的時間間隔的機率。

根據卜瓦松機率分布，在 t 時間內沒有事件發生的機率是 $f(X=0) = \frac{(\lambda t)^0 e^{-\lambda t}}{0!} = e^{-\lambda t}$。因此，大於 t 時間第一次事件發生的機率是 $P(T > t) = P(x = 0 \mid u = \lambda t) = e^{-\lambda t}$，因此在 t 時間內有事件發生的機率是 $P(T \le t) = 1 - P(T > t) = 1 - e^{-\lambda t}$，根據指數分配的描述，這正是指數分配累積機率。將 $P(T \le t)$ 對 t 作微分可得到 $f(t, \lambda) = \begin{cases} \lambda e^{-\lambda t}, & t \ge 0 \\ 0, & t < 0 \end{cases}$，這就是指數機率分布，這還表明了卜瓦松過程的無記憶性。

🔒12.5 等候系統常用的專有名詞與符號

n：系統內的顧客數。

s：系統內平行獨立服務設施的數目。

P_n：系統中有 n 位顧客的機率。

λ_n：系統中有 n 位顧客時到達率。

$\bar{\lambda}$：系統的平均到達率，$\bar{\lambda} = \sum_{n=0}^{\infty} \lambda_n P_n$。

λ：系統的顧客到達率是固定的，$\lambda_0, \lambda_1, \lambda_2, ..., \lambda_n = \overline{\lambda} = \lambda$（$\frac{1}{\lambda}$為平均到達的間隔時間）。

μ_n：系統有 n 位顧客時的服務率，亦即每單位時間 μ_n 位顧客被服務。

$\overline{\mu}$：系統的平均服務率。

μ：系統的顧客服務率是固定的，$\mu_0, \mu_1, \mu_2, ..., \mu_n = \overline{\mu} = \mu$（$\frac{1}{\mu}$為平均服務時間）

ρ：每一臺服務設施的使用率，$\rho = \dfrac{\overline{\lambda}}{s\overline{\mu}}$。

L：系統內顧客的期望值，$L = \sum_{n=0}^{\infty} nP_n$。

L_q：在系統等候線上顧客的期望值，$L_q = \sum_{n=s}^{\infty} (n-s)P_n$。

W：顧客在系統內等候時間的期望值，$W = \dfrac{L}{\lambda}$。

W_q：顧客在系統等候線上等候時間的期望值，$W_q = \dfrac{L_q}{\lambda}$。

🔓 12.6　生死過程及李德爾公式 (Little's Queuing Formula)

　　在研究許多涉及到指數機率分配的等候模式時，常利用**生死過程** (Birth and Death Process) 為基礎來描述等候系統，即顧客到達的間隔時間與服務時間均呈指數機率分配。Birth 表示新顧客到達這等候系統，Death 表示被服務過的顧客離開這等候系統。更確切地說，生死過程有下列假設：

假設 1：已知 n 是等候系統在時間 t 的顧客數，$N(t) = n$，則直到下一次顧客到達（出生）的時間分布是以 $\lambda_n(n = 0, 1, 2, ...)$ 為參數的指數機率分配。

假設 2：已知 n 是等候系統在時間 t 的顧客數，$N(t) = n$，則直到下一次顧客離開（死亡）的時間分布是以 $\mu_n(n = 0, 1, 2, ...)$ 為參數的指數機率分配。

假設 3：顧客到達（出生）的間隔時間分布與顧客離開（死亡）的間隔時間分布是互相獨立的。下一次的轉移過程是 $n = n + 1$[一位顧客到達（出生）]，或者 $n = n + 1$[一位顧客離開（死亡）]。

　　生死過程具有下列性質（如圖 12.7）：

1. 在某段時間內只有一位顧客到達或離開。

2. 顧客平均到達率 (λ) 和平均服務率 (u) 皆為已知。

3. 顧客到達或離開的間隔時間是相互獨立的。

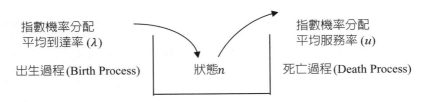

➡️ 圖 12.7

在時間 t 系統狀態等於 n 的機率 $= P_n(t)$，

$$P_n(t) \text{ 的轉變率} = \frac{dP_n(t)}{dt} = \begin{bmatrix} 在時間 t \\ 進入狀態 n \\ 的到達率 \end{bmatrix} - \begin{bmatrix} 在時間 t \\ 離去狀態 n \\ 的服務率 \end{bmatrix}。$$

生死過程之穩定機率：當在時間 $t \to \infty$，系統狀態走向穩定狀態。$\frac{dP_n(t)}{dt} \to 0$，$P_n(t) \to P_n$，進入狀態 n 的到達率 $\to$ 離去狀態 n 的服務率。

生死過程與轉移速率圖如圖 12.8 所示，圓圈表示系統狀態中之顧客數，以節點內數字表示之，每一個節點代表一個特定狀態，在上面流入節點之箭頭代表出生（顧客到達），而下面流出節點之箭頭代表死亡（顧客服務完畢後離去）。表 12.2 代表在穩定狀態下，各節點流入率等於流出率 (Rate In = Rate Out)。

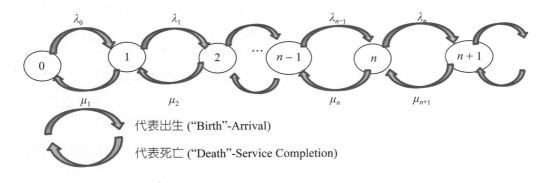

➡️ 圖 12.8

表 12.2

狀態 n	顧客流入率 = 顧客流出率
0	$\mu_1 P_1 = \lambda_0 P_0$
1	$\lambda_0 P_0 + \mu_2 P_2 = (\lambda_1 + \mu_1) P_1$
2	$\lambda_1 P_1 + \mu_3 P_3 = (\lambda_2 + \mu_2) P_2$
.	
.	
$n-1$	$\lambda_{n-2} P_{n-2} + \mu_n P_n = (\lambda_{n-1} + \mu_{n-1}) P_{n-1}$
n	$\lambda_{n-1} P_{n-1} + \mu_{n+1} P_{n+1} = (\lambda_n + \mu_n) P_n$
.	
.	

由平衡方程式可得：

$$P_1 = \frac{\lambda_0}{\mu_1} P_0 \text{、} P_2 = \frac{\lambda_1}{\mu_2} P_1 + \frac{1}{\mu_2}(u_1 P_1 - \lambda_0 P_0) = \frac{\lambda_1}{\mu_2} P_1 = \frac{\lambda_1 \lambda_0}{\mu_2 \mu_1} P_0, \ldots$$

$$\Rightarrow P_n = \frac{\lambda_0 \lambda_1 \ldots \lambda_{n-1}}{\mu_1 \mu_2 \ldots \mu_n} P_0 = P_0 \prod_{i=0}^{n-1} \frac{\lambda_i}{\mu_{i+1}}, \, n = 1, 2, \ldots \text{。}$$

$$\text{因為 } \sum_{n=0}^{\infty} P_n = P_0 + P_0 \sum_{n=1}^{\infty} \prod_{i=0}^{n-1} \frac{\lambda_i}{\mu_{i+1}} = 1 \Rightarrow P_0 = \frac{1}{1 + \sum_{n=1}^{\infty} \prod_{i=0}^{n-1} \frac{\lambda_i}{\mu_{i+1}}} \text{。}$$

12.6.1　L、W、L_q 和 W_q 之間的關係 (Little's Queuing Formula)

在任何一個穩定狀態存在的等候系統中，李德爾於 1961 年提出的 L、W、L_q 和 W_q 之間的關係——李德爾公式 (Little's Queuing Formula) 是一個強有力的結果。假設系統呈穩定狀態，$\lambda = \lim_{t \to \infty} \lambda_t =$ 到達率，λ_n 是一個常數 λ（與 n 無關）、μ_n 是一個常數 μ（與 n 無關）。

1. $L = \lambda W$，L 是等候系統內期望顧客數。

2. $L_q = \lambda W_q = L - \dfrac{\lambda}{\mu}$，$L_q$ 是在等候線上的期望顧客數。

3. $W = W_q + \dfrac{1}{\mu} = \dfrac{L}{\lambda}$，$W_q$ 是顧客在等候系統內的期望時間。

4. $W_q = W - \dfrac{1}{\mu}$，W 是顧客在等候線上的期望時間。

5. $L = \lambda W = \lambda \left(W_q + \dfrac{1}{\mu} \right) = \lambda W_q + \dfrac{\lambda}{\mu} = L_q + \dfrac{\lambda}{\mu}$。

12.6.2 等候系統問題重要公式運算步驟

步驟 1：畫出轉移速率圖，並寫出平衡方程式。

步驟 2：利用平衡方程式將各 P_n 表為 P_0 之函數。

步驟 3：利用 $\sum_{n=0}^{\infty} P_n = 1$ 之機率性質求出等候線是空的機率 (P_0)，進一步求出所有 P_n。

步驟 4：利用 Little 公式求得 L、L_q、W 和 W_q。

🔒12.7 基於生死過程建構的等候模式

以下章節將詳述一些等候系統的模式及其對應的 L、L_q、W 和 W_q。

12.7.1 模式 1：*M/M/*1，單一服務通道等候線模式

表示顧客到達呈卜瓦松分配，服務時間呈指數分配，一個服務站，系統內可容納無限多位顧客，顧客來源量無限，且最先到的顧客先被服務。如章節 12.3.1 的圖 12.2 所示。

又假設：

1. 無論等候線有多長，顧客均會很有耐心地等待，不會中途離去。

2. n = 時間 t 時，系統內的顧客數（等候線的顧客加上被服務的顧客）。

3. 顧客到達率與服務率是常數：

$\lambda_n = \lambda$（系統平均到達率），$n = 0, 1, ...$

$\mu_n = \mu$（系統平均服務率），$n = 1, 2, ...$

平均服務率大於平均到達率，$\mu > \lambda$，亦即 $\rho = \lambda/\mu < 1$。

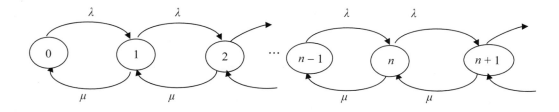

注意上述 ***M/M/*1 模式的先決條件為平均服務離開率 (μ) 大於平均到達率 (λ)，即 $\mu > \lambda$。**

否則，若平均到達率大於或等於平均服務率，此時等候排隊的長度將會無限增

加，將無法服務所有顧客而無法到達穩定狀態。說明如下：

如果平均到達率大於或等於平均服務率，$\rho = \dfrac{\lambda}{\mu} \geq 1$，$\sum_{n=0}^{\infty} P_n = P_0(1 + \rho + \rho^2 + ...)$ $= P_0(1 + 1 + 1 + ...)$ 將會無限地增加而不等於 1，此時等候排隊的長度將會無限增加，而等候系統無法到達穩定狀態 (Steady State)。

本書的附錄 B 之 B.1 將詳細演算導出有關的基本特性公式：L、L_q、W 和 W_q。

範例 12.1

某單一自動汽車洗車站，汽車到達的間隔時間呈指數分配，其平均時間是 10 分鐘；汽車清洗的時間也是呈指數分配，其平均時間是 8 分鐘。

1. 繪出轉移速率圖。

2. 等候線上的平均汽車數。

3. 每部汽車平均在等候線上多久。

4. 一部汽車從到達到清洗完離開平均是多久。

5. 系統內的平均汽車數。

6. 洗車站閒置的機率。

解：

1. 由本題得知 $\lambda = 1/10$、$\mu = 1/8$、$\rho = \lambda/\mu = 0.8$。

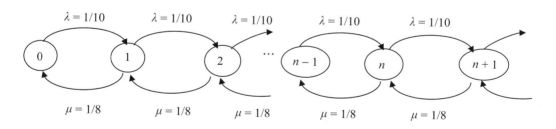

2. $L_q = \dfrac{\lambda^2}{\mu(\mu - \lambda)} = \dfrac{\rho^2}{1 - \rho} = \dfrac{0.8^2}{1 - 0.8} = 3.2$。

3. $W_q = \dfrac{L_q}{\lambda} = \dfrac{3.2}{1/10} = 32$（分鐘）。

4. $W = W_q + \dfrac{1}{\mu} = 32 + 8 = 40$（分鐘）。

5. $L = \lambda W = \dfrac{1}{10} \times 40 = 4$。

6. $P_0 = 1 - \rho = 1 - 0.8 = 0.2$。

範例 12.2

電影觀眾到達電影院的間隔時間呈指數分配，其平均時間是 5 分鐘。根據以往經驗，雇員售票給觀眾呈卜瓦松分配，平均每小時二十位觀眾。

1. 繪出轉移速率圖。
2. 系統內沒有觀眾的機率是多少？
3. 系統內至少有兩位觀眾的機率是多少？
4. 在等候線上沒有觀眾在等候的機率是多少？
5. 系統內有一位觀眾被服務而沒有觀眾在等候的機率是多少？

解：

1. $\lambda = 60/5 = 12$ 觀眾／小時、$\mu = 20$ 觀眾／小時、$\rho = \lambda/\mu = 12/20 = 0.6$。

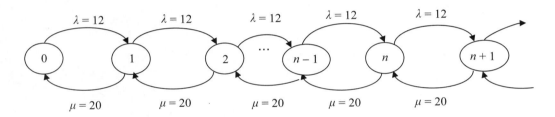

2. 系統內沒有觀眾的機率為 $P_0 = 1 - \lambda/\mu = 1 - 0.6 = 0.4$。

3. 系統內至少有兩位觀眾的機率為 $P_3 + P_4 + P_5 + ... = 1 - (P_0 + P_1 + P_2) =$
$1 - \left[P_0 \left(1 + \dfrac{\lambda}{\mu} + \dfrac{\lambda^2}{\mu^2} \right) \right] = 1 - \left[0.4 \left(1 + \dfrac{12}{20} + \dfrac{144}{400} \right) \right] = 0.216$。

4. 在等候線上沒有觀眾在等候的機率 = 系統內最多有一位觀眾的機率為 $P_0 + P_1 =$
$P_0 + P_0 \times \dfrac{\lambda}{\mu} = 0.4 + 0.4 \times \dfrac{12}{20} = 0.64$。

5. 系統內有一位觀眾被服務而沒有觀眾在等候的機率為 $P_1 = P_0 \lambda/\mu = 0.4 \times \dfrac{12}{20} =$
0.24。

12.7.2 模式 2：$M/M/s$，多服務通道等候線模式

模式 2 與模式 1($M/M/1$) 不同之處在於系統內 s 個平行且互相獨立的服務站。系統內可容納無限多位顧客，顧客來源量無限，而最先到的顧客先被服務，如章節 12.3.1 的圖 12.3 所示。

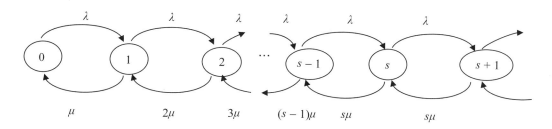

假設：

$n =$ 時間 t 時，系統內的顧客數（等候線的顧客加上被服務的顧客），

$$\lambda_n = \lambda,\ n = 0,\ 1,\ ...,\ \mu_n = \begin{cases} n\mu & n = 1,\ 2,\ ...,\ s-1 \\ s\mu & n = s,\ s+1,\ ... \end{cases},\ \rho = \frac{\lambda}{s\mu} < 1 \ 。$$

本書的附錄 B 之 B2 將詳細演算導出相關的基本特性公式：L、L_q、W 和 W_q。注意上述 $M/M/s$ 模式的先決條件為 $s\mu > \lambda$。否則等候排隊的長度將會無限增加，將無法服務所有顧客而無法到達穩定狀態。

範例 12.3

某醫院之急診室平均每 40 分鐘有一位病人到達。依過去經驗到達之間隔時間大致呈指數分配，目前急診室僅有一名醫生，其服務時間大致呈指數分配，平均每 30 分鐘可醫療一位病人。由於病人等候時間過長，醫院考慮增加一位或兩位醫生。請問該醫院是否應再增加醫生，讓病人等候的時間不超過 30 分鐘？

解：

由原問題可得 $\lambda = 60/40 = 3/2$ 病人 / 小時、$\mu = 60/30 = 2$ 病人 / 小時、$\rho = \lambda/\mu$

$= \dfrac{3/2}{2} = 0.75$，$L_q = \dfrac{\lambda^2}{\mu(\mu - \lambda)} = \dfrac{\rho^2}{1 - \rho} = \dfrac{(0.75)^2}{1 - 0.75} = 9/4$，$W_q = \dfrac{L_q}{\lambda} = \dfrac{9/4}{3/2} = 1.5$ 小時 $= 90$

分鐘 > 30 分鐘。

對多增加醫生而言，$\lambda/s\mu < 1$，所以 $\dfrac{3/2}{2s} < 1 \rightarrow s > \dfrac{3}{4}$。

現設 $s = 2$，

$$P_0 = \cfrac{1}{\sum\limits_{n=0}^{s-1} \dfrac{1}{n!}\left(\dfrac{\lambda}{\mu}\right)^n + \dfrac{(\lambda/\mu)^s}{s!}\left(\dfrac{s\mu}{s\mu - \lambda}\right)} = \cfrac{1}{\sum\limits_{n=0}^{1} \dfrac{1}{n!}\left(\dfrac{3}{4}\right)^n + \dfrac{\left(\dfrac{3}{4}\right)^2}{2!}\left(\dfrac{2 \times 2}{2 \times 2 - \dfrac{3}{2}}\right)}$$

$$= \cfrac{1}{\left[1 + \dfrac{3}{4}\right] + \dfrac{9}{2 \times 16} \times \dfrac{8}{5}} = \dfrac{1}{1.75 + 0.45} = 0.455 \ 。$$

每位病人平均等候時間 $W_q = \dfrac{L_q}{\lambda} = \dfrac{\mu\left(\dfrac{\lambda}{\mu}\right)^s}{(s-1)!(s\mu-\lambda)^2}P_0 = \dfrac{2\left(\dfrac{3}{4}\right)^2}{1!\left(2\times2-\dfrac{3}{2}\right)^2}\times0.455 =$

0.082 小時 = 4.92 分鐘 < 30 分鐘，因為 0.082 小時 <1.5 小時，所以該醫院應再增加一位醫生。

範例 12.4

一社會福利局有三位專業顧問來提供有關社會福利的服務。平均每 8 小時有 40 位顧客來到，社會福利顧問平均花 20 分鐘在一位顧客上。依過去經驗，假設顧客到達呈卜瓦松分配，服務時間呈指數分配。

1. 繪出轉移速率圖。

2. 系統內的平均顧客數。

3. 等候線上的平均顧客數。

4. 每位顧客在系統內的平均時間。

5. 每位顧客在等候線上的平均時間。

6. 每位社會福利顧問每個星期花多少時間執行工作。

7. 每位顧客必須等待的機率。

解：

1. 此問題是 $M/M/s$ 模式，$s = 3$、$\lambda = \dfrac{40}{8} = 5$ / 小時、$\mu = \dfrac{1}{20}\times60 = 3$ / 小時、$\dfrac{\lambda}{\mu} = \dfrac{5}{3}$，

$$P_0 = \cfrac{1}{\displaystyle\sum_{n=0}^{s-1}\dfrac{1}{n!}\left(\dfrac{\lambda}{\mu}\right)^n + \dfrac{(\lambda/\mu)^s}{s!}\left(\dfrac{s\mu}{s\mu-\lambda}\right)} = \cfrac{1}{\displaystyle\sum_{n=0}^{2}\dfrac{1}{n!}\left(\dfrac{\lambda}{\mu}\right)^n + \dfrac{(\lambda/\mu)^3}{3!}\left(\dfrac{3\mu}{3\mu-\lambda}\right)}$$

$$= \cfrac{1}{\left[1 + \dfrac{\lambda}{\mu} + \dfrac{1}{2}\left(\dfrac{\lambda}{\mu}\right)^2\right] + \dfrac{(\lambda/\mu)^3}{6}\cdot\dfrac{3\mu}{3\mu-\lambda}} = \cfrac{1}{\left[1 + \dfrac{5}{3} + \dfrac{25}{18}\right] + \dfrac{125}{162}\cdot\dfrac{9}{9-5}} = \cfrac{1}{\dfrac{73}{18} + \dfrac{125}{72}}$$

$$= \dfrac{72}{417} = 0.17 = 0.17 \text{。}$$

2. 系統內的平均顧客數 $L = \dfrac{\lambda . \mu \left(\dfrac{\lambda}{\mu} \right)^s}{(s-1)!(s\mu - \lambda)^2} P_0 + \dfrac{\lambda}{\mu} = \dfrac{5 \times 3 \times (5/3)^3}{2!(9-5)^2} \times 0.17 + \dfrac{5}{3} = 2.04$。

3. 等候線上的平均顧客數 $L_q = L - \dfrac{\lambda}{\mu} = 2.04 - \dfrac{5}{3} = 0.38$。

4. 每位顧客在系統內的平均時間 $W = \dfrac{L}{\lambda} = \dfrac{2.04}{5} = 0.41$ 小時 $= 24.5$ 分鐘。

5. 每位顧客在等候線上的平均時間 $W_q = \dfrac{L_q}{\lambda} = \dfrac{0.38}{5} = 0.076$ 小時 $= 4.56$ 分鐘。

6. 系統使用率 $= \dfrac{\lambda}{s\mu} = \dfrac{5}{3 \times 3} = \dfrac{5}{9}$，所以每位社會福利顧問每天花在工作上的時間 $= 8 \times \dfrac{5}{9} = 4.44$ 小時，每個星期花在工作上的時間 $= 4.44 \times 5 = 22.22$ 小時（假設一星期工作五天）。

7. 每位顧客必須等待的機率 $P(n \geq s) = \dfrac{\mu \left(\dfrac{\lambda}{\mu} \right)^s}{(s-1)!(s\mu - \lambda)} P_0 = \dfrac{3\left(\dfrac{5}{3} \right)^3}{2!(9-5)} \times 0.17 = 0.295$。

12.7.3　模式 3：*M/M/1/K*

模式 3 與模式 1(*M/M/1*) 同樣有單一服務站，其不同之處在於系統內的顧客限制到 *K* 位，也就是說當系統內顧客少於 *K* 時，到達率為 λ；當顧客到達 *K* 時，到達率為 0 $(\lambda = 0)$。所以，這個模式如圖 12.9 所示。

$\lambda_n = \lambda, \mu_n = \mu$ 對 $n < K$，

$\lambda_n = 0, \mu_n = \mu$ 對 $n \geq K$。

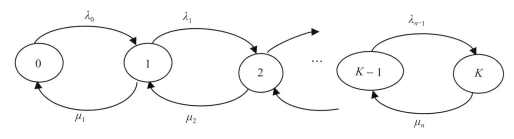

← 圖 12.9

本書的附錄 B 之 B3 將詳細演算導出相關的基本特性公式：L、L_q、W 和 W_q。

範例 12.5

每天早上 8 點到 11 點，大型捕魚船到達碼頭的間隔時間呈指數分配，其平均時間是 20 分鐘，在碼頭內的平均維修時間是 30 分鐘，亦呈指數分配。碼頭只能容納 3 艘大型捕魚船。請問在這段時間：

1. 沒有任何大型捕魚船的機率是多少？
2. 在碼頭內，大型捕魚船的平均數是多少？

解：

1. 由本題得知，$\lambda = \dfrac{60}{20} = 3$ 捕漁船 / 每小時、$\mu = \dfrac{60}{30} = 2$ 捕漁船 / 每小時、$\rho = \dfrac{\lambda}{\mu}$

$= \dfrac{3 \times 1}{2} = 1.5$。

沒有任何捕魚船的機率是 $P_0 = \dfrac{1-\rho}{1-\rho^{N+1}} = \dfrac{\rho-1}{\rho^{N+1}-1} = \dfrac{1.5-1}{1.5^4-1} = \dfrac{1.5-1}{5.0625-1} = 0.123$。

2. $L = \displaystyle\sum_{n=0}^{N} nP_n = 0 + P_1 + 2P_2 + 3P_3 = P_0(\rho + 2\rho^2 + 3\rho^3)$（因為 $P_n = P_0\rho^n$）$= 0.123 \times 1.5 \times$

$[1 + 2 \times 1.5 + 3 \times (1.5)^2] = 0.1845[1 + 3.0 + 6.75] = 1.98$ 艘捕魚船。

12.7.4　模式 4：*M/M/s/K*

模式 4 與模式 2(*M/M/s*) 同樣有 *s* 個平行且互相獨立的服務站，其不同之處在於系統內的顧客限制到 *K* 位，也就是說當系統內顧客少於 *K* 時，到達率為 λ；當顧客到達 *K* 時，到達率為 0 ($\lambda = 0$)。假設這個模式如圖 12.10 所示。

$$\lambda_n = \begin{cases} \lambda & n = 1, 2, ..., K-1 \\ 0 & n = K, K+1, ... \end{cases}, \quad \mu_n = \begin{cases} n\mu & n = 1, 2, ..., s-1 \\ s\mu & n = s, s+1, ..., K \end{cases}$$

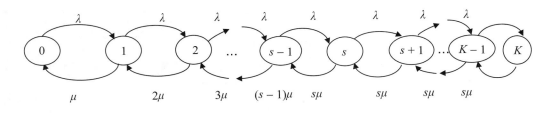

圖 12.10

本書的附錄 B 之 B4 將詳細演算導出相關的基本特性公式：L、L_q、W 和 W_q。

範例 12.6

　　某人在市區有一停車場，此停車場有 2 個停車位。此停車場每天開放 24 小時，收費每分鐘 2 元。當有別部車來，看見 4 部車已在停車場時，則自行離去。假設停車場車輛到達率爲每小時 5 部的卜瓦松過程。每部車之停車時間爲相同且相互獨立，其期望值是 30 分鐘的指數分配。〔摘自元智 87 年工工所〕

1. 長時間來看，平均有多少部車輛在停車場？
2. 每部車在此停車場花費的平均時間是多少？
3. 此停車場每天平均收費爲多少？

解：

　　此問題屬於 $M/M/s/K$ 模式：$s = 2$、$\lambda = 5$ 部車 / 小時、$\mu = \dfrac{60}{30} = 2$ 部車 / 小時、$K = 4$、$\rho = \dfrac{\lambda}{\mu} = \dfrac{5}{2}$。

$$P_0 = \cfrac{1}{\left[1 + \sum_{n=1}^{s} \cfrac{\left(\lambda/\mu\right)^n}{n!} + \cfrac{\left(\lambda/\mu\right)^s}{s!} \sum_{n=s+1}^{K} \left(\cfrac{\lambda}{s\mu}\right)^{n-s}\right]}$$

$$= \cfrac{1}{\left[1 + \sum_{n=1}^{2} \cfrac{\left(5/2\right)^n}{n!} + \cfrac{\left(5/2\right)^2}{2!}\left(\cfrac{5}{2 \times 2} + \left(\cfrac{5}{2 \times 2}\right)^2\right)\right]}$$

$$= \cfrac{1}{\left[1 + \left(\cfrac{5}{2}\right) + \cfrac{\left(5/2\right)^2}{2!} + \cfrac{\left(5/2\right)^2}{2!} \times \cfrac{45}{16}\right]} = \cfrac{1}{\left[1 + \left(\cfrac{5}{2}\right) + \cfrac{25}{8} + \cfrac{1,125}{128}\right]}$$

$$= \cfrac{1}{1,973/128} = \cfrac{128}{1,973}。$$

1. $P_n = \begin{cases} \dfrac{\left(\lambda/\mu\right)^n}{n!} P_0 & n = 1, 2, ..., s-1 \\[3mm] \dfrac{\left(\lambda/\mu\right)^n}{s! \, s^{n-s}} P_0 & n = s, s+1, ..., K \\[3mm] 0 & n = N+1, ... \end{cases}$

$$P_1 = \frac{\left(\frac{5}{2}\right)^1}{1!} \times P_0 = \frac{5}{2} \times \frac{128}{1,973} = \frac{320}{1,973} \quad 、 \quad P_2 = \frac{\left(\frac{5}{2}\right)^2}{2!2^0} \times P_0 = \frac{25}{8} \times \frac{128}{1,973} = \frac{400}{1,973} \quad 、 \quad P_3 = \frac{\left(\frac{5}{2}\right)^3}{2!2^1} \times P_0$$

$$= \frac{125}{32} \times \frac{128}{1,973} = \frac{500}{1,973} \quad 、 \quad P_4 = \frac{\left(\frac{5}{2}\right)^4}{2!2^2} \times P_0 = \frac{625}{128} \times \frac{128}{1,973} = \frac{625}{1,973} \quad 、 \quad L = P_1 + 2P_2 +$$

$$3P_3 + 4P_4 = \frac{(320 + 800 + 1,500 + 2,500)}{1,973} = \frac{5,120}{1,973} \text{ 部車。}$$

2. $W = \dfrac{L}{\lambda'}$ 、 $\lambda' = \lambda(1 - P_K)$

$$\lambda' = \lambda(1 - P_K) = 5 \times (1 - \frac{625}{1,973}) = \frac{6,740}{1,973} \quad 。$$

$$W = \frac{L}{\lambda'} = \frac{5,120/1,973}{6,740/1,973} = \frac{512}{674} \text{ 小時 / 每部。}$$

$$W_q = \frac{L}{\lambda'} - \frac{1}{\mu} = \frac{5,120/1,973}{6,740/1,973} - \frac{1}{2} = \frac{175}{674} \text{ 小時 / 每部。}$$

3. 此停車場每天平均收費為 $\dfrac{5,120}{1,973} \times 24 \times 60 \times 2 = 7,474$ 元 / 每天。

12.7.5　模式 5：(*M/M/1*)：(∞ /*M/FCFS*)

　　模式 5 與模式 1(*M/M/1*) 不同之處在於顧客來源 (*M*) 有限。由於顧客來源 (*M*) 有限，等候線會自然收斂。

　　λ 為顧客的到達率。如果系統內有 n 位顧客，則到達率為 $(M - n)\lambda$，如圖 12.11 所示。

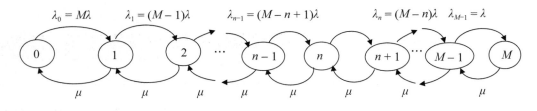

←→ 圖 12.11

　　本書的附錄 **B** 之 **B5** 將詳細演算導出相關的基本特性公式：L、L_q、W 和 W_q。

範例 12.7

　　某一機械工修理 3 部機器。機器到達的間隔時間呈指數分配，其平均時間是 4 小時。機器修理時間亦呈指數分配，其平均時間是 1 小時。機器停機時間成本是每小時 30 元，而機械工每小時工資 60 元。假設每天工作 8 小時，請問：

1. 照常操作的機器數爲多少？

2. 每天停機成本是多少？

3. 是否僱用兩位機械工，每位機械工修理 2 部機器比較經濟嗎？

解：

1. 由問題得知 $\lambda = \dfrac{1}{4} = 0.25$、$\mu = 1/1 = 1$，

$$P_0 = \frac{1}{\sum_{n=0}^{M} \dfrac{M!}{(M-n)!}\left(\dfrac{\lambda}{\mu}\right)^n} = \frac{1}{\sum_{n=0}^{3} \dfrac{3!}{(3-n)!}\left(\dfrac{0.25}{1}\right)^n}$$

$$= \frac{1}{1 + 3(0.25) + (3\times2)(0.25)^2 + (3\times2\times1)(0.25)^3} = \frac{1}{2.22} = 0.45。$$

系統內平均的停機機數 $L = M - \dfrac{\mu}{\lambda}(1 - P_0) = 3 - \dfrac{1}{0.25}(1 - 0.45) = 3 - 4\times0.55 = 3 - 2.2 = 0.8 \cong 1$。

所以，照常操作的機器數 = 3 − 1 = 2。

2. 每天停機成本 = 8× 系統內平均的停機機數 ×30 = 8×1×30 = 240 / 每天（假設每天工作 8 小時）。

3. 假如僱用兩位機械工，每位機械工 2 部機器，M = 2，

$$P_0 = \frac{1}{\sum_{n=0}^{2} \dfrac{2!}{(2-n)!}\left(\dfrac{\lambda}{\mu}\right)^n} = \frac{1}{\sum_{n=0}^{2} \dfrac{2!}{(2-n)!}\left(\dfrac{0.25}{1}\right)^n} = \frac{1}{1 + 2(0.25) + (2)(0.25)^2} = \frac{1}{1.625} = 0.615。$$

系統內平均的停機機數 $L = M - \dfrac{\mu}{\lambda}(1 - P_0) = 2 - \dfrac{1}{0.25}(1 - 0.62) = 2 - 4\times0.38 = 2 - 1.5 = 0.5 \cong 1$。

每天平均的停機時間 = 8×0.5× 機器工數 = 8×0.5×2 = 8 小時 / 每天。

兩位機器工的總成本 = 2×60 + 8×30 = 120 + 240 = 360 / 每天。

一位機器工的總成本 = 60 + 240 = 300 / 每天。

因此，僱用兩位機械工並不經濟。

12.7.6 模式 6：(M/M/s)：(∞ /M/FCFS)

模式 6 與模式 5 (M/M/1)：(∞ /M/FCFS) 不同之處，在於有 s 個服務設施。由於顧客來源 (M) 有限，等候線會自然收斂。

λ 為顧客的到達率。如果系統內有 n 位顧客，則到達率為 (M − n)λ，如圖 12.12 所示。

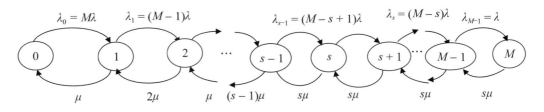

← 圖 12.12

本書附錄 B 之 B6 將詳細演算導出相關的基本特性公式：L、L_q、W 和 W_q。
其他等候線的模式如下。

範例 12.8

某工廠有兩位維修工程師，負責維修 5 部馬達，每部馬達平均運轉時間為 5 天，馬達故障後平均維修時間為 1 天。請問：

1. 無馬達故障與 5 部馬達故障的機率分別是多少？
2. 至少有一位維修工程師空閒的機率是多少？
3. 求 L（等候系統內的平均馬達數）與 L_q（等候線上排隊的平均馬達數）。

解：

1. 由問題得知，$\lambda = \dfrac{1}{5}$ 部／天、$\mu = 1$ 部／天、$s = 2$。

$$
P_0 = \frac{1}{\displaystyle\sum_{n=0}^{s-1} \frac{M!}{(M-n)!n!}\left(\frac{\lambda}{\mu}\right)^n + \sum_{n=s}^{M} \frac{M!}{(M-n)!s!s^{n-s}}\left(\frac{\lambda}{\mu}\right)^n}
$$

$$
= \frac{1}{\displaystyle\sum_{n=0}^{1} \frac{5!}{(M-n)!\,n!}\left(\frac{\lambda}{\mu}\right)^n + \sum_{n=2}^{5} \frac{5!}{(M-n)!\,2!\,2^{n-2}}\left(\frac{\lambda}{\mu}\right)^n}
$$

$$
= \frac{1}{1 + 1 + \dfrac{2}{5} + \dfrac{3}{25} + \dfrac{3}{125} + \dfrac{3}{1,250}} = \frac{1,250}{3,183}
$$

$$P_1 = \frac{5!}{4!\,1!}\left(\frac{1}{5}\right)^1 P_0 = 1 \times \frac{1{,}250}{3{,}183} = \frac{1{,}250}{3{,}183}\,、\, P_2 = \frac{5!}{3!\,2!}\left(\frac{1}{5}\right)^2 P_0 = \frac{2}{5} \times \frac{1{,}250}{3{,}183} = \frac{500}{3{,}183}\,、$$

$$P_3 = \frac{5!}{2!\,2!\,2^1}\left(\frac{1}{5}\right)^3 P_0 = \frac{3}{25} \times \frac{1{,}250}{3{,}183} = \frac{150}{3{,}183}\,、\, P_4 = \frac{5!}{1!\,2!\,2^2}\left(\frac{1}{5}\right)^4 P_0 = \frac{3}{125} \times \frac{1{,}250}{3{,}183} = \frac{30}{3{,}183}\,、$$

$$P_5 = \frac{5!}{0!\,2!\,2^3}\left(\frac{1}{5}\right)^5 P_0 = \frac{3}{1{,}250} \times \frac{1{,}250}{3{,}183} = \frac{3}{3{,}183}\,。$$

所以，無馬達故障的機率是 $P_0 = \dfrac{1{,}250}{3{,}183}$，5 部馬達故障的機率是 $P_5 = \dfrac{3}{3{,}183}$。

2. 至少有一位維修工程師空閒的機率 $= P_0 + P_1 = \dfrac{1{,}250}{3{,}183} + \dfrac{1{,}250}{3{,}183} = \dfrac{2{,}500}{3{,}183}$。

3. $L = \sum_{n=0}^{5} nP_n = 1 \times \dfrac{1{,}250}{3{,}183} + 2 \times \dfrac{500}{3{,}183} + 3 \times \dfrac{150}{3{,}183} + 4 \times \dfrac{30}{3{,}183} + 5 \times \dfrac{3}{3{,}183} = \dfrac{2{,}835}{3{,}183}$（部）。

$$L_q = \sum_{n=2}^{5}(n-2)P_n = 1 \times \frac{500}{3{,}183} + 2 \times \frac{30}{3{,}183} + 3 \times \frac{3}{3{,}183} = \frac{219}{3{,}183}\,（部）。$$

12.7.7　模式 7：*M/G*/1

模式 7 與模式 1 (*M/M*/1) 不同之處在於服務時間的機率不是指數分配，其期望值是 $\dfrac{1}{\mu}$、變異數是 σ^2。假設 $\rho = \dfrac{\lambda}{\mu} < 1$。在穩定狀態下，*M/G*/1 等候模式的重要操作特性可計算如下：

1. $P_0 = 1 - \rho$。

2. 在等候線上排隊之期望顧客數 $L_q = \dfrac{\lambda^2 \sigma^2 + \rho^2}{2(1-\rho)}$，此公式稱為 Pollaczek-Khinchin 公式（P-K 公式）。

3. 系統內期望顧客數 $L = L_q + \rho$。

4. 顧客在等候系統內期望時間 $W = \dfrac{L}{\lambda} = W_q + \dfrac{1}{\mu}$。

5. 顧客在等候線上的期望時間 $W_q = \dfrac{L_q}{\lambda}$。

範例 12.9

某單一自動汽車洗車站，汽車到達的間隔時間呈指數分配，其平均時間是 10 分鐘；汽車清洗的時間呈均勻分布，其最長時間是 9 分鐘、最短時間是 7 分鐘。請問：

1. 等候線上的平均汽車數。

2. 每部汽車平均在等候線上多久時間？

3. 一部汽車從到達到清洗完離開平均是多久時間？

4. 系統內的平均汽車數。

5. 洗車站閒置的機率。

解：

1. $\lambda = \dfrac{1}{10}$，平均清洗時間 $= \dfrac{(7+9)}{2} = 8$，所以 $\mu = \dfrac{1}{8}$，平均清洗時間的變異數

   $\sigma_s^2 = \dfrac{(9-7)^2}{12} = \dfrac{1}{3}$，$\rho = \dfrac{\lambda}{\mu} = \dfrac{8}{10} = 0.8$。

$$L_q = \frac{\lambda^2 \sigma_s^2 + \rho^2}{2(1-\rho)} = \frac{\left(\dfrac{1}{10}\right)^2 \dfrac{1}{3} + (0.8)^2}{2(1-0.8)} = 1.608 \text{。}$$

2. $W_q = \dfrac{L_q}{\lambda} = \dfrac{1.608}{\dfrac{1}{10}} = 16.08$（分鐘）。

3. $W = W_q + \dfrac{1}{\mu} = 24.08$（分鐘）。

4. $L = \lambda W = \dfrac{1}{10} \times 24.08 = 2.408$。

5. $P_0 = 1 - \rho = 1 - 0.8 = 0.2$。

12.7.8　模式 8：*M/D*/1

　　模式 8 與模式 7 (*M/G*/1) 不同之處在於服務時間為常數，其變異數是 0。

1. 在等候線上排隊之期望顧客數，代入 P-K 公式得到

$$L_q = \frac{\lambda^2 \sigma^2 + \rho^2}{2(1-\rho)} = \frac{\rho^2}{2(1-\rho)} = \frac{\lambda^2}{2\mu(\mu-\lambda)} \text{。}$$

2. 系統內期望顧客數 $L = \dfrac{\rho^2}{2(1-\rho)} + \rho = \dfrac{\rho^2 + 2\rho - 2\rho^2}{2(1-\rho)} = \dfrac{2\rho - \rho^2}{2(1-\rho)} = \dfrac{\lambda(2\mu-\lambda)}{2\mu(\mu-\lambda)}$。

3. 顧客在等候系統內期望時間 $W = \dfrac{L}{\lambda} = \dfrac{(2\mu-\lambda)}{2\mu(\mu-\lambda)}$。

4. 顧客在等候線上的期望時間 $W_q = \dfrac{L_q}{\lambda} = \dfrac{\lambda}{2\mu(\mu-\lambda)}$。

範例 12.10

　　運貨卡車到達某一批發中心呈卜瓦松分布，其平均到達率是每小時 4 輛卡車，卸載卡車率亦呈卜瓦松分布，其平均卸載率是每小時 5 輛卡車。請問：

1. 等候線上的平均運貨卡車數。
2. 每部運貨卡車平均在等候線上多久時間？
3. 系統內閒置的機率。
4. 如果公司管理階層將卸載過程標準化，使卸載時間是常數，可節省多少等候時間？

解：

1. 此問題前三小問題是屬 (*M/M/*1)：(∞ / ∞ /FCFS) 模式，$\lambda = 4$ 卡車 / 每小時、$\mu = 5$ 卡車 / 每小時。

   等候線上的平均運貨卡車數 $L_q = \dfrac{\lambda^2}{\mu(\mu - \lambda)} = \dfrac{4^2}{5(5-4)} = 3.2$。

2. 每部卡車平均在等候線上 $W_q = \dfrac{\lambda}{\mu(\mu - \lambda)} = \dfrac{4}{5(5-4)} = \dfrac{4}{5}$ 小時。

3. 系統內閒置的機率 $P_0 = 1 - \dfrac{\lambda}{\mu} = 1 - \dfrac{4}{5} = 0.20$。

4. 如果公司管理階層將卸載過程標準化使卸載時間為常數，則該系統變成 *M/D/*1 模式。

   $W_q = \dfrac{\lambda}{2\mu(\mu - \lambda)} = \dfrac{4}{2 \times 5(5-4)} = \dfrac{2}{5}$ 小時，等候時間可節省 $\dfrac{4}{5} - \dfrac{2}{5} = \dfrac{2}{5} = 0.4$ 小時 $= 24$ 分鐘。

12.7.9　模式 9：*D/D/*1

　　模式 9 與模式 8 (*M/D/*1) 不同之處在於到達間隔時間也是常數，其變異數也是 0。如果到達率是 $\dfrac{1}{\alpha}$，則到達間隔時間是 α。如果服務率是 $\dfrac{1}{\beta}$，則服務間隔時間是 β。有三種情況會發生：

1. 當 $\beta = \alpha$：等候線長度將是常數 (≥ 0)。如果起始的等候線長度是 0，則新到來的顧客不用等。
2. 當 $\beta > \alpha$：等候線長度將無限的增長。
3. 當 $\beta < \alpha$：等候線長度將變為 0 或繼續收斂（如果起始有等候線）。

　　假設起始等候線有 n 個單位，因為 $\beta < \alpha$，所以，在有新單位到達之前，有一單位從等候線進入服務。在新單位到來的時間間隔 $\dfrac{\alpha - \beta}{\beta}$ 中，一個額外的單位可被服務。因此，在 $(n - 1)$ 單位被服務的期間，僅有 $(n - 1)\dfrac{\beta}{\alpha - \beta}$ 的新單位來到。

所以，等候線的總長度 = 現時在等候線的單位 + 新到來的單位 + 被服務的一

單位 $= (n-1) + (n-1)\dfrac{\beta}{\alpha-\beta} + 1 = \dfrac{n\alpha-\beta}{\alpha-\beta}$，在等候線所花費的時間 $= \left(\dfrac{n\alpha-\beta}{\alpha-\beta}\right)\beta$。

範例 12.11

　　某一製造有瓶口醬油的公司使用一封蓋機來封蓋瓶口，該封蓋機每 3 秒封蓋一瓶子，而醬油瓶子以每 5 秒一瓶的速度到達。如果一開始有 30 個醬油瓶子等著被封口，請問要多少時間才能完成封蓋在等候的醬油瓶子？

解：

　　$\beta = 3$ 秒、$\alpha = 5$ 秒、$n = 30$，因為 $\beta < \alpha$，等候線最終會收斂，所以要完成封蓋

在等候的醬油瓶子需要的時間 $T = \left(\dfrac{n\alpha-\beta}{\alpha-\beta}\right)\beta = \left(\dfrac{30\times5-3}{5-3}\right)\times3 = 220.5 = 220.5$ 秒。

12.7.10　模式 10：$M/E_k/1$

　　模式 10 與模式 7 ($M/G/1$) 不同之處在於服務時間假設為歐朗 (Erlang-K) 分配。歐朗分配是一個有 k 階段的分配族群，其機率密度函數表示如圖 12.13。

$$f(t,k,\lambda) = \frac{\lambda^k t^{k-1} e^{-\lambda t}}{(k-1)!}, \quad t, \ \lambda \geq 0$$

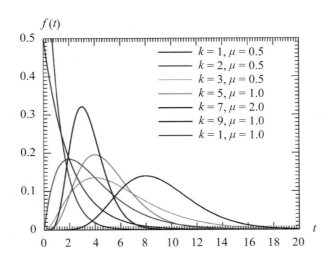

➡ 圖 12.13

參數 λ 又稱爲比例參數，參數 k 又稱爲形狀參數，如圖 12.13 所示。

$E(T) = \dfrac{k}{\lambda}$, $\mathrm{Var}(T) = \dfrac{k}{\lambda^2}$,

當 $k = 1$ 時，即爲指數分配（$f(x, 1, \lambda) = \lambda e^{-\lambda x}$，$\lambda$ 爲到達率）

當 $k \approx \infty$ 時，即爲固定常數（服務時間是固定常數 $= \dfrac{1}{\lambda}$）

假設 $\lambda_n = \lambda$、$\mu_n = \mu k$，在各階段等候系統穩定狀態下，$M/E_k/1$ 等候模式的重要操作特性可計算如下：

1. 系統內期望顧客數 $L = \dfrac{k+1}{2k} \dfrac{\lambda}{\mu} \dfrac{\lambda}{\mu - \lambda} + \dfrac{\lambda}{\mu}$。

2. 在等候線上排隊之期望顧客數 $L_q = \dfrac{k+1}{2k} \dfrac{\lambda}{\mu} \dfrac{\lambda}{\mu - \lambda}$。

3. 顧客在等候系統內期望時間 $W = \dfrac{k+1}{2k} \dfrac{\lambda}{\mu(\mu - \lambda)} + \dfrac{1}{\mu}$。

4. 顧客在等候線上的期望時間 $W_q = \dfrac{k+1}{2k} \dfrac{\lambda}{\mu(\mu - \lambda)}$，

當 $k = 1$ 時，即爲指數分配，L、L_q、W 和 W_q 與 $M/M/1$ 模式的公式相同；

當 $k \approx \infty$ 時，服務時間固定常數：

$L = \dfrac{1}{2} \dfrac{\lambda}{\mu} \dfrac{\lambda}{\mu - \lambda} + \dfrac{\lambda}{\mu}$。

$L_q = \dfrac{1}{2} \dfrac{\lambda}{\mu} \dfrac{\lambda}{\mu - \lambda}$。

$W = \dfrac{1}{2} \dfrac{\lambda}{\mu(\mu - \lambda)} + \dfrac{1}{\mu}$。

$W_q = \dfrac{1}{2} \dfrac{\lambda}{\mu(\mu - \lambda)}$。

範例 12.12

在一工廠自助餐廳，員工必須通過四個櫃檯。員工在第一個櫃檯購買優惠券，在第二個櫃檯選購主餐，在第三個櫃檯選購小吃，然後在第四個櫃檯買喝的飲料。員工在每個櫃檯所花的時間呈指數分配，其平均時間是 1 分鐘。員工到達櫃檯呈卜瓦松分布，其平均到達率是每小時 8 位員工。請問：

1. 員工在餐廳平均的時間是多久？
2. 員工在餐廳平均被服務的時間爲多久？
3. 員工在餐廳最多可能被服務的時間爲多久？

解：

此問題可視為 $M/E_k/1$ 模式，有四個階段 $k = 4$，每個階段每位員工被服務時間 = 1 分鐘，所以，員工在餐廳平均被服務的時間 = 1×4 = 4 分鐘。$\mu = \dfrac{1}{4}$ 員工／每分鐘 = 15 員工／每小時、$\lambda = 8$ 員工／每小時。

1. 員工在餐廳平均的時間 $W_q = \dfrac{k+1}{2k} \times \dfrac{\lambda}{\mu(\mu - \lambda)} = \dfrac{4+1}{2 \times 4} \times \dfrac{8}{15(15-8)} = \dfrac{1}{21}$ 小時 = 2.86 分鐘。

2. 員工在餐廳平均被服務的時間以歐朗 (Erlang-K) 分配的平均服務時間是 $\dfrac{1}{\mu} = \dfrac{1}{15}$ 小時 = 4 分鐘。

3. 員工在餐廳最多可能被服務的時間 = $\dfrac{k-1}{\mu k} = \dfrac{4-1}{15 \times 4}$ 小時 = 3 分鐘。

範例 12.13

一製造車子工廠用裝載起重機裝載車子到一個貨車，然後回來再裝載另一部車子。起重機平均要 15 分鐘裝載一部車子。假設車子到達呈卜瓦松分布，其平均到達率是每小時 2 部車。請問每部車子的平均等候時間？

解：

$\lambda = 2$ 部車子／每小時，裝載率是常數 = $\dfrac{60}{15}$ 部車子／每小時 = 4 部車子／每小時。此問題可視為 $M/E_k/1$ 模式，$k = \infty$。所以，每部車子的平均等候時間 $W_q = \dfrac{1}{2} \times \dfrac{\lambda}{\mu(\mu - \lambda)} = \dfrac{1}{2} \times \dfrac{2}{4} \times \dfrac{2}{4-2} = \dfrac{1}{4}$ 小時 = 15 分鐘。

上述的等候模式都假設先到先服務 (FCFS) 原則，在實務上，有後到先服務 (LCFS)、隨機順序服務 (SIRO) 及優先次序服務 (Priority) 等原則，此類等候系統的重要公式，Little 公式仍然適用，有關細節，讀者可參考其他書籍。

對於一般非標準性的等候系統，例如：許多商業組織的子系統或公共系統，可以用一套通用模擬系統 (GPSS, General Purpose Simulation System) 來模擬其等候系統。有關細節，讀者可見本書參考書目 (Panneerselvam, R., 2016) 或其他書籍。

🔒 12.8　等候決策模式

等候系統的設計，通常涉及到某種容量的決定：

1. 等候系統的參數。
2. 服務設施的效率。
3. 服務設施的數目。
4. 服務設施的成本。
5. 服務設施的平均服務時間等等。

例如：一所醫院的醫生人數、一間超級購物市場的出口和收銀員的數目、一間百貨公司服務人員的人數等等。

在等候線經濟分析中，服務成本隨著服務設施的增加而增加，但是服務設施越多，顧客等候的成本因而減少，藉著等候線總成本分析，可以找到最好的服務設施的設計。

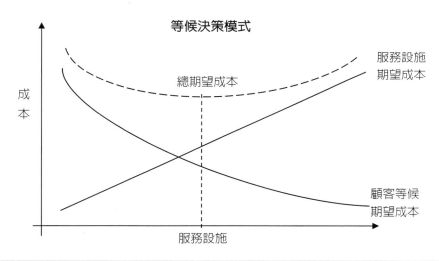

◄─➤ 圖 12.14

由圖 12.14 所示，成本模式如下：

$$E(TC) = E(SC) + E(WC)$$

$E(TC)$ = 單位時間的期望總成本

$E(SC)$ = 單位時間的期望服務成本

$E(WC)$ = 單位時間的期望等候成本

$E(WC) = C_w \times L = C_w \times \dfrac{\lambda}{\mu - \lambda}$，其中 C_w = 每單位時間每位顧客等候的成本、L = 系統內期望顧客數。

$E(SC) = C_f \times \mu$，其中 C_f = 每單位設施服務成本、μ = 每單位時間服務的顧客。

$E(TC) = C_w \times \dfrac{\lambda}{\mu - \lambda} + C_f \times \mu$。

設 $\dfrac{d}{d\mu} E(TC) = 0$

$\to C_w \times \dfrac{-\lambda}{(\mu - \lambda)^2} + C_f = 0$

$\to (\mu - \lambda)^2 C_f = C_w \lambda$

$\to (u - \lambda)^2 = \dfrac{C_w \lambda}{C_f}$

$\mu^* = \lambda \pm \sqrt{\dfrac{C_w}{C_f} \lambda}$

因為 $\dfrac{d^2 E(TC)}{du^2} = \dfrac{2 C_w \lambda}{(u - \lambda)^3} > 0$，所以，總期望成本有一最低點，如圖 12.14 所示。

μ^* 是單位時間期望總成本最低的服務設施率。上述公式暗示 μ^* 可以有兩個值，但是要注意的是，如果 μ^* 的值是負數的話則不取（因為不可能有負值 μ^*）。

範例 12.14

考慮一小商店平均每 5 分鐘到達一位顧客，平均每一位顧客服務時間是 3 分鐘。如果每分鐘每位顧客的等候成本是 \$8.00、每分鐘每位顧客的服務成本是 \$5.00，請求解最佳的服務設施率。

解：

$\lambda = \dfrac{1}{5} = 0.20$，$\mu = \lambda \pm \sqrt{\dfrac{C_w}{C_f} \lambda} = 0.20 \pm \sqrt{\dfrac{8 \times 0.20}{5}} = 0.20 \pm \sqrt{0.32} = 0.20 \pm 0.57$。

所以，最佳的服務設施率 $\mu^* = 0.77$ 顧客／分鐘（$\mu = -0.37$ 不是一可行解）。

範例 12.15

考慮一 *M/M/s* 等候模式，平均到達率 $\lambda = 120$ 顧客 / 每小時，服務率是 100 顧客 / 每小時。每個設施服務成本是 \$30 / 每小時，顧客等候成本是 \$55 / 每小時。在不超過 4 個服務設施的限制下，請問公司應購買不超過幾個服務設施而使每小時單位成本最低？

解：

$\lambda = 120$ 顧客 / 每小時、$u = 100$ 顧客 / 每小時，$\frac{\lambda}{u} = 1.2$、$\rho = \frac{\lambda}{su}$。公司的目標要使單位時間的期望總成本最小化 $E(TC) = E(SC) + E(WC) = 30s + 55L$。

根據 *M/M/s* 等候模式，表 12.3 列出不同數目的服務設施所產生的單位時間的期望總成本。

表 12.3

s	ρ	L_q	$L = L_q + \dfrac{\lambda}{\mu}$	$E(SC) = C_s s$	$E(WC) = C_w L$	$E(TC) = E(SC) + E(WC)$
1	1.20	1	∞（因為 $\rho > 1$）	\$30	∞	∞
2	0.6	0.675	1.875	\$60	\$103.13	\$163.13
3	0.4	0.094	1.294	\$90	\$71.17	**\$161.17**
4	0.3	0.016	1.216	\$120	\$66.88	\$186.88

由表 12.3 可知，公司應購買 3 個服務設施使每小時單位期望總成本最低。

12.9 本章摘要

■ 本章所研究的基本等候模式主要假設顧客到達間隔時間和服務時間呈指數機率分布 (Exponential Distribution)。如果到達間隔時間或服務時間不是呈指數機率分布，則其分布大約可用歐朗 (Erlang-K) 分配估計，並用在等候模式。歐朗分配是一個有 k 階段的分配族群，其機率密度函數為 $f(t, k, \lambda) = \dfrac{\lambda^k t^{k-1} e^{-\lambda t}}{(k-1)!}$，$t, \lambda \geq 0$。參數 λ 又稱為比例參數，參數 k 又稱為形狀參數。$E(T) = \dfrac{k}{\lambda}$，$\text{Var}(T) = \dfrac{k}{\lambda^2}$。

■ 本章所研究的基本等候模式主要基於生死過程 (Birth and Death Process)，並求出不同的等候模式有關的基本特性公式。當等候系統呈穩定狀態時，L、W、L_q 和 W_q 之間的關係 (Little's Queuing Formula) 如下：

1. $L = \bar{\lambda} W$，L 是等候系統內期望顧客數、$\bar{\lambda}$ 是系統的平均到達率。

2. $L_q = \bar{\lambda} W_q = L - \dfrac{\bar{\lambda}}{\mu}$，$L_q$ 是在等候線上的期望顧客數。

3. $W = W_q + \dfrac{1}{\mu} = \dfrac{L}{\lambda}$，$W_q$ 是顧客在等候系統內期望時間。

4. $W_q = W - \dfrac{1}{\mu}$，W 是顧客在等候線上的期望時間。

5. $L = \bar{\lambda} W = \bar{\lambda} (W_q + \dfrac{1}{\mu}) = \bar{\lambda} W_q + \dfrac{\bar{\lambda}}{\mu} = L_q + \dfrac{\bar{\lambda}}{\mu}$，亦即 $L = \sum\limits_{n=0}^{\infty} n P_n$、$L_q = \sum\limits_{n=s}^{\infty} (n-s) P_n$、

$\bar{\lambda} = \sum\limits_{n=0}^{\infty} \lambda_n P_n$（如果 λ_n 不相同）、$W = \dfrac{L}{\lambda}$、$W_q = \dfrac{L_q}{\lambda}$。

■ P_n 之求法：先找出 P_n 與 P_0 之間的函數關係，利用 $\sum\limits_{n=0}^{\infty} P_n = 1$ 的機率性質求出 P_0，然後進一步求出所有的 P_n。

■ 當沒有一個適合的模式來合理地代表一個實際的等候系統時，最常用的途徑是蒐集相關的數據，並利用電腦程式來模擬等候系統。

目標規劃
(Goal Programming)

◀ NBC 電視廣告銷售的發展計劃 *

　　美國的國家廣播公司 (NBC)，即通用電氣公司的子公司：在 2000 年從電視網絡的領域上創造了超過 40 億美元的收入。在 5 月，該網絡宣布了廣播年度的節目安排，該節目從 9 月的第三週開始。在宣布之後不久，該網絡開始向廣告商出售其電視節目中的廣告插播庫存。在此期間，廣告代理機構與網絡聯繫，請求為其客戶購買一年的時間。這些請求通常包括預算、客戶感興趣的地區觀眾，以及所需的節目組合。NBC 隨後製定了一項銷售計劃，其中包括滿足客戶要求的電視廣告時間表。最受歡迎的廣告時間長度是 30 秒和 15 秒，儘管 60 秒和 120 秒的時間間隔並不少見。在網絡最終確定其節目時間表後，它會制定收視率預測，預測每次播出的節目的幾個地區的觀眾規模。這些收視率預測基於節目強度、某個時間段的歷史收視率、其他網絡上的競爭節目，以及相鄰節目的表現等因素。然後，該網絡開發廣告費率卡，為每次播出的節目設定廣告的價格。價格根據節目播出的時間而有所不同。例如：11 月、2 月和 5 月的連續幾個月價格較高，而 1 月和夏季價格較低；這些價格在一年中的不同週加權。銷售管理人員根據客戶對 NBC 的重要性，確定銷售請求的優先級。NBC 還希望最大限度地利用其有限的庫存來滿足每個客戶的要求。

　　NBC 使用 0-1 整數目標規劃模型為個人客戶制定年度廣告銷售計劃。目標是針對庫存（即播出時間可用性）、產品衝突（即不應該在同一個節目上做廣告的兩種類似產品）、客戶預算限制、節目組合目標、單元組合（即商業長度）目標和每週權重約束。決策變數為 0-1，表示在銷售計劃中包含的幾週內播出的每個長度的廣告數量。該模型使 NBC 在滿足客戶要求的同時，節省了數百萬美元的優質庫存，並將製定銷售計劃所需的時間從 3 到 4 小時減少到 20 分鐘。據估計，這種模型和相關的計劃系統每年至少使 NBC 的收入增加 5,000 萬美元。

* 資料來源：S. Bollapragada et al., "NBC Optimization Systems Increase Revenues and Productivity," *Interfaces*, *32*(1) (January-February 2002), pp. 47-60.

🔓 13.1　前言

前面數章介紹的線性規劃中，通常是只有一個目標──極大化或極小化。然而在實際上，一個公司或一個組織往往並非僅有一個目標，它可能與利潤或成本以外的標準有關，例如：一家公司除了最大利潤的目標之外，公司希望避免裁員，或者是考慮每個研發項目的成功概率。目標規劃問題是一種線性形式包含多個目標的編程。本章將討論如何用目標規劃來解決多目標決策的問題。目標規劃產生有效而且滿意的結果，但往往並不是最佳的方案。本章著重於有**優先等級**和**加權係數**爲主的目標規劃。

🔓 13.2　建立目標規劃模式

1. 目標規劃的基本步驟是要先設定達成的特定目標，這些目標可以有一些容許的變動存在。這個變動的變數有兩種，即超過目標變數 [Overachievement ($d_i^+ \geq 0$)] 和不達到目標變數 [Underachievement ($d_i^- \geq 0$)]。
2. 目標規劃的目標是要使這些加權變異的總和達到最小（所有的 d_i^+ 和 $d_i^- \to 0$）。
3. 對於每一個目標，超過目標變數 (d_i^+) 和不足目標變數 (d_i^-)，至少有一個目標變數必須等於 0。

　　假設目標規劃考慮 k 個目標，其中 $f_1(x), f_2(x), f_3(x), ..., f_k(x)$ 被設爲 k 個目標函數。目標規劃模式的建立如下：

$$\text{極小化} \quad Z = \sum_{i=1}^{k}(w_i^+ d_i^+ + w_i^- d_i^-)$$

$$\text{限制條件} \quad f_i(x) + d_i^+ - d_i^- = b_i, \text{ for } i = 1, ..., k$$

$$g_j(x) \leq 0, \text{ for } j = 1, ..., m$$

$$x_j, d_i^+, d_i^- \geq 0, \text{ for all } i \text{ and } j$$

$$\text{Where } f_i(x) \text{ is } i^{th} \text{ 目標函數}, i = 1, ..., k$$

$$g_j(x) \text{ is } j^{th} \text{ 限制條件函數}, j = 1, ..., m$$

d_i^+ 和 d_i^- 定義爲 i^{th} 目標的正和負的偏離變數。

🔓 13.3　有優先等級的目標規劃

　　一個規劃問題通常有多個目標，但決策者在要求達到這些目標時，通常會設定優先等級。設定第一個要達到的目標的優先指數，然後設定第二個要達到的目標的

優先指數，以此類推。這種有優先等級的目標規劃首先保證第一個目標的達成，當第一個目標達成後，第二個目標才予考慮，以此類推，直至所有有優先等級的目標都達到。

範例 13.1

　　哈利斯工廠生產兩種產品 A 和 B，每種產品都要經過線路機器與裝配機器的加工才能完成。每週每種產品的機器處理製造時間、裝配機器的可用時間，以及產品每單位的售價如表 13.1 所示。

表 13-1　範例 13.1 的資料

機器	產品 A	產品 B	機器可用時間（小時）
線路	2	3	12
裝配	6	4	30
產品單位售價（元）	8	5	

　　線性規劃模式建立如下：

設 x_1 為每週產品 A 的生產量，x_2 為每週產品 B 的生產量。

極大化　　$Z = 8x_1 + 5x_2$

限制條件　$2x_1 + 3x_2 \leq 12$（每週線路機器可用的小時）

　　　　　$6x_1 + 4x_2 \leq 30$（每週裝配機器可用的小時）

　　　　　$x_1, x_2 \geq 0$（產品產量為非負數）

　　哈利斯工廠將要搬到新的地點，公司的管理階層認為使利潤極大化是一個不切實際的目標。目標管理部門認為這一個生產期間，將利潤設定為 $35 是合理且令人滿意的。為了盡量達到這個目標，因此必須定義兩個偏離變數 (Deviational Variables)，並加在限制條件中。

　　d_1^- = 利潤不足 35 元的偏離變數，d_1^+ = 利潤超過 35 元的偏離變數。

　　上述問題就可建立為單一目標的線性規劃模式如下：

極小化　　$Z = d_1^- + d_1^+$

限制條件　$8x_1 + 5x_2 + d_1^- - d_1^+ = 35$（利潤的限制條件）

　　　　　$2x_1 + 3x_2 \leq 12$（每週線路機器可用的小時）

　　　　　$6x_1 + 4x_2 \leq 30$（每週裝配機器可用的小時）

　　　　　$x_1, x_2, d_1^-, d_1^+ \geq 0$（產品產量及偏離變數為非負數）

　　除此以外，公司也希望實現其他的目標，例如：充分利用線路機器可用的時間，至少生產八個產品 B 等，因而，公司的目標是多個而非單一。為了要將上述問題建模為一個目標規劃問題，首先要確認公司要實現的目標，並定義適當的偏離變數 (Deviational Variables)，並加在限制條件中。

　　哈利斯工廠要實現有優先等級的四個目標規劃，如下：

目標 1：每週利潤設定 35 元左右。

目標 2：充分利用每週線路機器可用的時間。

目標 3：避免裝配的加班時間。

目標 4：每週至少生產八個產品 B。

定義偏離變數如下：

d_1^- = 利潤不足 35 元的偏離變數。

d_1^+ = 利潤超過 35 元的偏離變數。

d_2^- = 未充分利用機器線路時間的偏離變數。

d_2^+ = 充分利用機器線路時間的偏離變數。

d_3^- = 未充分利用機器裝配時間的偏離變數。

d_3^+ = 充分利用機器裝配時間的偏離變數。

d_4^- = 未達到至少生產八個產品 B 的偏離變數。

d_4^+ = 達到至少生產八個產品 B 的偏離變數。

　　因為管理階層不擔心 d_1^+、d_2^+、d_3^+ 和 d_4^+，這些偏離變數可以從目標函數中省略，因此目標規劃可建立如下：

極小化　　$Z = d_1^- + d_2^- + d_3^+ + d_4^-$

限制條件　$8x_1 + 5x_2 + d_1^- - d_1^+ = 35$（利潤的限制條件）

　　　　　$2x_1 + 3x_2 + d_2^- - d_2^+ = 12$（每週線路機器可用的小時）

　　　　　$6x_1 + 4x_2 + d_3^- - d_3^+ = 30$（每週裝配機器可用的小時）

　　　　　$x_2 + d_4^- - d_4^+ = 8$（產品 B 的限制條件）

　　　　　$x_1, x_2, d_i^-, d_i^+ \geq 0,\ i = 1, 2, 3, 4$（產品產量及偏離變數為非負數）

　　哈利斯工廠要實現有優先等級的目標規劃，以便最優先的目標實現後，才陸續考慮次優先的目標。根據高階層的決定，四個目標的優先等級被設定如表 13.2。

表 13.2

目標	優先等級
每週利潤設定 35 元左右	P_1
充分利用每週線路機器可用的時間	P_2
避免裝配的加班時間	P_3
每週至少生產八個產品 B	P_4

考慮有優先等級的目標函數被修改如下：

極小化 $Z = P_1d_1^- + P_2d_2^- + P_3d_3^+ + P_4d_4^-$，而限制條件仍舊一樣。

13.3.1　用圖形法求解目標規劃

極小化　　　$Z = P_1d_1^- + P_2d_2^- + P_3d_3^+ + P_4d_4^-$

限制條件　$8x_1 + 5x_2 + d_1^- - d_1^+ = 35$（利潤的限制條件）

　　　　　$2x_1 + 3x_2 + d_2^- - d_2^+ = 12$（每週線路機器可用的小時）

　　　　　$6x_1 + 4x_2 + d_3^- - d_3^+ = 30$（每週裝配機器可用的小時）

　　　　　$x_2 + d_4^- - d_4^+ = 8$（產品 B 的限制條件）

　　　　　$x_1, x_2, d_i^-, d_i^+ \geq 0, i = 1, 2, 3, 4$（產品產量及偏離變數為非負數）

在目標限制條件 $8x_1 + 5x_2 = 35$ 以下的區域代表 d_i^- 的可能值，在目標限制條件 $8x_1 + 5x_2 = 35$ 以上的區域代表 d_1^+ 的可能值。要使 d_1^- 極小化，d_1^+ 要增加，陰影區是第一個目標的可行解區域，如圖 13.1 所示。

在目標限制條件 $2x_1 + 3x_2 = 12$ 以下的區域代表 d_2^- 的可能值，在目標限制條件 $2x_1 + 3x_2 = 12$ 以上的區域代表 d_2^+ 的可能值。要使 d_2^- 極小化，陰影區是第二個目標的可行解區域。要注意的是極小化 d_2^- 的目標，並不影響 d_1^- 的極小化目標。第二個目標必須從滿足第一個的可行解區域獲得，其陰影區乃滿足第一個和第二個目標，如圖 13.2 所示。第三個目標必須從滿足第一個目標和第二個目標可行解區域獲得，要注意的是，要使 d_3^+ 極小化，陰影區是第三個目標以下往右下方的可行解區域，如圖 13.3 所示，得知其陰影區乃滿足第一、第二和第三個目標。

第四個目標乃是要使 d_4^- 極小化，在設定前三個優先目標的前提下，$x_2 = 8$ 是不可行的。為了要盡量滿足前三個優先目標並達到第四個目標，在圖 13.4 的點 $A(x_1 = 0, x_2 = 7.5)$ 乃滿足四個目標，但因生產量必須是整數，所以最佳解乃是 $x_1 = 0$、$x_2 = 7$，亦即每週生產七個產品 B。

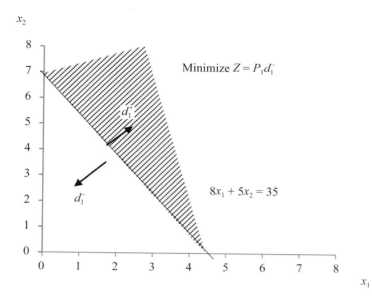

圖 13.1

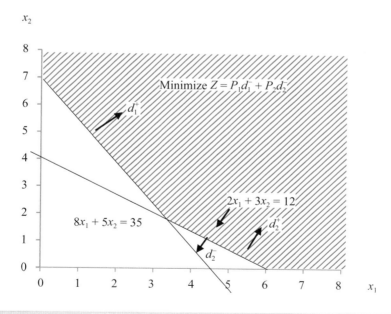

圖 13.2

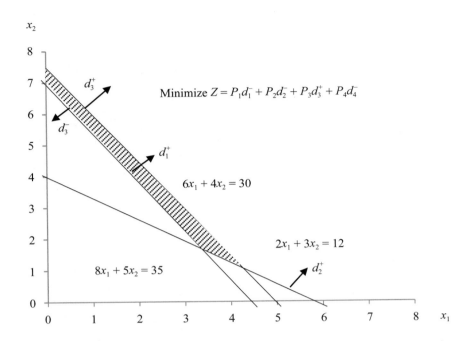

Minimize $Z = P_1d_1^- + P_2d_2^- + P_3d_3^+ + P_4d_4^-$

$6x_1 + 4x_2 = 30$

$2x_1 + 3x_2 = 12$

$8x_1 + 5x_2 = 35$

◄► 圖 13.3

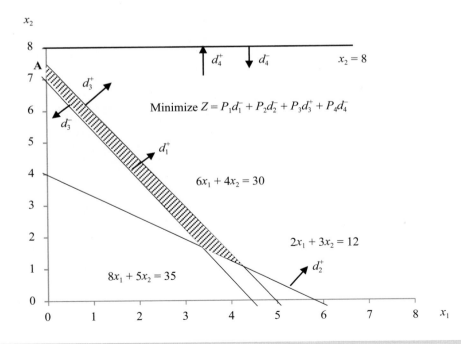

$x_2 = 8$

Minimize $Z = P_1d_1^- + P_2d_2^- + P_3d_3^+ + P_4d_4^-$

$6x_1 + 4x_2 = 30$

$2x_1 + 3x_2 = 12$

$8x_1 + 5x_2 = 35$

◄► 圖 13.4

13.3.2 用 Excel Solver 求解哈利斯工廠的目標規劃問題

優先等級的目標規劃問題是第一個目標能實現，再考慮第二個目標；第一個目標和第二個目標能實現後，再考慮第三個目標；第一個、第二個和第三個目標能實現後，再考慮第四個目標。

先考慮第一個目標 **極小化 $Z = P_1 d_1^-$**，如表 13.3 所示。

表 13.3

	A	B	C	D	E	F	G	H	I	J	K
1		x1	x2	d1-	d2-	d3-	d4-	d1+	d2+	d3+	d4+
2	value	0.0	0.0	0	0	0	0	0	0	0	0
3	objective function coefficients	0	0	1	0	0	0	0	0	0	0
4	constraint_1 coefficients	8	5	1	0	0	0	-1	0	0	0
5	constraint_2 coefficients	2	3	0	1	0	0	0	-1	0	0
6	constraint_3 coefficients	6	4	0	0	1	0	0	0	-1	0
7	constraint_4 coefficients	0	1	0	0	0	1	0	0	0	-1
8											
9	objective (max)	0.0									
10	constraint_1	0.0	=	35.0							
11	constraint_2	0.0	=	12.0							
12	constraint_3	0.0	=	30.0							
13	constraint_4	0.0	=	8.0							

用 Excel Solver 可得最佳解，假設 $P_1 = 1$，如表 13.4 和 13.5 所示。

表 13.4

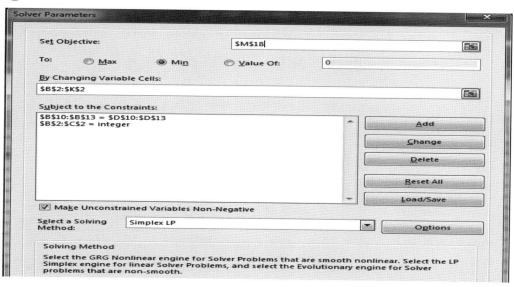

表 13.5

	A	B	C	D	E	F	G	H	I	J	K
1		x1	x2	d1-	d2-	d3-	d4-	d1+	d2+	d3+	d4+
2	value	3.0	3.0	0	0	0	5	4	3	0	0
3	objective function coefficients	0	0	1	0	0	0	0	0	0	0
4	constraint_1 coefficients	8	5	1	0	0	0	-1	0	0	0
5	constraint_2 coefficients	2	3	0	1	0	0	0	-1	0	0
6	constraint_3 coefficients	6	4	0	0	1	0	0	0	-1	0
7	constraint_4 coefficients	0	1	0	0	0	1	0	0	0	-1
8											
9	objective (max)	0.0									
10	constraint_1	35.0	=	35.0							
11	constraint_2	12.0	=	12.0							
12	constraint_3	30.0	=	30.0							
13	constraint_4	8.0	=	8.0							

因為第一個目標可達成,因此考慮第一個和第二個目標 **極小化 $Z = P_1 d_1^- + P_2 d_2^-$**,如表 13.6 所示。

表 13.6

	A	B	C	D	E	F	G	H	I	J	K
1		x1	x2	d1-	d2-	d3-	d4-	d1+	d2+	d3+	d4+
2	value	0.0	0.0	0	0	0	0	0	0	0	0
3	objective function coefficients	0	0	1	1	0	0	0	0	0	0
4	constraint_1 coefficients	8	5	1	0	0	0	-1	0	0	0
5	constraint_2 coefficients	2	3	0	1	0	0	0	-1	0	0
6	constraint_3 coefficients	6	4	0	0	1	0	0	0	-1	0
7	constraint_4 coefficients	0	1	0	0	0	1	0	0	0	-1
8											
9	objective (max)	0.0									
10	constraint_1	0.0	=	35.0							
11	constraint_2	0.0	=	12.0							
12	constraint_3	0.0	=	30.0							
13	constraint_4	0.0	=	8.0							

用 Excel Solver 可得最佳解,假設 $P_1 = P_2 = 1$,如表 13.7 所示。

表 13.7

	A	B	C	D	E	F	G	H	I	J	K
1		x1	x2	d1-	d2-	d3-	d4-	d1+	d2+	d3+	d4+
2	value	3.0	3.0	0	0	0	5	4	3	0	0
3	objective function coefficients	0	0	1	1	0	0	0	0	0	0
4	constraint_1 coefficients	8	5	1	0	0	0	-1	0	0	0
5	constraint_2 coefficients	2	3	0	1	0	0	0	-1	0	0
6	constraint_3 coefficients	6	4	0	0	1	0	0	0	-1	0
7	constraint_4 coefficients	0	1	0	0	0	1	0	0	0	-1
8											
9	objective (max)	0.0									

表 13.7（續）

10	constraint_1	35.0	=	35.0						
11	constraint_2	12.0	=	12.0						
12	constraint_3	30.0	=	30.0						
13	constraint_4	8.0	=	8.0						

因為第一個目標和第二個目標可達成，因此考慮第一個、第二個和第三個目標 **極小化 $Z = P_1 d_1^- + P_2 d_2^- + P_3 d_3^+$**，如表 13.8 所示。

表 13.8

	A	B	C	D	E	F	G	H	I	J	K
1		x1	x2	d1-	d2-	d3-	d4-	d1+	d2+	d3+	d4+
2	value	0.0	0.0	0	0	0	0	0	0	0	0
3	objective function coefficients	0	0	1	1	0	0	0	0	1	0
4	constraint_1 coefficients	8	5	1	0	0	0	-1	0	0	0
5	constraint_2 coefficients	2	3	0	1	0	0	0	-1	0	0
6	constraint_3 coefficients	6	4	0	0	1	0	0	0	-1	0
7	constraint_4 coefficients	0	1	0	0	0	1	0	0	0	-1
8											
9	objective (max)	0.0									
10	constraint_1	0.0	=	35.0							
11	constraint_2	0.0	=	12.0							
12	constraint_3	0.0	=	30.0							
13	constraint_4	0.0	=	8.0							

用 Excel Solver 可得最佳解，假設 $P_1 = P_2 = P_3 = 1$，如表 13.9 所示。

表 13.9

	A	B	C	D	E	F	G	H	I	J	K
1		x1	x2	d1-	d2-	d3-	d4-	d1+	d2+	d3+	d4+
2	value	3.0	3.0	0	0	0	5	4	3	0	0
3	objective function coefficients	0	0	1	1	0	0	0	0	1	0
4	constraint_1 coefficients	8	5	1	0	0	0	-1	0	0	0
5	constraint_2 coefficients	2	3	0	1	0	0	0	-1	0	0
6	constraint_3 coefficients	6	4	0	0	1	0	0	0	-1	0
7	constraint_4 coefficients	0	1	0	0	0	1	0	0	0	-1
8											
9	objective (max)	0.0									
10	constraint_1	35.0	=	35.0							
11	constraint_2	12.0	=	12.0							
12	constraint_3	30.0	=	30.0							
13	constraint_4	8.0	=	8.0							

因為第一個、第二個和第三個目標可達成，因此考慮第一個、第二個、第三個和第四個目標 **極小化 $Z = P_1 d_1^- + P_2 d_2^- + P_3 d_3^+ + P_4 d_4^-$**，如表 13.10 所示。

表 13.10

	A	B	C	D	E	F	G	H	I	J	K
1		x1	x2	d1-	d2-	d3-	d4-	d1+	d2+	d3+	d4+
2	value	0.0	0.0	0	0	0	0	0	0	0	0
3	objective function coefficients	0	0	1	1	0	1	0	0	1	0
4	constraint_1 coefficients	8	5	1	0	0	0	-1	0	0	0
5	constraint_2 coefficients	2	3	0	1	0	0	0	-1	0	0
6	constraint_3 coefficients	6	4	0	0	1	0	0	0	-1	0
7	constraint_4 coefficients	0	1	0	0	0	1	0	0	0	-1
8											
9	objective (max)	0.0									
10	constraint_1	0.0	=	35.0							
11	constraint_2	0.0	=	12.0							
12	constraint_3	0.0	=	30.0							
13	constraint_4	0.0	=	8.0							

用 Excel Solver 可得最佳解，假設 $P_1 = P_2 = P_3 = P_4 = 1$，如表 13.11 所示。

表 13.11

	A	B	C	D	E	F	G	H	I	J	K
1		x1	x2	d1-	d2-	d3-	d4-	d1+	d2+	d3+	d4+
2	value	0.0	7.0	0	0	2	1	0	9	0	0
3	objective function coefficients	0	0	1	1	0	1	0	0	1	0
4	constraint_1 coefficients	8	5	1	0	0	0	-1	0	0	0
5	constraint_2 coefficients	2	3	0	1	0	0	0	-1	0	0
6	constraint_3 coefficients	6	4	0	0	1	0	0	0	-1	0
7	constraint_4 coefficients	0	1	0	0	0	1	0	0	0	-1
8											
9	objective (max)	1.0									
10	constraint_1	35.0	=	35.0							
11	constraint_2	12.0	=	12.0							
12	constraint_3	30.0	=	30.0							
13	constraint_4	8.0	=	8.0							

所以，目標規劃的解如下：

$x_1 = 0$（產品 A 不生產）、$x_2 = 7$（產品 B 生產 7 個）、$d_1^+ = \$0$（超過利潤目標）、$d_2^+ = 9$（超過機器線路時間 9 小時）、$d_3^- = 2$（未充分利用機器裝配時間 2 小時）、$d_4^- = 1$（比產品 B 的目標少掉 1 個）。目標函數是 1（假設 $P_1 = P_2 = P_3 = P_4 = 1$）。**用 Excel Solver 所得的解與用圖形法求解目標規劃的答案相同。**

🔓 13.4　有加權係數的目標規劃

有加權係數的目標規劃乃是基於決策者對各目標的考量，而對每個目標設定不同的加權係數。加權係數的具體值可以從決策者 (DM) 使用博爾達計數排名方法 (Borda Count Ranking Method)、評分方法 (Rating Method) 或層次分析過程 (Analytic Hierarchy Process, AHP) 等方法獲得。

範例 13.2

大亨電腦公司生產兩種型式電腦——CP100 和 CP200。每種電腦配備不同的軟磁碟 (Floppy Disk Drive) 和壓縮磁碟 (Zip Disk Drive)，每週有 600 個電腦機盒可以使用。每種產品的機器處理製造時間、機器的可用時間，以及產品每單位的售價，如表 13.12 所示。

表 13.12　範例 13.2 的資料

配件和裝配	CP100	CP200	可用磁碟、裝配時間和電腦機盒
軟磁碟	2	1	1,000
壓縮磁碟	0	1	500
裝配	1	1.5	400
電腦機盒	1	1	600
產品單位售價（元）	200	500	

線性規劃模式建立如下：

設 x_1 每週產品 CP100 的生產量、x_2 每週產品 CP200 的生產量

極大化　　$Z = 200x_1 + 500x_2$

限制條件　$2x_1 + x_2 \leq 1,000$（每週可用的軟磁碟）

　　　　　$x_2 \leq 500$（每週可用的壓縮磁碟）

　　　　　$x_1 + 1.5x_2 \leq 400$（每週可用的電腦裝配時間）

　　　　　$x_1 + x_2 \leq 600$（每週可用的電腦機盒）

　　　　　$x_1, x_2 \geq 0$（電腦產量為非負數）

　　公司的管理階層認為使利潤極大化不是一個單一目標。除此以外，公司也希望實現其他的目標，例如：利潤至少有 25,000 元左右，充分利用可用的電腦裝配時間，至少生產 500 臺電腦等，因而，公司的目標是多個而非單一。為了要將上述問題建模為一個目標規劃問題，首先要確認公司要實現的目標，並定義適當的偏離變數 (Deviational Variables)，並加在限制條件中。

　　大亨電腦公司要實現的四個目標規劃如下：

目標 1：每週利潤設定 25,000 元左右。

目標 2：充分利用 400 小時的電腦製造裝配時間。

目標 3：每週至少生產 200 臺 CP100 電腦。

目標 4：每週至少生產 500 臺電腦。

定義偏離變數如下：

d_1^- = 利潤不足 25,000 元的偏離變數。

d_1^+ = 利潤超過 25,000 元的偏離變數。

d_2^- = 未充分利用電腦製造裝配時間 400 小時的偏離變數。

d_2^+ = 充分利用電腦製造裝配時間 400 小時的偏離變數。

d_3^- = 未達到生產 200 臺 CP100 電腦的偏離變數。

d_3^+ = 達到生產 200 臺 CP100 電腦的偏離變數。

d_4^- = 未達到至少生產 500 臺電腦的偏離變數。

d_4^+ = 達到至少生產 500 臺電腦的偏離變數。

　　因為管理階層希望 d_1^-、d_2^+、d_3^- 和 d_4^- 等偏離變數最小化，而不擔心其他偏離變數，因此 d_1^+、d_2^-、d_3^+、d_4^+ 這些偏離變數可以從目標函數中省略，因此目標規劃可建立如下：

極小化　　$Z = d_1^- + d_2^+ + d_3^- + d_4^-$

限制條件　$2x_1 + x_2 \leq 1,000$（每週可用的軟磁碟）

$x_2 \leq 500$（每週可用的壓縮磁碟）

$x_1 + x_2 \leq 600$（每週可用的電腦機盒）

$x_1 + d_3^- - d_3^+ = 200$（CP100 電腦的限制條件）

$x_1 + x_2 + d_4^- - d_4^+ = 500$（CP100 和 CP200 電腦的限制條件）

$200x_1 + 500x_2 + d_1^- - d_1^+ = 25,000$（每週利潤的限制條件）

$x_1 + 1.5x_2 + d_2^- - d_2^+ = 400$（每週電腦裝配時間的限制條件）

$x_1, x_2, d_i^-, d_i^+ \geq 0, i = 1, 2, 3, 4$（產品產量及偏離變數為非負數）

大亨電腦公司要實現有加權係數的目標規劃，以便反映不同目標的重要性和可取性，加權係數的目標函數一般被設定為極小化 $Z = \sum \frac{1}{\gamma_i}(w_i^- d_i^- + w_i^+ d_i^+)$。

其中 γ_i 可設定為各目標想要達到的理想值，例如：目標 1 的理想值是 25,000 元、目標 2 的理想值是 400 小時、目標 4 的理想值是 500 臺等。w_i^- 和 w_i^+ 代表各偏離變數的加權係數，如果 w_i^- 和 w_i^+ 都設定一樣，各偏離變數都同樣的重要。如果某 w_i^- 或 w_i^+ 設定較高的加權係數，則其對應偏離變數的重要性也較高。根據大亨電腦公司高階層的決定，其各偏離變數加權係數被設定如下：

目標	加權係數
每週利潤設定 25,000 元左右	10
每週電腦裝配時間設定 400 小時	7
CP100 電腦設定 200 臺	2
CP100 和 CP200 電腦設定 500 臺	3

因此，大亨電腦公司考慮有加權係數的目標函數被修改為極小化 $Z = \frac{10}{25,000}d_1^- + \frac{7}{400}d_2^+ + \frac{2}{200}d_3^- + \frac{3}{500}d_4^- = 0.0004d_1^- + 0.0175d_2^+ + 0.01d_3^- + 0.006d_4^-$，而限制條件仍舊一樣。

13.4.1　用圖形法求解目標規劃

用圖形法求解目標規劃，結果如圖 13.5 所示。

在圖 13.5 的點 A($x_1 = 400, x_2 = 0$) 乃滿足所有限制條件，目標函數的值 $Z = 0.6$。

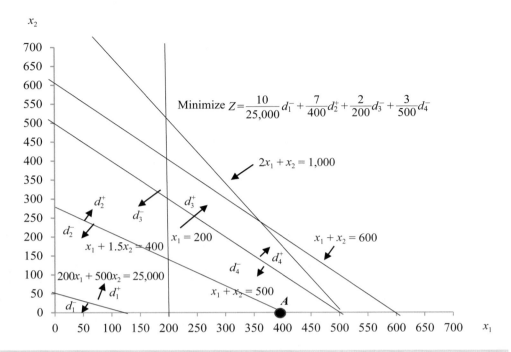

Minimize $Z = \dfrac{10}{25{,}000}d_1^- + \dfrac{7}{400}d_2^+ + \dfrac{2}{200}d_3^- + \dfrac{3}{500}d_4^-$

↞ 圖 13.5

13.4.2 用 Excel Solver 求解有加權係數的目標規劃

用 Excel Solver 可得最佳解，如表 13.13 至 13.15 所示。

表 13.13

	A	B	C	D	E	F	G	H	I	J	K
1		x1	x2	d1-	d2-	d3-	d4-	d1+	d2+	d3+	d4+
2	value	0.0	0.0	0	0	0	0	0	0	0	0
3	objective function coefficients	0	0	0.0004	0	0.01	0.006	0	0.0175	0	0
4	constraint_1 coefficients	2	1	0	0	0	0	0	0	0	0
5	constraint_2 coefficients	0	1	0	0	0	0	0	0	0	0
6	constraint_3 coefficients	1	1	0	0	0	0	0	0	0	0
7	constraint_4 coefficients	1	0	0	0	1	0	0	0	-1	0
8	constraint_5 coefficients	1	1	0	0	0	1	0	0	0	-1
9	constraint_6 coefficients	200	500	1	0	0	0	-1	0	0	0
10	constraint_7 coefficients	1	1.5	0	1	0	0	0	-1	0	0
11											
12	objective (max)	0.0									
13	constraint_1	0.0	<=	1000							
14	constraint_2	0.0	<=	500							
15	constraint_3	0.0	<=	600							
16	constraint_4	0.0	=	200							
17	constraint_5	0.0	=	500							
18	constraint_6	0.0	=	25000							
19	constraint_7	0.0	=	400							

表 13.14

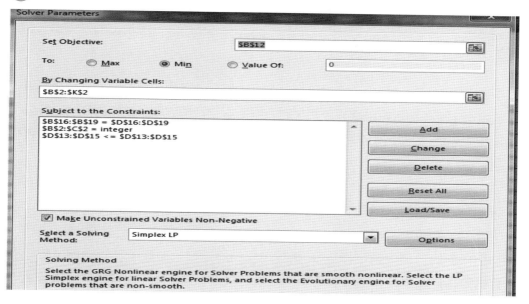

表 13.15

	A	B	C	D	E	F	G	H	I	J	K
1		x1	x2	d1-	d2-	d3-	d4-	d1+	d2+	d3+	d4+
2	value	400.0	0.0	0	0	0	100	55000	0	200	0
3	objective function coefficients	0	0	0.0004	0	0.01	0.006	0	0.0175	0	0
4	constraint_1 coefficients	2	1	0	0	0	0	0	0	0	0
5	constraint_2 coefficients	0	1	0	0	0	0	0	0	0	0
6	constraint_3 coefficients	1	1	0	0	0	0	0	0	0	0
7	constraint_4 coefficients	1	0	0	0	1	0	0	0	-1	0
8	constraint_5 coefficients	1	1	0	0	0	1	0	0	0	-1
9	constraint_6 coefficients	200	500	1	0	0	0	-1	0	0	0
10	constraint_7 coefficients	1	1.5	0	1	0	0	0	-1	0	0
11											
12	objective (max)	0.6									
13	constraint_1	800.0	<=	1000							
14	constraint_2	0.0	<=	500							
15	constraint_3	400.0	<=	600							
16	constraint_4	200.0	=	200							
17	constraint_5	500.0	=	500							
18	constraint_6	25000.0	=	25000							
19	constraint_7	400.0	=	400							

所以，目標規劃的解如下：

x_1 = 400（CP100 電腦生產 400 臺）、x_2 = 0（CP200 電腦不生產）、d_1^+ = 55,000 元（超過利潤目標 25,000 元）、d_2^+ = 0（未超過電腦裝配時間）、d_3^- = 0（未達到 CP 100 生產 200 臺的目標）、d_4^- = 100（未達到至少生產 500 臺電腦的目標）。目標函數的值是 0.6。**用 Excel Solver 所得的解與用圖形法求解目標規劃的**

答案相同。

🔒13.5 本章摘要

- 本章在線性規劃的架構下,用目標規劃來求解多個目標函數問題。目標規劃模式包含一個或多個目標限制方程式,和一個極小化目標偏差值總和的目標函數。
- 目標規劃問題可用兩種方法來分類:優先等級的目標規劃和加權係數的目標規劃。
- 優先等級的目標規劃,會優先處理優先等級 1 的目標,以一個目標函數找出最能滿足限制條件的最優解。這個最優解能實現後,再被考慮優先等級 2 的目標函數所修正。繼續這個過程,直到所有優先等級的目標都能達成。
- 加權係數的目標規劃,權重 w_i 應該在相對的尺度上被賦予特定的值,以代表目標的相對重要性。權重的具體值可以從決策者 (DM) 使用博爾達計數排名方法 (Borda Count Ranking Method)、評分方法 (Rating Method) 或層次分析過程 (Analytic Hierarchy Process, AHP) 等方法獲得。
- 目標規劃問題可用圖解方法、Excel Solver,或者線性規劃單形法來求解。

Chapter *14*

決策分析
(Decision Analysis)

◀ 杜克大學醫學中心的醫學篩選測試 *

　　杜克大學醫學中心開發的一項醫學篩選測試，涉及使用新生兒的血液樣本來篩查代謝情況。陽性檢測結果表明存在缺陷，而陰性檢測結果表明不存在缺陷。然而，據瞭解，篩選測試並不是一個完美的預測指標；也就是說，假陽性測試結果和假陰性測試結果都是可能的。假陽性測試結果意味著測試檢測到缺陷，而實際上不存在缺陷。這個案例導致了不必要的進一步測試，以及新生兒父母的不必要的擔心。假陰性測試結果意味著測試沒有檢測到現有缺陷的存在。使用概率和決策分析，一個研究小組分析了篩選測試的作用和價值。

　　具有 6 個節點、13 個分支和 8 個結果的決策樹，被用於對篩選測試程序進行建模。具有決策分支測試和沒有測試的決策節點放置在決策樹的開頭。機會節點和分支用於描述陽性測試結果、陰性測試結果、存在缺陷和不存在缺陷的可能順序。有問題的特定缺陷很少見，每 250,000 人中只發生一名新生兒有特定缺陷。因此，缺陷的先驗概率是 1/250,000 = 0.000004。基於對假陽性和假陰性檢測結果概率的判斷，利用貝氏定理來計算檢測結果為陽性的新生兒實際存在缺陷的後驗概率，這個後驗概率是 0.074。因此，雖然陽性測試結果增加了新生兒存在以下缺陷的可能性：0.000004 到 0.074，新生兒有缺陷的概率仍然相對較低 (0.074)。概率訊息有助於醫生向憂心忡忡的父母保證，即使建議進行進一步測試，不存在缺陷的可能性也大於 90%。決策分析表明進行測試的決策替代方案，提供了最佳決策策略。決策分析有助於對與篩查測試相關的風險和成本的現實，提供更多的理解。

* 資料來源：James E. Smith and Robert L. Winkler, "Casey's Problem: Interpreting and Evaluating a New Test," *Interfaces*, *29*(3) (May/June 1999), pp. 63-76.

🔒14.1 前言

　　決策是人類日常生活中不可或缺的部分。對於兒童或成人、男人或女人、政府官員或企業高層、工人或主管，參與決策過程是日常生活的共同特徵。這個決策過程涉及什麼？什麼決定？我們如何分析某些類型決策的解決方案問題？所有這些問題的答案都是決策理論的主題。**做決定涉及到列出各種替代方案並進行經濟評**

估，並從中選擇最佳方案。決策分析 (Decision Analysis) 既是一門藝術，也是一門科學，而且決策分析與許多其他領域的數學結構不同之處在於它具有高度的不確定性。決策理論是一門研究決策者在不同處境下該如何選擇最佳決策的學問。**決策理論與賽局理論皆為研究決策的學問，兩者的主要不同在於決策理論只研究個人的決策；賽局理論則考慮涉及多於一人的決策情境**。決策分析一般是指從若干可能的方案中通過決策分析技術，例如：期望值法或決策樹法等，並選擇其中最佳決策的定量分析方法。決策的類型有單階段決策與多階段決策。依據環境上自然狀態發生的確定性程度大小，決策可分為以下三類：

1. 確定情況下作決策 (Decision Making Under Certainty, DMUC)。

2. 不確定情況下作決策 (Decision Making Under Uncertainty, DMUU)。

3. 風險情況下作決策 (Decision Making Under Risk, DMUR)。

以下舉數個有關決策問題的典型範例。

典型範例 1

某一石油公司欲決定是否要在某地點鑽探一個探索油井。鑽探油井成本是 $250,000。如果發現石油的話，它值得 $700,000；如果油井是乾的話，則不值分毫。不管結果如何，鑽探油井成本是一定花費，預期報酬矩陣如表 14.1 所示。

表 14.1　典型範例 1 的資料

（以千元為單位）

方案　　　狀態（有無石油）	發現石油	油井是乾的
鑽探一個探索油井	450	−200
不鑽探一個探索油井	0	0

若石油公司確定該地點有石油，則應選擇哪一方案？

典型範例 2

某一製造業欲考慮三個方案來增產，以應付市場需求的增加。三個方案分別是擴大現有工廠、建造一個新廠或是外包生產。根據產品的市場，預期報酬矩陣如表

14.2 所示。

表 14.2　典型範例 2 的資料

狀態（市場需求） 方案	高需求	中等需求	低需求
擴大現有工廠	40,000	20,000	−20,000
建造新廠	60,000	20,000	−30,000
外包生產	25,000	10,000	−1,000

請問該製造業應選擇哪一方案？

典型範例 3

一報童預測賣雜誌的機率，如表 14.3 所示。

表 14.3　典型範例 3 的資料

雜誌銷售數目	機率
11	0.20
12	0.35
13	0.30
14	0.15
	機率和 =1.00

若雜誌成本是 $20，每本售價 $40，報童不能退還未賣完的雜誌，請問報童應購買幾本雜誌？

典型範例 4

新勝發公司需決定是否要接收一批貨物。根據過去經驗，一批貨物中有缺陷的產品的百分比是 0%、3% 或 5%，其機率是 0.6、0.3 和 0.1。新勝發公司只接收沒有缺陷的一批貨物。拒收一批沒有缺陷的貨物會導致公司損失 $30,000，接收一批有缺陷的貨物會導致公司損失 $90,000。現從這批貨物中隨機抽選 12 個產品樣本，發現有 3 個產品有缺陷的機率。在缺陷是 0% 的貨物中，抽出 12 個產品樣本而有

3 個產品有缺陷的條件機率是 0.09。在缺陷是 3% 的貨物中，抽出 12 個產品樣本而有 3 個產品有缺陷的條件機率是 0.20。在缺陷是 5% 的貨物中，抽出 12 個產品樣本而有 3 個產品有缺陷的條件機率是 0.3。請問新勝發公司應不應該接收這批貨物？

在上述各種範例中，應該選擇哪一個決策才最理性？以下章節將描述如何利用有系統的分析方法，來求解典型的決策問題。

🔒 14.2　決策問題之架構與名詞

決策分析係以決策方案 (Decision Alternative)、自然狀態 (State of Nature) 及其償付結果 (Resulting Payoff) 所組成。
1. 決策方案是由決策者所能應用之各種可能策略。
2. 自然狀態是決策者不能控制之未來可能發生的事件。
3. 自然狀態互不重疊，而且只有一種狀態會發生。
4. 報酬表：每一個決策方案在任何一自然狀態產生一償付結果，其通常以矩陣表示，稱為報酬表 (Payoff Table)。報酬表內每個數字可能為利潤、成本或其他用於表示結果的量度。

典型的報酬表，如表 14.4 所示。

表 14.4　自然狀態

$$\begin{array}{c} & \begin{array}{cccc} S_1 & S_2 & \cdots & S_n \end{array} \\ \begin{array}{c} D_1 \\ D_2 \\ \cdots \\ D_m \end{array} & \begin{bmatrix} g_{11} & g_{12} & \cdot & \cdot & g_{1n} \\ g_{21} & g_{22} & \cdot & \cdot & g_{2n} \\ \cdot & \cdot & & & \cdot \\ g_{m1} & g_{m2} & \cdot & \cdot & g_{mn} \end{bmatrix} \end{array}$$

決策方案

g_{ij} 表示採取決策方案 D_i，自然狀態是 S_j 時，決策者所得的報酬。

14.2.1　決策分析步驟

步驟 1：確認問題。
步驟 2：辨識出所有可能的可選擇方案。
步驟 3：衡量各方案的狀態及報酬。

步驟 4：決定選擇某一方案。

步驟 5：執行在步驟 4 所選擇的方案。

近年來，模糊決策理論 (Fuzzy Decision Making Theory) 受到廣泛重視研究，因其複雜性，本章不擬闡述。有興趣的讀者，可參考作者在書後所列的參考書籍。

🔒 14.3 單階段決策 (Single Stage Decision)

在確定性下做決策(Decision Making Under Certainty)：資料都是已知且確定的。

在不確定性下做決策 (Decision Making Under Uncertainty)：資料是未知的，各項結果的發生機率亦是未知的。

在風險性下做決策 (Decision Making Under Risk)：資料是以機率分配的形式來描述。

14.3.1 在確定性下做決策

範例 14.1

某甲計劃從臺北到高雄探親，有三種交通選擇決定如何去、時間和成本，如表 14.5 所示。

表 14.5 範例 14.1 的資料

方案	時間（小時）	成本（元）
開車	4	300
火車	5	750
高鐵	2	1,400

解：

從問題得知，所有要作決策的資料都已知。

1. 如果要花最少的錢，則選擇開車。

2. 如果要花最少的時間，則選擇乘坐高鐵。

另一例子，從本章前典型範例 1 的問題得知，所有要作決策的資料都已知。

狀態（有無石油）方案	發現石油	油井是乾的
鑽探一個探索油井	450	−200
不鑽探一個探索油井	0	0

註：以千元為單位。

解：

若石油公司確定該地點有石油，則應選擇鑽探一個探索油井。

14.3.2　在不確定性下做決策

決策者知道可能發生的自然狀態，但對於各種自然狀態發生的機率完全不知，只能靠決策者的判斷進行決策。決策方法：依據報酬（成本）表，選用不同的決策準則來分析，有**大中取大準則 (Maximax Criterion)**、**小中取大準則 (Maximin Criterion)**、**拉普拉斯準則 (Laplace Criterion)**、**賀威茲準則 (Hurwicz Criterion)** 和**賽佛傑遺憾準則 (Savage Regret Criterion)**。

範例 14.2

本章前典型範例 2：某一製造業欲考慮三個方案來增加生產，以應付市場需求的增加。三個方案分別是擴大現有工廠、建造一個新廠或是外包生產。根據產品的市場，預期報酬矩陣如表 14.6 所示。

表 14.6　範例 14.2 的資料

狀態（市場需求）方案	高需求	中等需求	低需求
擴大現有工廠	40,000	20,000	−20,000
建造新廠	60,000	20,000	−30,000
外包生產	25,000	10,000	−1,000

1. **大中取大準則 (Maximax Criterion)**：決策者持樂觀的看法。對報酬來說，從每個方案中找出最大的報酬，然後從最大的報酬中選擇最大報酬的方案，預期報酬矩陣如表 14.7 所示。

表 14.7

狀態（市場需求） 方案	高需求	中等需求	低需求	行中最大
擴大現有工廠	40,000	20,000	−20,000	40,000
建造新廠	60,000	20,000	−30,000	**60,000** ←大中取大
外包生產	25,000	10,000	−1,000	25,000

解：該製造業應選擇「建造新廠」方案。

　　對損失來說，從每個方案中找出最小的損失，然後從最小的損失中選擇最小損失的方案。

2. **小中取大準則 (Maximin Criterion)**：決策者持悲觀的看法。對報酬來說，從每個方案中找出最小的報酬，然後從最小的報酬中選擇最大報酬的方案，如表 14.8 所示。

表 14.8

狀態（市場需求） 方案	高需求	中等需求	低需求	行中最小
擴大現有工廠	40,000	20,000	−20,000	−20,000
建造新廠	60,000	20,000	−30,000	−30,000
外包生產	25,000	10,000	−1,000	**−1,000** ←小中取大

解：該製造業應選擇「外包生產」。

　　對損失來說，從每個方案中找出最大的損失，然後從最大的損失中選擇最小損失的方案。

3. **拉普拉斯準則 (Laplace Criterion)**：又稱等機率準則，這準則是基於不充分理由原則 (Principle of Insufficient Reason)，因為每個狀態發生的機率未知，也沒有足夠的訊息得出不同機率的結論。因此，這準則分配每個狀態相同的機率，計算每個方案的期望報酬，然後選擇期望報酬最高的方案，如表 14.9 所示。

表 14.9

方案 ＼ 狀態（市場需求）	高需求	中等需求	低需求	期望報酬
擴大現有工廠	40,000	20,000	−20,000	$\dfrac{1,000}{3}(40 + 20 - 20)$ $= 13,333.33$
建造新廠	60,000	20,000	−30,000	$\dfrac{1,000}{3}(60 + 20 - 30)$ $= \mathbf{16,666.67}$ ←
外包生產	25,000	10,000	−1,000	$\dfrac{1,000}{3}(25 + 10 - 1)$ $= 11,333.33$

解：該製造業應選擇「建造新廠」方案。

4. **賀威茲準則 (Hurwicz Criterion)**：又稱加權平均準則，這準則是大中取大和小中取大中間的妥協。這準則是基於賀威茲的樂觀係數 (Coefficient of Optimism) 或悲觀係數 (Coefficient of Pessimism) 的觀念。其步驟如下：

步驟 1：選擇一適當的樂觀係數 α，$(1 - \alpha)$ 則代表悲觀係數。

步驟 2：確定每個方案的最大值和最小值，並計算 $P = \alpha \times$ 最大值 $+ (1 - \alpha) \times$ 最小值。

步驟 3：然後從 P 選擇有最大報酬的方案，如表 14.10 所示。

表 14.10

方案 ＼ 狀態（市場需求）	高需求	中等需求	低需求	最大值	最小值	$P = \alpha \times$ 最大值 $+ (1 - \alpha)$ $\times$ 最小值
擴大現有工廠	40,000	20,000	−20,000	40,000	−20,000	28,000
建造新廠	60,000	20,000	−30,000	60,000	−30,000	**42,000** ←
外包生產	25,000	10,000	−1,000	25,000	−1,000	19,800

解：假設 $\alpha = 0.8$。

該製造業應選擇「建造新廠」方案。

5. **賽佛傑遺憾準則 (Savage Regret Criterion)**：這準則是讓遺憾 (regret) 降至最低，亦即使最大的遺憾最小，又稱大中取小 (Minimax) 準則。其步驟如下：

步驟 1：確定報酬表中各行的最大值。

步驟 2：將此最大值分別減去該行的各報酬。

步驟 3：決定每方案的最大遺憾報酬，如表 14.11 所示。

步驟 4：然後從最大遺憾報酬中，選擇遺憾最小的方案，如表 14.12 所示。

表 14.11

狀態（市場需求）　　方案	高需求	中等需求	低需求
擴大現有工廠	40,000	20,000	−20,000
建造新廠	60,000	20,000	−30,000
外包生產	25,000	10,000	−1,000
各行的最大值	60,000	20,000	−1,000

解：

遺憾報酬表建立如表 4.12 所示。

表 14.12

狀態（市場需求）　　方案	高需求	中等需求	低需求	行最大值
擴大現有工廠	20,000	0	19,000	**20,000** ←
建造新廠	0	0	29,000	29,000
外包生產	35,000	10,000	0	35,000

該製造業應選擇「擴大現有工廠」方案（選擇最小的遺憾）。

14.3.3　在風險性下做決策

決策者不但知道所有可能的決策及每個決策可能發生的狀態，也有足夠的訊息預先計算或估計每個狀態發生的機率。決策方法：**最大期望值、條件機率貝氏分析、決策樹、效用函數分析**。

最大期望值方法如下：

1. 決策準則 1：一般使用期望值準則 (Expected Value Criterion)，其步驟如下：

步驟 1：建立一個有條件的報酬表。列出每個方案和可能發生的狀態，以及各狀態發生的機率和條件報酬。

步驟 2：計算各方案的期望值 (EV)。將各方案的條件報酬乘以對應的機率，並將其條件期望值相加得到該方案的期望報酬。

步驟 3：然後從期望報酬當中，選擇期望報酬最大的方案。

2. **決策準則 2**：在風險性下做決策的另一個方法是期望機會損失準則 (Expected Opportunity Loss, EOL Criterion)，其步驟如下：

步驟 1：建立一個有條件的報酬表。列出每個方案和可能發生的狀態，以及各狀態發生的機率和條件報酬。

步驟 2：計算各方案的期望機會損失 (EOL)。將各方案的最高報酬減去其他方案的各報酬，得到期望機會損失表。

步驟 3：各方案的期望機會損失乘以對應的機率，並加起來得到該方案的期望機會損失。

步驟 4：然後從期望機會損失當中，選擇期望機會損失最小的方案。

範例 14.3

一報童預測賣雜誌的機率，如表 14.13。

表 14.13　範例 14.3 的資料

雜誌銷售數量	機率
11	0.20
12	0.35
13	0.30
14	0.15
	機率和 =1.00

若雜誌成本是 $20，每本售價 $40，報童不能退還未賣完的雜誌，請問：

1. 利用期望值準則作決策，報童應購買幾本雜誌？
2. 利用期望機會損失準則作決策，報童應購買幾本雜誌？

解：

1. 從問題得知：

步驟 1：建立有條件的報酬表

如果報童買的數量 $P \leq S$（銷售的數量），則報酬為 $20P$；如果報童買的數量 $P > S$，則報酬為 $20P - 20(P - S)$，例如：報童買 11 本，銷售的數量是 11 本，則報酬等於 $11 \times 20 = 220$；報童買 12 本，銷售的數量是 11 本，則報酬等於 $11 \times 20 - 20 \times 1 = 200$；報童買 13 本，銷售的數量是 12 本，則報酬等於 $12 \times 20 - 20 \times 1 = 220$。以此類推。

有條件的報酬表建立，如表 14.14 所示。

表 14.14

雜誌銷售數量 機率 方案	買 11 本	買 12 本	買 13 本	買 14 本
11 0.20	220	200	180	160
12 0.35	220	240	220	200
13 0.30	220	240	260	240
14 0.15	220	240	260	280

步驟 2：計算期望報酬表

例如：買 11 本雜誌的期望報酬 $= 0.20 \times 220 + 0.35 \times 220 + 0.30 \times 220 + 0.15 \times 220 = 44 + 77 + 66 + 33 = 220$；買 12 本雜誌的期望報酬 $= 0.20 \times 200 + 0.35 \times 240 + 0.30 \times 240 + 0.15 \times 240 = 40 + 84 + 72 + 36 = 232$。

期望報酬表建立，如表 14.15 所示。

表 14.15

雜誌銷售數量 機率 方案	買 11 本	買 12 本	買 13 本	買 14 本
11 0.20	220	200	180	160
12 0.35	220	240	220	200
13 0.30	220	240	260	240
14 0.15	220	240	260	280
總期望報酬	220	**232**	230	216

所以，報童應購買 12 本雜誌，以獲得最大期望報酬。

2. 從問題得知：

　步驟 1：有條件的報酬表建立，如表 14.16 所示。

表 14.16

雜誌銷售數量 機率 方案		買 11 本	買 12 本	買 13 本	買 14 本
11	0.20	220	200	180	160
12	0.35	220	240	220	200
13	0.30	220	240	260	240
14	0.15	220	240	260	280

　　　將各方案的最高報酬減去其他方案的各報酬，得到期望機會損失，如表 14.17 所示。

表 14.17

雜誌銷售數量 機率 方案		買 11 本	買 12 本	買 13 本	買 14 本
11	0.20	0	20	40	60
12	0.35	20	0	20	40
13	0.30	40	20	0	20
14	0.15	60	40	20	0

　步驟 2：計算有條件的機會損失表

　例如：買 11 本雜誌的期望機會損失 = $0.20 \times 0 + 0.35 \times 20 + 0.30 \times 40 + 0.15 \times 60 = 0 + 7 + 12 + 9 = 28$；買 12 本雜誌的期望機會損失 = $0.20 \times 20 + 0.35 \times 0 + 0.30 \times 20 + 0.15 \times 40 = 4 + 0 + 6 + 6 = 16$。

　有條件的期望機會損失如表 14.18 所示。

表 14.18

雜誌銷售數量	機率 方案	買 11 本	買 12 本	買 13 本	買 14 本
11	0.20	0	20	40	60
12	0.35	20	0	20	40
13	0.30	40	20	0	20
14	0.15	60	40	20	0
總期望機會損失		28	16	18	32

所以，報童應購買 12 本雜誌，以使得期望機會損失最小 (16)。

從上例，**可知選擇最大期望報酬和選擇最小期望機會損失準則都導致同樣的最佳決策方案。**

下面要介紹一個利用機率論的原理所衍生出來的決策技術——**決策樹**(Decision Tree)。

14.4　決策樹 (Decision Tree)

管理決策者常常在時間的不同點，必須做出一系列的決定。決策樹 (Decision Tree) 能使決策者將一個大型複雜的問題分解成一些小問題，並做出整個問題最佳的決定。決策樹法屬於風險型決策方法，不同於確定型決策方法。決策樹就是將決策過程各個階段之間的結構繪製成一種樹形圖作為分析工具，其構成要素如圖 14.1 所示。

　　▢　表示決策點，其後分支表示可行方案。

　　◯　表示狀態點，其後分支表示可能發生的狀態，分支上標明發生的機率，分支的右端值表示該狀態的期望報酬或損失值。

總之，決策樹一般由方塊決策點、圓形狀態點、方案分支、機率分支等組成。決策樹畫圖時由左向右或由上而下；表示決策時，由右向左，或由下而上推到各階段下的最佳決策，這又稱為折回過程。**決策樹的分析可應用於單階段 (Single Stage) 決策問題和多階段 (Multiple Stages) 決策問題。**

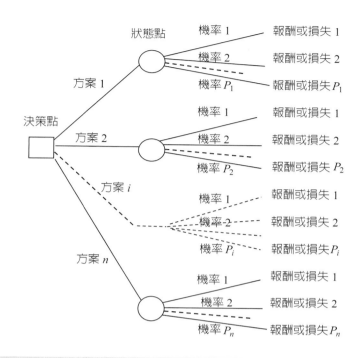

← 圖 14.1

14.4.1 單階段 (Single Stage) 決策問題

　　單階段決策樹是指決策問題只需進行一次決策,便可以選出理想的方案,又稱單級決策。單階段決策樹一般只有一個決策節點。

範例 14.4

　　假設有一決策問題,如表 14.19。

表 14.19　範例 14.4 的資料

狀態 \ 方案　　機率	A_1（生產 30 單位）	A_2（生產 80 單位）
高需求　0.55	5,000	11,000
低需求　0.45	3,000	−6,000

解：

原問題可繪畫出決策樹，如圖 14.2 所示。

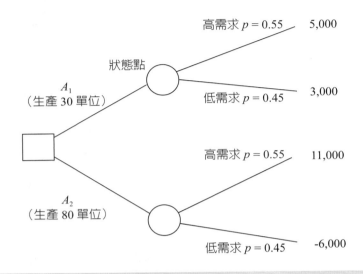

➡ 圖 14.2

由圖 14.2 可知，A_1 的期望報酬 = 5,000×0.55 + 3,000×0.45 = 4,100、A_2 的期望報酬 = 11,000×0.55 − 6,000×0.45 = 3,350。

因為方案 A_1 的期望報酬最大，所以應選擇生產 30 單位。

14.4.2　多階段 (Multiple Stages) 決策問題

多階段決策：許多真實世界的決定係由一系列相互依賴的決策組成，因而構成多階段決策。決策樹是一套分析多階段問題很有用的決策分析技術。

範例 14.5

某製造商須決定要擴廠或買地建新廠。建廠的收益取決於未來市場成長的高低，在 5 年規劃期，其未來的收益又可能導致另外的決策。如果製造商選擇擴廠，其成本是 700,000，市場成長的機率是 70%，在 5 年期，其收益是 1,000,000，市場不成長的機率是 30%，其收益是 125,000。在買地建新廠的情況下，其成本是 100,000，在 3 年期末，市場成長的機率是 70%，公司面臨另外一個決定，是要擴廠或把地和新廠賣掉，若擴廠的話，市場成長的機率是 80%，在 5 年期末，其收益是 2,000,000，市場不成長的機率是 20%，其收益是 600,000。若把地和新廠賣

掉，其收益是 350,000。在買地建新廠的情況下，在 3 年期末，市場不成長的機率是 30%，公司面臨另外一個決定，是要建倉庫或把地和新廠賣掉，若建倉庫的話，市場成長的機率是 40%，在 5 年期末，其收益是 1,300,000，市場不成長的機率是 60%，其收益是 900,000。若賣掉地和新廠，其收益是 110,000。試問該製造商應該如何決策，才是最有利的？

解：

根據問題資料，決策樹如圖 14.3 所示。

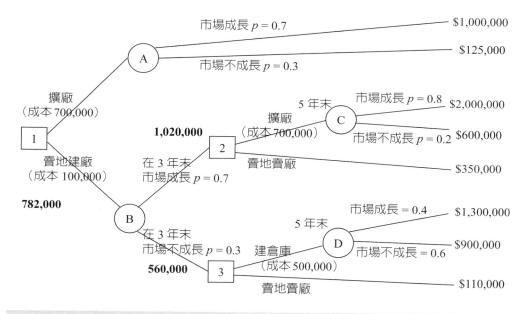

⬅ 圖 14.3 範例 14.6 的資料

狀態節點 C 的期望值 = 0.8×2,000,000 + 0.2×600,000 = 1,720,000。

狀態節點 D 的期望值 = 0.4×1,300,000 + 0.6×900,000 = 1,060,000。

決定節點 2 的收益值 = 最大值 {1,720,000 − 700,000, 350,000} = 最大值 {1,020,000, 350,000} = 1,020,000。

決定節點 3 的收益值 = 最大值 {1,060,000 − 500,000, 110,000} = 最大值 {560,000, 110,000} = 560,000。

狀態節點 A 的期望值 = 0.7×1,000,000 + 0.3×125,000 = 737,500。

狀態節點 B 的期望值 = 0.7×1,020,000 + 0.3×560,000 = 882,000。

決定節點 1 的收益值 = 最大值 {737,500 − 700,000, 882,000 − 100,000} = 最大值 {37,500, 782,000} = 782,000

所以，該製造商應該購買地並建新廠。在 3 年期末，若市場成長，則在節點 2，決定擴廠以得到最大期望收益；在 3 年期末，若市場不成長，則在節點 3 建倉庫以得到最大期望收益，其期望收益是 782,000。

🔒14.5 效用理論 (Utility Theory) 與決策分析

在前面數章節，期望報酬值被應用到風險情況下來找出最佳的決策。但是做決策者不一定對期望報酬值的面值有興趣，而寧願用其他的偏愛來衡量。在這種情況下，金錢的效用可能被用來衡量在決策的分析上。**期望效用函數理論 (Expected Utility Theory)，也稱馮‧紐曼—摩根斯坦效用函數 (Von Neumann-Morgenstern Utility)。效用理論 (Utility Theory) 實際上反映了決策者對於風險持有的態度。**例如：某人有兩個選擇：

選擇 1：免稅的禮金 10,000。

選擇 2：5% 的機會得到 250,000，95% 的機會什麼都沒有。

雖然選擇 2 的期望報酬是 $0.05 \times 250,000 + 0.95 \times 0 = 12,500$，但這個人最有可能選擇 1。

這種決策可以用效用理論來解釋。例如：100 元對百萬富翁來說不值錢，但對窮人來說卻很值錢。一個有雄厚財務狀況的公司可以選擇冒險的方案，而財務狀況不佳的公司則盡量避免有風險的方案。效用理論乃嘗試決定決策者的效用函數 (Utility Function) 或效用曲線 (Utility Curve)。典型的效用函數如圖 14.4 所示。

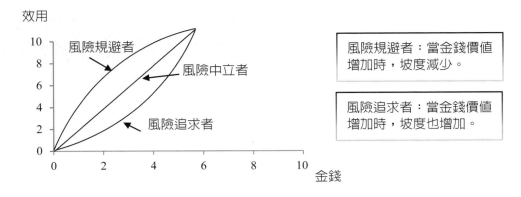

← 圖 14.4

範例 14.6

蘇珊女士對現金資產的效用函數定義為 $U_M = M^{1/2}$，其中 M 是金額。目前，蘇珊有 \$70,000 現金及一部 \$30,000 的車子。在一年之間，蘇珊的車子有 0.15% 的機會因車禍或其他原因被毀損。請問蘇珊願意付多少保費，以致萬一車子被毀損可以更換一部新車？

解：

假設 m 是蘇珊願意付的保費：

1. 買車子保險：效用函數為 $U_1 = 0.0015 \times (70,000 - m)^{1/2} + 0.9985(70,000 - m)^{1/2} = (70,000 - m)^{1/2}$。

2. 不買車子保險：效用函數為 $U_2 = 0.0015 \times (70,000 - 30,000)^{1/2} + 0.9985 \times (70,000)^{1/2}$ $= 0.0015 \times 200 + 0.9985 \times 264.5751 = 0.3 + 264.1782 = 264.4782$。

假設蘇珊願意買車子保險，$U_1 > U_2$，$(70,000 - m)^{1/2} > 264.4782 \rightarrow 70,000 - m > 69,948.72 \rightarrow m < 51.28$，蘇珊願意一年最多付 \$51.28 買車子保險。

🔒14.6　資訊的價值與應用貝氏定理的決策分析

在應用期望值分析，決策者瞭解機率的肯定度如何影響期望值的計算及決策的選擇，決策者常常對自然狀態做先驗機率的估計，但是為了要做出最好的決定，決策者當然想盡可能地獲取更多有關自然狀態的資訊。新資訊可用來更新先驗機率，以使決策能依據更可靠的機率分配評估。資訊的期望價值 (Expected Value of Information) 是指獲得該資訊後，可使決策的期望報酬提高，提高的部分就是資訊的期望價值。**資訊又分完全資訊 (Perfect Information) 與不完全資訊〔Imperfect Information，又稱樣本資訊 (Sample Information)〕**。

14.6.1　完全資訊的期望價值 (*EVPI*)

1. 100% 正確資訊的價值。
2. *EPPI*：利用完全資訊作決策可得到的期望報酬，$r_j^* = $ 最大收益（或最小損失）$\{r_{ij}\}$，$EPPI = \sum_j p(s_j) \times r_j^*$。
3. $EVPI = EPPI -$ 沒有任何資訊的期望報酬。

14.6.2　樣本資訊的期望價值 (*EVSI*)

1. 提供樣本資訊（並非 100% 正確）時，該資訊的價值。

2. *EPSI*：利用樣本資訊作決策可得到的期望報酬，利用貝氏定理計算 *EPSI*。

3. *EVSI* = *EPSI* － 沒有任何資訊的期望報酬。

　　對於隨機事件，完全資訊實際上是不存在的。一般來說，研究或購買只能得到部分訊息，在具有部分資訊的情況下應如何決策，這就是後面要詳述的條件機率與貝氏定理 (Bayes' Theorem)。

14.6.2.1　利用完全資訊作決策

範例 14.7

　　一報童預測賣雜誌的機率，如表 14.20 所示。

表 14.20　範例 14.7 的資料

雜誌銷售數量	機率
11	0.20
12	0.35
13	0.30
14	0.15
	機率和 =1.00

　　若雜誌成本是 $20，每本售價 $40，在完美預測者提供完全資訊情況下，報童提前知道雜誌會銷售的數量。請問報童願意每天最多付多少錢給這完美預測者，以換取完全資訊？

解：

　　從問題得知，在完全資訊情況下，知道雜誌銷售 11 本，報童就買 11 本；知道雜誌銷售 12 本，報童就買 12 本，依此類推，報酬表建立如表 14.21 所示。

表 14.21

雜誌銷售數量 ＼ 方案	買 11 本	買 12 本	買 13 本	買 14 本
11	220	--	--	--
12	--	240	--	--
13	--	--	260	--
14	--	--	--	280

完全資訊下的期望報酬表建立，如表 14.22 所示。

表 14.22　完全資訊下的期望報酬表

雜誌銷售數量	確定情況下的購買報酬	雜誌銷售機率	完全資訊下的期望報酬
11	220	0.20	44
12	240	0.35	84
13	260	0.30	78
14	280	0.20	56
			EPPI = 262

由前節 14.3.3 的範例 14.3 得知，報童在沒有任何資訊的期望報酬是 232。

完全資訊的期望價值 (EVPI) = EPPI − 232 = 262 − 232 = 30。

報童願意每天最多付 \$30 給這完美預測者，以換取完全資訊。

在討論如何利用樣本資訊作決策可得到的期望報酬之前，先要瞭解一下貝氏決策分析。

14.6.2.2　貝氏決策分析 (Bayesian Decision Analysis)

1. 事前機率 (Prior Probability)

　　貝氏決策準則：使用各自然狀態目前手邊最好的機率估計（目前是事前機率），計算各種可能方案的期望利益，並選擇最具有最大期望利益的方案。決策者所能採用的最佳資訊，只有對自然狀態事前機率 (Prior Probability) 的估計。

2. 事後機率 (Posterior Probability)

　　通常可以透過實驗設計的方法，來取得有關自然狀態的樣本資訊 (Sample Information)，並用以改善各自然狀態之事前機率的初步估計，這些改善後的估計被稱為事後機率 (Posterior Probability)。

　　貝氏公式 (Bayes' Theorem Formula) 如下：

　　由圖 14.5 所示，設 $A_1, A_2, ..., A_n$ 為相互排斥的事件，$B_1, B_2, ..., B_l$ 為相互排斥的試驗事件 $P(A_j|B_k) = \dfrac{P(B_k|A_j)P(A_j)}{P(B_k)} = \dfrac{P(B_k|A_j)P(A_j)}{\sum_{i=1}^{n} P(B_k|A_i)P(A_i)}$，其中 $j = 1, 2, ..., n$、$k = 1, 2, ..., l$。

　　$P(A_j|B_k)$ 指試驗事件為 B_k 時，狀態為 A_j 的事後機率（條件機率）。

　　$P(B_k|A_j)$ 為自然狀態下獲得的訊息，亦即在狀態為 A_j 的條件下出現事件 B_k 的機率（條件機率）。

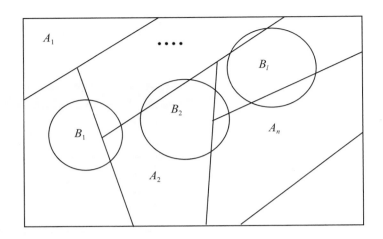

← 圖 14.5

$P(A_j)$ 為狀態 A_j 的事前機率、$P(B_k) = \sum_{i=1}^{n} P(B_k|A_i)P(A_i)$ 為試驗事件 B_k 的機率。

貝氏決策分析步驟：

步驟 1：先由過去的資料和經驗，獲得自然狀態事前機率。

步驟 2：從調查、實驗或研究等方法獲得試驗事件的條件機率，利用貝氏公式計算各狀態的事後機率。

步驟 3：利用各狀態的事後機率計算樣本資訊作決策時可得到的期望報酬，並選擇最佳的決策方案。

事前機率與事後機率：

範例 14.8

　　從以往數據分析結果表明，當機器調整良好時，產品合格率為 90%，而當機器發生某一故障時，其合格率為 30%。每天早上機器運轉時，機器調整良好的概率為 75%。試求：

1. 已知某日早上第一件產品合格時，機器調整良好的概率是多少？

2. 已知某日早上第一件產品不合格時，機器發生某一故障的概率是多少？

解：

　　狀態 S_1：機器調整良好；狀態 S_2：機器發生某一故障；試驗事件 B_1：產品合格；試驗事件 B_2：產品不合格。

1. 試驗結果出現事件 B_1

　　由問題得知：$P(B_1|S_1) = 90\%$、$P(S_1) = 75\%$、$P(S_2) = 25\%$、$P(B_1|S_2) = 30\%$。

$$P(S_1|B_1) = \frac{P(S_1)P(B_1|S_1)}{P(S_1)P(B_1|S_1) + P(S_2)P(B_1|S_2)} = \frac{0.75 \times 0.9}{0.75 \times 0.9 + 0.25 \times 0.3} = 0.9$$

　　$P(S_1|B_1) = 0.9$ 即指試驗結果為產品合格情況下，機器調整良好的概率－後驗概率。若試驗結果為「第一件產品合格」時，機器調整良好的概率是 90%。

2. 試驗結果出現事件 B_2

　　由問題得知：$P(B_2|S_1) = 1 - P(B_1|S_1) = 10\%$、$P(S_1) = 75\%$、$P(S_2) = 1 - P(S_1) = 25\%$、$P(B_2|S_2) = 1 - P(B_1|S_2) = 70\%$。

$$P(S_2|B_2) = \frac{P(S_2)P(B_2|S_2)}{P(S_1)P(B_2|S_1) + P(S_2)P(B_2|S_2)} = \frac{0\,25 \times 0.7}{0.75 \times 0.1 + 0.25 \times 0.7} = 0.7$$

　　若試驗結果為「第一件產品不合格」時，機器發生某一故障的概率是 70%。

範例 14.9

　　假設一藥檢的結果準確度是 95%，亦即吸毒者每次檢測呈正 (+) 的概率是 95%，而不吸毒者每次檢測呈負 (−) 的概率是 95%。假設 0.5% 的雇員吸毒，如果隨機選擇一雇員，檢測結果呈正 (+) 的話，請問該雇員吸毒的機率是多少？

解：

　　由問題得知：P（正｜吸毒）$= 95\%$、P（吸毒）$= 0.5\%$、P（不吸毒）$= 99.5\%$、P（正｜不吸毒）$= 5\%$。

$$P（吸毒｜正）= \frac{P（吸毒）P（正｜吸毒）}{P（吸毒）P（正｜吸毒）+ P（不吸毒）P（正｜不吸毒）}$$

$$= \frac{0.005 \times 0.95}{0.005 \times 0.95 + 0.995 \times 0.05} = 0.0872 = 8.72\%$$

　　所以，如果隨機選擇一雇員檢測結果呈正 (+) 的話，該雇員吸毒的機率是 8.72% = 0.0872。貝氏定理告訴我們，儘管藥檢的結果準確度是 95%，如果某人檢測結果呈正（陽性），其吸毒的概率只有 8.72%；若藥檢的結果準確度是 100%，如果某人檢測結果呈正（陽性），其吸毒的概率就是 100%。（讀者可自己證明）

14.6.2.3　利用樣本資訊作決策

範例 14.10

　　新力公司考慮要不要大量生產某產品，以應付市場的需求。有三個方案可以考慮：大批生產、中批生產及小批生產。根據市場的需求，三種生產所得的報酬表如表 4.23 所示。

表 14.23　範例 14.10 的資料

市場需求狀態 (S)	機率	生產決定收益（萬元）（負數表示損失）		
		A_1：大批生產	A_2：中批生產	A_3：小批生產
需求量大	0.3	36	20	14
需求量一般	0.5	14	16	10
需求量小	0.2	−8	0	3

　　決策者為了掌握更多的訊息，公司決定花費 1.5 萬元請諮詢公司調查該新產品的銷路情況。調查結果為：在需求量大的情況下，該新產品銷路好與不好的概率分別為 0.8 和 0.2；在需求量一般的情況下，該新產品銷路好與不好的概率均為 0.5；在需求量小的情況下，該新產品銷路好與不好的概率分別為 0.3 和 0.7。這些數據列於表 14.24。

表 14.24

S（需求） B（銷路）	需求量大 S_1	需求量一般 S_2	需求量小 S_3
銷路好 B_1	$P(B_1|S_1) = 0.8$	$P(B_1|S_2) = 0.5$	$P(B_1|B_3) = 0.3$
銷路差 B_2	$P(B_2|S_1) = 0.2$	$P(B_2|S_2) = 0.5$	$P(B_2|B_3) = 0.7$

　　請問：

1. 若不請諮詢公司，應如何進行決策？
2. 新力公司花費 1.5 萬元進行調查是否合算？

解：

1. 根據所獲資料，計算期望報酬：

EV（大批生產）$= 0.3 \times 36 + 0.5 \times 14 + 0.2 \times (-8) = 10.8 + 7 - 1.6 = \textbf{16.2}$（萬元）

EV（中批生產）$= 0.3 \times 20 + 0.5 \times 16 + 0.2 \times 0 = 6 + 8 + 0 = 14$（萬元）

EV（小批生產）$= 0.3 \times 14 + 0.5 \times 10 + 0.2 \times 3 = 4.2 + 5 + 0.6 = 9.8$（萬元）

若不請諮詢公司，新力公司應選擇「大批生產」方案。

2. 根據所獲訊息，利用貝氏公式，可以得到修正後的各自然狀態的事後機率。

在訊息為銷路好時，有 $P(B_1) = P(S_1)P(B_1|S_1) + P(S_2)P(B_1|S_2) + P(S_3)P(B_1|S_3) = 0.3 \times 0.8 + 0.5 \times 0.5 + 0.2 \times 0.3 = 0.55$。

修正後的各自然狀態的事後機率：

$$P(S_1|B_1) = \frac{P(S_1)P(B_1|S_1)}{P(B_1)} = \frac{0.3 \times 0.8}{0.55} = 0.4364$$

$$P(S_2|B_1) = \frac{P(S_2)P(B_1|S_2)}{P(B_1)} = \frac{0.5 \times 0.5}{0.55} = 0.4545$$

$$P(S_3|B_1) = \frac{P(S_3)P(B_1|S_3)}{P(B_1)} = \frac{0.2 \times 0.3}{0.55} = 0.1091$$

因此，在訊息為銷路好時，各方案的期望收益為：

$EV(A_1) = P(S_1|B_1) \times R_{11} + P(S_2|B_1) \times R_{12} + P(S_3|B_1) \times R_{13} = 0.4364 \times 36 + 0.4545 \times 14 + 0.1091 \times (-8) = 21.2$（萬元）

$EV(A_2) = P(S_1|B_1) \times R_{21} + P(S_2|B_1) \times R_{22} + P(S_3|B_1) \times R_{23} = 0.4364 \times 20 + 0.4545 \times 16 + 0.1091 \times 0 = 16$（萬元）

$EV(A_3) = P(S_1|B_1) \times R_{31} + P(S_2|B_1) \times R_{32} + P(S_3|B_1) \times R_{33} = 0.4364 \times 14 + 0.4545 \times 10 + 0.1091 \times 3 = 10.98$（萬元）

在訊息為銷路好時，期望收益表如表 14.25 所示。

表 14.25

市場需求狀態 (S)	事後機率	生產決定收益（萬元）（負數表示損失）		
		A_1：大批生產	A_2：中批生產	A_3：小批生產
需求量小	0.4364	36	20	14
需求量一般	0.4545	14	16	10
需求量大	0.1091	-8	0	3
期望機會 收益		**21.2**	16	10.98

$EV^*(B_1)$ = 最大值 {21.2, 16, 10.98} = 21.2（萬元），即在訊息為銷路好時，應選方案 A_1：大批生產。

在訊息為銷路差時，有 $P(B_2) = P(S_1)P(B_2|S_1) + P(S_2)P(B_2|S_2) + P(S_3)P(B_2|S_3) =$ $0.3 \times 0.2 + 0.5 \times 0.5 + 0.2 \times 0.7 = 0.45$。

修正後的各自然狀態的事後機率：

$$P(S_1|B_2) = \frac{P(S_1)P(B_2|S_1)}{P(B_2)} = \frac{0.3 \times 0.2}{0.45} = 0.1333$$

$$P(S_2|B_2) = \frac{P(S_2)P(B_2|S_2)}{P(B_2)} = \frac{0.5 \times 0.5}{0.45} = 0.5556$$

$$P(S_3|B_2) = \frac{P(S_3)P(B_2|S_3)}{P(B_2)} = \frac{0.2 \times 0.7}{0.45} = 0.3111$$

因此，在訊息為銷路差時，期望收益表如表 14.26 所示。

表 14.26

市場需求狀態 (S)	事後機率	生產決定收益（萬元）（負數表示損失）		
		A_1：大批生產	A_2：中批生產	A_3：小批生產
需求量小	0.1333	36	20	14
需求量一般	0.5556	14	16	10
需求量大	0.3111	−8	0	3
期望機會	收益	10.09	**11.56**	8.36

$EV^*(B_2)$ = 最大值 {10.09, 11.56, 8.36} = 11.56（萬元），即在訊息為銷路差時，應選方案 A_2：中批生產。

樣本資訊的最大期望收益為 $EPSI = P(B_1) \times EV^*(B_1) + P(B_2) \times EV^*(B_2) = 0.55 \times 21.2$ $+ 0.45 \times 11.56 = 16.862$（萬元）。

樣本資訊的價值為 $EVSI = EPSI - EV^* = 16.862 - 16.2 = 0.662$（萬元）。

因此，用 1.5 萬元的費用獲取新的訊息，遠遠超過其價值本身，因此花費這筆諮詢費並不合算。

範例 14.11

新勝發公司需決定是否要接收一批貨物。根據過去經驗，一批貨物中有缺陷的產品的百分比是 0%、3% 或 5%，其機率是 0.6、0.3 和 0.1。新勝發公司只接收沒

有缺陷的一批貨物。拒收一批沒有缺陷的貨物會導致公司花費成本 $30,000，接收一批有缺陷的貨物會導致公司花費成本 $90,000。現從這批貨物中隨機抽選 12 個產品樣本，發現有 3 個產品有缺陷的機率。在缺陷是 0% 的貨物中，抽出 12 個產品樣本而有 3 個產品有缺陷的條件機率是 0.09。在缺陷是 3% 的貨物中，抽出 12 個產品樣本而有 3 個產品有缺陷的條件機率是 0.20。在缺陷是 5% 的貨物中，抽出 12 個產品樣本而有 3 個產品有缺陷的條件機率是 0.3。請問新勝發公司應不應該接收這批貨物？

解：

由問題得知報酬表如表 14.27 所示。

表 14.27　範例 14.11 的資料

有缺陷狀態 百分比 (S)	事前機率 $P(S)$	條件機率 $P(B\|S)$	方案（成本）（百元）	
			接收	拒收
0	0.6	0.09	0	300
3%	0.3	0.20	400	0
5%	0.1	0.30	500	0

根據所獲訊息，利用貝氏公式，可以得到修正後的各自然狀態的事後機率。

12 個產品樣本而有 3 個產品有缺陷的機率 $P(B_1) = P(S_1)P(B_1|S_1) + P(S_2)P(B_1|S_2) + P(S_3)P(B_1|S_3) = 0.6 \times 0.09 + 0.3 \times 0.2 + 0.1 \times 0.3 = 0.144$。

因此，可得到修正後的各自然狀態的事後機率：

$$P(S_1|B_1) = \frac{P(S_1)P(B_1|S_1)}{P(B_1)} = \frac{0.6 \times 0.09}{0.144} = 0.375$$

$$P(S_2|B_1) = \frac{P(S_2)P(B_1|S_2)}{P(B_1)} = \frac{0.3 \times 0.2}{0.144} = 0.417$$

$$P(S_3|B_1) = \frac{P(S_3)P(B_1|S_3)}{P(B_1)} = \frac{0.1 \times 0.3}{0.144} = 0.208$$

EV（接收）$= P(S_1|B_1) \times R_{11} + P(S_2|B_1) \times R_{12} + P(S_3|B_1) \times R_{13} = 0.375 \times 0 + 0.417 \times 40,000 + 0.208 \times 50,000 = 27,080$ 元

EV（拒收）$= P(S_1|B_1) \times R_{21} + P(S_2|B_1) \times R_{22} + P(S_3|B_1) \times R_{23} = 0.375 \times 30,000 + 0.417 \times 0 + 0.208 \times 0 = 11,250$ 元

因為，拒收導致公司花費的成本較低 ($11,250 < $27,080)，所以新勝發公司應拒收這批貨物。

🔒14.7 決策變數敏感度分析 (Decision Variable Sensitivity Analysis)

決策變數敏感度分析 (Decision Variable Sensitivity Analysis) 乃是討論自然狀態機率改變與報酬值的改變對決策的影響。決策變數敏感度分析的方法之一是採用不同的狀態機率,然後重新計算每個方案的期望值,並選擇最佳的方案。對於自然狀態很多的情況下,一般需做大量的計算。為了演示決策變數敏感度分析,現用圖解法來分析兩個自然狀態的例子。

範例 14.12

新巴達公司考慮要不要建新廠生產,以應付市場的需求。有兩個方案可以考慮:擴大現有工廠及買地建造新廠。根據市場的需求,兩個方案所得的報酬表(百萬元),如表 14.28 所示。

表 14.28 範例 14.12 的資料

市場需求狀態 (S) ／ 方案	擴大現有工廠 (A_1)	買地建造新廠 (A_2)
高需求	5	7
中等需求	2.5	3
低需求	–2.5	–4

新巴達公司可以根據過去的資料估計市場需求的概率,請問在何概率下,公司要選擇擴大現有工廠?在何概率下,公司要選擇買地建造新廠?

解:

設高需求的概率是 p、中等需求的概率是 q,則低需求的概率是 $1-p-q$。

方案 A_1 的期望報酬 $= 5p + 2.5q - 2.5(1-p-q) = 7.5p + 5q - 2.5$,可用圖 14.6 表示。

方案 A_2 的期望報酬 $= 7p + 3q - 4(1-p-q) = 11p + 7q - 4$,可用圖 14.7 表示。

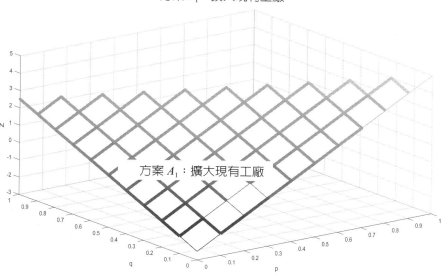

方案 A_1：擴大現有工廠

方案 A_1：擴大現有工廠

➜ 圖 14.6

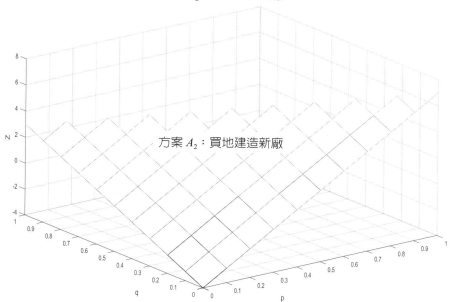

方案 A_2：買地建造新廠

方案 A_2：買地建造新廠

➜ 圖 14.7

如果 $7.5p + 5q - 2.5 > 11p + 7q - 4 \rightarrow -3.5p - 2q + 1.5 > 0 \rightarrow 3.5p + 2q < 1.5 \rightarrow 7p + 4q < 3$，公司要選擇擴大現有工廠。

如果 $7.5p + 5q - 2.5 < 11p + 7q - 4 \rightarrow 7p + 4q > 3$，公司要選擇買地建造新廠。

如果 $7.5p + 5q - 2.5 = 11p + 7q - 4 \rightarrow 7p + 4q = 3$，公司可以選擇擴大現有工廠或買地建造新廠。

亦即如圖 14.8 所示。

1. 當 $p < \dfrac{3}{7} - \dfrac{4}{7}q$ 時，方案 A_1 的期望報酬最大，公司要選擇擴大現有工廠。

2. 當 $p > \dfrac{3}{7} - \dfrac{4}{7}q$ 時，方案 A_2 的期望報酬最大，公司要選擇買地建造新廠。

3. 當 $p = \dfrac{3}{7} - \dfrac{4}{7}q$ 時，方案 A_1 和方案 A_2 有相同的期望報酬，公司可以選擇擴大現有工廠或買地建造新廠。

當 $7p + 4q < 3$，公司要選擇擴大現有工廠

當 $7p + 4q > 3$，公司要選擇買地建造新廠

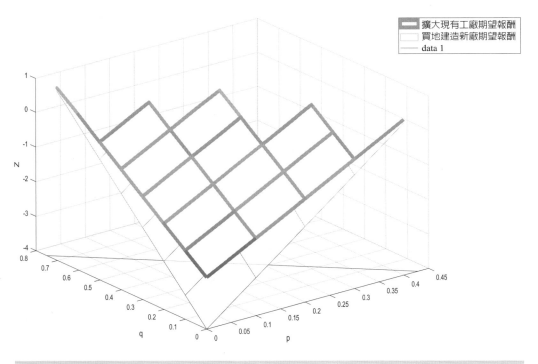

⬅ 圖 14.8

　　由上例可知，做了敏感度分析之後，才知道自然狀態的機率的改變會影響決策的選擇。

🔒14.8　本章摘要

■ 決策可分以下三類：

1. 確定情況下做決策 (Decision Making Under Certainty, DMUC)：從問題得知的資料決策。

2. 不確定情況下做決策 (Decision Making Under Uncertainty, DMUU)：五種決策準則。

3. 風險情況下做決策 (Decision Making Under Risk, DMUR)：期望值準則。

■ 效用理論 (Utility Theory)：做決策者不一定對期望報酬值的面值有興趣，而寧願用其他的偏愛來衡量。在這種情況下，金錢的效用可能被用來衡量在決策的分析上。一般而言，風險厭惡者偏向一嚴格的凸效用函數，風險中性者偏向一線性的效用函數，而風險追求者偏向一嚴格的凹效用函數。

■ 決策樹 (Decision Tree) 法屬於風險型決策方法，不同於確定型決策方法。決策樹的分析可應用於單階段 (Single Stage) 的決策問題和多階段 (Multiple Stages) 的決策問題。

■ 貝氏決策分析 (Bayesian Decision Analysis) 是討論如何利用樣本資訊作決策後，可得到的期望值的重要定理。

■ 決策分析提供給經理在面對不完全或不確定的情況下，要訂定決策時，提供非常合理的定量分析方法。本章對不同的決策問題提供了不同的求解方法。當結果是不確定時，決策分析能幫助管理者選擇最好的方案。當決策是多階段時，決策樹可幫助管理者選出利潤最大或成本最小的決策。

Chapter **15**

賽局理論
(Game Theory)

◀ 賽局理論在政壇選舉策略上的應用 *

　　總統大選將近，兩位候選人正在競爭總統的席位。現在必須爲最後五天制定競選計劃，由於大選臨近，預計這將是至關重要的關鍵。因此，兩位候選人都希望這些天在五個主要關鍵州進行競選活動。爲了避免浪費競選時間，他們計劃在每個關鍵州待一整天，或者在其中關鍵州多待幾天。但是，由於必須提前做出必要的安排，因此任何候選人都不會知道他（或她）的對手的競選行程時間表，直到他最終確定了自己的競選行程時間表。因此，每個候選人都要求他在每個關鍵州的競選經理評估他自己和他的對手在哪裡計劃停留的各種可能的天數組合的影響（根據贏得或失去的選票）。然後，他希望使用這些訊息來幫助他如何制定這五天的最佳策略，以便贏得總統的選舉。

政治競賽策略(Political Games)

🔒 15.1　前言

　　第十四章討論個人決策的理論，其選擇的最佳決策不受他人決策的影響。但在實務情況下，常有多人同時作決策而影響彼此的報酬或損失。有許多例子牽涉到彼此的衝突，例如：某一百貨商店的價格，電視廣告促銷等的決策，會影響到其他百貨商店的營利；某一餐館的價格，報紙廣告促銷等的決策，會影響到其他餐館的營

利。本章乃著重在涉及多於一人的決策情境。

　　賽局理論 (Game Theory)，有時也稱爲對策論，或者博弈論。最初，賽局理論是用來解決零和遊戲的競爭問題，即按照遊戲規則，某一對手損失，其他對手即因此得利的決策分析。目前在經濟學、國際關係、政治學、軍事戰略和其他很多的學科都有廣泛的應用。賽局理論爲 John von Neumann 於 1928 年所奠基。1944 年馮・諾伊曼 (John von Neumann) 與奧斯卡・摩根斯特恩 (Oskar Morgenstern) 合著《博弈論與經濟行爲》(*Theory of Games and Economic Behavior*) 一書問世，標誌著現代系統競賽理論的初步形成，賽局理論才受到廣泛注目。賽局理論是研究各方在利害互相衝突之下，如何制定最佳的策略。本章焦點是放在最簡單的情況，稱爲**兩人零和對局**。顧名思義，這些對局只牽涉到兩個對手或參賽者，它們稱爲零和對局是因爲一個參賽者贏了另一個參賽者所輸的，因此他們淨贏的和是零。

　　研習本章之後，學者能更深入瞭解賽局理論的概念、區分不同型態的賽局，以及賽局理論的特性、如何求解賽局的方法和應用。

　　本章將介紹兩人零和對局的基本模式，並描述和說明解決這類對局的不同方法。

　　賽局理論範例如下：

典型範例 1

　　甲、乙兩人玩一遊戲，假設兩人在能力和智慧上差不多。遊戲的報酬表，如表 15.1 所示。

表 15.1

$$\begin{array}{c} \qquad\quad\text{乙策略} \\ \begin{array}{cc} \;\;1 & \;\;2 \end{array} \\ \text{甲策略}\;\begin{array}{c} 1 \\ 2 \end{array}\begin{bmatrix} 5 & 7 \\ 3 & 6 \end{bmatrix} \end{array}$$

　　請問甲、乙兩人的最佳策略及競賽值爲何？

典型範例 2

　　兩球員玩一遊戲，每一球員必須從 3 個互相獨立的顏色中選一顏色。遊戲的報酬表，如表 15.2 所示。

表 15.2

球員乙策略

$$
\begin{array}{c}
\text{球員甲策略} \\
\begin{array}{r}
\text{白色} \\
\text{黑色} \\
\text{紅色}
\end{array}
\end{array}
\begin{array}{ccc}
\text{白色} & \text{黑色} & \text{紅色} \\
\left[\begin{array}{rrr}
0 & -3 & 7 \\
2 & 5 & 6 \\
3 & -4 & 8
\end{array}\right]
\end{array}
$$

　　請問兩球員最佳策略及競賽值為何？

典型範例 3

　　兩家走相同路線的旅遊公司，都想試著獲得大的市場。根據市場策略分析，每日損益如表 15.3 所示。

表 15.3

乙旅遊策略

$$
\begin{array}{c}
\text{甲旅遊策略}
\begin{array}{r}
1 \\
2
\end{array}
\end{array}
\begin{array}{ccc}
1 & 2 & 3 \\
\left[\begin{array}{rrr}
280 & -55 & -80 \\
130 & 140 & 160
\end{array}\right]
\end{array}
$$

　　表中的正數值表示對甲公司有利，負數值表示對乙公司有利，請問最佳策略及競賽值為何？

　　以下章節將描述賽局理論的概念及如何求解典型的賽局問題。

🔒15.2 賽局理論的基本架構與假設

15.2.1 專有名詞

　　參賽者 (Player)：具有決策能力的個人，透過行動或策略使所得的報酬最佳

化。參賽者至少有兩人。零和賽局 (Zero-Sum Game) 只限於兩人參賽。

策略 (Strategy)：參賽者所採取的行動，每一個參賽者都有有限的策略可使用。

報酬 (Payoff)：參賽者選定策略後所得到的利益或損失，也稱爲報酬值。報酬值爲 0 的賽局，稱爲公平的賽局。每一策略都會導致一個報酬值。

報酬矩陣 (Payoff Table/Payoff Matrix)：或稱收益矩陣。報酬矩陣是指在賽局理論中，用來描述兩個人或多個參與人的策略和所獲得的報酬的矩陣。

單純策略 (Pure Strategy)：參賽者雙方都只採用單一策略而已，不會使用其他策略，又稱有鞍點 (Saddle Point) 的競賽。

混合策略 (Mixed Strategy)：參賽者可能依某一機率分配來混合使用各種策略，又稱沒有鞍點 (Saddle Point) 的競賽。

15.2.2　賽局的四個基本假設

1. 雙方均知道本身與對手的報酬。
2. 參賽者都是合理的決策者。
3. 參賽者採取理智的策略，追求最佳的報酬。
4. 參賽者做出自己的決定，而不彼此直接溝通。

15.3　賽局的類型

1. 非零和賽局 (Non-zero-Sum Game)

　　表示在不同策略組合下，各賽方的得益之和是不確定的變數，稱之爲非零和賽局。如果某些策略的選取可以使各方利益之和變大，同時又能使各方的利益得到增加，那麼，就可能出現參賽者相互合作的局面。因此，非零和賽局中，各賽方存在合作的可能性。國際中許多經濟或政治問題都屬於非零和賽局問題，即各方的利益並不是必然相互衝突的。

2. 零和賽局 (Zero-Sum Game)

　　賽局的一方的利益正好爲另外一方的損失。零和賽局表示賽局雙方的利益之和爲零，即一方有所得，另一方必有所失。在零和賽局中，雙方是不合作的。

　　典型的**報酬矩陣 (Payoff Table/Payoff Matrix)**，如表 15.4 所示。

表 15.4

$$
甲方\begin{array}{c} A_1 \\ A_2 \\ \cdots \\ A_m \end{array}
\begin{bmatrix}
g_{11} & g_{12} & \cdot & \cdot & g_{1n} \\
g_{21} & g_{22} & \cdot & \cdot & g_{2n} \\
\cdot & \cdot & \cdot & \cdot & \cdot \\
g_{m1} & g_{m2} & \cdot & \cdot & g_{mn}
\end{bmatrix}
\qquad
\begin{bmatrix}
-g_{11} & -g_{12} & \cdot & \cdot & -g_{1n} \\
-g_{21} & -g_{22} & \cdot & \cdot & -g_{2n} \\
\cdot & \cdot & \cdot & \cdot & \cdot \\
-g_{m1} & -g_{m2} & \cdot & \cdot & -g_{mn}
\end{bmatrix}
$$

乙方 $B_1\ B_2\ \cdots\ B_n$（左右兩矩陣上方）

g_{ij} 表示甲方採取 A_i 策略、乙方採取 B_j 策略時，甲方所得的報酬；而乙方所得的報酬是 $-g_{ij}$。

1. **非零和賽局 (Non-zero-Sum Game)**：非零和賽局是一種在不同策略組合下，賽局中各方的得益之和是不確定的。非零和賽局的報酬矩陣，如表 15.5 所示。

表 15.5

乙策略

$$
甲策略\begin{array}{c} 1 \\ 2 \end{array}
\begin{bmatrix}
-3, & -3 & -7, & 7 \\
7, & -7 & 3, & 3
\end{bmatrix}
$$

上面矩陣中，每一方格左手邊的數字是甲方的報酬，而右邊的數字是乙方的報酬。從矩陣可看出 (1,1) 格的數字加起來 [–3 + (–3) = –6] 不等於 0，(2,2) 格的數字加起來 [3 + 3 = 6] 不等於 0。因此，該賽局是非零和賽局。

囚徒困境是賽局理論中，非零和賽局裡具代表性的例子。

警方逮捕甲、乙兩名嫌疑犯，但沒有足夠證據指控兩人有罪。於是警方分開囚禁嫌疑犯，分別和兩人見面，並向雙方提供以下相同的選擇：

(1) 若嫌犯甲認罪並作證檢舉嫌犯乙（相關術語稱「背叛」對方），而嫌犯乙保持沉默，嫌犯甲將即時獲釋，嫌犯乙將判監 10 年。

(2) 若嫌犯乙認罪並作證檢舉嫌犯甲（相關術語稱「背叛」對方），而嫌犯甲保持沉默，嫌犯乙將即時獲釋，嫌犯甲將判監 10 年。

(3) 若兩人都保持沉默（相關術語稱互相「合作」），則兩人同樣判監半年。

(4) 若兩人都互相檢舉（相關術語稱互相「背叛」），則兩人同樣判監 2 年。

報酬矩陣如表 15.6 所示。

表 15.6

嫌犯乙策略

		認罪	沉默
嫌犯甲	認罪	兩人均判刑 2 年	甲獲釋，乙判刑 10 年
策略	沉默	甲判刑 10 年，乙獲釋	二人均判刑 6 個月

嫌犯乙策略

		認罪	沉默
⇨ 嫌犯甲策略	認罪	2,2	0,10
	沉默	10,0	0.5,0.5

非零和賽局的報酬矩陣一般表示如下：

乙方策略

		1	2	⋯	j	⋯	n
	1	a_{11},b_{11}	a_{12},b_{12}	·	a_{1j},b_{1j}	·	a_{1n},b_{1n}
	2	a_{21},b_{21}	a_{22},b_{22}	·	a_{2j},b_{2j}	·	a_{2n},b_{2n}
甲方策略	·	·	·	·	·	·	
	i	a_{i1},b_{i1}	a_{i2},b_{i2}	·	a_{ij},b_{ij}	·	a_{in},b_{in}
	·	·	·	·	·	·	
	m	a_{m1},b_{m1}	a_{m2},b_{m2}	·	a_{mj},b_{mj}	·	a_{mn},b_{mn}

　　矩陣中的元素稱之為報酬值。甲方採取 i 列 (Row) 與乙方採取的各種策略 (1, 2, ...j, ...n) 的行報酬值列於第 i 列，故每一列 (Row) 的策略稱為甲方策略。同樣地，乙方採取 j 行 (Column) 與甲方採取的各種策略 (1, 2, ...i, ...m) 的列報酬值列於第 j 列，故每一行 (Column) 的策略稱為乙方策略。方格 a_{ij} 乃是當甲方採取 i 策略、乙方採取 j 策略，甲方所得的報酬，而 b_{ij} 乃是乙方所得的報酬。

2. 零和賽局 (Zero-Sum Game)：零和賽局表示所有賽局各方的利益之和為零，即一方有所得，另一方必有所失。零和賽局的報酬矩陣，如表 15.7 所示。

表 15.7

乙遊戲策略

		1	2	3
甲遊戲策略	1	30,−30	−10,10	20,−20
	2	10,−10	20,−20	−20,20

在上面矩陣中，每一方格左邊的數字是甲方的報酬，而右邊的數字是乙方的報酬。每一方格的報酬和等於 0。

兩人猜拳遊戲是一個零和賽局例子。猜拳遊戲中，石頭贏剪刀、剪刀贏布、布贏石頭。輸者付勝者 2 元，若兩人出相同的結果，則平手，都不需付錢，其報酬矩陣如下：

$$
\begin{array}{c}
\qquad\qquad\qquad 乙策略 \\
\begin{array}{ccc}
剪刀 & 石頭 & 布
\end{array} \\
\begin{array}{c}
剪刀 \\
甲策略\ \ 石頭 \\
布
\end{array}
\begin{bmatrix}
0,0 & -2,2 & 2,-2 \\
2,-2 & 0,0 & -2,2 \\
-2,2 & 2,-2 & 0,0
\end{bmatrix}
\end{array}
$$

零和賽局的報酬矩陣一般表示如表 15.8 所示。

表 15.8

$$
\begin{array}{c}
\qquad\qquad\qquad\qquad 乙方策略 \\
\begin{array}{ccccccc}
1 & 2 & \cdots & j & \cdots & \cdots n
\end{array} \\
\begin{array}{c}
1 \\
2 \\
\cdot \\
甲方策略\ \ i \\
\cdot \\
m
\end{array}
\begin{bmatrix}
a_{11} & a_{12} & \cdot & a_{1j} & \cdot & a_{1n} \\
a_{21} & a_{22} & \cdot & a_{2j} & \cdot & a_{2n} \\
\cdot & \cdot & \cdot & \cdot & \cdot & \cdot \\
a_{i1} & a_{i2} & \cdot & a_{ij} & \cdot & a_{in} \\
\cdot & \cdot & \cdot & \cdot & \cdot & \cdot \\
a_{m1} & a_{m2} & \cdot & a_{mj} & \cdot & a_{mn}
\end{bmatrix}
\end{array}
$$

矩陣中的元素稱爲報酬值。甲方採取 i 列 (Row)$(1, 2, \ldots i, \ldots m)$ 與乙方採取 j 行 (Column) 的各種策略 $(1, 2, \ldots j, \ldots n)$ 的報酬值列於第 i 行，故每一列 (Row) 的策略稱爲甲方策略。同樣地，乙方採取 j 行 (Column)$(1, 2, \ldots j, \ldots n)$ 與甲方採取 i 列 (Row) 的各種策略 $(1, 2, \ldots i, \ldots m)$ 的報酬值列於第 j 行，故每一行 (Column) 的策略稱爲乙方策略。方格 a_{ij} 乃是當甲方採取 i 策略、乙方採取 j 策略，甲方所得的報酬，相對地，是乙方所受的損失（$-a_{ij}$）。

範例 15.1

$$
\begin{array}{c}
\quad 乙方策略 \\
\begin{array}{ccc}
1 & 2 & 3
\end{array} \\
甲方策略\ \begin{array}{c}1\\2\\3\end{array}
\begin{bmatrix}
-2 & 2 & -1 \\
1 & 1 & 1 \\
3 & 0 & 1
\end{bmatrix}
\end{array}
$$

上例矩陣，賽局中甲方的利益剛好為另一乙方的損失。因此，該賽局是零和賽局。

範例 15.2

$$
\begin{array}{c}
\quad\quad 電視網路\,2\,策略 \\
\begin{array}{ccc}
西方電影 & 肥皂劇 & 喜劇
\end{array} \\
電視網路\,1\,策略\ \begin{array}{c}西方電影\\肥皂劇\\喜劇\end{array}
\begin{bmatrix}
(35,65) & (15,85) & (60,40) \\
(45,55) & (58,42) & (50,50) \\
(38,62) & (14,86) & (70,30)
\end{bmatrix}
\end{array}
$$

上例矩陣，每一方格左邊的數字是電視網路 1 的觀眾，右邊的數字是電視網路 2 的觀眾。每一方格的和是 100，而不是 0，因此該賽局是兩人常數和 (Two-Person Constant-Sum) 賽局。

　　本章焦點是放在兩人零和賽局的類型上。兩人零和競賽解題步驟，可以歸納如下：

步驟 1：利用凌越規則，盡量簡化報酬矩陣。

步驟 2：矩陣的列，以小中取大；矩陣的行，以大中取小準則來尋找鞍點。若有鞍點，則停止運算；若無鞍點，則到步驟 3 運算。

步驟 3：如果簡化後的矩陣

(1) 2×2 矩陣，以公式法、圖解法、線性規劃法求解。

(2) 2×n、m×2 以圖解法或線性規劃法求解。

(3) m×n，$m, n \geq 3$ 之矩陣，以線性規劃法求解，或用迭代方法 (Iterative Method) 求解近似解。

　　零和賽局求解流程，如圖 15.1 所示。

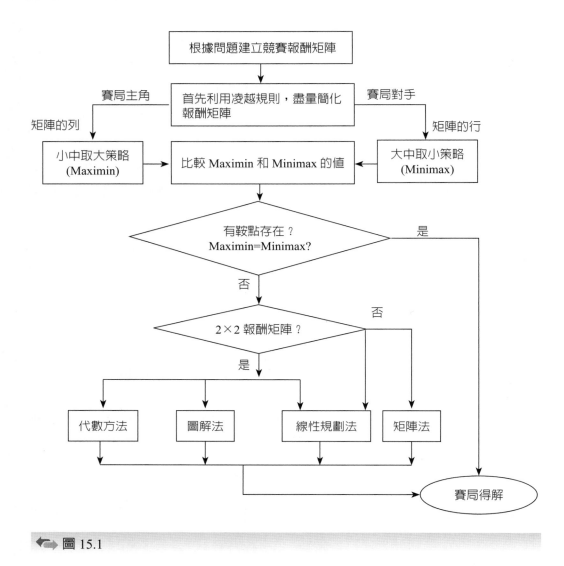

←→ 圖 15.1

　　在討論如何求解典型的賽局問題之前，先介紹一個很有用的規則——**凌越規則**
(Rules of Dominance)。這個規則通常可用來簡化報酬矩陣，而更有效的求解賽局
問題。

🔒15.4 凌越規則 (Rules of Dominance)

　　凌越規則 (Rules of Dominance)：假如參賽者的某一個策略，在各種情況下都
優於其他策略，該參賽者即應採取此策略。

1. 當報酬矩陣中，對所有同一列 i(Row) 中，策略 i 的報酬皆優於或等於另一列策略 j，則可將策略 j 所在的列刪去。

2. 當報酬矩陣中，對所有同一行 j(Column) 中，策略 j 的報酬皆優於或等於另一行策略 i，則可將策略 i 所在的行刪去。

3. 當報酬矩陣中，對所有同一列 i(Row) 中，其他策略用機率組合的報酬皆優於或等於策略 i，則可將策略 i 所在的列刪去。

4. 當報酬矩陣中，對所有同一行 j(Column) 中，其他策略用機率組合的報酬皆優於或等於策略 j，則可將策略 j 所在的行刪去。

凌越規則可協助參賽者先將不可能作為決策的方案先行刪去，使競賽問題更為單純。

範例 15.3

$$
\begin{array}{c}
\quad\quad\quad\; 乙方策略 \\
\quad\quad\quad 1 \quad 2 \quad 3 \\
甲方策略 \begin{array}{c} 1 \\ 2 \\ 3 \end{array}
\begin{bmatrix}
2 & 0 & 4 \\
1 & 2 & 3 \\
4 & 1 & 2
\end{bmatrix}
\end{array}
$$

解：

就損失而言，因乙方第 2 行策略優於第 3 行策略，所以第 3 行可以刪去，報酬矩陣可簡化成：

$$
\begin{array}{c}
\quad\quad\quad 乙方策略 \\
\quad\quad\quad 1 \quad 2 \\
甲方策略 \begin{array}{c} 1 \\ 2 \\ 3 \end{array}
\begin{bmatrix}
2 & 0 \\
1 & 2 \\
4 & 1
\end{bmatrix}
\end{array}
$$

再看簡化矩陣，因甲方第 3 列策略優於第 1 列策略，所以第 1 列可以刪去，報酬矩陣可簡化成：

$$
\begin{array}{c}
\quad\quad\quad 乙方策略 \\
\quad\quad\quad 1 \quad 2 \\
甲方策略 \begin{array}{c} 2 \\ 3 \end{array}
\begin{bmatrix}
1 & 2 \\
4 & 1
\end{bmatrix}
\end{array}
$$

原問題的 3×3 矩陣簡化成 2×2 矩陣，後面幾節將描述如何求解典型的賽局問題。

範例 15.4

$$
\begin{array}{c}
\quad\quad 乙方策略 \\
\quad\quad 1 \quad 2 \quad 3 \\
甲方策略 \begin{array}{c} 1 \\ 2 \\ 3 \end{array}
\begin{bmatrix} 8 & 3 & 4 \\ 0 & 9 & 8 \\ 3 & 4 & 5 \end{bmatrix}
\end{array}
$$

解：

　　上面矩陣，對甲方而言，沒有任何一列策略優於其他列的策略。但是如果以 $\frac{1}{2}$ 乘以第 1 列加上 $\frac{1}{2}$ 乘以第 2 列，得到 $\left(\frac{8+0}{2},\frac{3+9}{2},\frac{4+8}{2}\right)=(4,6,6)$，這機率組合的結果優於第 3 列，因此，第 3 列可以刪去，報酬矩陣可簡化成：

$$
\begin{array}{c}
\quad\quad 乙方策略 \\
\quad\quad 1 \quad 2 \quad 3 \\
甲方策略 \begin{array}{c} 1 \\ 2 \end{array}
\begin{bmatrix} 8 & 3 & 4 \\ 0 & 9 & 8 \end{bmatrix}
\end{array}
$$

　　原問題的 3×3 矩陣簡化成 2×3 矩陣，以下各節將討論如何求解典型的賽局問題。

🔓15.5 賽局競賽問題求解

　　首先利用凌越規則，盡量簡化報酬矩陣，下述如何求解賽局競賽問題。

　　利用小中取大規則 (Maximin Criterion)、大中取小規則 (Minimax Criterion)：

　　列參賽者：先找出各策略的最小值（此為其最小損失），再從這些最小值中找出最大值 (Maximin)。

　　行參賽者：先找出各策略的最大值（此為其最大損失），再從這些最大值中找出最小值 (Minimax)。

1. 若 Maximin 和 Minimax 是同一點時，此元素稱為鞍點 (Saddle Point)，此值稱為競賽值。有鞍點的賽局，雙方分別會採取該值相對應的策略，此為單純策略 (Pure Strategy) 競賽。

2. 若 Maximin 和 Minimax 不是同一點時，此矩陣無鞍點 (Saddle Point)，可使用混合策略 (Mixed Strategy) 來求解，雙方以機率來制定雙方的策略。解題步驟是：**利用代數方法、圖解法或線性規劃法**來求解。

15.5.1　單純策略競賽 (Pure Strategy Game)

範例 15.5

設兩人零和競賽報酬矩陣為：

$$
\begin{array}{c}
\\
\text{甲策略}
\end{array}
\begin{array}{c}
\quad\quad \text{乙策略} \\
\begin{array}{cc} 1 & 2 \end{array} \\
\begin{array}{c} 1 \\ 2 \end{array}
\begin{bmatrix} 5 & 7 \\ 3 & 6 \end{bmatrix}
\end{array}
$$

請問甲、乙兩人的最佳策略及競賽值為何？

解：

利用凌越規則，簡化原報酬矩陣如下：

$$
\begin{array}{c}
\\
\text{甲策略 1}
\end{array}
\begin{array}{c}
\text{乙策略} \\
1 \\
[5]
\end{array}
$$

所以，此矩陣有鞍點，競賽值等於 5。因此，甲方採取第 1 策略，乙方亦採取第 1 策略。

範例 15.6

設兩人零和競賽報酬矩陣為：

$$
\begin{array}{c}
\\
\\
\text{甲方策略}
\end{array}
\begin{array}{c}
\quad\quad \text{乙方策略} \\
\begin{array}{ccc} 1 & 2 & 3 \end{array} \\
\begin{array}{c} 1 \\ 2 \\ 3 \end{array}
\begin{bmatrix} 1 & 13 & 11 \\ -9 & 5 & -11 \\ 0 & -3 & 13 \end{bmatrix}
\end{array}
$$

請問雙方的最佳策略及競賽值為何？

解： 採用凌越規則，因甲方第 1 列策略優於第 2 列策略，所以第 2 列策略可以刪去，報酬矩陣可簡化成：

$$
\begin{array}{c}
\\
\\
\text{甲方策略}
\end{array}
\begin{array}{c}
\quad\quad \text{乙方策略} \\
\begin{array}{ccc} 1 & 2 & 3 \end{array} \\
\begin{array}{c} 1 \\ 3 \end{array}
\begin{bmatrix} 1 & 13 & 11 \\ 0 & -3 & 13 \end{bmatrix}
\end{array}
$$

繼續採用凌越原則，可得簡化報酬矩陣如下：

$$
\begin{array}{cc}
 & 乙方策略 \\
 & 1 \\
甲方策略 1 & [1]
\end{array}
$$

所以，此矩陣有鞍點，競賽值等於 1。因此，甲方採取第 1 策略，乙方亦採取第 1 策略。

範例 15.7

設兩人零和競賽報酬矩陣為：

$$
甲方策略
\begin{array}{c}
1 \\ 2 \\ 3 \\ 4
\end{array}
\begin{array}{c}
乙方策略 \\
\begin{array}{ccccc}
1 & 2 & 3 & 4 & 5
\end{array} \\
\begin{bmatrix}
16 & 4 & 0 & 14 & -2 \\
10 & 8 & 6 & 10 & 12 \\
2 & 6 & 4 & 8 & 14 \\
8 & 10 & 2 & 2 & 0
\end{bmatrix}
\end{array}
$$

請問雙方的最佳決策及競賽值為何？

解：

採用凌越規則，簡化原報酬矩陣如下：

$$
甲方策略
\begin{array}{c}
1 \\ 2 \\ 3
\end{array}
\begin{array}{c}
乙方策略 \\
\begin{array}{ccc}
1 & 3 & 5
\end{array} \\
\begin{bmatrix}
16 & 0 & -2 \\
10 & 6 & 12 \\
2 & 4 & 14
\end{bmatrix}
\end{array}
$$

$$
\begin{array}{cccc}
 & & & 列最小值 \\
\begin{bmatrix}
16 & 0 & -2 \\
10 & 6 & 12 \\
2 & 4 & 14
\end{bmatrix}
&
\begin{array}{c}
-2 \quad \text{Maximin} \\
6 \\
2
\end{array} \\
行最大值 \quad 16 \quad 6 \quad 14
\end{array}
$$

Minimax

所以，此矩陣有鞍點，競賽值等於 6。因此，甲方採取第 2 策略，乙方採取第 3 策略。

範例 15.8

設兩人零和競賽報酬矩陣為：

乙方策略

$$\begin{array}{c} & 1 & 2 \\ 甲方策略 \begin{array}{c} 1 \\ 2 \end{array} & \begin{bmatrix} 3 & 8 \\ -3 & \lambda \end{bmatrix} \end{array}$$

證明不論 λ 為何值，這競賽有鞍點及競賽值。

解：

λ 的值分三種情況：

情況 1：$\lambda \leq -3$，原問題求解如下：

$$\begin{array}{cc} & \text{列最小值} \quad \leftarrow \text{Maximin} \\ \begin{bmatrix} 3 & 8 \\ -3 & \lambda \end{bmatrix} & \begin{array}{c} 3 \\ \lambda \end{array} \end{array}$$

行最大值 3   8

↑

Minimax

所以，此矩陣有鞍點，競賽值等於 3。因此，甲方採取第 1 策略，乙方亦採取第 1 策略。

情況 2：$-3 \leq \lambda \leq 8$，原問題求解如下：

$$\begin{array}{cc} & \text{列最小值} \quad \leftarrow \text{Maximin} \\ \begin{bmatrix} 3 & 8 \\ -3 & \lambda \end{bmatrix} & \begin{array}{c} 3 \\ -3 \end{array} \end{array}$$

行最大值 3   8

↑

Minimax

所以，此矩陣有鞍點，競賽值等於 3。因此，甲方採取第 1 策略，乙方亦採取第 1 策略。

情況 3：$8 \leq \lambda$，原問題求解如下：

$$\begin{array}{cc} & \text{列最小值} \quad \leftarrow \text{Maximin} \\ \begin{bmatrix} 3 & 8 \\ -3 & \lambda \end{bmatrix} & \begin{array}{c} 3 \\ -3 \end{array} \end{array}$$

行最大值 3 λ

↑

Minimax

所以，此矩陣有鞍點，競賽值等於 3。因此，甲方採取第 1 策略，乙方亦採取

第 1 策略。

所以，不論 λ 為何值此矩陣都有鞍點，競賽值等於 3。因此，甲方採取第 1 策略，乙方亦採取第 1 策略。

範例 15.9

設兩人零和競賽報酬矩陣為：

$$
\begin{array}{c}
\text{乙方策略} \\
\begin{array}{ccc} 1 & 2 & 3 \end{array} \\
甲方策略 \begin{array}{c} 1 \\ 2 \\ 3 \end{array}
\begin{bmatrix} \lambda & 6 & 3 \\ -1 & \lambda & -8 \\ -3 & 5 & \lambda \end{bmatrix}
\begin{array}{c} 3 \\ -8 \\ -3 \end{array}
\end{array}
$$

請問 λ 的值為何，這競賽有鞍點及競賽值嗎？

解：

先忽視 λ 的值

$$
\begin{array}{c}
\text{列最小值}\quad\text{Maximin} \\
\begin{bmatrix} \lambda & 6 & 3 \\ -1 & \lambda & -8 \\ -3 & 5 & \lambda \end{bmatrix}
\begin{array}{c} 3\,\text{or}\,\lambda \\ -8\,\text{or}\,\lambda \\ -3\,\text{or}\,\lambda \end{array}
\end{array}
$$

行最大值 -1 or 6 or 3
$\lambda\quad\ \lambda\quad\ \lambda$

Minimax

先忽視 λ 的值，Minimax $= -1$，Maximin $= 3$，所以競賽值在 -1 和 3 之間，亦即 $-1 \leq V \leq 3$。

因此，此競賽若要有鞍點，Minimax=Maximin，$-1 \leq \lambda \leq 3$。例如：$\lambda = 1$，報酬矩陣如下：

$$
\begin{array}{c}
\text{乙方策略} \\
\begin{array}{ccc} 1 & 2 & 3 \end{array} \\
甲方策略 \begin{array}{c} 1 \\ 2 \\ 3 \end{array}
\begin{bmatrix} 1 & 6 & 3 \\ -1 & 1 & -8 \\ -3 & 5 & 1 \end{bmatrix}
\end{array}
$$

$$\begin{array}{cc} & 列最小值 \quad \leftarrow \text{Maximin} \\ \begin{bmatrix} 1 & 6 & 3 \\ -1 & 1 & -8 \\ -3 & 5 & 1 \end{bmatrix} & \begin{matrix} 1 \\ -8 \\ -3 \end{matrix} \end{array}$$

$$行最大值 \quad 1 \quad 6 \quad 3$$

$$\uparrow$$
$$\text{Minimax}$$

所以，此矩陣有鞍點，競賽值等於 1。因此，甲方採取第 1 策略，乙方亦採取第 1 策略。

同樣地，$\lambda = 3$，報酬矩陣為：

$$\begin{array}{c} 乙方策略 \\ \begin{array}{ccc} 1 & 2 & 3 \end{array} \\ 甲方策略 \begin{array}{c} 1 \\ 2 \\ 3 \end{array} \begin{bmatrix} 3 & 6 & 3 \\ -1 & 3 & -8 \\ -3 & 5 & 3 \end{bmatrix} \end{array}$$

$$\begin{array}{cc} & 列最小值 \quad \leftarrow \text{Maximin} \\ \begin{bmatrix} 3 & 6 & 3 \\ -1 & 3 & -8 \\ -3 & 5 & 3 \end{bmatrix} & \begin{matrix} 3 \\ -8 \\ -3 \end{matrix} \end{array}$$

$$行最大值 \quad 3 \quad 6 \quad 3$$

$$\uparrow$$
$$\text{Minimax}$$

所以，此矩陣有鞍點，競賽值等於 3。因此，甲方採取第 1 策略，乙方亦採取第 1 策略。

範例 15.10

設兩人零和競賽報酬矩陣為：

$$\begin{array}{c} 乙方策略 \\ \begin{array}{ccc} 1 & 2 & 3 \end{array} \\ 甲方策略 \begin{array}{c} 1 \\ 2 \\ 3 \end{array} \begin{bmatrix} 3 & 4 & 5 \\ \beta & 8 & 12 \\ 15 & \alpha & 7 \end{bmatrix} \end{array}$$

請問若要方格 (2,2) 為競賽鞍點，α 和 β 的值為何？

解：

先忽視 α 和 β 的值。

$$
\begin{array}{c}
\qquad\qquad\qquad 列最小值 \\
\begin{bmatrix} 3 & 4 & 5 \\ \beta & 8 & 12 \\ 15 & \alpha & 7 \end{bmatrix}
\begin{array}{l} 3 \\ 8 \\ 7 \end{array}
\end{array}
$$

行最大值　15　8　12

Maximin

Minimax

　　因為若要方格 (2,2) 為競賽鞍點，Maxmin = 8，Minimax = 8，因此要強加條件使 $\alpha \le 8$ 及 $\beta \ge 8$。因此 $\alpha \le 8$ 及 $\beta \ge 8$ 時，要方格 (2,2) 為競賽鞍點，競賽值等於 8。

　　若 Maximin 和 Minimax 不是同一點時，此矩陣無鞍點 (Saddle Point)，可使用混合策略來求解 (Mixed Strategy)，雙方以機率來制定雙方的策略。解題步驟是：**利用代數方法、圖解法或線性規劃法來求解**。

15.5.2　混合策略競賽 (Mixed Strategy Game)

　　分 2×2 賽局、$2 \times n$ 賽局或 $m \times 2$ 賽局。

步驟 1：以凌越規則，簡化矩陣

　　參賽者的某一個策略，在各種情況下都優於其他策略，該參賽者即應採取此策略。

1. 當報酬矩陣中，對所有同一列中，策略 i 的報酬皆優於其他策略 j，則可將策略 j 所在的列刪去。

2. 當報酬矩陣中，對所有同一行中，策略 j 的報酬皆優於其他策略 i，則可將策略 i 所在的行刪去。

　　凌越規則可協助參賽者先將不可能作為決策的方案先行刪去，使競賽問題更為單純。

步驟 2：求得最佳混合策略及競賽值

範例 15.11

$$
\begin{array}{c}
\qquad\qquad 乙方策略 \\
\qquad\quad 1\quad 2\quad 3 \\
甲方策略\begin{array}{c} 1 \\ 2 \\ 3 \end{array}
\begin{bmatrix} 5 & 1 & 1 \\ 6 & 3 & 4 \\ 1 & 3 & 3 \end{bmatrix}
\end{array}
$$

解：

　　因甲方策略 2 優於策略 1 和 3，所以甲方會採取策略 2；而乙方知道甲方一定會採取策略 2，所以乙方會採取策略 2。因此，這賽局之值是 3。

■ **2×2 賽局**

範例 15.12

　　若 A 為 2×2 無鞍點的賽局矩陣：

$$\begin{array}{c} \quad\quad\quad 乙方策略 \\ \quad\quad\quad \begin{array}{cc} 1 & \quad 2 \end{array} \\ 甲方策略 \begin{array}{c} 1 \\ 2 \end{array} \begin{bmatrix} a_{11} & a_{12} \\ a_{21} & a_{22} \end{bmatrix} \end{array}$$

　　請求解最佳混合策略及競賽值為何？

解：

　　設 p 和 $1-p$ 是甲方選取策略 1 和 2 的機率，q 和 $1-q$ 是乙方選取策略 1 和 2 的機率，則甲方可得到的競賽期望報酬是 $E(p, q) = pqa_{11} + (1-p)qa_{21} + p(1-q)a_{12} + (1-p)(1-q)a_{22}$。

　　為得最佳的 p 和 q，由 $E(p, q)$ 對 p 和 q 作偏微分得：

$$\frac{\partial}{\partial p} E(p, q) = q\,a_{11} - q\,a_{21} + (1-q)\,a_{12} - (1-q)\,a_{22} \tag{1}$$

$$\frac{\partial}{\partial q} E(p, q) = p\,a_{11} + (1-p)\,a_{21} - p\,a_{12} - (1-p)\,a_{22} \tag{2}$$

　　設 $\dfrac{\partial}{\partial p} E(p, q) = 0$ 和 $\dfrac{\partial}{\partial q} E(p, q) = 0$ 可得到：

$$q(a_{11} - a_{21} - a_{12} + a_{22}) = a_{22} - a_{12} \rightarrow q = \frac{a_{22} - a_{12}}{a_{11} + a_{22} - (a_{12} + a_{21})} \qquad 乙方$$

$$p(a_{11} - a_{21} - a_{12} + a_{22}) = a_{22} - a_{21} \rightarrow p = \frac{a_{22} - a_{21}}{a_{11} + a_{22} - (a_{12} + a_{21})} \qquad 甲方$$

　　將 p 和 q 代入 $E(p, q)$ 得競賽值 $V = E(p, q) = \dfrac{a_{11}\,a_{22} - a_{12}\,a_{21}}{a_{11} + a_{22} - (a_{12} + a_{21})}$。

　　上述計算所得的結果，可用於任何 2×2 無鞍點的賽局矩陣或任何採用凌越規則後得到的 2×2 無鞍點的賽局矩陣。

範例 15.13

兩球員玩一遊戲，每一球員必須從 3 個互相獨立的顏色中選一顏色。遊戲的報酬表如下所示：

球員乙策略

白色　黑色　紅色

		1	2	3
白色	1	0	−2	7
球員甲策略　黑色	2	2	5	6
紅色	3	3	−3	8

請問兩球員最佳策略及競賽值為何？

解：

採用凌越規則，簡化原報酬矩陣如下：

乙方策略

白色　黑色

		1	2
甲方策略　黑色	2	2	5
紅色	3	3	−3

$$
\begin{array}{cc}
 & 1 \quad\; 2 \quad \text{列最小值} \\
2 & \begin{bmatrix} 2 & 5 \end{bmatrix} \quad 2 \;\leftarrow \text{Maximin} \\
3 & \begin{bmatrix} 3 & -3 \end{bmatrix} \; -3 \\
\text{行最大值} & 3 \quad 5
\end{array}
$$

$\uparrow$
Minimax

因為 Minimax ≠ Maxmin，所以此矩陣無鞍點。因此，採取 2×2 混合策略求解。

甲方 =

$$
\left[\frac{a_{32}-a_{31}}{a_{21}+a_{32}-(a_{22}+a_{31})}, \; 1-\frac{a_{32}-a_{31}}{a_{21}+a_{32}-(a_{22}+a_{31})} \right] = \left[\frac{-6}{-9}, \; 1-\frac{6}{9} \right] = \left[\frac{2}{3}, \; \frac{1}{3} \right]。
$$

乙方 =

$$
\left[\frac{a_{32}-a_{22}}{a_{21}+a_{32}-(a_{22}+a_{31})}, \; 1-\frac{a_{32}-a_{22}}{a_{21}+a_{32}-(a_{22}+a_{31})} \right] = \left[\frac{-8}{-9}, \; 1-\frac{8}{9} \right] = \left[\frac{8}{9}, \; \frac{1}{9} \right]。
$$

甲方最佳策略 $= \left[0, \; \dfrac{2}{3}, \; \dfrac{1}{3} \right]$，乙方最佳策略 $= \left[\dfrac{8}{9}, \; \dfrac{1}{9}, \; 0 \right]$。

競賽值 $V = \dfrac{a_{21}a_{32}-a_{22}a_{31}}{a_{21}+a_{32}-(a_{22}+a_{31})} = \dfrac{2\times(-3)-3\times5}{-9} = \dfrac{-21}{-9} = \dfrac{7}{3} = 2\dfrac{1}{3}$。

範例 15.14

若 A 為 2×2 無鞍點的賽局矩陣：

乙方策略

		1	2
甲方策略	1	3	−2
	2	−2	0

請求解最佳策略及競賽值為何？

解：

列最小值　Maximin

$$\begin{bmatrix} 3 & -2 \\ -2 & 0 \end{bmatrix} \begin{matrix} -2 \\ -2 \end{matrix}$$

行最大值　3　　0

Minimax

因為 Minimax ≠ Maxmin，所以此矩陣無鞍點。因此，採取混合策略：

甲方最佳策略 =

$$\left[\frac{a_{22} - a_{21}}{a_{11} + a_{22} - (a_{12} + a_{21})}, 1 - \frac{a_{22} - a_{21}}{a_{11} + a_{22} - (a_{12} + a_{21})} \right] = \left[\frac{2}{7}, 1 - \frac{2}{7} \right] = \left[\frac{2}{7}, \frac{5}{7} \right] 。$$

乙方最佳策略 =

$$\left[\frac{a_{22} - a_{12}}{a_{11} + a_{22} - (a_{12} + a_{21})}, 1 - \frac{a_{22} - a_{12}}{a_{11} + a_{22} - (a_{12} + a_{21})} \right] = \left[\frac{2}{7}, 1 - \frac{2}{7} \right] = \left[\frac{2}{7}, \frac{5}{7} \right] 。$$

競賽值 $V = \dfrac{a_{11}a_{22} - a_{12}a_{21}}{a_{11} + a_{22} - (a_{12} + a_{21})} = -\dfrac{4}{7}$ 。

範例 15.15

設兩人競賽報酬矩陣為：

乙方策略

		1	2	3	4
	1	3	2	4	0
甲方策略	2	3	4	2	4
	3	4	2	4	0
	4	0	4	0	8

請問雙方的最佳決策及競賽值為何？

解：

採用凌越規則，簡化原報酬矩陣如下：

$$
\begin{array}{c}
\text{乙方策略} \\
\begin{array}{cccc}
 & 2 & 3 & 4 \\
\end{array} \\
\text{甲方策略}\begin{array}{c} 2 \\ 3 \\ 4 \end{array}
\begin{bmatrix}
4 & 2 & 4 \\
2 & 4 & 0 \\
4 & 0 & 8
\end{bmatrix}
\end{array}
$$

上述得到的簡化矩陣無法再用單獨的列或行的凌越規則來簡化。然而，對乙方而言，行 2 沒有比行 3 和行 4 的平均值 $\begin{bmatrix} \dfrac{2+4}{2} \\ \dfrac{4+0}{2} \\ \dfrac{0+8}{2} \end{bmatrix} = \begin{bmatrix} 3 \\ 2 \\ 4 \end{bmatrix}$ 優越，所以刪去第 2 行得到

簡化矩陣。

$$
\begin{array}{c}
\text{乙方策略} \\
\begin{array}{ccc}
 & 3 & 4 \\
\end{array} \\
\text{甲方策略}\begin{array}{c} 2 \\ 3 \\ 4 \end{array}
\begin{bmatrix}
2 & 4 \\
4 & 0 \\
0 & 8
\end{bmatrix}
\end{array}
$$

同樣地，對甲方而言，列 2 沒有比列 3 和列 4 的平均值 $\left[\dfrac{4+0}{2}, \dfrac{0+8}{2} \right] = [2, 4]$

優越，所以刪去第 2 列得到簡化矩陣。

$$
\begin{array}{c}
\text{乙方策略} \\
\begin{array}{ccc}
 & 3 & 4 \\
\end{array} \\
\text{甲方策略}\begin{array}{c} 3 \\ 4 \end{array}
\begin{bmatrix}
4 & 0 \\
0 & 8
\end{bmatrix}
\end{array}
$$

$$
\begin{array}{cc}
 & \text{列最小值} \\
\begin{bmatrix} 4 & 0 \\ 0 & 8 \end{bmatrix} & \begin{array}{c} 0 \ \longleftarrow \ \text{Maximin} \\ 0 \end{array}
\end{array}
$$

行最大值　4　8

Minimax

因為 Minimax ≠ Maximin，所以此矩陣無鞍點。因此，採取混合策略：

甲方策略

$$= \left[\frac{a_{44} - a_{43}}{a_{33} + a_{44} - (a_{34} + a_{43})}, \ 1 - \frac{a_{44} - a_{43}}{a_{33} + a_{44} - (a_{34} + a_{43})} \right] = \left[\frac{8}{12}, \ 1 - \frac{8}{12} \right] = \left[\frac{2}{3}, \ \frac{1}{3} \right] \circ$$

乙方策略

$$= \left[\frac{a_{44} - a_{34}}{a_{33} + a_{44} - (a_{34} + a_{43})}, \ 1 - \frac{a_{44} - a_{34}}{a_{33} + a_{44} - (a_{34} + a_{43})} \right] = \left[\frac{8}{12}, \ 1 - \frac{8}{12} \right] = \left[\frac{2}{3}, \ \frac{1}{3} \right] \circ$$

競賽值 $V = \dfrac{a_{33}a_{44} - a_{34}a_{43}}{a_{33} + a_{44} - (a_{34} + a_{43})} = \dfrac{32}{8 + 4} = \dfrac{8}{3}$ 。

甲方最佳策略 $= \left[0, 0, \dfrac{2}{3}, \dfrac{1}{3} \right]$，乙方最佳策略 $= \left[0, 0, \dfrac{2}{3}, \dfrac{1}{3} \right]$，競賽值 $V = \dfrac{8}{3}$。

　　上述例子中的矩陣都是 2×2 無鞍點的賽局矩陣或採用凌越規則後得到的 2×2 無鞍點的賽局矩陣，而用 2×2 混合策略求得最佳混合策略及競賽值。然而有些賽局矩陣既沒有鞍點，也無法簡化成 2×2 矩陣，這些矩陣可用線性規劃法、2×2 子競賽矩陣法或圖解法來求得最佳策略及競賽值。

15.5.3　$m \times n$ 報酬矩陣求解

　　利用線性規劃法 (Method of Linear Programming)，設 $m \times n$ 報酬矩陣，如表 15.9 所示。

表 15.9

乙方策略

$$
\begin{array}{c c}
 & \begin{array}{c c c c c}
1 & \quad 2 & \cdots\cdots & j & \cdots\cdots & n
\end{array} \\
\begin{array}{c}
1 \\ 2 \\ \vdots \\ i \\ \vdots \\ m
\end{array}
&
\left[
\begin{array}{c c c c c}
a_{11} & a_{12} & \cdot & a_{1j} & \cdot & a_{1n} \\
a_{21} & a_{22} & \cdot & a_{2j} & \cdot & a_{2n} \\
\cdot & \cdot & & \cdot & & \cdot \\
a_{i1} & a_{i2} & \cdot & a_{ij} & \cdot & a_{in} \\
\cdot & \cdot & & \cdot & & \cdot \\
a_{m1} & a_{m2} & \cdot & a_{mj} & \cdot & a_{mn}
\end{array}
\right]
\end{array}
$$

甲方策略

該報酬矩陣有一最佳競賽值 V。

　　對甲方而言，存在一混合策略組合 $(x_1, x_2, ..., x_m)$，且 $x_1 + x_2 + ... + x_m = 1$，而保證甲方至少得到期望值 V。同樣地，對乙方而言，存在一混合策略組合 $(y_1, y_2, ...,$

y_n)，且 $y_1 + y_2 + ... + y_n = 1$，而保證乙方最多損失期望值 V。綜合上述，$m \times n$ 報酬矩陣問題可建立如下：

$$x_1 + x_2 + ... + x_m = 1, x_i \geq 0, i = 1, 2, ..., m \tag{1}$$

$$y_1 + y_2 + ... + y_n = 1, y_j \geq 0, j = 1, 2, ..., n \tag{2}$$

$$x_1 a_{1j} + x_2 a_{2j} + ... + x_m a_{mj} \geq V, j = 1, 2, ..., n \tag{3}$$

$$y_1 a_{i1} + y_2 a_{i2} + ... + y_n a_{in} \leq V, i = 1, 2, ..., m \tag{4}$$

由公式 (1)、(2)、(3)、(4) 得知該報酬矩陣問題有 $(m + n + 1)$ 個變數 ($x_1, x_2, ..., x_m, y_1, y_2, ..., y_n$ 和 V) 及 $(m + n + 2)$ 個限制式。現舉例來說明公式如何用線性規劃法來求解。

範例 15.16

兩家在當地的油公司都想試著增加他們的市場占有率。根據市場策略分析，市場占有率的報酬矩陣，如表 15.10 所示。

表 15.10　範例 15.16 的資料

油公司乙策略

		1	2	3
油公司甲策略	1	4	2	−6
	2	3	2	12
	3	−3	8	−4

請問雙方的最佳決策及競賽值為何？

解：

首先採用凌越規則，無法簡化賽局矩陣。

列最小值

$$\begin{bmatrix} 4 & 2 & -6 \\ 3 & 2 & 12 \\ -3 & 8 & -4 \end{bmatrix} \begin{matrix} -6 \\ 2 \\ -4 \end{matrix} \quad \leftarrow \text{Maximin}$$

行最大值　4　8　12

↑

Minimax

因為 Minimax ≠ Maximin，所以此矩陣無鞍點，可用線性規劃法來求解。

該報酬矩陣有一最佳競賽值 V，且 $2 \leq V \leq 4$。

對甲方而言，存在一混合策略組合 $(x_1, x_2, \ldots, x_m)$，且 $x_1 + x_2 + \ldots + x_m = 1$，而保證甲方至少得到期望值 V。因此，綜合上述，一線性規劃模式可建立如下：

$$4x_1 + 3x_2 - 3x_3 \geq V \tag{1}$$

$$2x_1 + 2x_2 + 8x_3 \geq V \tag{2}$$

$$-6x_1 + 12x_2 - 4x_3 \geq V \tag{3}$$

$$x_1 + x_2 + x_3 = 1, x_1, x_2, x_3 \geq 0 \tag{4}$$

因為 $V > 0$，將上述方程式兩邊除以 V 得到：

$$4\frac{x_1}{V} + 3\frac{x_2}{V} - 3\frac{x_3}{V} \geq 1 \tag{5}$$

$$2\frac{x_1}{V} + 2\frac{x_2}{V} + 8\frac{x_3}{V} \geq 1 \tag{6}$$

$$-6\frac{x_1}{V} + 12\frac{x_2}{V} - 4\frac{x_3}{V} \geq 1 \tag{7}$$

$$\frac{x_1}{V} + \frac{x_2}{V} + \frac{x_3}{V} = \frac{1}{V} \tag{8}$$

設 $X_1 = \frac{x_1}{V}$、$X_2 = \frac{x_2}{V}$、$X_3 = \frac{x_3}{V}$，(5)、(6)、(7)、(8) 轉換成：

$4X_1 + 3X_2 - 3X_3 \geq 1$

$2X_1 + 2X_2 + 8X_3 \geq 1$

$-6X_1 + 12X_2 - 4X_3 \geq 1$

$X_1 + X_2 + X_3 = \frac{1}{V}$

因為甲方要使 V 極大，亦即要使 $\frac{1}{V}$ 極小，所以上述線性規劃模式轉換成大 M 法形式如下：

最小化 $\frac{1}{V} = X_1 + X_2 + X_3 + 0s_1 + 0s_2 + 0s_3 + MA_1 + MA_2 + MA_3$

$4X_1 + 3X_2 - 3X_3 - s_1 + A_1 = 0$

$2X_1 + 2X_2 + 8X_3 - s_2 + A_2 = 0$

$-6X_1 + 12X_2 - 4X_3 - s_3 + A_3 = 0$

$X_1, X_2, X_3, s_1, s_2, s_3, A_1, A_2, A_3 \geq 0$

利用大 M 法求解得到 $X_1 = \dfrac{7}{46}$、$X_2 = \dfrac{4}{23}$、$X_3 = \dfrac{1}{23} \to \dfrac{1}{V} = X_1 + X_2 + X_3 = \dfrac{7}{46}$

$+ \dfrac{4}{23} + \dfrac{1}{23} = \dfrac{17}{46} \to V = \dfrac{46}{17}$。

因為 $X_1 = \dfrac{x_1}{V}$、$X_2 = \dfrac{x_2}{V}$、$X_3 = \dfrac{x_3}{V} \to x_1 = X_1 \cdot V = \dfrac{7}{46} \times \dfrac{46}{17} = \dfrac{7}{17}$，$x_2 = X_2 \cdot V =$

$\dfrac{4}{23} \times \dfrac{46}{17} = \dfrac{8}{17}$，$x_3 = X_3 \cdot V = \dfrac{1}{23} \times \dfrac{46}{17} = \dfrac{2}{17}$。

同樣地，利用線性規劃法可得到 $y_1 = 0.454$、$y_2 = 0.521$、$y_3 = 0.025$。

所以，甲方最佳策略 $= \left[\dfrac{7}{17}, \dfrac{8}{17}, \dfrac{2}{17} \right]$，乙方最佳策略 $=[0.454, 0.521, 0.025]$，

最佳競賽值 $V = 4x_1 + 3x_2 - 3x_3 = \dfrac{46}{17}$。

15.5.4　$2 \times n$ 賽局或 $m \times 2$ 賽局求解

可用線性規劃法來求解，也可用圖解法來求解。以下**利用圖解法** (Graphical Method) 來求解。

1. $2 \times n$ 報酬矩陣

設有 $2 \times n$ 報酬矩陣 $A = \begin{bmatrix} a_{11} & a_{12} & \cdots & a_{1n} \\ a_{21} & a_{22} & \cdots & a_{2n} \end{bmatrix}$。

假設 $2 \times n$ 賽局沒有鞍點，甲方有 2 個策略 A_1 和 A_2，選擇策略 A_1 的機率是 x_1，選擇策略 A_2 的機率是 $x_2 = 1 - x_1$，$x_1, x_2 \geq 0$。乙方有 n 個策略 $B_1, B_2,..., B_n$，選擇每個策略的機率是 $y_1, y_2, ..., y_n$，其中 $y_1, y_2, ..., y_n \geq 0$ 且 $y_1 + y_2 + ... + y_n = 1$。此賽局的目的是要決定 x_1 和 x_2 的最佳值。

對應於乙方選擇的單純策略，甲方的期望報酬如表 15.11。

表 15.11

乙方選擇的單純策略	甲方的期望報酬
1	$a_{11}x_1 + a_{21}(1 - x_1) = (a_{11} - a_{21})x_1 + a_{21}$
2	$a_{12}x_1 + a_{22}(1 - x_1) = (a_{12} - a_{22})x_1 + a_{22}$
.	.
.	.
n	$a_{1n}x_1 + a_{2n}(1 - x_1) = (a_{1n} - a_{2n})x_1 + a_{2n}$

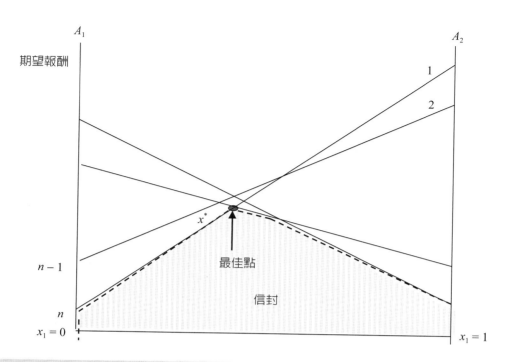

圖 15.2

　　甲方的期望報酬與 x_1 成線性關係。根據混合策略最小最大規則，甲方應選擇 x_1 以便得到最小期望報酬值的最大值。把表 15.11 以 x_1 為函數的期望報酬繪圖，如圖 15.2 所示。

　　甲方的期望報酬用斜線表示，每條斜線上的數字是乙方選擇的單純策略。這些斜線的下限（虛線顯示）給予甲方作為函數的最小期望值。因為甲方是一追求最大報酬的與賽者，這些下限（虛線顯示）的最高點乃是甲方最大的期望報酬，因此 x_1 的最佳值等於 x_1^*，而乙方最佳策略乃是通過 x_1^* 點的斜率有相反標誌的兩條線。

　　對於 $2 \times n$ 報酬矩陣，圖解法的步驟如下：

步驟 1：先用凌越規則，盡量簡化報酬矩陣。

步驟 2：假設簡化報酬矩陣沒有鞍點，將甲方的期望報酬用方程式 $a_{1n}x_1 + a_{2n}(1 - x_1)$ $=(a_{1n} - a_{2n})x_1 + a_{2n}$ 表示，n 表示乙方有 n 個策略 $B_1, B_2, ..., B_n$。

步驟 3：繪製兩條垂直軸，這兩條是 $x_1 = 0$、$x_1 = 1$。

步驟 4：把步驟 2 所得的方程式繪製成 n 條直線，選擇任何斜率有相反標誌的兩條線，並找出其交點。

步驟 5：**在所繪製的較低的信封上找到最高點，此最高點便是最佳解。**

範例 15.17

請用圖解法求解下列 2×4 賽局。

$$
\begin{array}{c}
\qquad\qquad 乙方策略 \\
\begin{array}{cc}
 & \begin{array}{cccc} 1 & 2 & 3 & 4 \end{array} \\
甲方策略\ \begin{array}{c} 1 \\ 2 \end{array} & \begin{bmatrix} 3 & 3 & 4 & 0 \\ 5 & 4 & 3 & 7 \end{bmatrix}
\end{array}
\end{array}
$$

解：

首先採用凌越規則簡化賽局矩陣，對乙方而言，第 2 行的值小於或等於第 1 行的值，因此，刪去第 1 行，得到簡化矩陣。

$$
\begin{array}{c}
\qquad\qquad 乙方策略 \\
\begin{array}{cc}
 & \begin{array}{ccc} 2 & 3 & 4 \end{array} \\
甲方策略\ \begin{array}{c} 1 \\ 2 \end{array} & \begin{bmatrix} 3 & 4 & 0 \\ 4 & 3 & 7 \end{bmatrix}
\end{array}
\end{array}
$$

上述得到的簡化矩陣，無法再用單獨的列或行的凌越規則來簡化。現用圖解法來求解：對應於乙方選擇的單純策略、甲方的期望報酬，如表 15.12 所示。

表 15.12

乙方選擇的單純策略	甲方的期望報酬
2	$3x_1 + 4(1 - x_1) = -x_1 + 4$
3	$4x_1 + 3(1 - x_1) = x_1 + 3$
4	$0x_1 + 7(1 - x_1) = -7x_1 + 7$

由繪製的方程式可看出斜率有相反標誌的 B_2 及 B_3 兩條線，B_3 及 B_4 兩條線的交點是同一點，**而且是較低的信封上的最高點**，如圖 15.3 所示。

(1) B_2 及 B_3 兩條線

$$
\begin{array}{c}
\qquad\qquad 乙方策略 \\
\begin{array}{cc}
 & \begin{array}{cc} 2 & 3 \end{array} \\
甲方策略\ \begin{array}{c} 1 \\ 2 \end{array} & \begin{bmatrix} 3 & 4 \\ 4 & 3 \end{bmatrix}
\end{array}
\end{array}
$$

甲方策略 $=$

$$
\left[\frac{a_{23} - a_{22}}{a_{12} + a_{23} - (a_{22} + a_{13})}, 1 - \frac{a_{23} - a_{22}}{a_{12} + a_{23} - (a_{22} + a_{13})} \right] = \left[\frac{1}{2}, 1 - \frac{1}{2} \right] = \left[\frac{1}{2}, \frac{1}{2} \right].
$$

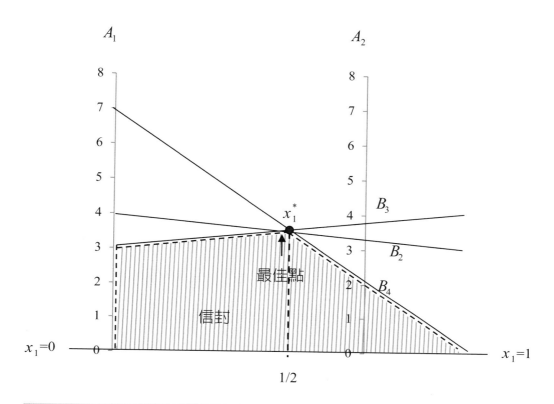

　　圖 15.3

乙方策略 =

$$\left[\frac{a_{23}-a_{13}}{a_{12}+a_{23}-(a_{22}+a_{13})}, 1-\frac{a_{23}-a_{13}}{a_{12}+a_{23}-(a_{22}+a_{13})}\right] = \left[\frac{1}{2}, 1-\frac{1}{2}\right] = \left[\frac{1}{2}, \frac{1}{2}\right]。$$

競賽值 $V = \dfrac{a_{12}a_{23}-a_{22}a_{13}}{a_{12}+a_{23}-(a_{22}+a_{13})} = \dfrac{3\times3-4\times4}{-2} = \dfrac{7}{2} = 3\dfrac{1}{2}$。

因此，甲方最佳策略 $=\left[\dfrac{1}{2}, \dfrac{1}{2}\right]$，乙方最佳策略 $=\left[0, \dfrac{1}{2}, \dfrac{1}{2}, 0\right]$，競賽值

$V = \mathbf{3\dfrac{1}{2}}$。或者；

(2) B_3 及 B_4 兩條線

乙方策略

$$\begin{array}{c} \\ \text{甲方策略}\begin{array}{c}1\\2\end{array}\end{array}\begin{array}{cc}3 & 4\\ \begin{bmatrix}4 & 0\\3 & 7\end{bmatrix}\end{array}$$

甲方策略 =

$$\left[\frac{a_{24} - a_{23}}{a_{13} + a_{24} - (a_{23} + a_{14})}, 1 - \frac{a_{24} - a_{23}}{a_{13} + a_{24} - (a_{23} + a_{14})} \right] = \left[\frac{1}{2}, 1 - \frac{1}{2} \right] = \left[\frac{1}{2}, \frac{1}{2} \right] \text{。}$$

乙方策略 =

$$\left[\frac{a_{24} - a_{14}}{a_{13} + a_{24} - (a_{23} + a_{14})}, 1 - \frac{a_{24} - a_{14}}{a_{13} + a_{24} - (a_{23} + a_{14})} \right] = \left[\frac{7}{8}, 1 - \frac{7}{8} \right] = \left[\frac{7}{8}, \frac{1}{8} \right] \text{。}$$

競賽值 $V = \dfrac{a_{13} a_{24} - a_{23} a_{14}}{a_{13} + a_{24} - (a_{23} + a_{14})} = \dfrac{4 \times 7 - 3 \times 0}{8} = \dfrac{7}{2} = 3\dfrac{1}{2}$ 。

因此，甲方最佳策略 $= \left[\dfrac{1}{2}, \dfrac{1}{2} \right]$，乙方最佳策略 $= \left[0, 0, \dfrac{7}{8}, \dfrac{1}{8} \right]$，競賽值 $V = 3\dfrac{1}{2}$。

由 (1) 和 (2) 所得的結果得知：甲方最佳策略 $= \left[\dfrac{1}{2}, \dfrac{1}{2} \right]$，乙方最佳策略 $=$

$\left[0, \dfrac{1}{2}, \dfrac{1}{2}, 0 \right]$，**或者，甲方最佳策略** $= \left[\dfrac{1}{2}, \dfrac{1}{2} \right]$**，乙方最佳策略** $= \left[0, 0, \dfrac{7}{8}, \dfrac{1}{8} \right]$**，競賽值**

$V = 3\dfrac{1}{2}$。

注意：B_2 及 B_4 的交點，也是同一點，讀者可同樣地求解甲方和乙方的最佳策略。

範例 15.18

請用圖解法求解下列 2×3 賽局：

$$\begin{array}{c} \text{乙方策略} \\ \begin{array}{ccc} 1 & 2 & 3 \end{array} \\ \text{甲方策略} \begin{array}{c} 1 \\ 2 \end{array} \begin{bmatrix} 1 & 3 & 12 \\ 8 & 6 & 2 \end{bmatrix} \end{array}$$

解：

首先採用凌越規則，無法簡化賽局矩陣。

$$\begin{array}{c} \text{列最小值} \\ \begin{bmatrix} 1 & 3 & 12 \\ 8 & 6 & 2 \end{bmatrix} \begin{array}{l} 1 \\ 2 \end{array} \longleftarrow \text{Maximin} \\ \text{行最大值} \quad 8 \quad 6 \quad 12 \\ \uparrow \\ \text{Minimax} \end{array}$$

因為 Minimax ≠ Maximin，所以此矩陣無鞍點。現用圖解法來對應於乙方選擇的單純策略、甲方的期望報酬，如表 15.13。

表 15.13

乙方選擇的單純策略	甲方的期望報酬
1	$x_1 + 8(1 - x_1) = -7x_1 + 8$
2	$3x_1 + 6(1 - x_1) = -3x_1 + 6$
3	$12x_1 + 2(1 - x_1) = 10x_1 + 2$

由繪製的方程式可看出，斜率有相反標誌的 B_2 及 B_3 兩條線的交點是較低的信封上的最高點。因此，B_2 及 B_3 兩條線的交點是最佳點（如圖 15.4 所示）。

求解 $-3x_1 + 6 = 10x_1 + 2$，可得 $x_1^* = \dfrac{4}{13}$。

$$\begin{array}{c} \text{乙方策略} \\ \begin{array}{cc} 2 & 3 \end{array} \\ \text{甲方策略} \begin{array}{c} 1 \\ 2 \end{array} \begin{bmatrix} 3 & 12 \\ 6 & 2 \end{bmatrix} \end{array}$$

甲方策略 =

$$\left[\frac{a_{23} - a_{22}}{a_{12} + a_{23} - (a_{22} + a_{13})}, 1 - \frac{a_{23} - a_{22}}{a_{12} + a_{23} - (a_{22} + a_{13})} \right] = \left[\frac{4}{13}, 1 - \frac{4}{13} \right] = \left[\frac{4}{13}, \frac{9}{13} \right] 。$$

乙方策略

$$= \left[\frac{a_{23} - a_{13}}{a_{12} + a_{23} - (a_{22} + a_{13})}, 1 - \frac{a_{23} - a_{13}}{a_{12} + a_{23} - (a_{22} + a_{13})} \right] = \left[\frac{10}{13}, 1 - \frac{10}{13} \right] = \left[\frac{10}{13}, \frac{3}{13} \right] 。$$

競賽值 $V = \dfrac{a_{12}a_{23} - a_{22}a_{13}}{a_{12} + a_{23} - (a_{22} + a_{13})} = \dfrac{3 \times 2 - 6 \times 12}{-13} = \dfrac{66}{13}$。

因此，甲方最佳策略 $= \left[\dfrac{4}{13}, \dfrac{9}{13} \right]$，乙方最佳策略 $= \left[\dfrac{10}{13}, \dfrac{3}{13} \right]$，競賽值 $V = \dfrac{66}{13}$。

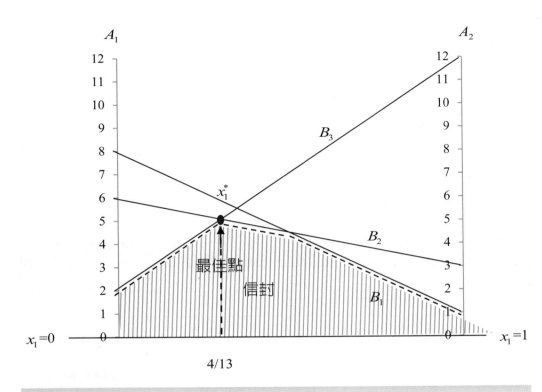

◀═▶ 圖 15.4

2. m×2 報酬矩陣

同樣地，對 $m×2$ 報酬矩陣，乙方的期望報酬與 y_1 成線性關係。根據混合策略最大最小規則，乙方應選擇 y_1 以便求取最大期望損失值的最小值。這些下限的最低點乃是乙方最大的期望報酬，因此，甲方最佳策略乃是通過 y_1^* 點的斜率有相反標誌的兩條線。

對 $m×2$ 報酬矩陣，圖解法的步驟如下：

步驟 1： 先用凌越規則，簡化報酬矩陣。

步驟 2： 假設簡化報酬矩陣沒有鞍點，將乙方的期望報酬用方程式 $a_{m1}y_1 + a_{m2}(1 - y_1) = (a_{m1} - a_{m2})y_1 + a_{m2}$ 表示，m 表示甲方有 m 個策略 $A_1, A_2, ..., A_m$。

步驟 3： 繪製兩條垂直軸，這兩條是 $y_1 = 0$、$y_1 = 1$。

步驟 4： 把步驟 2 所得的方程式繪製 m 條直線，選擇任何斜率有相反標誌的兩條線，並找出其交點。

步驟 5：在所繪製的較高的信封上找到最低點，此最低點便是最佳解。

範例 15.19

請用圖解法求解下列 4×4 賽局：

乙方策略

$$\begin{array}{c} & \begin{array}{cccc} 1 & 2 & 3 & 4 \end{array} \\ 甲方策略 \begin{array}{c} 1 \\ 2 \\ 3 \\ 4 \end{array} & \begin{bmatrix} 19 & 7 & 8 & 5 \\ 8 & 4 & 14 & 6 \\ 13 & 9 & 18 & 4 \\ 9 & 8 & 13 & -2 \end{bmatrix} \end{array}$$

解：

首先採用凌越規則簡化賽局矩陣，對乙方而言，第 2 行的值小於第 1 行的值，第 4 行的值小於第 3 行的值，因此，刪去第 1 行和第 3 行，得到簡化矩陣。

乙方策略

$$\begin{array}{c} & \begin{array}{cc} 2 & 4 \end{array} \\ 甲方策略 \begin{array}{c} 1 \\ 2 \\ 3 \\ 4 \end{array} & \begin{bmatrix} 7 & 5 \\ 4 & 6 \\ 9 & 4 \\ 8 & -2 \end{bmatrix} \end{array}$$

對甲方而言，第 3 列的值大於第 4 列的值，所以刪去第 4 列得到簡化矩陣。

乙方策略 列最小值

$$甲方策略 \begin{bmatrix} 7 & 5 \\ 4 & 6 \\ 9 & 4 \end{bmatrix} \begin{array}{c} 5 & \longleftarrow \text{Maximin} \\ 4 \\ 4 \end{array}$$

行最大值　9　6

↑

Minimax

Minimax ≠ Maximin，現用圖解法來求解：

乙方策略

$$\begin{array}{c} & \begin{array}{cc} 2 & 4 \end{array} \\ 甲方策略 \begin{array}{c} 1 \\ 2 \\ 3 \end{array} & \begin{bmatrix} 7 & 5 \\ 4 & 6 \\ 9 & 4 \end{bmatrix} \end{array}$$

對應於甲方選擇的單純策略、乙方的期望報酬，如表 15.14。

表 15.14

甲方選擇的單純策略	乙方的期望報酬
1	$7y_2 + 5(1 - y_2) = 2y_2 + 5$
2	$4y_2 + 6(1 - y_2) = -2y_2 + 6$
3	$9y_2 + 4(1 - y_2) = 5y_2 + 4$

　　由繪製的方程式可看出，斜率有相反標誌的 A_1 及 A_2 兩條線的交點是較高的信封上的最低點。因此，A_1 及 A_2 兩條線的交點是最佳點，如圖 15.5 所示。

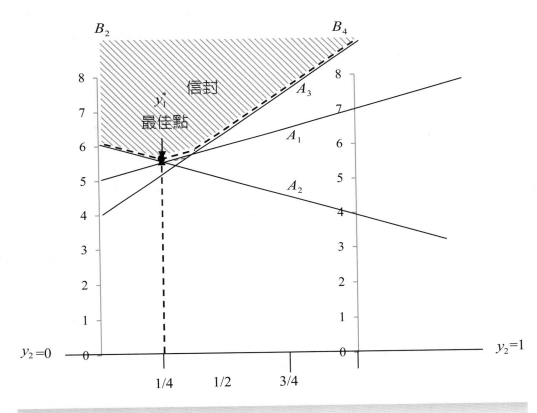

圖 15.5

　　求解 $2y_2 + 5 = -2y_2 + 6$，可得 $y_2^* = \dfrac{1}{4}$。

$$\begin{array}{cc} & \text{乙方策略} \\ & \begin{array}{cc} 2 & 4 \end{array} \\ \text{甲方策略}\begin{array}{c} 1 \\ 2 \end{array} & \begin{bmatrix} 7 & 5 \\ 4 & 6 \end{bmatrix} \end{array}$$

甲方策略 =

$$\left[\frac{a_{24}-a_{22}}{a_{12}+a_{24}-(a_{22}+a_{14})},\ 1-\frac{a_{24}-a_{22}}{a_{12}+a_{24}-(a_{22}+a_{14})}\right]=\left[\frac{2}{4},\ 1-\frac{2}{4}\right]=\left[\frac{1}{2},\ \frac{1}{2}\right]。$$

乙方策略 =

$$\left[\frac{a_{24}-a_{14}}{a_{12}+a_{24}-(a_{22}+a_{14})},\ 1-\frac{a_{24}-a_{14}}{a_{12}+a_{24}-(a_{22}+a_{14})}\right]=\left[\frac{1}{4},\ 1-\frac{1}{4}\right]=\left[\frac{1}{4},\ \frac{3}{4}\right]。$$

$$競賽值\ V=\frac{a_{12}a_{24}-a_{22}a_{14}}{a_{12}+a_{24}-(a_{22}+a_{14})}=\frac{7\times6-4\times5}{4}=\frac{22}{4}=5\frac{1}{2}。$$

因此，甲方最佳策略 $=\left[\frac{1}{2},\ \frac{1}{2},\ 0,\ 0\right]$，乙方最佳策略 $=\left[0,\ \frac{1}{4},\ 0,\ \frac{3}{4}\right]$，競賽值

$V=5\frac{1}{2}$。

15.6　3×3 賽局求解

　　求解 3×3 賽局矩陣或更大的賽局，首先將該矩陣簡化成 2×2、2×3 或 3×2 矩陣，如果可以簡化成 2×2、2×3 或 3×2 矩陣，則用前面數節所陳述的幾種方法求解。若是不能簡化，則可用**線性規劃法** (Method of Linear Programming)、**矩陣法** (Method of Matrices) 和**迭代方法** (Iterative Method) 求解近似解。**矩陣法的求解方法較為繁瑣，迭代方法的求解方法較為複雜且缺乏準確性。本節將採用前面章節介紹的詳細線性規劃法來求解。讀者可參考其他書籍有關矩陣法求解和近似解的迭代方法。**

15.6.1　線性規劃法 (Method of Linear Programming)

範例 15.20

設兩人競賽報酬矩陣為：

$$
\begin{array}{cc}
 & 乙方策略 \\
甲方策略\begin{array}{c}1\\2\\3\end{array} &
\begin{array}{ccc}1 & 2 & 3\end{array}\\
 & \left[\begin{array}{ccc}2 & -1 & 6\\0 & 1 & -1\\-2 & 2 & 1\end{array}\right]
\end{array}
$$

請問雙方的最佳決策及競賽值為何？

解：

首先採用凌越規則，無法簡化賽局矩陣。

列最小值

$$\begin{bmatrix} 2 & -1 & 6 \\ 0 & 1 & -1 \\ -2 & 2 & 1 \end{bmatrix} \begin{matrix} -1 \\ -1 \\ -2 \end{matrix}$$ ← Maximin

行最大值　2　2　6

↑
Minimax

因為 Minimax ≠ Maximin，所以此矩陣無鞍點。因此，可用線性規劃法來求解。該報酬矩陣有一最佳競賽值 v。由極小極大規則可知 v 位於 -1 和 2 之間，v 的值可能是負數或 0。為了用下面描述的線性規劃法來求解，將原矩陣的每個元素值加 2 得到修改矩陣如下：

乙方策略

$$\begin{matrix} & 1 & 2 & 3 \end{matrix}$$

甲方策略 $\begin{matrix} 1 \\ 2 \\ 3 \end{matrix} \begin{bmatrix} 4 & 1 & 8 \\ 2 & 3 & 1 \\ 0 & 4 & 3 \end{bmatrix}$

設修改矩陣有一最佳競賽值 V。對乙方而言，存在一混合策略組合 $(y_1, y_2, ... , y_n)$，且 $y_1 + y_2 + ... + y_n = 1$，而保證乙方最多損失期望值 V。因此，綜合上述，一線性規劃模式可建立如下：

$$4y_1 + y_2 + 8y_3 \leq V \tag{1}$$
$$2y_1 + 3y_2 + y_3 \leq V \tag{2}$$
$$4y_2 + 3y_3 \leq V \tag{3}$$
$$y_1 + y_2 + y_3 = 1, y_1, y_2, y_3 \geq 0 \tag{4}$$

因為 $V > 0$，將上述方程式兩邊除以 V 得到：

$$4\frac{y_1}{V} + \frac{y_2}{V} + 8\frac{y_3}{V} \leq 1 \tag{5}$$
$$2\frac{y_1}{V} + 3\frac{y_2}{V} + \frac{y_3}{V} \leq 1 \tag{6}$$

$$4\frac{y_2}{V} + 3\frac{y_3}{V} \le 1 \tag{7}$$

$$\frac{y_1}{V} + \frac{y_2}{V} + \frac{y_3}{V} = \frac{1}{V} \tag{8}$$

設 $Y_1 = \dfrac{y_1}{V}$、$Y_2 = \dfrac{y_2}{V}$、$Y_3 = \dfrac{y_3}{V}$，(5)、(6)、(7)、(8) 轉換成

$4Y_1 + Y_2 + 8Y_3 \le 1$

$2Y_1 + 3Y_2 + Y_3 \le 1$

$4Y_2 + 3Y_3 \le 1$

$Y_1 + Y_2 + Y_3 = \dfrac{1}{V}$

因爲乙方要使 V 極小，亦即要使 $\dfrac{1}{V}$ 極大。所以，上述線性規劃模式或轉成標準化形式如下：

最大化 $\dfrac{1}{V} = Y_1 + Y_2 + Y_3 + 0s_1 + 0s_2 + 0s_3$

$4Y_1 + Y_2 + 8Y_3 + s_1 = 1$

$2Y_1 + 3Y_2 + Y_3 + s_2 = 1$

$4Y_2 + 3Y_3 + s_3 = 1$

$Y_1, Y_2, Y_3, s_1, s_2, s_3 \ge 0$

利用線性單形法求解得到 $Y_1 = \dfrac{1}{5}$、$Y_2 = \dfrac{1}{5}$、$Y_3 = 0$，$\dfrac{1}{V} = Y_1 + Y_2 + Y_3 = \dfrac{1}{5} + \dfrac{1}{5} = \dfrac{2}{5}$，所以，修改矩陣最佳競賽值 $V = \dfrac{5}{2}$。

因爲 $Y_1 = \dfrac{y_1}{V}$、$Y_2 = \dfrac{y_2}{V}$、$Y_3 = \dfrac{y_3}{V}$，所以，$y_1 = Y_1 V = \dfrac{1}{5} \times \dfrac{5}{2} = \dfrac{1}{2}$，$y_2 = Y_2 V = \dfrac{1}{5} \times \dfrac{5}{2} = \dfrac{1}{2}$，$y_3 = Y_3 V = 0 \times \dfrac{5}{2} = 0$。

同樣地，可求得 $x_1 = \dfrac{1}{4}$、$x_2 = \dfrac{3}{4}$、$x_3 = 0$。

所以，甲方最佳策略 $= \left[\dfrac{1}{4}, \dfrac{3}{4}, 0\right]$，乙方最佳策略 $= \left[\dfrac{1}{2}, \dfrac{1}{2}, 0\right]$，競賽值 $v = V - 2 = \dfrac{5}{2} - 2 = \dfrac{1}{2}$。

🔓15.7 本章摘要

■ 凌越規則 (Rules of Dominance) 可協助參賽者先將不可能作為決策的方案先行刪去，使競賽問題的求解更為單純。

■ 若兩人零和 (Two-Person Zero-Sum) 對局有一鞍點存在，列參賽者應選擇鞍點對應列的策略，而行參賽者應選擇鞍點對應行的策略。

■ 兩人零和競賽解題步驟，可以歸納如下：

步驟 1：以凌越規則，盡量簡化矩陣。

步驟 2：矩陣的列，以小中取大，矩陣的行，以大中取小準則尋找鞍點；有鞍點，停止運算；無鞍點，則到步驟 3。

步驟 3：如果簡化後的矩陣

(1) 2×2 矩陣，以公式法、圖解法、線性規劃法求解。

(2) $2 \times n$、$m \times 2$ 矩陣，以圖解法或線性規劃法求解。

(3) $m \times n$，$m, n \geq 3$ 之矩陣，則可用線性規劃法 (Method of Linear Programming)、矩陣法 (Method of Matrices) 和迭代方法 (Iterative Method) 求解近似解。

Appendix A

Excel Solver 的
規劃求解

A.1 使用試算表 (Excel Solver)
建立和求解線性規劃模式

A.2 使用 Excel Solver 求解過程

🔒A.1　使用試算表 (Excel Solver) 建立和求解線性規劃模式

　　試算表套裝軟體，譬如 Microsoft 公司的 Excel，是普遍用來分析求解小型線性規劃問題的工具。線性規劃問題的主要特性，包含其參數，都可以從試算表輸入。然而，試算表不僅可以顯示資料而已，如果增加輸入的資料，就能夠利用試算表來分析更多相關的解答。試算表的主要功能，在於能夠立即反映任何改變對解答的影響。此外，Excel Solver 可以運用單形法快速求得模式的解答。由於試算表的普及已有越來越多人使用其內建的**「規劃求解」**工具。

　　初次使用 Excel Solver，需先開啟 Excel，然後點選「工具」，在「現有的增益集」中，將「規劃求解」加入現有增益功能中，如圖 A.1 所示。

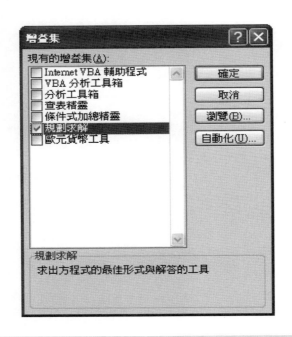

◆→ 圖 A.1

範例 A.1　最大利潤問題

　　假設某工廠製造 x_1 及 x_2 兩種產品，每種產品在製造過程中，都必須經過兩部不同的機器 M1 及 M2 分別處理，且能符合機器有效時間的限制，如表 A.1 所示。

表 A.1　生產 1 單位所需產能

機器	P1	P2	可用產能
M1	1	3	12
M2	3	3	18
單位利潤	$7,000	$8,000	

若此工廠為求得最大利潤，應生產多少單位之 x_1 及 x_2，且能符合機器有效時間的限制？

線性規劃模式：

極大化　　　$Z = 7x_1 + 8x_2$（利潤以 1,000 為單位）

限制條件　　$x_1 + 3x_2 \leq 12$

　　　　　　$3x_1 + 3x_2 \leq 18$

　　　　　　$x_1 \geq 0, x_2 \geq 0$

A.2　使用 Excel Solver 求解過程

下列之詳細步驟，說明如何利用 Excel Solver (**Excel 2013** with SP1 and later versions have **Solver Add-In**) 來求解線性規劃問題。

步驟一：開啟 Excel。

步驟二：輸入模式係數。在 Excel 活頁中，輸入線性規劃模式之係數，如表 A.2。

表 A.2

	A	B	C	D	E
1		x1	x2	LHS	RHS
2	目標式	7	8	0	
3	限制式 1	1	3	0	12
4	限制式 2	3	3	0	18
5	解答	0	0		

如圖 A.2 所示，其中：

B2 與 C2 數值：為兩產品的單位利潤（以 1,000 為單位）。

B3 至 C4 之區域數值：為輸入係數矩陣。

E3 與 E4 分別代表 M1 及 M2 可用的資源。

B1 與 C1 代表兩種產品的變數。

B3 至 E3 表示 M1 的限制式。

B4 至 E4 表示 M2 的限制式。

B5 至 C5 表示兩種產品的產量。

→「解答」列可暫時輸入任何一個解（本例可輸入代表原點之 (0,0)）。

→儲存格 D2～D4 是公式，代表將「解答」代入後，所得到之 LHS（各限制式左邊總和），其內容如次：

D2:SUMPRODUCT(B2:C2,B5:C5)

D3:SUMPRODUCT(B3:C3,B5:C5)

D4:SUMPRODUCT(B4:C4,B5:C5)

→因為，目前解答暫時輸入 (0,0)，因此 LHS 之值皆為 0。

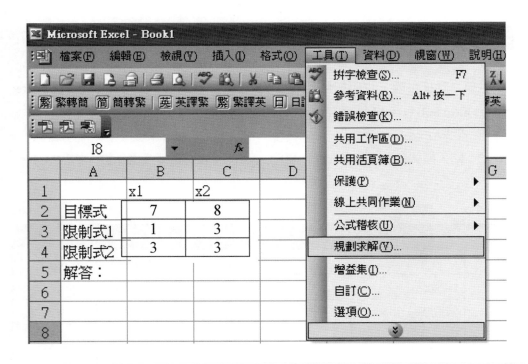

圖 A.2

在圖 A.2 輸入資料後，選取「工具」，並下拉，在中間選「規劃求解」，然後「規劃求解參數」對話框會出現，如圖 A.3 所示。

➡ 圖 A.3　輸入規劃求解之參數

步驟三：

1. 在「設定目標儲存格」，輸入目標函數值所在之儲存格（該儲存格為公式）。

2. 在「等於」欄，選取「最大值」（代表極大化問題）。若為極小化問題，請選取「最小值」。

3. 在「變數儲存格」，輸入在計算LHS時，變數 (x_1, x_2) 之值（即解答）所在儲存格。

4. 然後在「限制式」欄，按「新增」，會出現「新增限制式」對話框，如圖 A.4 所示。

步驟四：輸入限制式

1. 在「儲存格參照地址」，輸入各限制式 LHS 所在之儲存格。

2. 選取限制式是「≤、≥、=」（若有不同類型之關係式符號，需分批新增，無法一次完成）。

3. 在「限制值」欄位，輸入各限制式 RHS 所在之儲存格。

4. 按「確定」，返回「規劃求解參數」對話框。

圖 A.4

此時，「規劃求解參數」對話框中已經出現所新增之限制式，如圖 A.5 所示。

圖 A.5

步驟五：選取「線性規劃」與「非負值」

1. 在圖 A.5「規劃求解參數」對話框中，點選「選項」，出現「規劃求解選項」，畫面如圖 A.6。

2. 在此對話框中，勾選「採用線性模式」及「採用非負值」，其餘參數不動。

3. 按「確定」方塊返回。

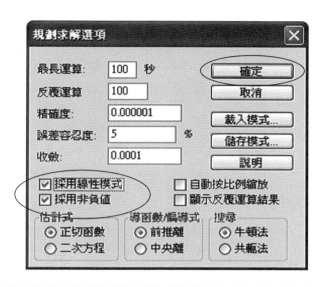

➡ 圖 A.6　規劃求解選項

步驟六：求解

　　在「規劃求解參數」對話框中，點選「求解」，會出現「規劃求解結果」對話框，如圖 A.7 所示。

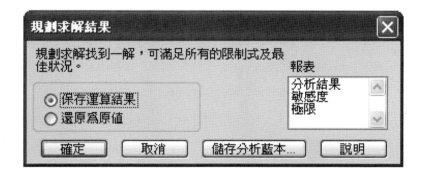

➡ 圖 A.7　規劃求解結果

　　同時，Excel 的「解答」列與 LHS 會出現最佳解，如圖 A.8 所示。其中，x_1 與 x_2 的最佳解分別在 B5 與 C5，最佳目標函數值 Z 會出現在 D2。

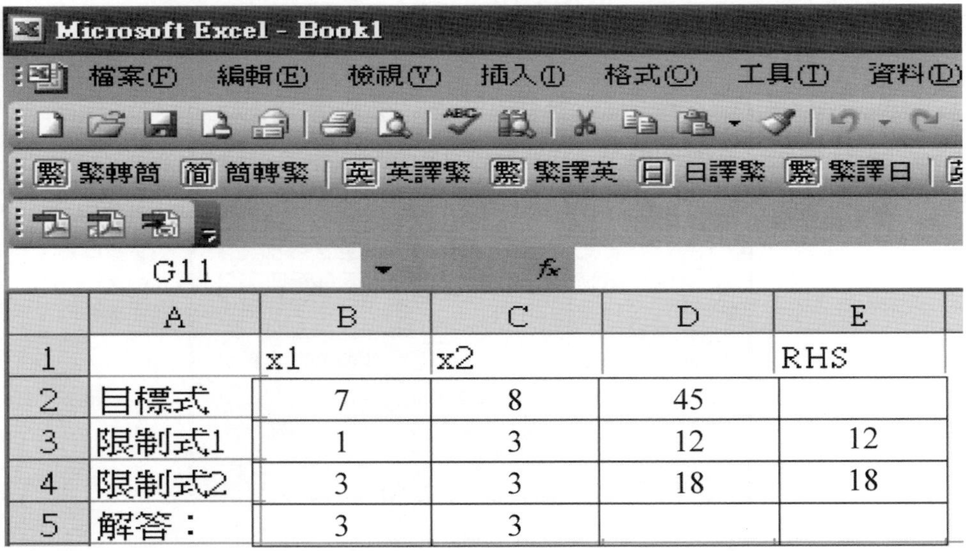

	A	B	C	D	E
1		x1	x2		RHS
2	目標式	7	8	45	
3	限制式1	1	3	12	12
4	限制式2	3	3	18	18
5	解答：	3	3		

圖 A.8　範例 A.1 用 Excel Solver 求得的最佳解

1. 在「規劃求解結果」對話框，若點選「保存運算結果」，所得到的最佳解將會保留在目前的 Excel 檔案中。若點選「還原爲原值」，則最佳解會還原爲原先的數值（即解答：列會還原爲 0,0，LHS 也會還原爲 0）。
2. 在「報表」欄，可選取「分析結果」、「敏感度」及「極限」，會產生三個和最佳解相關的報表。敏感度報表係針對敏感度所做的分析。

Appendix **B**

等候系統模式

L、W、L_q 和 W_q 之間的關係 (Little's Queuing Formula)

在任何一個穩定狀態存在的等候系統中，李德爾於 1961 年提出的 L、W、L_q 和 W_q 之間的關係——李德爾公式 (Little's Queuing Formula) 是一個強有力的結果。假設 λ_n 是一個常數 λ（與 n 無關），系統呈穩定狀態、μ_n 是一個常數 μ（與 n 無關）。

$L = \lambda W$，L 是等候系統內期望顧客數。

1. $L_q = \lambda W_q = L - \dfrac{\lambda}{\mu}$，$L_q$ 是在等候線上的期望顧客數。

2. $W = W_q + \dfrac{1}{\mu} = \dfrac{L}{\lambda}$，$W_q$ 是顧客在等候系統內期望時間。

3. $W_q = W - \dfrac{1}{\mu}$，W 是顧客在等候線上的期望時間。

4. $L = \lambda W = \lambda\left(W_q + \dfrac{1}{\mu}\right) = \lambda W_q + \dfrac{\lambda}{\mu} = L_q + \dfrac{\lambda}{\mu}$。

等候系統問題重要公式運算步驟

步驟 1：畫出轉移速率圖，並寫出平衡方程式。

步驟 2：利用平衡方程式將各 P_n 表示為 P_0 之函數。

步驟 3：利用 $\Sigma_{n=0}^{\infty} P_n = 1$ 之機率性質求出等候線是空的機率 P_0，進一步求出所有 P_n。

步驟 4：利用 Little 公式求得 L、L_q、W 和 W_q。

基於生死過程建構的等候模式

以下將詳述一些等候系統的模式及其對應的 L、L_q、W 和 W_q。

🔒**B.1** **模式 1：$M/M/1$，單一服務通道等候線模式**

表示顧客到達呈卜瓦松分配，服務時間呈指數分配，一個服務站，系統內可容納無限多位顧客，顧客來源量無限，而最先到的顧客先被服務。

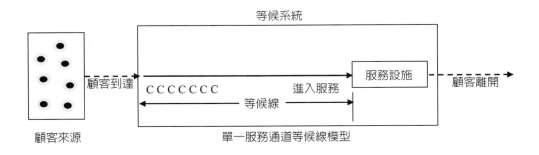

又假設：

1. 無論等候線有多長，顧客均會很有耐心地等待，不會中途離去。

2. $n =$ 時間 t 時，系統內的顧客數（等候線的顧客加上被服務的顧客）。

3. 顧客到達率與服務率是常數：

　$\lambda_n = \lambda$（系統平均到達率），$n = 0, 1, ...$

　$\mu_n = \mu$（系統平均服務率），$n = 1, 2, ...$

　　平均服務率大於平均到達率，$\mu > \lambda$，亦即 $\rho = \lambda/\mu < 1$。

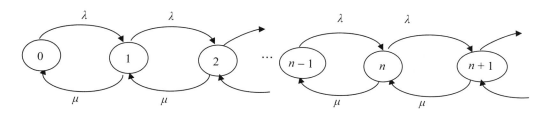

◆➡ 圖 B.1

所以，在系統穩定情況下：

$\mu P_1 - \lambda P_0 = 0 \rightarrow P_1 = \dfrac{\lambda}{\mu} P_0$，當 $n = 0$

$\lambda P_{n-1} + \mu P_{n+1} - (\lambda + \mu) P_n = 0$，當 $n > 0$ 　　　　　　(1.1)

當 $n = 1$，由方程式 (1.1) $\rightarrow \lambda P_0 + \mu P_2 - (\lambda + \mu) P_1 = 0$

$\rightarrow P_2 = \dfrac{\lambda + u}{u} P_1 - \dfrac{\lambda}{\mu} P_0 = \dfrac{\lambda + u}{u} \left(\dfrac{\lambda}{\mu} P_0 \right) - \dfrac{\lambda}{\mu} P_0 = \dfrac{\lambda}{\mu} P_0 \left(\dfrac{\lambda + u}{u} - 1 \right)$

$\rightarrow P_2 = \left(\dfrac{\lambda}{\mu} \right)^2 P_0$

當 $n = 2$，由方程式 (1.1) $\rightarrow \lambda P_1 + \mu P_3 - (\lambda + \mu) P_2 = 0$

$\rightarrow P_3 = \dfrac{\lambda + u}{u} P_2 - \dfrac{\lambda}{\mu} P_1 = \dfrac{\lambda + u}{u} \left[\left(\dfrac{\lambda}{\mu} \right)^2 P_0 \right] - \left(\dfrac{\lambda}{\mu} \right)^2 P_0 = \left(\dfrac{\lambda}{\mu} \right)^2 P_0 \left(\dfrac{\lambda + u}{u} - 1 \right)$

$\rightarrow P_3 = \left(\dfrac{\lambda}{\mu} \right)^3 P_0$，依此類推

$\rightarrow P_1 = \dfrac{\lambda}{\mu} P_0$，$P_2 = \dfrac{\lambda}{\mu} P_1 = \left(\dfrac{\lambda}{\mu} \right)^2 P_0, ..., P_n = \left(\dfrac{\lambda}{\mu} \right)^n P_0$，當 $n \geq 0$

因為 $\sum_{n=0}^{\infty} P_n = 1$

$P_0 + \sum_{n=1}^{\infty} P_n = 1$

$P_0 \left[1 + \sum_{n=1}^{\infty} \left(\dfrac{\lambda}{\mu} \right)^n \right] = 1$

$$P_0 = \frac{1}{1 + \sum_{n=1}^{\infty}\left(\frac{\lambda}{\mu}\right)^n} = \frac{1}{\sum_{n=0}^{\infty}\left(\frac{\lambda}{\mu}\right)^n} = 1 - \frac{\lambda}{\mu} , \ \lambda/\mu < 1$$

$$\rightarrow P_0 = 1 - \rho$$

所以，$P_n = \left(\frac{\lambda}{\mu}\right)^n P_0 = \rho^n(1 - \rho)$

因為 P_n 已知，$M/M/1$ 等候模式的重要操作特性可計算如下：

1. 系統內期望顧客數

$$L = \sum_{n=0}^{\infty} nP_n = (1 - \rho)\sum_{n=0}^{\infty} n\rho^n = (1 - \rho)\rho\sum_{n=0}^{\infty} n\rho^{n-1} = (1 - \rho)\rho\sum_{n=0}^{\infty}\frac{d}{d\rho}\rho^n =$$

$(1-\rho)\rho\frac{d}{d\rho}\left(\frac{1}{1-\rho}\right) = (1-\rho)\rho\frac{1}{(1-\rho)^2} = \frac{\rho}{1-\rho} = \frac{\lambda}{\mu-\lambda}$ （因為 $\rho < 1 \rightarrow \sum_{n=0}^{\infty}\rho^n = \frac{1}{1-\rho}$）。

2. 在等候線上排隊之期望顧客數

$$L_q = \sum_{n=1}^{\infty}(n-1)P_n = L - \frac{\lambda}{\mu} = \frac{\lambda}{u-\lambda} - \frac{\lambda}{\mu} = \lambda\left[\frac{\mu-\mu+\lambda}{\mu(u-\lambda)}\right] = \frac{\lambda^2}{\mu(\mu-\lambda)} 。$$

3. 顧客在等候系統內期望時間

$$W = \frac{L}{\lambda} = \frac{\lambda}{(\mu-\lambda)\lambda} = \frac{1}{\mu-\lambda} 。$$

4. 顧客在等候線上的期望時間

$$W_q = W - \frac{1}{\mu} = \frac{1}{\mu-\lambda} - \frac{1}{\mu} = \frac{\lambda}{\mu(\mu-\lambda)} 。$$

5. 系統內期望顧客數的變異數

$Var(n) = E[n^2] - (E[n])^2 = \sum_{n=0}^{\infty} n^2 P_n - [\sum_{n=0}^{\infty} nP_n]^2 = \sum_{n=1}^{\infty} n^2 P_n - [\sum_{n=1}^{\infty} nP_n]^2$ （因為 $n=0$，兩項都等於 0）$= \sum_{n=1}^{\infty} n^2\left(1-\frac{\lambda}{\mu}\right)\left(\frac{\lambda}{\mu}\right)^n - [L]^2 = \left(1-\frac{\lambda}{\mu}\right)\sum_{n=1}^{\infty} n^2\left(\frac{\lambda}{\mu}\right)^n - \left(\frac{\lambda}{\mu-\lambda}\right)^2 = \left(1-\frac{\lambda}{\mu}\right)\left[1\frac{\lambda}{\mu} + 2^2\left(\frac{\lambda}{\mu}\right)^2 + 3^2\left(\frac{\lambda}{\mu}\right)^3 + ...\right] - \left(\frac{\lambda}{\mu-\lambda}\right)^2 = \frac{\lambda}{\mu}\left(1-\frac{\lambda}{\mu}\right)\left[1 + 2^2\left(\frac{\lambda}{\mu}\right) + 3^2\left(\frac{\lambda}{\mu}\right)^2 + ...\right] - \left(\frac{\lambda}{\mu-\lambda}\right)^2$

設 $S = 1 + 2^2\frac{\lambda}{\mu} + 3^2\left(\frac{\lambda}{\mu}\right)^2 + ... = 1 + 2^2\rho + 3^2\rho^2 + ...$ （因為 $\rho = \frac{\lambda}{\mu}$），兩邊從 0 到 ρ 對 ρ 積分，可得 $\int_0^{\rho} S \cdot d\rho = \int_0^{\rho}(1 + 2^2\rho + 3^2\rho^2 + ...) d\rho = [\rho + 2\rho^2 + 3\rho^3 + ...]_0^{\rho} = \rho + 2\rho^2 + 3\rho^3 + ... = \rho(1 + 2\rho + 3\rho^2 + ...) = \rho\frac{1}{(1-\rho)^2} = \frac{\rho}{(1-\rho)^2}$，兩邊對 ρ 微分，可得：

$$S = \frac{1}{(1-\rho)^2} + \rho(-2)(1-\rho)^3(-1) = \frac{1}{(1-\rho)^2} + \frac{2\rho}{(1-\rho)^3} = \frac{1+\rho}{(1-\rho)^3} = \frac{1+\frac{\lambda}{\mu}}{\left(1-\frac{\lambda}{\mu}\right)^3}$$

所以 $Var(n) = \dfrac{\lambda}{\mu}\left(1-\dfrac{\lambda}{\mu}\right)\dfrac{\left(1+\dfrac{\lambda}{\mu}\right)}{\left(1-\dfrac{\lambda}{\mu}\right)^3} - \left(\dfrac{\lambda}{\mu-\lambda}\right)^2 = \dfrac{\lambda/\mu(1+\lambda/\mu)}{(1-\lambda/\mu)^2} - \dfrac{\dfrac{\lambda^2}{\mu^2}}{\left(1-\dfrac{\lambda}{\mu}\right)^2} = \dfrac{\dfrac{\lambda}{\mu}}{\left(1-\dfrac{\lambda}{\mu}\right)^2}$。

6. 系統內非空閒的機率

對非空閒的系統來說，至少系統內有兩個顧客（一個被服務，一個在等候）。

所以系統內非空閒的機率 $= P(n>1) = 1-(P_0+P_1) = 1-\left(P_0+\dfrac{\lambda}{\mu}P_0\right) = 1-P_0\left(1+\dfrac{\lambda}{\mu}\right)$

$= 1-\left(1-\dfrac{\lambda}{\mu}\right)\left(1+\dfrac{\lambda}{\mu}\right) = \left(\dfrac{\lambda}{\mu}\right)^2$。

7. 系統內非空閒的顧客期望值

系統內非空閒的顧客期望值 $= \dfrac{\text{在等候線上排隊之期望顧客數}}{\text{系統內非空閒的機率}} = \dfrac{\dfrac{\lambda}{\mu}\dfrac{\lambda}{\mu-\lambda}}{\left(\dfrac{\lambda}{\mu}\right)^2} = \dfrac{\mu}{\mu-\lambda}$。

8. 系統內大於或等於 k 的機率

$P(\geq k) = \sum_{n=0}^{\infty} P_n - \sum_{n=0}^{n=k-1} P_n = 1-[P_0+P_1+P_2+...+P_{k-1}]$

$= 1-\left[P_0+\dfrac{\lambda}{\mu}P_0+\left(\dfrac{\lambda}{\mu}\right)^2 P_0+...+\left(\dfrac{\lambda}{\mu}\right)^{k-1}P_0\right]$

$= 1-P_0\left[1+\dfrac{\lambda}{\mu}+\left(\dfrac{\lambda}{\mu}\right)^2+...+\left(\dfrac{\lambda}{\mu}\right)^{k-1}\right]$

$= 1-P_0\dfrac{1-\left(\dfrac{\lambda}{\mu}\right)^k}{1-\dfrac{\lambda}{\mu}} = 1-\left(1-\dfrac{\lambda}{\mu}\right)\dfrac{1-\left(\dfrac{\lambda}{\mu}\right)^k}{1-\dfrac{\lambda}{\mu}} = \left(\dfrac{\lambda}{\mu}\right)^k$。

9. 顧客系統內超過 t 單位時間的機率

$W(t) = P\{W>t\} = e^{-t/W} = e^{-u(1-\rho)t}$，$t \geq 0$，$\rho = \dfrac{\lambda}{\mu}$。

10. 顧客等候線上超過 t 單位時間的機率

$W_q(t) = P\{W_q>t\} = \rho\, e^{-t/W_q} = \rho\, e^{-u(1-\rho)t}$，$t \geq 0$，$\rho = \dfrac{\lambda}{\mu}$。

注意：上述 *M/M*/1 模式的先決條件爲平均服務離開率 (μ) 大於平均到達率 (λ)，即 $\mu > \lambda$。否則，若平均到達率大於或等於平均服務率，此時等候排隊的長度將會無限增加，將無法服務所有顧客而無法到達穩定狀態。說明如下：

如果平均到達率大於或等於平均服務率，$\rho = \dfrac{\lambda}{\mu} \geq 1$，$\sum_{n=0}^{\infty} P_n = P_0(1+\rho+\rho^2+...)$ $= P_0(1+1+1+...)$ 將會無限地增加而不等於 1，此時等候排隊的長度將會無限增

加，而等候系統無法到達穩定狀態 (Steady State)。

B.2 模式 2：*M/M/s*，多服務通道等候線模式

模式 2（圖 B.2）與模式 1(*M/M/*1) 不同之處，在於在系統內有 *s* 個平行且互相獨立的服務站。系統內可容納無限多位顧客，顧客來源量無限，而最先到的顧客先被服務。

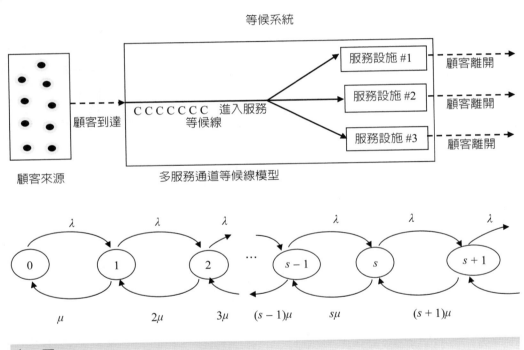

←→ 圖 B.2

假設 *n* = 時間 *t* 時，系統內的顧客數（等候線的顧客加上被服務的顧客），

$$\lambda_n = \lambda, \, n = 0, 1, ..., \, \mu_n = \begin{cases} n\mu & n = 1, 2, ..., s-1 \\ s\mu & n = s, \, s+1, ... \end{cases}, \quad \rho = \frac{\lambda}{s\mu} < 1 \, \text{。}$$

所以，這個模式在系統穩定情況下，根據生死過程平衡方程式：

$$\mu P_1 - \lambda P_0 = 0 \rightarrow P_1 = \frac{\lambda}{\mu} P_0 \text{，當 } n = 0$$

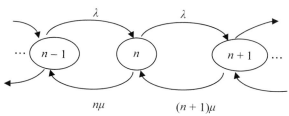

$\lambda P_{n-1} - (\lambda + n\mu)P_n + (n+1)\mu P_{n+1} = 0$，當 $1 \le n \le s-1$ （2.1）

當 $n=1 \to \lambda P_0 - (\lambda + \mu)P_1 + 2\mu P_2 = 0$

$\to \lambda P_0 - (\lambda + \mu)\dfrac{\lambda}{\mu}P_0 + 2\mu P_2 = 0$

$\to -\dfrac{\lambda^2}{\mu}P_0 + 2\mu P_2 = 0$

$\to P_2 = \dfrac{1}{2}\left(\dfrac{\lambda}{u}\right)^2 P_0 = \dfrac{1}{2!}\left(\dfrac{\lambda}{u}\right)^2 P_0$，依此類推

$\to P_n = \dfrac{1}{n!}\left(\dfrac{\lambda}{\mu}\right)^n P_0$，當 $1 \le n \le s-1$ （2.2）

當 $n = s-1$，由方程式 (2.1) 得到 $\lambda P_{s-2} - [\lambda + (s-1)\mu]P_{s-1} + s\mu P_s = 0$

$\to P_s = \dfrac{1}{su}[\lambda + (s-1)\mu]P_{s-1} - \dfrac{\lambda}{su}P_{s-2}$

由方程式 (2.2) 得到 $P_{s-1} = \dfrac{1}{(s-1)!}\left(\dfrac{\lambda}{\mu}\right)^{s-1}P_0$, $P_{s-2} = \dfrac{1}{(s-2)!}\left(\dfrac{\lambda}{\mu}\right)^{s-2}P_0$

$\to P_s = \dfrac{1}{su}[\lambda + (s-1)\mu]\dfrac{1}{(s-1)!}\left(\dfrac{\lambda}{\mu}\right)^{s-1}P_0 - \dfrac{\lambda}{su}\dfrac{1}{(s-2)!}\left(\dfrac{\lambda}{\mu}\right)^{s-2}P_0 \to P_s = \dfrac{1}{s!}\left(\dfrac{\lambda}{\mu}\right)^s P_0$

同樣地，當 $n = s+1$，代入方程式 (2.1) 可得到 $P_{s+1} = \dfrac{1}{s \cdot s!}\left(\dfrac{\lambda}{\mu}\right)^{s+1}P_0$

當 $n = s+2$，代入方程式 (2.1) 可得到 $P_{s+2} = \dfrac{1}{s^2 \cdot s!}\left(\dfrac{\lambda}{\mu}\right)^{s+2}P_0$，依此類推

$\to P_n = \dfrac{1}{s^{n-s}\times s!}\left(\dfrac{\lambda}{\mu}\right)^n P_0$，當 $n \ge s$。

P_0 求解如下：

$\sum_{n=0}^{\infty} P_n = 1 \to \sum_{n=0}^{s-1} P_n + \sum_{n=s}^{\infty} P_n = 1$

$\to \sum_{n=0}^{s-1}\dfrac{1}{n!}\left(\dfrac{\lambda}{\mu}\right)^n P_0 + \sum_{n=s}^{\infty}\dfrac{1}{s^{n-s}s!}\left(\dfrac{\lambda}{\mu}\right)^n P_0 = 1$

$\to P_0\left[\sum_{n=0}^{s-1}\dfrac{1}{n!}\left(\dfrac{\lambda}{\mu}\right)^n + \sum_{n=s}^{\infty}\dfrac{1}{s^{n-s}s!}\left(\dfrac{\lambda}{\mu}\right)^n\right] = 1$

$\to P_0\left[\sum_{n=0}^{s-1}\dfrac{1}{n!}\left(\dfrac{\lambda}{\mu}\right)^n + \dfrac{s^s}{s!}\sum_{n=s}^{\infty}\left(\dfrac{\lambda}{s\mu}\right)^n\right] = 1$

$\to P_0\left[\sum_{n=0}^{s-1}\dfrac{1}{n!}\left(\dfrac{\lambda}{\mu}\right)^n + \dfrac{s^s}{s!}\left\{\left(\dfrac{\lambda}{s\mu}\right)^s + \left(\dfrac{\lambda}{s\mu}\right)^{s+1} + \left(\dfrac{\lambda}{s\mu}\right)^{s+2} + ...\infty\right\}\right] = 1$

$$\rightarrow P_0 \left[\Sigma_{n=0}^{s-1} \frac{1}{n!} \left(\frac{\lambda}{\mu} \right)^n + \frac{s^s}{s!} \left(\frac{\lambda}{s\mu} \right)^s \left\{ 1 + \left(\frac{\lambda}{s\mu} \right) + \left(\frac{\lambda}{s\mu} \right)^2 + \dots \infty \right\} \right] = 1$$

$$\rightarrow P_0 \left[\Sigma_{n=0}^{s-1} \frac{1}{n!} \left(\frac{\lambda}{\mu} \right)^n + \frac{1}{s!} \left(\frac{\lambda}{\mu} \right)^s \left(\frac{1}{1-\lambda/s\mu} \right) \right] = 1$$

$$\rightarrow P_0 \left[\Sigma_{n=0}^{s-1} \frac{1}{n!} \left(\frac{\lambda}{\mu} \right)^n + \frac{(\lambda/\mu)^s}{s!} \left(\frac{s\mu}{s\mu - \lambda} \right) \right] = 1$$

$$\rightarrow P_0 = \frac{1}{\Sigma_{n=0}^{s-1} \frac{1}{n!} \left(\frac{\lambda}{\mu} \right)^n + \frac{(\lambda/\mu)^s}{s!} \left(\frac{1}{1-\lambda/su} \right)}$$

因為 P_n 已知，$M/M/s$ 等候模式的重要操作特性可計算如下：

1. 系統內期望顧客數

$$L = \Sigma_{n=0}^{\infty} n P_n = \frac{\lambda \cdot \mu \left(\frac{\lambda}{\mu} \right)^s}{(s-1)!(s\mu - \lambda)^2} P_0 + \frac{\lambda}{\mu} = \frac{\left(\frac{\lambda}{\mu} \right)^s \rho}{(s)!(1-\rho)^2} P_0 + \frac{\lambda}{\mu} = L_q + \frac{\lambda}{\mu} \ , \ \rho = \frac{\lambda}{su} \ 。$$

2. 在等候線上排隊之期望顧客數

$$L_q = L - 被服務的平均顧客數 = L - s\frac{\lambda}{s\mu} = L - \frac{\lambda}{\mu} = \frac{\lambda \cdot \mu \left(\frac{\lambda}{\mu} \right)^s}{(s-1)!(s\mu - \lambda)^2} P_0 = \frac{\left(\frac{\lambda}{\mu} \right)^s \rho}{(s)!(1-\rho)^2} P_0 \ ,$$

$\rho = \frac{\lambda}{su}$ 。

3. 顧客在等候系統內期望時間

$$W = \frac{L}{\lambda} = \frac{L_q + \frac{\lambda}{\mu}}{\lambda} = \frac{L_q}{\lambda} + \frac{1}{\mu} = \frac{\mu \left(\frac{\lambda}{\mu} \right)^s}{(s-1)!(s\mu - \lambda)^2} P_0 + \frac{1}{\mu} \ 。$$

4. 顧客在等候線上的期望時間

$$W_q = \frac{L_q}{\lambda} = \frac{\mu \left(\frac{\lambda}{\mu} \right)^s}{(s-1)!(s\mu - \lambda)^2} P_0 \ 。$$

5. 顧客在系統內等候的機率

$$P(n \geq s) = \frac{\mu \left(\frac{\lambda}{\mu} \right)^s}{(s-1)!(s\mu - \lambda)} P_0 \ 。$$

6. 顧客進入系統不需等候的機率

$$1 - P(n \geq s) = 1 - \frac{\mu \left(\frac{\lambda}{\mu} \right)^s}{(s-1)!(s\mu - \lambda)} P_0 \ 。$$

7. 顧客系統內超過 t 單位時間的機率

$$W(t) = P\{W > t\} = e^{-\mu t} \left\{ 1 + \frac{(s\rho)^s P_0 [1 - e^{-ut(s-1-s\rho)}]}{s!(1-\rho)(s-1-s\rho)} \right\} \ , \ t \geq 0 \ 。$$

8. 顧客等候線上超過 t 單位時間的機率

$$W_q(t) = P\{W_q > t\} = (1 - P\{W_q = 0\}) e^{-su(1-\rho)t} = \frac{(s\rho)^s P_0}{s!(1-\rho)} e^{-su(1-\rho)t} , \ t \geq 0 \ , \ 其中$$

$P\{W_q = 0\} = \Sigma_{n=0}^{s-1} P_n \circ$

注意：上述 *M/M/s* **模式的先決條件爲** $s\mu > \lambda$。**否則，等候排隊的長度將會無限增加，將無法服務所有顧客而無法到達穩定狀態。**

🔒 B.3 模式 3：*M/M/1/K*

模式 3（圖 B.3）與模式 1(*M/M/*1) 不同之處，在於在系統內的顧客限制到 K 位，也就是說當系統內顧客少於 K 時，到達率爲 λ；當顧客到達 K 時，到達率爲 0 ($\lambda = 0$)。所以，這個模式：

$\lambda_n = \lambda$，$\mu_n = \mu$ 對 $n < K$

$\lambda_n = 0$，$\mu_n = \mu$ 對 $n \geq K$

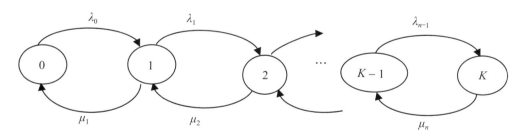

← 圖 B.3

在穩定狀態下，各節點流入率等於流出率 (Rate In=Rate Out)。

$\mu P_1 - \lambda P_0 = 0 \rightarrow \mu P_1 = \lambda P_0$，對 $n = 0$

$u P_{n+1} - (\lambda + \mu) P_n + \lambda P_{n-1} = 0 \rightarrow u P_{n+1} + \lambda P_{n-1} = (\lambda + \mu) P_n$，對 $1 \leq n \leq K-1$

$\lambda P_{K-1} - \mu P_K = 0 \rightarrow \mu P_K = \lambda P_{K-1}$，對 $n = K$

$\rightarrow P_1 = \frac{\lambda}{\mu} P_0 = \rho P_0$，$P_1 = \left(\frac{\lambda}{\mu}\right)^2 P_0 = \rho^2 P_0$, ... $P_n = \left(\frac{\lambda}{\mu}\right)^n P_0 = \rho^n P_0$ ..., $P_K = \left(\frac{\lambda}{\mu}\right)^K P_0$，

求解 P_0。

$\Sigma_{n=0}^K P_n = 1$（因爲系統只容納 K 個顧客）

$\rightarrow P_0 + P_1 + P_2 + ... + P_K = 1 \rightarrow P_0(1 + \rho + \rho^2 + ... + \rho^k) = 1 \rightarrow P_0\left(\frac{1 - \rho^{K+1}}{1 - \rho}\right) = 1 \rightarrow$

$P_0 = \left(\dfrac{1-\rho}{1-\rho^{K+1}}\right) \to P_n = \rho^n \left(\dfrac{1-\rho}{1-\rho^{K+1}}\right)$，$0 \le n \le K$ 且 $P_n = 0$，$n > K$。

$M/M/1/K/$ 等候模式的重要操作特性可計算如下：

1. 系統內期望顧客數

若 $\rho = \dfrac{\lambda}{\mu} \ne 1$，$L = \Sigma_{n=0}^{K} nP_n = \Sigma_{n=0}^{K} n\left(\dfrac{1-\rho}{1-\rho^{K+1}}\right)\rho^n = \left(\dfrac{1-\rho}{1-\rho^{K+1}}\right)\Sigma_{n=0}^{K} n\rho^n = \left(\dfrac{1-\rho}{1-\rho^{K+1}}\right)$

$(0 + \rho + 2\rho^2 + 3\rho^3 + ... + K\rho^K)$

設 $S = \rho + 2\rho^2 + 3\rho^3 + ... + K\rho^K$ $\qquad\qquad$ (1)

$\rho S = \rho^2 + 2\rho^3 + 3\rho^4 ... + (K-1)\rho^K + K\rho^{K+1}$ $\qquad\qquad$ (2)

$(1) - (2) \to (1-\rho)S = \rho + \rho^2 + \rho^3 + ... + \rho^K - K\rho^{K+1} = \rho\left(\dfrac{1-\rho^K}{1-\rho}\right) - \rho^K \rho^{K+1}$

$\to S = \rho\left(\dfrac{1-\rho^K}{(1-\rho)^2}\right) - K\dfrac{\rho^{K+1}}{1-\rho}$。

所以，$L = \left(\dfrac{1-\rho}{1-\rho^{K+1}}\right)\left(\rho\dfrac{1-\rho^K}{(1-\rho)^2} - K\dfrac{\rho^{K+1}}{1-\rho}\right) = \dfrac{1}{1-\rho^{K+1}}\left(\rho\dfrac{1-\rho^K}{1-\rho} - K\rho^{K+1}\right)$

$\qquad = \dfrac{\rho - \rho^{K+1} - K\rho^{K+1} + K\rho^{K+2}}{(1-\rho^{K+1})(1-\rho)} \to$

$L = \dfrac{\rho(1 - (1+K)\rho^K + K\rho^{K+1})}{(1-\rho^{K+1})(1-\rho)}\left(\rho = \dfrac{\lambda}{\mu} \ne 1\right)$

$L = \dfrac{\rho}{1-\rho} - \dfrac{(K+1)\rho^{K+1}}{1-\rho^{K+1}}\left(\rho = \dfrac{\lambda}{\mu} \ne 1\right)$。

若 $\rho = \dfrac{\lambda}{\mu} = 1$，$P_K = P_{K-1} = ... = P_2 = P_1 = P_0$，

因為 $P_0 + P_1 + P_2 + ... + P_K = 1 \to P_0(\underbrace{1 + 1 + ... + 1}_{K}) = 1 \to P_0 = P_1 = P_2 = ...$

$\qquad\qquad = P_K = \dfrac{1}{K+1}$

所以，$L = \displaystyle\sum_{n=0}^{K} nP_n = \dfrac{1}{K+1}\sum_{n=0}^{K} n = \dfrac{1}{K+1}\dfrac{K(K+1)}{2} = \dfrac{K}{2}$。

2. 在等候線上排隊之期望顧客數

$L_q = \displaystyle\sum_{n=1}^{K}(n-1)P_n = \sum_{n=1}^{K} nP_n - \sum_{n=1}^{K} P_n = \sum_{n=1}^{K}(0 + nP_n) - \left[\sum_{n=0}^{K} P_n - P_0\right]$

$\quad = \displaystyle\sum_{n=0}^{K} nP_n - \sum_{n=0}^{K} nP_n + P_0 = L - 1 + P_0 = \dfrac{\rho(1 - (1+K)\rho^K + K\rho^{K+1})}{(1-\rho^{K+1})(1-\rho)} - 1 + \dfrac{1-\rho}{1-\rho^{K+1}}$

$\quad = \dfrac{(\rho - (1+K)\rho^{K+1} + K\rho^{K+2}) - (1 - \rho - \rho^{K+1} + \rho^{K+2}) + (1 - 2\rho + \rho^2)}{(1-\rho^{K+1})(1-\rho)}$

$$= \frac{\rho^2 - K\rho^{K+1} + (K-1)\rho^{K+2}}{(1-\rho^{K+1})(1-\rho)} = \rho^2 \frac{(1 - K\rho^{K-1} + (K-1)\rho^K)}{(1-\rho^{K+1})(1-\rho)} \,.$$

或 $L_q = L - (1 - P_0)$。

3. 顧客在等候系統內期望時間

$$W = \frac{L}{\lambda'} \text{，其中 } \lambda' = \sum_{n=0}^{\infty} \lambda_n P_n = \lambda\,(1-P_K)\text{。}$$

4. 顧客在等候線上的期望時間

$$W_q = \frac{L_q}{\lambda'} \text{，其中 } \lambda' = \sum_{n=0}^{\infty} \lambda_n P_n = \lambda\,(1-P_K)\text{。}$$

🔒 B.4　模式 4：*M/M/s/K*

　　模式 4（圖 B.4）與模式 2(*M/M/s*) 不同之處，在於在系統內的顧客限制到 K 位，也就是說當系統內顧客少於 K 時，到達率為 λ；當顧客到達 K 時，到達率為 0 $(\lambda = 0)$。假設這個模式 $\lambda_n = \begin{cases} \lambda & n = 1, 2, ..., K-1 \\ 0 & n = K, K+1, ... \end{cases}$ ， $\mu_n = \begin{cases} n\mu & n = 1, 2, ..., s-1 \\ s\mu & n = s, s+1, ..., K \end{cases}$

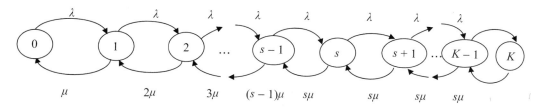

↩ 圖 B.4

　　在穩定狀態下，各節點流入率等於流出率 (Rate In=Rate Out)，根據生死過程平衡方程式（讀者可參考書末列出的參考書目來求證方程式）。

$$P_0 = \frac{1}{1 + \sum_{n=1}^{\infty} \prod_{i=0}^{n-1} \frac{\lambda_i}{\mu_{i+1}}}$$

$$P_n = P_0 \prod_{i=0}^{n-1} \frac{\lambda_i}{\mu_{i+1}}$$

$$
P_n = \begin{cases}
\dfrac{\left(\lambda / \mu\right)^n}{n!} P_0 & n = 1, 2, ..., s-1 \\[3mm]
\dfrac{\left(\lambda / \mu\right)^n}{s! \, s^{n-s}} P_0 & n = s, s+1, ..., K \\[3mm]
0 & n > K
\end{cases}
$$

由 $\displaystyle\sum_{n=0}^{\infty} P_n = 1$ 可得 $P_0 = \dfrac{1}{\left[1 + \displaystyle\sum_{n=1}^{s-1} \dfrac{\left(\lambda / \mu\right)^n}{n!} + \dfrac{\left(\lambda / \mu\right)^s}{s!} \displaystyle\sum_{n=s}^{K} \left(\dfrac{\lambda}{s\mu} \right)^{n-s} \right]}$。

$M/M/s/K$ 等候模式的重要操作特性可計算如下：

1. 在等候線上排隊之期望顧客數

$$
L_q = \sum_{n=s}^{K} (n-s) P_n = \frac{\left(\lambda / \mu\right)^s \rho}{s!(1-\rho)^2} P_0 \left[1 - \rho^{K-s} - (K-s)(1-\rho)\rho^{K-s} \right]。
$$

2. 系統內期望顧客數

$$
L = L_q + \sum_{n=0}^{s-1} n P_n + s \left(1 - \sum_{n=0}^{s-1} P_n \right)。
$$

3. 顧客在等候系統內期望時間

$$
W = \frac{L}{\lambda'}, \quad \lambda' = \sum_{n=0}^{\infty} \lambda_n P_n = \lambda (1 - P_K)。
$$

4. 顧客在等候線上的期望時間

$$
W_q = \frac{L_q}{\lambda'}, \quad \lambda' = \sum_{n=0}^{\infty} \lambda_n P_n = \lambda (1 - P_K)。
$$

🔒 B.5　模式 5：(*M/M/*1):(∞ /*M/FCFS*)

模式 5（圖 B.5）與模式 1 (*M/M/*1) 不同之處，在於顧客來源 (*M*) 有限。由於顧客來源 (*M*) 有限，等候線會自然收斂。λ 為顧客的到達率。如果系統內有 n 位顧客，則到達率為 $(M - n)\lambda$。

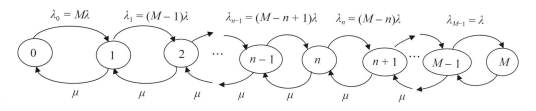

圖 B.5

在穩定狀態下，各節點流入率等於流出率 (Rate In=Rate Out)，根據生死過程平衡方程式（讀者可參考書末列出的參考書目來求證方程式）。

$$P_n\left[(M-n)\lambda+\mu\right]-P_{n+1}(\mu)-P_{n-1}\left[(M-n+1)\lambda\right]=0$$

$$\rightarrow P_{n+1}=P_n\left[(m-n)\frac{\lambda}{\mu}+1\right]-P_{n-1}(M-n+1)\frac{\lambda}{\mu}$$

$$\rightarrow P_1=P_0\ M\left(\frac{\lambda}{\mu}\right)$$

$$P_2=P_1\left[\frac{(M-1)\lambda}{\mu}+1\right]-P_0\ (M-1+1)\left(\frac{\lambda}{\mu}\right)$$

$$=P_0\ M\left(\frac{\lambda}{\mu}\right)\left[\frac{(M-1)\lambda}{\mu}+1\right]-P_0\ M\left(\frac{\lambda}{\mu}\right)=P_0$$

$$M\left(\frac{\lambda}{\mu}\right)\left[\frac{(M-1)\lambda}{\mu}+1-1\right]=P_0\ \frac{\lambda}{\mu}\ M\ (M-1)\frac{\lambda}{\mu}=P_0\left(\frac{\lambda}{\mu}\right)^2 M\ (M-1)$$

$$P_n=P_0\left(\frac{\lambda}{\mu}\right)^n M\ (M-1)(M-2)\ldots(M-n-1)=P_0\left(\frac{\lambda}{\mu}\right)^n\frac{M!}{(M-n)!}$$

$$=P_0\ \frac{M!}{(M-n)!}\left(\frac{\lambda}{\mu}\right)^n$$

$$\sum_{n=0}^{M}P_n=1\rightarrow\sum_{n=0}^{M}P_0\ \frac{M!}{(M-n)!}\left(\frac{\lambda}{\mu}\right)^n=1\rightarrow P_0=\frac{1}{\displaystyle\sum_{n=0}^{M}\frac{M!}{(M-n)!}\left(\frac{\lambda}{\mu}\right)^n}$$

$$P_n=P_0\ \frac{M!}{(M-n)!}\left(\frac{\lambda}{\mu}\right)^n=\frac{\dfrac{M!}{(M-n)!}\left(\dfrac{\lambda}{\mu}\right)^n}{\displaystyle\sum_{n=0}^{M}\frac{M!}{(M-n)!}\left(\frac{\lambda}{\mu}\right)^n}$$

在各階段等候系統穩定狀態下，$(M/M/1):(\infty/M/FCFS)$ 等候模式的重要操作特性可計算如下：

1. 系統內期望顧客數

$$L = \sum_{n=0}^{m} nP_n = M - \frac{\mu}{\lambda}(1 - P_0)。$$

2. 在等候線上排隊之期望顧客數

$$L_q = M - \frac{\lambda + \mu}{\lambda}(1 - P_0)。$$

3. 顧客在等候系統內期望時間

$$W = \frac{L}{\lambda}, \quad \overline{\lambda} = \lambda(M - L)。$$

4. 顧客在等候線上的期望時間

$$W_q = \frac{L_q}{\lambda}, \quad \overline{\lambda} = \lambda(M - L)。$$

🔓B.6 模式 6：$(M/M/s):(\infty/M/FCFS)$

模式 6（圖 B.6）與模式 5 $(M/M/1):(\infty/M/FCFS)$ 不同之處，在於有 s 個服務設施。由於顧客來源 (M) 有限，等候線會自然收斂。λ 為顧客的到達率。如果系統內有 n 位顧客，則到達率為 $(M - n)\lambda$。

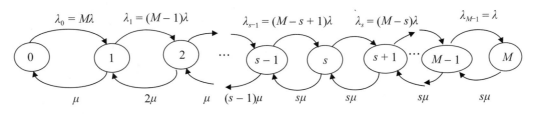

⬅️ 圖 B.6

在穩定狀態下，各節點流入率等於流出率 (Rate In=Rate Out)，根據生死過程平衡方程式（讀者可參考書末列出的參考書目來求證方程式）。

$$P_0 = \frac{1}{\displaystyle\sum_{n=0}^{s-1} \frac{M!}{(M-n)!n!}\left(\frac{\lambda}{\mu}\right)^n + \sum_{n=s}^{M} \frac{M!}{(M-n)!s!s^{n-s}}\left(\frac{\lambda}{\mu}\right)^n}$$

$$P_n = \begin{cases} \dfrac{M!}{(M-n)!\,n!}\left(\dfrac{\lambda}{\mu}\right)^n P_0 & 0 \le n \le s \\[4mm] \dfrac{M!}{(M-n)!\,s!\,s^{n-s}}\left(\dfrac{\lambda}{\mu}\right)^n P_0 & s \le n \le M \end{cases} \quad , \; P_n = 0 \; , \; n > M \; 。$$

在各階段等候系統穩定狀態下，$(M/M/s){:}(\infty/M/FCFS)$ 等候模式的重要操作特性可計算如下：

1. 系統內期望顧客數

$$L = \sum_{n=0}^{M} n P_n = \sum_{n=0}^{s-1} n P_n + L_q + s\left(1 - \sum_{n=0}^{s-1} P_n\right) 。$$

2. 在等候線上排隊之期望顧客數

$$L_q = \sum_{n=s}^{M} (n-s) P_n 。$$

3. 顧客在等候系統內期望時間

$$W = \frac{L}{\overline{\lambda}}, \; \overline{\lambda} = \lambda(M-L) 。$$

4. 顧客在等候線上的期望時間

$$W_q = \frac{L_q}{\overline{\lambda}} \; , \; \overline{\lambda} = \lambda(M-L) 。$$

其他等候線的模式，如下介紹。

🔒B.7 模式 7：$M/G/1$

模式 7 與模式 1$(M/M/1)$ 不同之處，在於服務時間的機率不是指數分配，其期望值是 $\dfrac{1}{\mu}$，變異數是 σ^2。假設 $\rho = \dfrac{\lambda}{\mu} < 1$，在穩定狀態下，$M/G/1$ 等候模式的重要操作特性可計算如下：

1. $P_0 = 1 - \rho$。

2. 在等候線上排隊之期望顧客數 $L_q = \dfrac{\lambda^2 \sigma^2 + \rho^2}{2(1-\rho)}$，此公式稱為 Pollaczek-Khinchin 公式（P-K 公式）。

3. 系統內期望顧客數 $L = L_q + \rho$。

4. 顧客在等候系統內期望時間 $W = \dfrac{L}{\lambda} = W_q + \dfrac{1}{\mu}$。

5. 顧客在等候線上的期望時間 $W_q = \dfrac{L_q}{\lambda}$。

🔒 B.8　模式 8：$M/D/1$

模式 8 與模式 7 ($M/G/1$) 不同之處，在於服務時間為常數，其變異數是 0。

1. 在等候線上排隊之期望顧客數

代入 P-K 公式，得到 $L_q = \dfrac{\lambda^2 \sigma^2 + \rho^2}{2(1-\rho)} = \dfrac{\rho^2}{2(1-\rho)} = \dfrac{\lambda^2}{2\mu(\mu - \lambda)}$。

2. 系統內期望顧客數 $L = \dfrac{\rho^2}{2(1-\rho)} + \rho = \dfrac{\rho^2 + 2\rho - 2\rho^2}{2(1-\rho)} = \dfrac{2\rho - \rho^2}{2(1-\rho)} = \dfrac{\lambda(2\mu - \lambda)}{2\mu(\mu - \lambda)}$。

3. 顧客在等候系統內期望時間 $W = \dfrac{L}{\lambda} = \dfrac{(2\mu - \lambda)}{2\mu(\mu - \lambda)}$。

4. 顧客在等候線上的期望時間 $W_q = \dfrac{L_q}{\lambda} = \dfrac{\lambda}{2\mu(\mu - \lambda)}$。

🔒 B.9　模式 9：$D/D/1$

模式 9 與模式 8 ($M/D/1$) 不同之處，在於到達間隔時間也是常數，其變異數也是 0。如果到達率是 $\dfrac{1}{\alpha}$，則到達間隔時間是 α。如果服務率是 $\dfrac{1}{\beta}$，則服務間隔時間是 β。三種情況會發生：

1. 當 $\beta = \alpha$，等候線長度將是常數 (≥ 0)。如果起始的等候線長度是 0，則新到來的顧客不用等。

2. 當 $\beta > \alpha$，等候線長度將無限的增長。

3. 當 $\beta < \alpha$，等候線長度將變為 0 或繼續收斂（如果起始有等候線）。

假設起始等候線有 n 個單位。因為 $\beta < \alpha$，所以，在有新單位到達之前，有一單位從等候線進入服務。在新單位到來的時間間隔 $\dfrac{\alpha - \beta}{\beta}$ 中，一個額外的單位可被服務。因此，在 $(n-1)$ 單位被服務的期間，僅有 $(n-1)\dfrac{\beta}{\alpha - \beta}$ 的新單位來到。

所以，等候線的總長度 = 現時在等候線的單位 + 新到來的單位 + 被服務的一單位 $= (n-1) + (n-1)\dfrac{\beta}{\alpha - \beta} + 1 = \dfrac{n\alpha - \beta}{\alpha - \beta}$。

在等候線所花費的時間 $=\left(\dfrac{n\alpha - \beta}{\alpha - \beta}\right)\beta$。

🔒 B.10　模式 10：$M/E_k/1$

　　模式 10 與模式 7 ($M/G/1$) 不同之處，在於服務時間假設為歐朗 (Erlang-K) 分配。歐朗分配是一個有 k 階段的分配族群，其機率密度函數表示如下：

$$f(t, k, \lambda) = \frac{\lambda^k t^{k-1} e^{-\lambda t}}{(k-1)!}, \quad t, \ \lambda \geq 0$$

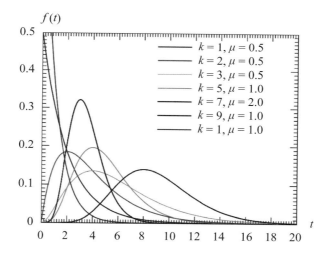

　　參數 λ 又稱為比例參數，參數 k 又稱為形狀參數。如上圖所示：$E(T) = \dfrac{k}{\lambda}$、$\mathrm{Var}(T) = \dfrac{k}{\lambda^2}$。

　　當 $k = 1$ 時，即為指數分配（$f(t, 1, \lambda) = \lambda e^{-\lambda t}$，$\lambda$ 為到達率）。

　　當 $k \approx \infty$ 時，即為固定常數（服務時間是固定常數 $= \dfrac{1}{\lambda}$）。

　　假設 $\lambda_n = \lambda$、$\mu_n = \mu k$，在各階段等候系統穩定狀態下，$M/E_k/1$ 等候模式的重要操作特性可計算如下：

1. 系統內期望顧客數 $L = \dfrac{k+1}{2k}\dfrac{\lambda}{\mu}\dfrac{\lambda}{\mu - \lambda} + \dfrac{\lambda}{\mu}$。

2. 在等候線上排隊之期望顧客數 $L_q = \dfrac{k+1}{2k}\dfrac{\lambda}{\mu}\dfrac{\lambda}{\mu - \lambda}$。

3. 顧客在等候系統內期望時間 $W = \dfrac{k+1}{2k} \dfrac{\lambda}{\mu(\mu-\lambda)} + \dfrac{1}{\mu}$。

4. 顧客在等候線上的期望時間 $W_q = \dfrac{k+1}{2k} \dfrac{\lambda}{\mu(\mu-\lambda)}$。

　　當 $k = 1$ 時，即為指數分配，L、L_q、W、W_q 和 $M/M/1$ 模式的公式相同。

　　當 $k \approx \infty$ 時，服務時間為固定常數：

$$L = \dfrac{1}{2} \dfrac{\lambda}{\mu} \dfrac{\lambda}{\mu-\lambda} + \dfrac{\lambda}{\mu}$$

$$L_q = \dfrac{1}{2} \dfrac{\lambda}{\mu} \dfrac{\lambda}{\mu-\lambda}$$

$$W = \dfrac{1}{2} \dfrac{\lambda}{\mu(\mu-\lambda)} + \dfrac{1}{\mu}$$

$$W_q = \dfrac{1}{2} \dfrac{\lambda}{\mu(\mu-\lambda)}$$

　　對於一般非標準性的等候系統，例如：許多商業組織的子系統或公共系統，可以用一套通用模擬系統 (GPSS) 來模擬其等候系統。相關細節，讀者可參見本書書末之參考書目 (Panneerselvam, R., 2016) 或其他書籍。

　　表 B.1 列出不同的等候模式有關的基本特性公式。

表 B.1

基本特性		等候模式	
	*M/M/*1	*M/M/s*	*M/M/*1/*K*
ρ	$\lambda/\mu<1$，達到穩定狀態	$\lambda/s\mu<1$，達到穩定狀態	$\lambda/\mu\leq 1$
P_0	$1-\rho$	$\dfrac{1}{\displaystyle\sum_{n=0}^{s-1}\frac{1}{n!}\left(\frac{\lambda}{\mu}\right)^n+\frac{\left(\lambda/\mu\right)^s}{s!}\left[\dfrac{1}{1-\dfrac{\lambda}{(s\mu)}}\right]}$	$\begin{cases}\dfrac{1-\rho}{1-\rho^{K+1}}, & \lambda\neq\mu \\[2mm] \dfrac{1}{K+1}, & \lambda=\mu\end{cases}$
P_n	$\rho^n(1-\rho),\ n\geq 0$	$\begin{cases}\dfrac{\left(\lambda/\mu\right)^n}{n!}P_0, & n=1,2,...,s \\[2mm] \dfrac{\left(\lambda/\mu\right)^n}{s!\,s^{n-s}}P_0, & n=s,s+1,...\end{cases}$	$\begin{cases}P_0\rho^n, & \lambda\neq\mu \\[2mm] \dfrac{1}{K+1}, & \lambda=\mu\end{cases},\ n=0,1,2,...,K$
L_q	$\lambda^2/\mu(\mu-\lambda)$	$\dfrac{\lambda\cdot\mu\left(\dfrac{\lambda}{\mu}\right)^s}{(s-1)!(s\mu-\lambda)^2}P_0$	$L-(1-P_0)$
L	$\lambda/(\mu-\lambda)$	$L_q+\lambda/\mu$	$\begin{cases}\dfrac{\rho}{1-\rho}-\dfrac{(K+1)\rho^{K+1}}{1-\rho^{K+1}}, & \lambda\neq\mu \\[2mm] \dfrac{K}{2}, & \lambda=\mu\end{cases}$

表 B.1（續）

等候模式			
W_q	$\dfrac{\lambda}{\mu(\mu-\lambda)}$	L_q/λ	$\dfrac{L_q}{\lambda}$
W	$\dfrac{1}{\mu}$	$W_q + \dfrac{1}{\mu}$	$\dfrac{L}{\lambda}$
$\bar{\lambda}$	λ	λ	$\lambda(1-P_k)$

基本特性 / 等候模式	$M/M/s/K$	$M/M/1:\infty/M\ FCFS$	$M/M/s:\infty/M\ FCFS$
ρ	$\lambda/s\mu$	λ/μ	$\lambda/s\mu$
P_0	$\dfrac{1}{\displaystyle\sum_{n=0}^{s}\dfrac{(\lambda/\mu)^n}{n!}+\dfrac{(\lambda/\mu)^s}{s!}\sum_{n=s+1}^{K}\left(\dfrac{\lambda}{s\mu}\right)^{n-s}}$	$\dfrac{1}{\displaystyle\sum_{n=0}^{M}\dfrac{M!}{(M-n)!}\left(\dfrac{\lambda}{\mu}\right)^n}$	$\dfrac{1}{\displaystyle\sum_{n=0}^{s-1}\dfrac{M!}{(M-n)!\,n!}\left(\dfrac{\lambda}{\mu}\right)^n+\sum_{n=s}^{M}\dfrac{M!}{(M-n)!\,s!\,s^{n-s}}\left(\dfrac{\lambda}{\mu}\right)^n}$
P_n	$\begin{cases}\dfrac{(\lambda/\mu)^n}{n!}P_0, & n=1,2,\ldots,s-1\\[2mm]\dfrac{(\lambda/\mu)^n}{s!\,s^{n-s}}P_0, & n=s,s+1,\ldots,K\\[2mm]0, & n=K+1,\ldots\end{cases}$	$\begin{cases}\dfrac{\dfrac{M!}{(M-n)!}\left(\dfrac{\lambda}{\mu}\right)^n}{\displaystyle\sum_{n=0}^{M}\dfrac{M!}{(M-n)!}\left(\dfrac{\lambda}{\mu}\right)^n}, & n=1,2,\ldots,M\\[4mm]0, & n>M\end{cases}$	$\begin{cases}\dfrac{M!}{(M-n)!\,n!}\left(\dfrac{\lambda}{\mu}\right)^n P_0, & 0\le n\le s\\[2mm]\dfrac{M!}{(M-n)!\,s!\,s^{n-s}}\left(\dfrac{\lambda}{u}\right)^n P_0, & s\le n\le M\\[2mm]0, & n>M\end{cases}$

表 B.1 （續）

	等候模式		
L_q	$\dfrac{P_0\left(\frac{\lambda}{\mu}\right)^s \rho\left[1 - \rho^{K-s} - (K-s)\rho^{K-s}(1-\rho)\right]}{s!(1-\rho)^2}$	$M - \dfrac{\lambda + \mu}{\lambda}(1 - P_0)$	$\displaystyle\sum_{n=s}^{M}(n-s)P_n$
L	$L_q + \displaystyle\sum_{n=0}^{s-1} nP_n + s\left(1 - \sum_{n=0}^{s-1} P_n\right)$	$M - \dfrac{\mu}{\lambda}(1 - P_0)$	$\displaystyle\sum_{n=0}^{s-1} nP_n + L_q + s\left(1 - \sum_{n=0}^{s-1} P_n\right)$
W_q	$L_q\big/\bar{\lambda}$	$L_q\big/\bar{\lambda}$	$L_q\big/\bar{\lambda}$
W	$\dfrac{L}{\bar{\lambda}}$	$\dfrac{L}{\bar{\lambda}}$	$\dfrac{L}{\bar{\lambda}}$
$\bar{\lambda}$	$\lambda(1 - P_K)$	$\lambda(M - L)$	$\lambda(M - L)$

	等候模式		
	$M/G/1$	$M/D/1$	$M/E_k/1$
基本特性	服務時間的期望值是 $\dfrac{1}{\mu}$，變異數是 σ^2，應用 Pollaczek-Khinchine 公式	應用 Pollaczek-Khinchine 公式	應用 Pollaczek-Khinchine 公式
ρ	$\lambda/\mu < 1$	$\lambda/\mu < 1$	λ/μ
P_0	$1 - \rho$		

表 B.1（續）

	等候模式		
L_q	$\dfrac{\lambda^2\sigma^2 + \rho^2}{2(1-\rho)}$	$\dfrac{\rho^2}{2(1-\rho)} = \dfrac{\lambda^2}{2\mu(\mu-\lambda)}$	$\dfrac{k+1}{2k} \times \dfrac{\lambda^2}{\mu(\mu-\lambda)}$
L	$L_q + \rho$	$\dfrac{\rho^2}{2(1-\rho)} + \rho = \dfrac{\lambda(2\mu-\lambda)}{2\mu(\mu-\lambda)}$	$L_q + \rho = \dfrac{k+1}{2k} \times \dfrac{\lambda^2}{\mu(\mu-\lambda)} + \dfrac{\lambda}{\mu}$
W_q	L_q/λ	L_q/λ	$\dfrac{k+1}{2k} \times \dfrac{\lambda}{\mu(\mu-\lambda)}$
W	$W_q + \dfrac{1}{\mu}$	L/λ	$W_q + \dfrac{1}{\mu}$
$\bar{\lambda}$	λ	λ	λ

Appendix C

標準常態分布表

Z-Chart & Loss Function

$F(Z)$ is the probability that a variable from a standard normal distribution will be less than or equal to Z, or alternately, the service level for a quantity ordered with a z-value of Z.
$L(Z)$ is the standard loss function, i.e. the expected number of lost sales as a fraction of the standard deviation. Hence, the lost sales = $L(Z)$ x DEMAND

Z	F(Z)	L(Z)	Z	F(Z)	L(Z)	Z	F(Z)	L(Z)	Z	F(Z)	L(Z)
−3.00	0.0013	3.000	−1.48	0.0694	1.511	0.04	0.5160	0.379	1.56	0.9406	0.026
−2.96	0.0015	2.960	−1.44	0.0749	1.474	0.08	0.5319	0.360	1.60	0.9452	0.023
−2.92	0.0018	2.921	−1.40	0.0808	1.437	0.12	0.5478	0.342	1.64	0.9495	0.021
−2.88	0.0020	2.881	−1.36	0.0869	1.400	0.16	0.5636	0.324	1.68	0.9535	0.019
−2.84	0.0023	2.841	−1.32	0.0934	1.364	0.20	0.5793	0.307	1.72	0.9573	0.017
−2.80	0.0026	2.801	−1.28	0.1003	1.327	0.24	0.5948	0.290	1.76	0.9608	0.016
−2.76	0.0029	2.761	−1.24	0.1075	1.292	0.28	0.6103	0.274	1.80	0.9641	0.014
−2.72	0.0033	2.721	−1.20	0.1151	1.256	0.32	0.6255	0.259	1.84	0.9671	0.013
−2.68	0.0037	2.681	−1.16	0.1230	1.221	0.36	0.6406	0.245	1.88	0.9699	0.012
−2.64	0.0041	2.641	−1.12	0.1314	1.186	0.40	0.6554	0.230	1.92	0.9726	0.010
−2.60	0.0047	2.601	−1.08	0.1401	1.151	0.44	0.6700	0.217	1.96	0.9750	0.009
−2.56	0.0052	2.562	−1.04	0.1492	1.117	0.48	0.6844	0.204	2.00	0.9772	0.008
−2.52	0.0059	2.522	−1.00	0.1587	1.083	0.52	0.6985	0.192	2.04	0.9793	0.008
−2.48	0.0066	2.482	−0.96	0.1685	1.050	0.56	0.7123	0.180	2.08	0.9812	0.007
−2.44	0.0073	2.442	−0.92	0.1788	1.017	0.60	0.7257	0.169	2.12	0.9830	0.006
−2.40	0.0082	2.403	−0.88	0.1894	0.984	0.64	0.7389	0.158	2.16	0.9846	0.005
−2.36	0.0091	2.363	−0.84	0.2005	0.952	0.68	0.7517	0.148	2.20	0.9861	0.005
−2.32	0.0102	2.323	−0.80	0.2119	0.920	0.72	0.7642	0.138	2.24	0.9875	0.004
−2.28	0.0113	2.284	−0.76	0.2236	0.889	0.76	0.7764	0.129	2.28	0.9887	0.004
−2.24	0.0125	2.244	−0.72	0.2358	0.858	0.80	0.7881	0.120	2.32	0.9898	0.003
−2.20	0.0139	2.205	−0.68	0.2483	0.828	0.84	0.7995	0.112	2.36	0.9909	0.003
−2.16	0.0154	2.165	−0.64	0.2611	0.798	0.88	0.8106	0.104	2.40	0.9918	0.003
−2.12	0.0170	2.126	−0.60	0.2743	0.769	0.92	0.8212	0.097	2.44	0.9927	0.002
−2.08	0.0188	2.087	−0.56	0.2877	0.740	0.96	0.8315	0.090	2.48	0.9934	0.002
−2.04	0.0207	2.048	−0.52	0.3015	0.712	1.00	0.8413	0.083	2.52	0.9941	0.002

Z	F(Z)	L(Z)	Z	F(Z)	L(Z)	Z	F(Z)	L(Z)	Z	F(Z)	L(Z)
−2.00	0.0228	2.008	−0.48	0.3156	0.684	1.04	0.8508	0.077	2.56	0.9948	0.002
−1.96	0.0250	1.969	−0.44	0.3300	0.657	1.08	0.8599	0.071	2.60	0.9953	0.001
−1.92	0.0274	1.930	−0.40	0.3446	0.630	1.12	0.8686	0.066	2.64	0.9959	0.001
−1.88	0.0301	1.892	−0.36	0.3594	0.605	1.16	0.8770	0.061	2.68	0.9963	0.001
−1.84	0.0329	1.853	−0.32	0.3745	0.579	1.20	0.8849	0.056	2.72	0.9967	0.001
−1.80	0.0359	1.814	−0.28	0.3897	0.554	1.24	0.8925	0.052	2.76	0.9971	0.001
−1.76	0.0392	1.776	−0.24	0.4052	0.530	1.28	0.8997	0.047	2.80	0.9974	0.001
−1.72	0.0427	1.737	−0.20	0.4207	0.507	1.32	0.9066	0.044	2.84	0.9977	0.001
−1.68	0.0465	1.699	−0.16	0.4364	0.484	1.36	0.9131	0.040	2.88	0.9980	0.001
−1.64	0.0505	1.661	−0.12	0.4522	0.462	1.40	0.9192	0.037	2.92	0.9982	0.001
−1.60	0.0548	1.623	−0.08	0.4681	0.440	1.44	0.9251	0.034	2.96	0.9985	0.000
−1.56	0.0594	1.586	−0.04	0.4840	0.419	1.48	0.9306	0.031	3.00	0.9987	0.000
−1.52	0.0643	1.548	0.00	0.5000	0.399	1.52	0.9357	0.028			

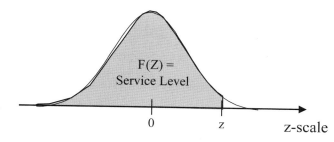

$F(Z) =$ Service Level

0   z   z-scale

Z & $L(z)$ for special service levels

Service Level $F(z)$	z	$L(z)$
75%	0.67	0.150
80%	0.84	
85%	1.04	
88%	1.17	
90%	1.28	0.047
95%	1.64	0.021
99%	2.33	0.003

參考書目

1. 廖慶榮，**作業研究**，華泰文化書局，2009 年 6 月二版。

2. 林吉仁，**作業研究概論**，高立圖書有限公司，2006 年 6 月初版。

3. 潘昭賢、葉瑞徽譯，**作業研究** (*Introduction to Operations Research*)，滄海書局，2008 年 9 月八版。

4. 陳坤茂，**作業研究**，華泰文化書局，2005 年 2 月三版。

5. 陳文賢、陳靜枝，**管理科學：作業研究與電腦應用**，華泰文化書局，2010 年 1 月初版。

6. 陳明德、陳武林，**管理科學──實用管理決策工具**，滄海書局，2012 年 12 月初版。

7. 葉若春，**線型規劃──理論與應用**，中興管理問公司，1993 年 9 月四版。

8. 朱求長、朱希川，**運籌學──學習指導及題解**，武漢大學出版社，2008 年 2 月一版。

9. 高孔廉、張緯良，**作業研究**，五南圖書公司，1994 年 10 月初版。

10. Anderson, D. R., D. J. Sweeney, and T. A. Williams, *An Introduction to Management Science: Quantitative Approach to Decision Making*, West Publishing Company, 9th edition, 2000.

11. Bronson, R. and Naadimuthu, G., *Schaum's Outline of Theory and Problems of Operations Research*, McGraw-Hill, 2nd edition, 1997.

12. Carter, Michael W. and Price, Camille C., *Operations Research-A Practical Introduction*, CRC Press LLC, Boca Raton, Florida 33431, 1st edition, 2001.

13. Ecker, Joseph G., Kupferschmid, Michael, *Introduction to Operations Research*, John Wiley & Son, Inc., 1988.

14. Fogiel, M. *The Operations Research Problem Solver*, Research and Education Association, Piscataway, New Jersey, Revised Printing, 1989.

15. Gupta, Prem Kumar and Hira, D. S., *Operations Research*, S. Chand & Company Pvt. Ltd., Ram Nagar, New Delhi-110 055, Reprint edition, 2016.

16. Heizer, J., Barry Render, B. and Munson, C., *Operations Management: Sustainability and Supply Chain Management*, Pearson, 12th edition, 2020.

17. Hillier, F. S. and Lieberman, G. J., *Introduction to Operations Research*, McGraw-

Hill Publishing Company, New York, 8th edition, 2005.

18. Jensen, Paul A. and Bard, Jonathan F., *Operations Research-Models and Methods*, John Wiley & Sons, Inc., 1st edition, 2003.

19. Kalavathy, S, *Operations Research*, Vikas Publishing House Pvt. Ltd, 4th edition, 2013.

20. Kasana, H. S. and Kumar, K. D., *Introductory Operations Research-Theory and Applications*, Springer, 1st edition, 2004.

21. Love, R. F., James, J., Morris, G. and Wesolowsky, G. O., *Facilities Location: Models & Methods*, North-Holland Publishing Co., New York, 1988.

22. Mariappan, P., *Operations Research-An Introduction*, Pearson, New Delhi, India, 1st edition, 2013.

23. Pai, Pradeep Prabhakar, *Operations Research-Principles and Practice*, Oxford University Press, 2nd edition, 2013.

24. Panneerselvam, R., *Operations Research,* PLI Learning Private Limited, 2nd edition, 2016.

25. Phillips, D. T., etc., *Operations Research: Principles and Practice*, John Wiley & Sons, Inc., New York, 1976.

26. Rader, David J. Jr., *Deterministic Operations Research-Models and Methods in Linear Optimization*, John Wiley & Sons, Inc., 1st edition, 2010.

27. Ravindran, A., Phillis, Don T. and Solberg, James J., *Operations Research-Principles and Practice*, John Wiley & Sons, Inc., 2nd edition, 1991.

28. Schrage, Linus, *Optimization Modeling with LINDO*, Duxbury Press, 5th edition, 1997.

29. Taha, H. A., *Operations Research-An Introduction*, Prentice Hall, Inc., Englewood Cliffs, New Jersey, 7th edition, 2003.

30. Taylor III, Bernard W., *Introduction to Management Science*, Prentice Hall, Inc., Englewood Cliffs, New Jersey, 11th edition, 2012.

31. Winston, Wayne L., *Operations Research-Applications and Algorithms*, McGraw-Hill, 1986.

國家圖書館出版品預行編目(CIP)資料

作業研究：管理科學及案例研究方法應用/史汗
明著. -- 初版. -- 臺北市：五南圖書出版
股份有限公司, 2024.11
面；　公分
ISBN 978-626-393-883-0(平裝附光碟片)

1.CST: 作業研究　2.CST: 管理科學
3.CST: 研究方法

494.19　　　　　　　　　　　113016219

1FQV

作業研究：管理科學及案例研究方法應用

作　　　者 ― 史汗明

編輯主編 ― 侯家嵐

責任編輯 ― 吳瑀芳

文字校對 ― 陳俐君

封面設計 ― 姚孝慈

出 版 者 ― 五南圖書出版股份有限公司

發 行 人 ― 楊榮川

總 經 理 ― 楊士清

總 編 輯 ― 楊秀麗

地　　　址：106臺北市大安區和平東路二段339號4樓

電　　　話：(02)2705-5066　　傳　　　真：(02)2706-6100

網　　　址：https://www.wunan.com.tw

電子郵件：wunan@wunan.com.tw

劃撥帳號：01068953

戶　　　名：五南圖書出版股份有限公司

法律顧問：林勝安律師

出版日期：2024年11月初版一刷

定　　　價：新臺幣650元